# Découvrir l'ordinateur, Windows 10 et l'Internet pour les nuls

Dan Gookin, Andy Rathbone, John R. Levine,
Margaret Levine Young et Carol Baroudi



FIRST Editions

**Découvrir l'ordinateur, Windows 10 et l'Internet pour les Nuls**



Collection dirigée par Jean-Pierre Cano
Traduction : Daniel Rougé, Bernard Jolivalt, Philip Escartin
Mise en page : maged

Edition française publiée en accord avec Wiley Publishing, Inc.

Éditions First, un département d'Édi8
12 avenue d'Italie
75013 Paris
Tél. : 01 44 16 09 00
Fax : 01 44 16 09 01
E-mail : firstinfo@efirst.com
Web : www.editionsfirst.fr
ISBN : 978-2-4120-1607-7
Dépôt légal : 3e trimestre 2016

Imprimé en France par Pollina - L78312

# Sommaire

# Introduction

Ce livre révèle les bases d'un PC : comment il fonctionne, ce qu'il sait faire, avec en prime les réponses à toutes les questions auxquelles vous n'auriez jamais pensé. À vrai dire, un ordinateur n'est pas si difficile à utiliser ni à comprendre.

Cet ouvrage décrit l'utilisation d'un ordinateur sous Windows 10 en termes simples et souvent irrévérencieux. L'informatique n'a rien de sacré. Ce livre se concentre sur *vous* et *vos besoins*. Vous y découvrirez tout ce que vous aimeriez savoir sur votre ordinateur, mais sans le jargon indigeste qui accompagne souvent ce genre de littérature, et sans avoir besoin d'appartenir à la lignée des grands gourous docteurs ès informatique.

## Où commencer ?

Ce livre est destiné à être utilisé comme un outil de référence : vous pouvez l'ouvrir à n'importe quelle page et commencer à lire. Les chapitres sont tous autonomes, chacun s'attachant à un aspect particulier de votre ordinateur : mise en route, utilisation d'une imprimante, lancement de logiciels, etc. Chaque chapitre est divisé en entités indépendantes, centrées autour d'un thème principal. Voici quelques exemples de sections :

- » Éteindre cet engin.
- » Où se trouve le cordon d'alimentation ?
- » L'arrêt d'urgence de l'imprimante.
- » Tester le réseau.

## Les conventions de cet ouvrage

Ce livre est un ouvrage de référence : commencez par le sujet qui vous intéresse le plus et reportez-vous à l'index ou au sommaire pour y trouver les numéros des pages qui sauront répondre à votre demande. Lisez les pages qui vous intéressent, puis fermez le livre et mettez-vous au travail. Bien entendu, si vous souhaitez un complément d'information, il vous est toujours loisible de continuer la lecture et de profiter des nombreuses références croisées mises à votre disposition.

Lorsqu'un message apparaît à l'écran, il est reproduit dans ce livre de la manière suivante :

```
Ceci est un message à l'écran
```

et le texte à taper est présenté ainsi :

**Tapez ça**

Vous pourrez saisir le texte **Tapez ça** comme indiqué, et appuyer ensuite sur la touche Entrée.

Les commandes Windows apparaissent de la façon suivante :

Choisissez Fichier/Quitter.

Vous devez sélectionner le menu Fichier, puis choisir la commande Quitter. Vous pouvez utiliser la souris pour cela ou appuyer sur la touche Alt et la lettre soulignée de la commande, F puis Q dans cet exemple.

Les combinaisons de touches apparaissent de la façon suivante :

Ctrl+S

Vous devez maintenir la touche Ctrl enfoncée, appuyer sur la touche S puis relâcher les deux touches en même temps.

## Ce que vous pouvez éviter de lire

L'utilisation d'un ordinateur entraîne la consultation de nombreuses informations techniques. Pour mieux vous en prémunir, nous les avons isolées dans des encadrés clairement identifiés. Inutile de les lire si vous n'y tenez pas vraiment. Le plus souvent, il s'agit d'explications plus détaillées sur un sujet déjà traité dans le chapitre, qui ne sont pas indispensables à sa compréhension.

## À qui s'adresse ce livre

Ce livre suppose que vous possédez – ou comptez acquérir – un ordinateur et que vous désirez l'utiliser au mieux. Ce livre est consacré à Windows 10. Les versions précédentes ne sont pas abordées.

## Les icônes utilisées dans ce livre

Cette icône vous prévient que des informations techniques superflues vous attendent au tournant. Certaines sont très intéressantes, mais si vous n'êtes pas friand de jargon informatique, passez votre chemin, on ne vous en voudra pas.

Cette icône annonce des raccourcis et astuces utiles qui vous aideront à utiliser au mieux votre PC. Par exemple, lorsque vous renversez de l'acide sulfurique concentré fumant sur votre ordinateur, pensez à porter des gants et des lunettes de protection.

Cette icône est un pense-bête. Elle vous rappelle qu'il faut éteindre le gaz avant de quitter la maison ou vérifier votre fermeture Eclair avant de vous présenter devant un large public.

Cette icône prévient d'un danger et indique généralement ce qu'il ne faut *pas* faire.

Ce pictogramme attire votre attention sur un comportement ou une fonctionnalité introduite par la toute dernière version de Windows, plus connue sous le nom de Windows 10. Si vous utilisiez jusqu'ici une ancienne version, je vous conseille de prêter attention à ce pictogramme, par exemple pour ne pas vous paniquer devant le nouveau menu Démarrer.

L'écran tactile remplace le clavier et la souris. Ce pictogramme signale une fonctionnalité véritablement digitale.

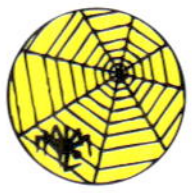

Ce pictogramme pointe vers une ressource du Web accessible avec votre navigateur.

## À vous de jouer !

Avec ce livre en main, vous êtes prêt à mater le PC le plus rétif. Vous pouvez commencer par consulter le sommaire ou l'index. Choisissez un sujet, allez à la page indiquée, et lancez-vous. N'hésitez pas à prendre des notes, à corner les pages et à faire tout ce qui ferait blêmir de rage un bibliothécaire. Bonne lecture...

## AVERTISSEMENT AUX LECTEURS

Les éditions First Interactive attirent l'attention de leurs lecteurs sur les risques encourus par le téléchargement illégal, sur Internet, ou la gravure de fichiers protégés par des droits d'auteur.

Les éditions First Interactive rappellent que la copie partielle ou totale, et, par voie de conséquence, le téléchargement d'œuvres littéraires, cinématographiques ou musicales sont strictement interdits sans autorisation expresse des ayants droit. En l'absence d'une telle autorisation, les utilisateurs d'Internet téléchargeant des œuvres protégées s'exposent aux peines prévues à l'article L. 335-4 du Code de la propriété intellectuelle.

Quel que soit leur pays, les lecteurs sont invités à prendre connaissance des lois locales portant sur la protection des œuvres intellectuelles.

# Livre I

# Le PC et Windows 10

# Présentation du PC et premiers pas

**DANS CETTE PARTIE...**

N'importe qui sait à quoi un ordinateur ressemble. Même un chineur farfouillant dans une brocante en reconnaîtrait un (entre le moule à gaufre rouillé et la chaise à trois pieds rustique). Mais savez-vous vraiment ce qu'est un PC ?

Un ordinateur, c'est bien plus qu'un objet de consommation vite assemblé et qui fonctionne tout de suite. En dépit des progrès pour le rendre plus convivial, l'ordinateur reste un objet de haute technologie. Pour l'exploiter au mieux, vous devez vous familiariser avec la bête. C'est le but de cette partie du livre.

Chapitre 1

# Ordinateur ? PC ? C'est quoi ça ?

**DANS CE CHAPITRE :**

- **Les bases d'un ordinateur.**
- **Les entrées/sorties.**
- **Matériel et logiciels.**
- **Le système d'exploitation.**
- **Un PC n'explose jamais.**

Le vendeur s'est payé votre tête en vous affirmant qu'un ordinateur est facile à utiliser, que vous seriez connecté à l'Internet en un rien de temps. Il vous a roulé dans la farine en vous disant qu'un logiciel est si simple que vous n'aurez besoin ni de formation ni de livre spécialisé.

Pour séduire les consommateurs, les vendeurs d'informatique sont obligés de faire croire qu'un ordinateur n'est pas plus difficile à utiliser qu'un four à micro-ondes ou un téléphone mobile. Hélas ! les gens sont tout disposés à le croire. Il est certes possible de commencer à utiliser un ordinateur en n'y connaissant rien et en se formant sur le tas, mais ce n'est pas le moyen le plus efficace.

Ce chapitre présente les notions de base d'un PC, indispensables pour comprendre la machine que vous comptez acheter, que vous possédez depuis peu ou depuis fort longtemps. Vous découvrirez qu'il n'y a là rien de sorcier.

## Un ordinateur, c'est tout bête

Les appareils sont généralement assez simples : un grille-pain grille du pain, un four à micro-ondes chauffe ce que l'on y enfourne, une voiture roule et le téléphone sert à communiquer à distance. L'usage de tout appareil se rapporte à sa description la plus élémentaire. Mais qu'en est-il de l'ordinateur ?

Un ordinateur n'est pas un outil extraordinaire. Il ne fait fondamentalement qu'une seule chose : acquérir des données en entrée, les traiter puis les restituer en sortie (voir Figure 1.1). C'est en réalité l'énorme potentiel de cette simple activité qui fait paraître l'ordinateur compliqué.

**FIGURE 1.1** L'activité fondamentale d'un ordinateur.

Trois notions permettent de comprendre le principe d'un ordinateur :

» Les entrées/sorties.

» Le traitement.

» Le stockage.

Examinons cela en détail.

## Entrées et sorties

« Ne sois ni emprunteur ni prêteur. »
*Hamlet*, acte I, scène 3.

Les entrées/sorties, communément appelées E/S, sont les deux tâches dont un ordinateur s'acquitte au mieux. C'est même quasiment la seule chose qu'il sait faire. Quand vous aurez assimilé la notion d'E/S, vous aurez tout compris de l'ordinateur. Enfin, presque tout... ou presque...

» Les appareils – ou, plus exactement, les *périphériques* – reliés à l'ordinateur sont soit dévolus aux entrées, soit dévolus aux sorties. Il existe des périphériques d'entrée et des périphériques de sortie.

» Les *périphériques d'entrée* envoient des données vers l'ordinateur. Le clavier et la souris sont des périphériques d'entrée, de même qu'un scanneur ou un appareil photo numérique.

» Les *périphériques de sortie* sont les équipements que l'ordinateur utilise pour présenter les données, comme l'écran ou l'imprimante.

» Certains périphériques sont à la fois d'entrée et de sortie. C'est le cas des disques durs et des modems. L'ordinateur s'en sert pour recevoir des données et pour en envoyer.

» Si vous tenez à en savoir plus sur les disques durs et les modems, recherchez ces termes dans l'index. Sinon, poursuivez votre lecture, car il en sera question de-ci, de-là.

## Traitement

Si un ordinateur ne savait pas traiter des données, ce ne serait qu'un tas de ferraille sans utilité. Le traitement transforme les données reçues.

» Le traitement est pris en charge par un composant électronique – une « puce » – appelé *microprocesseur* ou, plus simplement, *processeur*.

» À vrai dire, le processeur ne sait pas exactement que faire de toutes les entrées qui lui parviennent. C'est le *logiciel* qui lui indique ce qu'il doit en faire. Nous y reviendrons plus loin dans ce chapitre.

» Toutes les entrées sont *numériques*, c'est-à-dire constituées de 0 et de 1. C'est incroyable quand on y pense : l'image la plus spectaculaire, le poème le plus émouvant ou une symphonie se réduisent à une succession de 0 et de 1 traités par le processeur.

## Stockage

Autre élément important de l'ordinateur, le stockage des données s'effectue dans une *mémoire*. Ce stockage est indispensable au niveau le plus élémentaire, car le processeur a besoin de place pour faire sa petite cuisine.

Sur un ordinateur moderne, il existe deux sortes de stockage : temporaire et à long terme.

Le stockage temporaire s'effectue dans la *mémoire vive*. C'est là que les programmes sont exécutés lorsque vous les utilisez. La mémoire vive est le lieu de travail du processeur.

Le disque dur se charge du stockage à long terme. L'information qui s'y trouve est réutilisable par la suite. Les données que le processeur n'utilise pas pour le moment sont stockées dans le disque dur, en attendant d'être lues.

» Tous les ordinateurs ont besoin d'une unité de stockage.

- La mémoire vive est parfois appelée RAM, acronyme de *Random Access Memory*, mémoire à accès aléatoire. Ou plus simplement, « la mémoire ».
- La mémoire vive, ou RAM, est un stockage temporaire.
- Il existe différentes sortes de disques durs : internes et amovibles, et de différentes marques et capacités. Les disques durs sont aussi appelés *mémoire de masse.*
- Ne vous laissez pas impressionner par tous ces termes. Vous vous y ferez peu à peu, car nous n'avons pas fini d'en parler.

## Matériel et logiciel

Un ordinateur est constitué de deux éléments : le matériel et le logiciel. A l'instar de Laurel et Hardy ou Roméo et Juliette, matériel et logiciel doivent aller de pair pour que l'ordinateur soit complet.

Le matériel est l'élément tangible de l'ordinateur : vous pouvez le voir et le toucher. Le boîtier, le moniteur, le clavier et la souris font partie du matériel.

Le logiciel est le cerveau de l'ordinateur. Il dicte au matériel ce qu'il doit faire.

D'une certaine manière, on peut considérer l'ordinateur comme un orchestre symphonique. Le matériel est constitué des musiciens et de leurs instruments. Le logiciel est la partition.

Sans logiciel, l'ordinateur est un objet inerte. Sans instruction, il ne saura rien faire, un peu comme un orchestre sans partition, de surcroît incapable de produire le moindre couac.

C'est le logiciel qui fait la « personnalité » de l'ordinateur.

- Ce qui peut se jeter par la fenêtre, c'est du matériel.
- Ce que vous pouvez jeter par la fenêtre mais qui rentre par la porte, c'est un chat.
- Le logiciel n'est rien qu'un ensemble d'instructions indiquant au matériel ce qu'il doit faire, comment il doit le faire, ou à quel moment il doit irrémédiablement perdre vos données.
- Le logiciel est plus important que le matériel. À l'instar du maître et de l'esclave, c'est le logiciel qui dicte sa loi au matériel. C'est un point important à prendre en compte au moment de l'achat d'un ordinateur, car la plupart des gens attachent plus d'importance à ce qu'ils voient qu'à ce qui régit en coulisses.
- Sans le logiciel adéquat, le matériel relié à l'ordinateur ne peut rien faire. Dans ce cas, le PC peut à la rigueur servir d'ancre, de lest ou de contrepoids.

## Le système d'exploitation de l'ordinateur

Le système d'exploitation est le logiciel le plus important de l'ordinateur. Il remplit plusieurs fonctions :

- » Contrôle du matériel.
- » Gestion de tous les logiciels.
- » Organisation des fichiers et de tout ce que vous créez avec l'ordinateur.
- » Interface avec vous, l'humain.

Pour l'ordinateur, c'est une vaste tâche. Vous pouvez remercier les programmeurs d'avoir mis au point un logiciel qui orchestre tout ça. Un système d'exploitation, ça bosse fort (comme on dit du côté d'Istanbul).

Sur les PC, le système d'exploitation le plus répandu est Windows. Il en existe d'autres, comme Linux ou OS/2, mais c'est Windows qui domine le marché. Dans ce livre, nous présumons que c'est lui le système d'exploitation de votre PC.

Nous verrons ailleurs dans ce livre comment le système d'exploitation s'acquitte de ses différentes tâches.

- » Le matériel ne commande rien. C'est le logiciel qui régit l'ordinateur. Et de tous les logiciels le plus important est le système d'exploitation.
- » On ne le répétera jamais assez : c'est sur le système d'exploitation que repose le fonctionnement de l'ordinateur. C'est le seigneur et maître, le chef d'orchestre, la grosse légume…
- » Dès que vous allumez l'ordinateur, le matériel se place entièrement sous le contrôle du système d'exploitation.
- » Le système d'exploitation est souvent déjà installé dans l'ordinateur que vous achetez. Vous n'aurez pas à l'installer, mais vous devrez de temps en temps procéder à sa mise à jour. Comme vous travaillerez dans un environnement Windows, votre système d'exploitation par défaut sera sans aucun doute Windows 10.
- » Quand vous achetez un logiciel, vous achetez la version appropriée au système d'exploitation, et non à telle ou telle marque de PC. Plutôt que de demander un logiciel pour votre Dell ou votre IBM, demandez un logiciel tournant sous Windows.

## Les autres logiciels

Le système d'exploitation n'est pas le seul logiciel de votre ordinateur. Un utilisateur « lambda » en aura installé des dizaines d'autres, voire des centaines, selon les activités qu'il effectue.

Les logiciels sont appelés sous différents noms. En plus du terme générique « logiciel », vous rencontrerez :

- **Application :** Cette catégorie de logiciels est utilisée pour des tâches productives ou pour créer des documents. Les applications sont des logiciels productifs.
- **Programme :** Ce sont des logiciels dont la finalité n'est pas de produire. Les jeux vidéo ou les lecteurs de CD sont des programmes.
- **Utilitaire** ou **outil :** Ces programmes contribuent au bon fonctionnement de l'ordinateur ou de ses équipements. Ils servent par exemple à optimiser les performances du disque dur ou à compresser des données.

Vous rencontrerez plus rarement le terme « progiciel ». Il désigne des applications professionnelles : les logiciels de comptabilité, de gestion d'un cabinet médical sont des progiciels.

La quatrième partie de ce livre est consacrée aux logiciels.

### Ce que vous produisez

Vous utilisez les logiciels pour contrôler le matériel informatique et obtenir un résultat. Ce dernier peut être un document écrit, de la musique, de la vidéo, un graphisme, etc. Cette production est stockée dans une entité appelée *fichier.*

C'est le système d'exploitation qui indique aux diverses applications et programmes où et sous quelle forme ils doivent enregistrer ce que vous créez, c'est-à-dire les fichiers. C'est lui qui se charge d'organiser le disque dur et qui impose les règles de nommage permettant de retrouver aisément tous ces fichiers.

## Le PC (pour les Nuls)

L'ordinateur que vous possédez, ou que vous envisagez d'acheter, est un PC. Il existe beaucoup de types d'ordinateurs, des superordinateurs occupant l'étage entier d'un bâtiment aux ordinateurs de poche. Mais le plus courant est le PC.

PC sont les initiales de *Personal Computer*, ordinateur personnel, par référence à l'ancêtre de toute la lignée, le PC d'IBM apparu au milieu des années 1980. Un PC est un *micro-ordinateur.* De tous les micro-ordinateurs qui ont vu le jour, le PC est incontestablement le plus populaire.

Un PC est aujourd'hui tout ordinateur capable de tourner sous le système d'exploitation Windows. Il existe de subtiles différences entre les matériels, selon les fabricants, mais en règle générale un ordinateur équipé de Windows est forcément un PC (cela n'inclut pas les machines à coudre, trottinettes ou respirateurs artificiels susceptibles de tourner sous Windows).

- Qu'on se le dise : un PC n'est pas un Macintosh. Si vous avez un Mac, vous devrez lire l'un des nombreux *Pour les Nuls* consacrés aux Mac et à OS X, leur système d'exploitation.
- Si vous avez un PC portable, je vous recommande *PC portables pour les Nuls*, de mon ami Dan Gookin.

# Un PC peut-il exploser ?

J'ai le plaisir de vous annoncer qu'un PC ne peut pas exploser. Enfin, pas dans les conditions de fonctionnement normales... En revanche, il peut vous faire tourner en bourrique.

Un ordinateur n'est pas le diable. Il n'héberge aucun mauvais esprit décidé à vous pourrir la vie. En fait, quand vous aurez compris ce qu'est un PC, il vous paraîtra plutôt bête.

# Chapitre 2
# Le tour de l'ordinateur

**DANS CE CHAPITRE :**

- **Les différents types de PC.**
- **L'équipement de base d'un PC.**
- **Ce qui se trouve sur le boîtier.**
- **Connecteurs, prises et orifices.**
- **Les symboles et les couleurs.**

Vous pensez sans doute que vingt-cinq ans après le commencement de la révolution micro-informatique, la plupart des gens savent à quoi ressemble un ordinateur. Détrompez-vous. Pour beaucoup, l'écran est l'ordinateur. Mais vous, sauriez-vous distinguer l'ordinateur de ses périphériques ?

Des deux composants d'un ordinateur, le matériel et les logiciels, c'est le matériel qui intéresse le plus les gens, bien que les logiciels soient le plus important. Ce chapitre donne une vue d'ensemble sur ce qu'est un PC et ce que l'on y trouve.

## Variations sur le thème du PC

Il n'existe pas plus de PC type qu'il n'existe de voiture type. Bien que l'on trouve des éléments communs sur tous les PC, et des éléments communs sur toutes les voitures, leur conception et leurs caractéristiques varient d'un fabricant à un autre. Voici un rapide aperçu des différents types de PC :

- **La mini-tour :** C'est la configuration la plus répandue. L'ordinateur se trouve dans un boîtier parallélépipédique en hauteur, posé sur ou sous le bureau.
- **L'ordinateur de bureau :** Semblable à la mini-tour, mais couché sur le côté, l'écran est posé dessus. Désigne aussi tout ordinateur utilisé en bureautique qui n'est pas un ordinateur portable.

» **La tour :** Boîtier dont la hauteur est souvent supérieure à 60 cm. Une tour contient suffisamment de place pour différents équipements. C'est la configuration de choix pour le matériel professionnel, notamment les serveurs de réseau. Les fanas d'informatique l'affectionnent aussi en raison de son évolutivité.

» **L'ordinateur portable :** Ordinateur compact, dans lequel l'écran est intégré. À quelques exceptions près, mentionnées dans ce livre, un ordinateur portable offre les mêmes fonctionnalités qu'un ordinateur de bureau.

» **Le mini pc :** Ordinateur ultra compact et extrêmement léger (parfois moins de 1 kilo), dans lequel l'écran (en général d'environ 9 pouces de diagonale) est intégré. A l'heure où nous écrivons ces lignes ces ordinateurs sont livrés avec Windows 10.

Le choix du type d'ordinateur dépend de vos besoins. Ceux qui s'en servent intensivement apprécient l'évolutivité des tours, voire des mini-tours. Les utilisateurs nomades préfèrent les portables.

## Le matériel de base

La Figure 2.1 montre un ordinateur type. Il est important d'appeler chaque chose par son nom (un chat est un chat).

**FIGURE 2.1** Un ordinateur de base mais complet.

**Unité centrale :** C'est le boîtier central, appelé aussi tout simplement « l'ordinateur », puisqu'il contient toute l'électronique de la bête, ainsi que divers boutons, voyants lumineux et prises en tous genres auxquelles vous branchez le restant de l'installation.

**Moniteur :** Périphérique de sortie arborant un bel écran. Appelé aussi tout simplement « écran ».

**Clavier :** Périphérique d'entrée comportant une centaine de touches. C'est le principal moyen de communication avec l'ordinateur.

**Souris :** Ni mulot ni Marsupilami, la souris est un périphérique fort utile pour sélectionner ou actionner des éléments à l'écran ou pour dessiner.

Enceintes : Sans elles, le PC n'émettrait que de lamentables *bips*. Parfois intégrées à l'unité centrale ou au moniteur, les enceintes restituent un son digne de ce nom. En cassant votre tirelire, vous pourrez ajouter un caisson de basses qui fera trembler les fenêtres des voisins.

**Imprimante :** C'est grâce à elle que vous pouvez obtenir une « sortie imprimante » de vos textes et de vos images.

En plus de ces éléments de base, un ordinateur peut être équipé d'un scanneur, d'un disque dur externe, d'un modem à haut débit, d'une manette de jeu, ou communiquer avec un appareil photo numérique ou avec d'autres ordinateurs. Ce ne sont pas les options qui manquent !

Ce que ne montre pas la Figure 2.1, ni d'ailleurs les publicités, c'est la filasse qui s'étale à l'arrière d'un ordinateur. Un inextricable plat de nouilles !

- Sachez toujours où se trouvent les différents éléments d'un ordinateur. Si l'imprimante n'est pas à côté, elle est peut-être dans une autre pièce, reliée au réseau informatique.
- Incroyable mais vrai : des gens croient encore que l'écran est l'ordinateur (NdT : les possesseurs d'un iMac G5 et de certains PC sont excusés, car l'unité centrale et l'écran forment effectivement un ensemble).
- Les différents éléments de la Figure 2.1 sont décrits en détail dans la Deuxième partie du livre.
- Vous entendrez parfois le terme CPU. Ce sont les initiales de *Central Processing Unit*, unité de traitement centrale, autrement dit : microprocesseur. Ceux qui emploient ce terme à la place d'« unité centrale », en général pour frimer, se trompent.

La Figure 2.2 vous montre le top en matière de configuration pour les accrocs du jeu vidéo.

La Figure 2.3 montre un ordinateur portable avec sa housse de transport. Les portables d'aujourd'hui offrent une puissance quasiment équivalente à celle des machines de bureau et leurs ventes explosent d'année en année.

## Les portables, une race un peu à part

On distingue plusieurs catégories de portables, vous ferez votre choix au moment de l'achat en fonction de vos besoins spécifiques et bien entendu de votre budget.

**FIGURE 2.2**
Un ordinateur pour les fondus de jeu vidéo.

**FIGURE 2.3**
Un ordinateur portable et sa housse.

## Les ordinateurs transportables

Ces ordinateurs sont destinés à remplacer les ordinateurs de bureau en offrant des performances d'un niveau égal aux meilleurs modèles fixes. Ils possèdent des écrans d'une taille allant de 16 à 19 pouces souvent au format 16/9e. Ces ordinateurs possèdent une connectique digne d'un PC de bureau, sorties vidéo, multiples USB, port FireWire, etc. L'inconvénient de ce type de machine est un poids élevé et une autonomie restreinte due à l'emploi de composants très puissant mais très gourmands en énergie. La Figure 2.4 vous montre un transportable haut de gamme.

**FIGURE 2.4** Un ordinateur transportable.

## Les ordinateurs portables standard

Cette catégorie est de loin la plus riche en gamme et en prix. Ces ordinateurs pèsent entre 2 et trois kilos et possèdent des écrans dont la taille varie entre 12 et 17 pouces (et même plus de 18 pouces pour les portables de gamers). Ce sont les modèles les plus vendus et c'est dans cette gamme que l'on trouve le plus de différences entre les modèles. Ces ordinateurs possèdent des processeurs allant du Céléron d'Intel pour les modèles de base, jusqu'au processeur Intel i7 pour les modèles les plus onéreux. La Figure 2.5 montre un ordinateur portable standard.

## Les ordinateurs ultra-portables

Ordinateurs possèdent des dimensions réduites et un poids qui permet de les transporter très facilement. Ils disposent d'écrans dont la taille est comprise entre 10 et 13 pouces, Ils possèdent toutes les connexions de base mais n'offrent pas autant de possibilités que les modèles cités plus haut. Leurs poids varient entre 1,5 et 2k. Les modèles les plus évolués ont une autonomie élevée. Ces modèles peuvent être installés dans des stations d'accueil au bureau afin de les connecter à des grands écrans et pour pouvoir utiliser un clavier standard pour la saisie. La Figure 2.6 montre un ordinateur de type ultra-portable et la Figure 2.7, une station d'accueil.

**FIGURE 2.5**
Un modèle de type portable standard.

**FIGURE 2.6**
Un ultra-portable, c'est encore plus petit.

**FIGURE 2.7** Une station d'accueil avec ses connecteurs.

## Les Tablettes

Ces ordinateurs sont une sorte de croisement entre un PDA et un ordinateur portable standard, ils sont équipés d'un écran tactile qui permet d'accéder à toutes leurs fonctionnalités. Ce sont des machines chères qui commencent à trouver leur public en Europe. La Figure 2.8 montre une tablette Acer animée par un microprocesseur AMD double cœur, et équipée d'un écran de 10,1 pouces WXGA, 2 Go de mémoire vive DDR3, un disque dur de 32 Go, une Webcam et un microphone.

**FIGURE 2.8** Les tablettes... un complément au PC portable ou de bureau.

# Un coup d'œil à l'unité centrale

L'unité centrale, qui est en réalité l'ordinateur, n'est pas indépendante. C'est en effet à cet élément que vous branchez tout le fourbi qui constitue votre installation informatique. À cette fin, l'unité centrale est constellée d'un grand nombre de prises et de connecteurs, parfois cachés derrière une porte. Placé aussi en évidence que la cerise sur le gâteau, se trouve le bouton d'allumage et d'extinction. Voyons cela de plus près :

» Trouvez sur votre PC tous les éléments mentionnés dans cette section. Sachez où ils se trouvent et connaissez leur nom officiel (celui de la documentation).

» Toutes les unités centrales ne sont pas pareilles. Cette section n'est qu'un guide général.

## En façade de l'unité centrale

Vous accédez à la façade de l'unité centrale pour interagir avec l'ordinateur en insérant ou retirant des CD ou des disquettes, en observant les témoins lumineux, en appuyant sur des boutons et en branchant parfois un accessoire plus ou moins particulier.

Référez-vous à la Figure 2.9 pour identifier les éléments suivants :

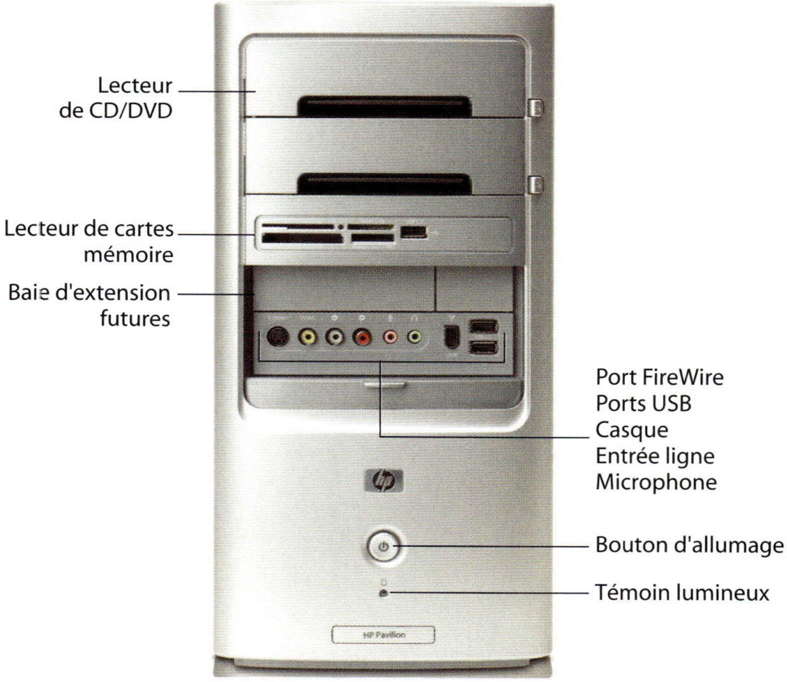


**FIGURE 2.9** La face avant de l'unité centrale.

**Lecteur de CD/DVD/Blu-ray :** À l'instar d'un lecteur de CD ou de DVD de salon, le PC est équipé en façade d'un tiroir coulissant servant à insérer et éjecter les disques compacts. Certains ordinateurs sont équipés de deux lecteurs (un lecteur et un lecteur/graveur), d'autres n'ont qu'un lecteur/graveur. À noter que les plus pointus possèdent un graveur de CD/DVD/Blu-ray pour graver vos films en haute définition sur un support Blu-ray.

**Baies d'extensions futures :** Des caches en plastique masquent des orifices de la taille d'un lecteur de CD ou de disquettes. Ce sont des emplacements destinés à recevoir les périphériques que vous ajouterez peut-être.

**Lecteur de disquettes :** Vous y insérez les disquettes. Aujourd'hui, tous les ordinateurs n'en sont plus équipés (NdT : il est toutefois possible de brancher des lecteurs de disquettes externes USB).

**Fanons d'aération :** C'est par là qu'entre l'air qui contribue à refroidir l'ordinateur. Ne les bouchez pas avec des Post-It ou des livres placés tout contre.

**Trappe des connecteurs :** Des ordinateurs domestiques sont équipés d'une trappe qui masque les inesthétiques connecteurs. Vous y trouverez des prises pour la manette de jeu, le microphone, le casque et autres accessoires que vous utilisez de temps en temps.

**Boutons et voyants :** La plupart des boutons d'un ordinateur se trouvent sur le clavier. Les plus importants se trouvent cependant sur l'unité centrale, parfois agrémentés de voyants lumineux plus ou moins bizarroïdes. Ce sont notamment :

» **Le bouton Marche/Arrêt :** Il sert à allumer et à éteindre l'ordinateur.

» **Le bouton de réinitialisation :** Devenu rare sur les modèles récents, ce bouton oblige l'ordinateur à redémarrer sans avoir à utiliser le bouton Marche/Arrêt, ce qui évite de malmener l'alimentation. Si l'ordinateur est dépourvu de bouton de réinitialisation, appuyer cinq secondes sur le bouton Marche/Arrêt produit le même résultat.

» **Le bouton de mise en veille :** Ce bouton rarissime plonge l'ordinateur dans une profonde léthargie. Son activité est suspendue sans avoir à l'éteindre. Sur certains PC, ce bouton et le bouton Marche/Arrêt sont les mêmes.

» **Les témoins de disques :** Ils clignotent irrégulièrement selon l'activité du disque dur ou de la disquette, prouvant ainsi qu'il se passe quelque chose. Sur les lecteurs externes, le témoin indique que l'ordinateur lit ou écrit des données.

D'autres éléments peuvent orner la façade de l'ordinateur. La plupart sont spécifiques à telle ou telle marque d'ordinateur.

Le logo du constructeur et parfois celui du fabricant du microprocesseur.

» Un autocollant arborant le numéro de série de Windows (NdT : recopiez-le dès à présent sur papier – pas dans un fichier informatique ! – pour le cas où il vous serait demandé par l'ordinateur, ce qui arrivera tôt ou tard).

» Pour en savoir plus sur les connecteurs planqués sous la trappe, reportez-vous à la section « Le panneau des E/S », plus loin dans ce chapitre.

» Ne bouchez pas les fanons d'aération car l'ordinateur chaufferait exagérément, au risque d'abîmer les composants internes.

Le témoin lumineux du disque dur peut être rouge, vert ou jaune. Il clignote lorsque le disque est utilisé et ne signale aucunement un dysfonctionnement. Au contraire, le clignotement prouve que le disque dur fait son travail.

## L'arrière de l'unité centrale

L'arrière de l'unité centrale est bien pourvu. C'est là que se trouvent les divers connecteurs auxquels vous branchez la foultitude de vos périphériques : le moniteur, le clavier, la souris, les enceintes, bref, tout ce que vous avez extrait de l'emballage du PC.

Basez-vous sur la Figure 2.10 pour identifier les principaux éléments qui agrémentent l'arrière du PC. Notez que certains peuvent se présenter différemment, et que d'autres peuvent ne pas s'y trouver.

**Prise secteur :** C'est là que vous branchez le cordon d'alimentation relié à la prise électrique.

**Ventilateur :** Il évacue l'air chaud de l'unité centrale et favorise l'aspiration d'air frais à travers les fanons d'aération.

**Commutateur de voltage :** Rare. S'il existe, veillez à ce qu'il affiche le voltage en vigueur là où vous utilisez l'ordinateur.

Baies d'extension : Donnent accès aux *cartes d'extension* que vous installerez éventuellement dans votre PC : carte vidéo, graphique, audio… Lorsqu'une baie n'est pas utilisée, elle est masquée par un opercule en fer.

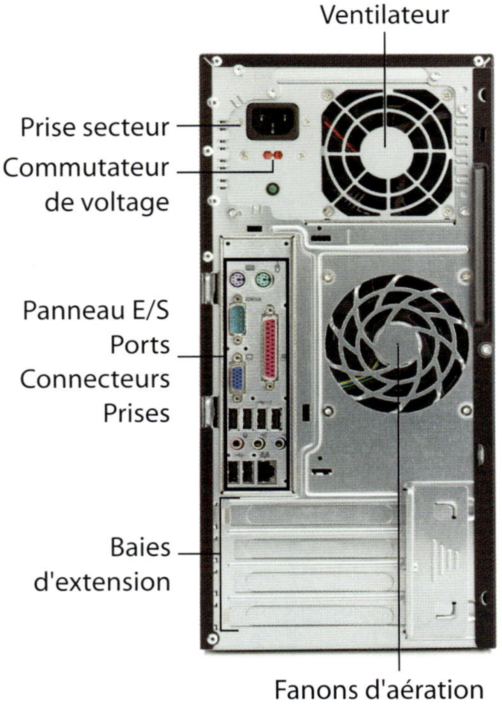


**FIGURE 2.10** Les principaux éléments à l'arrière de l'unité centrale.

**Fanons d'aération :** Entrées d'air favorisant le refroidissement de l'intérieur de l'unité centrale.

**Panneau des entrées/sorties :** Hormis le cordon d'alimentation et ce qui se branche aux cartes d'extension, c'est là que vous brancherez bon nombre de périphériques. Les détails sont fournis dans la prochaine section.

## Le panneau E/S

Que ce soit pour réunir tous les connecteurs en un seul endroit ou seulement pour en rajouter à l'inextricable enchevêtrement de câbles, tout PC de bureau est équipé d'un panneau des entrées/sorties, généralement placé à l'arrière du boîtier. C'est là que vous branchez le matériel que montre la Figure 2.1.

La Figure 2.11 montre un panneau type, tous ne sont pas représentés car tout dépend de votre configuration et du matériel installé sur votre machine. Les connecteurs sont parfois identifiés par du texte ou par l'un des symboles du Tableau 2.1.

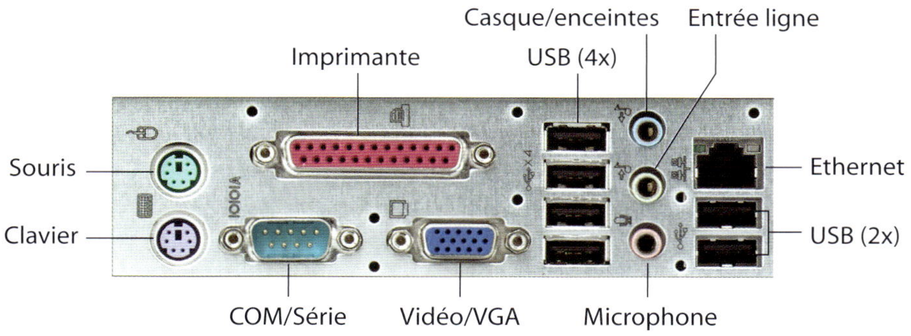


**FIGURE 2.11** Les connecteurs standards du panneau des entrées/sorties.

**Connecteur du clavier :** C'est dans cette prise au format mini-DIN que vous branchez le clavier.

**Connecteur pour la souris :** Il est identique au connecteur du clavier. Généralement, une icône en forme de clavier ou de souris différencie les deux prises (NdT : il existe un moyen mnémotechnique pour reconnaître le connecteur de la souris. Il est vert, comme dans la comptine « Une souris verte… »).

Ports USB : Cette prise rectangulaire reçoit les périphériques USB (*Universal Serial Bus*, bus série universel).

**Ports Série ou COM :** Un PC a au moins un de ces ports, nommé COM1. Il peut en exister d'autres, numérotés COM1, COM2, etc.

**Connecteur Vidéo/VGA :** Vous branchez le cordon vidéo du moniteur dans cette prise à 15 broches. Une seconde prise vidéo peut se trouver juste à côté, réservée aux écrans plats numériques. Le plus souvent, ces connecteurs se trouvent sur la carte d'extension vidéo, et non sur le panneau E/S.

**Entrée et sortie SPDIF :** Ces connecteurs reçoivent le câble à fibre optique utilisé pour l'audio numérique. Le son arrive dans la prise parfois marquée In, et sort par la prise parfois marquée Out.

Jack du microphone : Vous branchez là le microphone utilisé pour enregistrer du son, ou pour la téléphonie sur l'Internet (pour un *chat* sauvage, par exemple).

**Jack de l'entrée Ligne :** Vous y branchez une chaîne stéréo ou un magnétoscope afin de récupérer leur son.

**Jack de la sortie audio :** C'est là que vous branchez le casque audio ou les enceintes sonores. Il se trouve parfois sous la trappe située en façade.

**Modem téléphonique :** Vous insérez dans cette prise au format RJ-11 le câble qui est branché, à l'autre extrémité, dans la prise du téléphone. Parfois, une seconde prise RJ-11 est prévue. C'est un dédoublement permettant d'y brancher le téléphone. Il n'est cependant pas possible d'utiliser à la fois le combiné et le modem. La prise RJ-11 ne sert pas à brancher un modem ADSL ou câble.

**Connecteur Ethernet :** Cette prise au format RJ-45, un peu plus grande que celle du téléphone, sert aux connexions avec un réseau local. C'est là aussi que vous branchez un modem à haut débit. Tous les ordinateurs ne sont pas équipés d'une prise RJ-45.

**Port imprimante :** Vous branchez l'imprimante sur ce gros connecteur.

**Les ports FireWire :** Comparable au port USB, le port FireWire est destiné aux connexions avec un disque dur externe, un appareil photo ou un caméscope numérique, etc. L'étiquette IEEE qui l'identifie parfois fait allusion à son standard : IEEE 1396. Il existe deux types de connecteur : FireWire à 6 broches et i-Link à 4 broches, utilisé pour la vidéo numérique.

Les connecteurs suivants, non représentés Figure 2.11, sont présents sur divers PC :

**S-Vidéo Out :** Si le PC est équipé d'un lecteur de DVD, ce connecteur de sortie permet de le relier à un téléviseur.

**HDMI :** De plus en plus de PC sont équipé d'un port HDMI qui permet de diffuser des images en HD. Ceci est d'autant plus utile lorsque votre PC est équipé d'un lecteur Blu-ray. Ainsi, vous profitez, sur un ordinateur, de l'excellente qualité HD de vos films.

**Port Joystick :** Ce connecteur à 15 broches a longtemps servi à brancher une manette de jeu (certains PC en possédaient même deux). Toutes les manettes ayant opté pour le port USB, ce connecteur est devenu obsolète.

Le point positif ? Vous branchez tout cet attirail une fois pour toutes.

Les connecteurs du clavier et de la souris ne sont pas interchangeables ! Branchés au mauvais endroit, ils ne fonctionneront pas. Pour la couleur du connecteur, souvenez-vous de la souris verte de la chanson.

## Des symboles et des couleurs

Bien que les divers connecteurs des PC soient très différents les uns des autres, les fabricants se sont mis d'accord sur les symboles et les couleurs à utiliser, que présente le Tableau 2.1.

**TABLEAU 2.1** Symboles et couleurs des connecteurs.

| Nom | Connecteur | Symbole | Couleur |
|---|---|---|---|
| COM/Série | 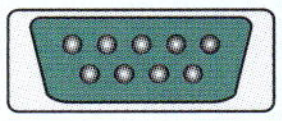 |  | Cyan |
| Vidéo numérique | 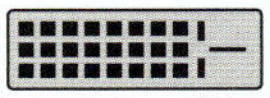 | 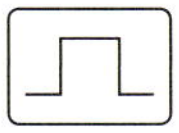 | Blanc |
| Ethernet/RJ-45 |  | 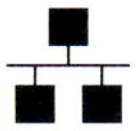 | - |
| FireWire |  |  | - |
| FireWire mini |  |  | - |
| Infrarouge |  |  | - |
| Joystick |  |  | Moutarde |
| Clavier |  | 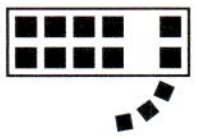 | Pourpre |
| Entrée ligne audio |  | 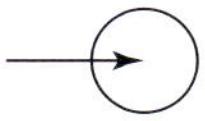 | Gris |
| Microphone |  |  | Rose |
| RJ-11/modem |  |  | - |

| Nom | Connecteur | Symbole | Couleur |
| --- | --- | --- | --- |
| Moniteur (écran) | 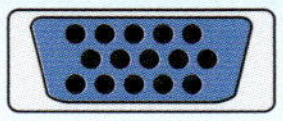 |  | Bleu |
| Souris |  |  | Vert |
| Secteur |  |  | Jaune |
| | | | |
| Imprimante |  | 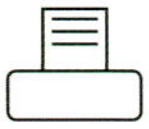 | Violet |
| SPDIF In |  | IN | Rose/blanc |
| SPDIF Out |  | OUT | Noir |
| Casque/enceintes |  |  | Citron |
| S-Vidéo |  |  | Jaune |
| USB | 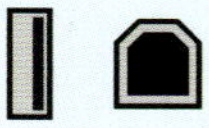 | 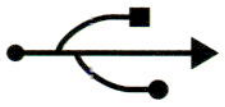 | - |
| HDMI |  |  | |

# Chapitre 3
# Soyons branchés

**DANS CE CHAPITRE :**

- » **Assembler les éléments de l'ordinateur.**
- » **S'en sortir dans la filasse.**
- » **Brancher tout le fourbi.**
- » **Utiliser une barrette d'alimentation.**
- » **Utiliser un onduleur.**

Assembler tous les éléments d'un ordinateur n'est pas bien compliqué. Un enfant y parviendrait. Enfin, un enfant un peu doué...

Ce chapitre explique comment monter l'ordinateur, c'est-à-dire comment brancher tout ce qui est fourni avec. Ce n'est pas plus difficile que de brancher A dans B, à condition de savoir qui est A et où se trouve B.

Ce chapitre est consacré à l'assemblage des éléments de base de l'ordinateur. La mise en marche de la bête est expliquée au Chapitre 4.

## Le montage du PC

Vous allez être emballé : un PC fonctionne mieux quand il est déballé.

### Le grand déballage

Un ordinateur est livré dans un ou plusieurs cartons. Avec un peu de chance, tout est dans la même boîte. Sinon, commencez par ouvrir celle contenant l'unité centrale.

Assurez-vous d'avoir bien tout extrait de la boîte. Certains fabricants cachent des éléments importants sous la mousse de calage du fond, ou entre les cales. Regardez soigneusement partout.

Ouvrez toutes les boîtes qui se trouvent dans le carton et assurez-vous d'avoir toutes les pièces nécessaires. Reportez-vous au Chapitre 2 ou, mieux, à la documentation de l'ordinateur pour connaître ces pièces. Si l'une manque, appelez immédiatement le magasin.

- Conservez le bon de commande, le bon de livraison, la garantie et autres documents importants.
- Ne remplissez pas le bon de garantie avant que l'ordinateur ait été installé et essayé. Car si vous devez le rapporter au magasin, il est préférable que la carte de garantie soit vierge.
- Conservez l'emballage et les cales en mousse, pour le cas où vous devriez rapporter l'ordinateur. Le carton d'origine est le moyen le plus sûr de transporter le matériel.
- Si votre ordinateur est livré avec un schéma et des instructions de montage, basez-vous sur ce document et ne considérez les informations qui suivent que comme des suggestions.

## Installez d'abord l'unité centrale

L'unité centrale étant, comme son nom l'indique, au cœur de votre installation, placez-la près de l'endroit qui lui est destiné.

Arrangez-vous pour que la face arrière soit accessible, car vous devrez y connecter bon nombre d'éléments. Prévoyez de la place entre l'ordinateur et le mur afin de ne pas coincer les câbles.

- L'unité centrale doit être ventilée. Ne la placez pas dans un endroit confiné, ou dans une armoire où l'air ne circule pas.
- N'exposez pas l'unité centrale au soleil. Un ordinateur supporte mal une forte chaleur ou le grand froid.
- Placé près d'une fenêtre d'un rez-de-chaussée, un ordinateur peut tenter un voleur.

### C'EST UN PC, PAS UN FOUR OU UN RÉFRIGÉRATEUR

Un PC apprécie les climats tempérés. Il est étudié pour fonctionner entre 4 et 27 °C. En cas de canicule, l'ordinateur se comporte bizarrement : son processeur ralentit, d'où des lenteurs d'exécution, ou encore il redémarre spontanément. Si la température est très faible, le PC peut refuser de démarrer.

Le PC déteste l'humidité. J'ai entendu parler d'ordinateurs qui moisissaient sous les tropiques. Si vous habitez dans une région humide, installez le PC dans une pièce climatisée.

## CONNAÎTRE LES CÂBLES

Sauf si votre ordinateur contient des équipements sans fil, les périphériques sont reliés à l'unité centrale par des câbles. Un câble se branche dans un connecteur appelé port, et la longueur du câble est variable. Par exemple, il existe des câbles USB pour port USB de diverses longueurs.

Les extrémités d'un câble sont conçues pour éviter toute erreur de branchement. Généralement, l'extrémité qui se branche à l'unité centrale a une forme donnée, et celle qui se branche au périphérique a une autre forme. Certains câbles peuvent cependant être branchés dans le sens que vous voulez.

Certains câbles, comme celui de la souris ou du clavier, sont fixés à demeure au périphérique. D'autres, comme celui de l'imprimante, peuvent être ôtés.

Des câbles supplémentaires peuvent être achetés. Pour estimer la longueur d'un câble, mesurez la distance qui sépare les deux prises et doublez-la. Par exemple, si un microphone est utilisé à 60 cm de l'unité centrale, achetez un câble de 1,20 m.

# Le guide de branchement pour utilisateurs branchés

Les principaux éléments de l'ordinateur se branchent directement à l'unité centrale. Mais auparavant il faut déballer tout cet attirail.

Pour le moment, ne branchez strictement rien à la prise électrique. Tout au long de l'installation de votre équipement, l'interrupteur doit être sur Arrêt, ou alors le cordon d'alimentation doit être débranché.

Sauf indication contraire, la plupart des équipements peuvent être connectés à l'ordinateur pendant qu'il est allumé (NdT : c'est ce que l'on appelle un « branchement à chaud »). Mais il y a des exceptions à cette règle. C'est pourquoi vous devez lire attentivement cette section.

## Audio

Le connecteur audio des PC est généralement un jack stéréo de 3,5 mm utilisable avec la plupart des enceintes et microphones légers. Un adaptateur peut être acheté si le jack d'un équipement est trop grand.

- Les enceintes du PC se connectent à la prise Sortie ligne, Haut-parleur ou Casque de l'unité centrale.
- Le microphone se connecte à la prise prévue à cet effet.
- Le connecteur Entrée ligne sert à connecter des sources audio non amplifiées : chaîne stéréo, magnétoscope, platine tourne-disque, moulin à café ou autre engin bruyant.

- Eh oui ! la différence entre Entrée ligne et Microphone est que le périphérique branché à l'entrée ligne n'est pas amplifié.
- Voyez s'il n'existe pas une prise Microphone à l'avant de l'unité centrale. Cet emplacement est plus commode qu'à l'arrière.
- Si le PC est équipé d'un lecteur de DVD, branchez les enceintes à la prise de ce lecteur, plutôt qu'à la sortie audio du panneau E/S.

## Audio optique

Les nouveaux connecteurs SPDIF permettent d'utiliser des périphériques audio numériques. Ils doivent être équipés de connecteurs SPDIF et vous devez utiliser un câble optique assez onéreux.

- Branchez l'entrée audio optique au connecteur SPDIF In de l'ordinateur. Pour utiliser la sortie audio optique de l'ordinateur, branchez le câble au connecteur SPDIF Out.
- Veillez à ne pas toucher, cogner ou rayer l'extrémité en verre de la fibre optique. Les câbles de bonne qualité sont livrés avec un capuchon protecteur que vous laissez en place lorsqu'ils ne sont pas branchés.
- L'audio optique est facultatif.

SPDIF signifie *Sony/Philips Digital Interconnect Format* (format d'interconnexion numérique Sony/Philips). Il est parfois écrit sous la forme S/PDIF ou S/P-DIF.

## Clavier et souris

Le clavier se branche à l'arrière de l'unité centrale, de même que la souris. Remarquez que les deux ports sont du même type (mini-DIN à 6 broches), mais de couleur différente. Ne les confondez pas, car le matériel ne fonctionnerait pas.

- Si vous utilisez un clavier ou une souris USB, branchez-le à un port USB.
- Certains claviers ou souris USB sont livrés avec adaptateur pour les brancher au connecteur mini-DIN. Utilisez-le, car vous libérerez ainsi un port USB pour d'autres usages.
- Ne branchez jamais un clavier ou une souris dans le port mini-DIN pendant que l'ordinateur est allumé, car vous risqueriez d'endommager l'ordinateur, le clavier ou la souris. Cette mise en garde ne concerne pas le port USB.

## FireWire

Sur un PC, le port FireWire sert principalement à connecter des périphériques audiovisuels, le caméscope numérique étant le plus connu. Des disques durs externes et des scanneurs peuvent eux aussi être branchés à ce port.

Beaucoup de PC n'étant pas équipés d'un port FireWire, c'est le port USB qui est alors utilisé. Mais si un port FireWire est indispensable, sachez qu'il est possible d'ajouter une carte d'extension qui en est équipée.

Un périphérique FireWire peut être branché à l'ordinateur à n'importe quel moment, même si ce dernier est allumé. Vérifiez cependant dans la documentation du périphérique que cette règle est respectée.

- Il existe deux types de connecteurs FireWire : à 4 broches et à 6 broches. Le premier, appelé aussi i-Link, principalement utilisé pour la vidéo numérique, est souvent étiqueté DV (*Digital Video*). Vérifiez ce point en soulevant éventuellement la trappe à l'avant du PC, s'il en a une.
- Les périphériques FireWire exigent un câble FireWire, qui n'est pas toujours livré avec l'appareil.

## Imprimante

Sauf si elle est de type USB, auquel cas elle se branche sur un port USB, une imprimante se branche au port Imprimante de l'unité centrale. Les extrémités du câble sont très différentes, ce qui évite de se tromper.

- Si une imprimante offre à la fois une connexion Imprimante et une connexion USB, privilégiez l'option USB.

  NdT : Le port Imprimante est plus communément appelé « port parallèle », ou encore Centronics, du nom de la société qui l'a mis au point.
- Assurez-vous que le câble de l'imprimante est bidirectionnel. C'est souvent indispensable pour que le logiciel d'impression fonctionne correctement.
- L'accès à l'imprimante peut s'effectuer au travers d'un réseau. Reportez-vous à la troisième partie pour en savoir plus sur la mise en réseau.

## Modem

Un modem téléphonique se connecte au réseau téléphonique par un cordon de téléphone standard (très certainement livré avec la PC) branché à demeure à la prise de type RJ-11. Le modem « raccroche » à la fin d'une connexion, comme un téléphone classique.

Si le PC est équipé d'une seconde prise RJ-11, branchez-y votre téléphone. Vous pourrez ainsi l'utiliser sans voir à débrancher le câble du modem de la prise murale. Les modems externes sont équipés d'un interrupteur marche-arrêt.

- Les modems à haut débit – ADSL, câble ou satellite – se branchent dans la prise Réseau. Reportez-vous à la section « Réseau », un peu plus loin dans ce chapitre.

- Vous ne risquez pas de confondre la prise téléphonique RJ-11 avec la prise de réseau RJ-45, car cette dernière est nettement plus grande.

## Moniteur

Communément appelé « écran », le moniteur se branche à la prise VGA de la carte graphique, à l'arrière de l'unité centrale. Si le moniteur est numérique, branchez-le au connecteur numérique (ou DVI), s'il en existe un. Certains moniteurs sont équipés de connexions VGA et DVI, ou d'un adaptateur DVI-VGA.

Si l'unité centrale est équipée de deux connecteurs VGA, utilisez celui de la carte graphique plutôt que celui du panneau E/S.

## Réseau

Branchez le câble de réseau – souvent de type Cat-5 (catégorie 5) – dans la prise RJ-45 à l'arrière de l'unité centrale. Elle sert aussi à connecter un modem à haut débit.

La mise en réseau d'ordinateurs est décrite dans la troisième partie du livre.

## S-Vidéo

Le connecteur S-Vidéo sert à envoyer un signal vidéo de l'ordinateur vers un téléviseur ou vers n'importe quel appareil équipé d'une entrée S-Vidéo. Vous pourrez ainsi connecter l'ordinateur à un écran de télé grand format pour jouer à un jeu vidéo. C'est plus spectaculaire que sur un écran informatique.

La connexion S-Vidéo ne transmet que l'image, pas le son.

## Série

Le port Série, ou COM, n'est plus aussi populaire qu'autrefois. Vous trouverez cependant des modems téléphoniques et des souris qui s'y branchent.

- COM est l'abréviation de *communication.*
- Si plusieurs ports COM sont présents, ils sont numérotés COM1, COM2, etc.
- Le port Série est aussi appelé « port RS-232C », du nom de sa norme.

## USB

Un périphérique USB se branche à l'un des ports USB de l'unité centrale ou, si l'ordinateur en manque, à un réplicateur USB autoalimenté ou alimenté par un transformateur.

Un câble USB possède deux extrémités distinctes, A et B. Le connecteur de type A, plat, se branche à l'ordinateur, tandis que le connecteur de type B, trapézoïdal, se branche au périphérique. La plupart des câbles sont de type A-B, mais il existe des rallonges A-A. Ne les confondez pas.

- » C'est probablement par un câble USB que vous connecterez votre appareil photo numérique ou votre scanneur à l'ordinateur.
- » Bon nombre de périphériques USB sont équipés d'un réplicateur de ports USB, ce qui permet de brancher encore plus d'équipements.
- » Les câbles USB existent en diverses longueurs, mais jamais plus de 3 ou 4 mètres. Au-delà, le signal n'est plus assez puissant.
- » Les ports USB au standard 2.0 High Speed sont plus de quarante fois plus rapides que les ports USB 1.0 et 1.1. Gare à l'arnaque avec le standard 2.0 Full Speed, qui n'est pas plus rapide que l'USB 1.1 ! La plupart des PC sont dotés de plusieurs ports USB 2.0 High Speed. Si ce n'est pas le cas du vôtre, vous pouvez en ajouter grâce à une carte d'extension.
- » Des périphériques USB peuvent être branchés ou débranchés « à chaud », c'est-à-dire pendant que l'ordinateur est allumé. Il reconnaît aussitôt le périphérique, qui est immédiatement utilisable.
- » Certains périphériques USB ne doivent pas être débranchés avant que l'ordinateur ait fini de les utiliser.

## Les connexions sans fil

Le « sans fil » ne signifie pas qu'il n'y a plus de fil. Un clavier ou une souris sans fil n'ont certes plus de fil à la patte, mais le transmetteur, lui, est relié à l'unité centrale par un câble USB, FireWire ou réseau. Mais, en fin de compte, il y a quand même moins de filasse.

C'est pareil pour le réseau sans fil, qui est plus ou moins sans fil. L'adaptateur installé sur l'unité centrale possède une petite antenne, mais ailleurs sur le réseau, une liaison filaire sera nécessaire.

# On envoie le jus !

Après avoir branché tous les équipements à l'unité centrale, il ne reste plus qu'à brancher l'ordinateur à la prise de courant. Car il lui faut de l'énergie pour fonctionner.

## L'indispensable barrette

Vous remarquerez sans doute que vous avez plus d'équipements à brancher que vous n'avez de prises électriques au mur. Pas de problème, car c'est bien pour cela que les barrettes multiprises ont été inventées ! Il suffit de tout brancher dessus et de brancher la barrette au mur, comme l'illustre la Figure 3.1.

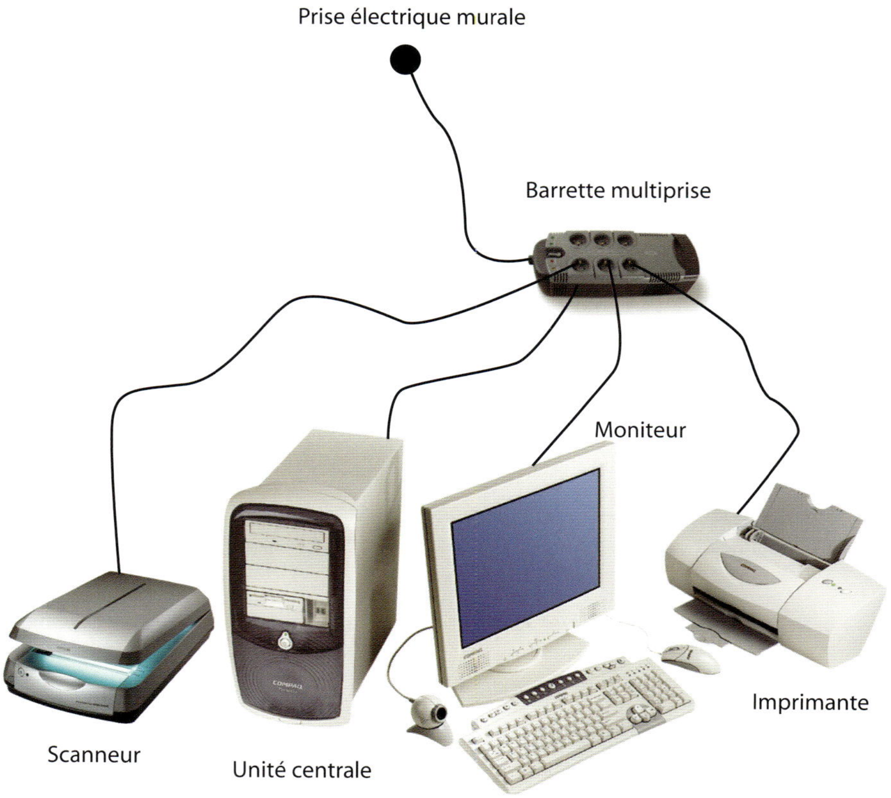


**FIGURE 3.1** Branchez tout comme ceci.

Procédez comme suit :

1. **Assurez-vous que l'interrupteur de chaque équipement est en position Arrêt.**
2. **Vérifiez que l'interrupteur de la barrette est en position Arrêt.**
3. **Branchez tout à la barrette multiprise.**
4. **Mettez l'interrupteur de chacun des équipements en position Marche.**

Vous êtes maintenant prêt à allumer l'ordinateur en appuyant sur l'interrupteur de la barrette multiprise. Mais ne le faites pas ! La procédure préconisée se trouve au Chapitre 4. Avant d'en prendre connaissance, je vous recommande vivement de terminer la lecture de ce chapitre.

## SURTENSION, PICS ET FOUDRE

Le courant que fournissent vos prises électriques n'est pas aussi pur que de l'eau de roche. Il est en proie à différentes variations qui, de temps en temps, peuvent mettre le matériel en danger.

- **Chute de tension :** Abaissement plus ou moins brusque de la tension. Les lumières faiblissent et les moteurs électriques ralentissent.
- **Coupure de courant** : Interruption de l'alimentation électrique provenant d'une panne généralisée. Quand elle frappe toute une ville la nuit, comme à New York en 1965, l'effet sur la démographie se révèle neuf mois plus tard.
- **Parasites :** Interférences affectant le réseau électrique. Visibles sous forme de "neige", sur l'écran de la télé, lorsque le voisin se rase avec sa vieille tondeuse.
- **Pic :** Hausse brutale de la tension, produite entre autres par la foudre dans le voisinage (le coup de foudre, c'est autre chose).
- **Surtension :** Hausse progressive de la tension.

Une bonne barrette de protection contre les surtensions n'est pas donnée, mais elle en vaut la peine. Essayez de trouver une barrette équipée d'un régulateur de tension et qui protège aussi des parasites.

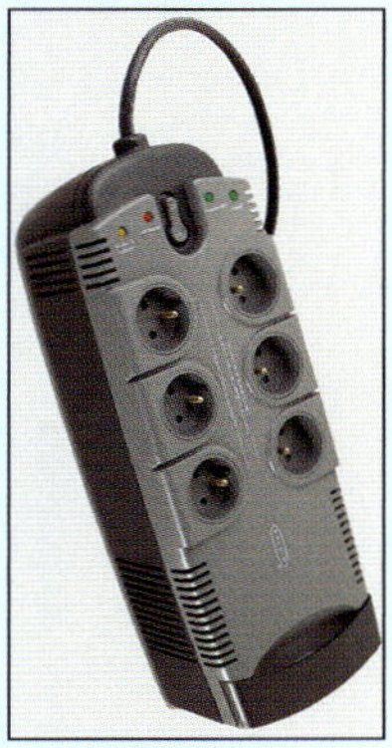

La protection la plus onéreuse est celle contre les pics de tension. La barrette doit être capable de réagir presque instantanément à une brusque surtension, avant qu'elle n'abîme le matériel.

Notez que les surtensions peuvent affecter non seulement le réseau électrique, mais aussi le réseau téléphonique. Si vous habitez dans une région où la foudre est fréquente, achetez une barrette qui protège aussi le modem, qu'il soit téléphonique ou à haut débit.

- La plupart des barrettes multiprises ont cinq ou six prises, ce qui est suffisant pour la plupart des ordinateurs. Au besoin, prévoyez une seconde barrette que vous brancherez à une autre prise murale.
- Essayez de trouver une barrette équipée d'un filtrage des parasites électriques ou, mieux, d'une barrette parasurtenseur. Elle est parfaite pour le matériel électronique.
- Je recommande la barrette Kensington SmartSocket. Contrairement aux barrettes bon marché, les prises sont bien espacées, ce qui facilite l'utilisation des transformateurs un peu encombrants.
- Ne chaînez pas les barrettes. C'est électriquement peu sûr (risque d'incendie).
- Ne branchez pas une imprimante laser sur une barrette multiprise. Ce matériel consomme beaucoup de courant, ce qui réduit la sécurité d'un tel branchement. Une imprimante laser doit être branchée directement à une prise murale (c'est du moins ce que préconise le manuel de la mienne).

## La protection par un onduleur

Un *onduleur* est essentiellement une barrette multiprise associée à une batterie qui continue d'alimenter l'ordinateur en cas de coupure de courant.

Il ne s'agit pas de continuer à travailler malgré la coupure de courant, comme si de rien n'était, mais de disposer de suffisamment de temps pour sauvegarder le travail et arrêter l'ordinateur comme il se doit. Vous ne risquez pas ainsi de perdre des données.

La Figure 3.2 montre l'emplacement de l'onduleur dans l'installation informatique. Sachez que des modèles d'onduleur sont équipés de prises qui ne sont pas alimentées par la batterie de secours, ce qui permet de brancher tout le matériel, même celui qui ne doit pas être protégé des coupures de courant. Dans ce cas, vous devez veiller que l'unité centrale et l'écran soient branchés à des prises alimentées par la batterie.

- Ne vous fiez pas au manuel. Un onduleur vous accorde peut-être cinq minutes pour finir votre travail. Dépêchez-vous d'enregistrer vos fichiers, quittez Windows, puis éteignez l'ordinateur dans les règles de l'art. Vous imprimerez, numériserez ou utiliserez le modem quand le courant sera revenu.
- Laissez l'onduleur branché en permanence. Ne l'éteignez que quand il n'y a plus de courant et que l'ordinateur a été correctement éteint.
- En plus d'une alimentation en urgence, l'onduleur protège efficacement votre équipement contre les surtensions et les instabilités électriques.

## L'utilisation d'un onduleur (petite scénette)

*Un grondement lointain retentit. La lumière vacille puis s'éteint. Roger est dans le noir, mais l'ordinateur est toujours allumé. L'onduleur couine toutes les* x *secondes. Félicia se précipite dans la pièce.*

**Félicia :** Il n'y a plus de courant ! Le soufflé que j'avais au four est foutu ! Et la photo urgente que tu retouchais dans Photoshop est sans doute perdue !

**Roger :** Mais non, chérie, je travaille encore dessus. L'onduleur a empêché l'unité centrale et l'écran de s'éteindre pendant la panne.

Félicia : C'est donc ça, les *bips* ?

**Roger :** Oui, l'onduleur bipe quand il n'y a plus de courant. C'est juste pour le cas où la coupure passerait inaperçue, en plein jour.

**Félicia :** Eh bien, dépêche-toi d'imprimer la photo !

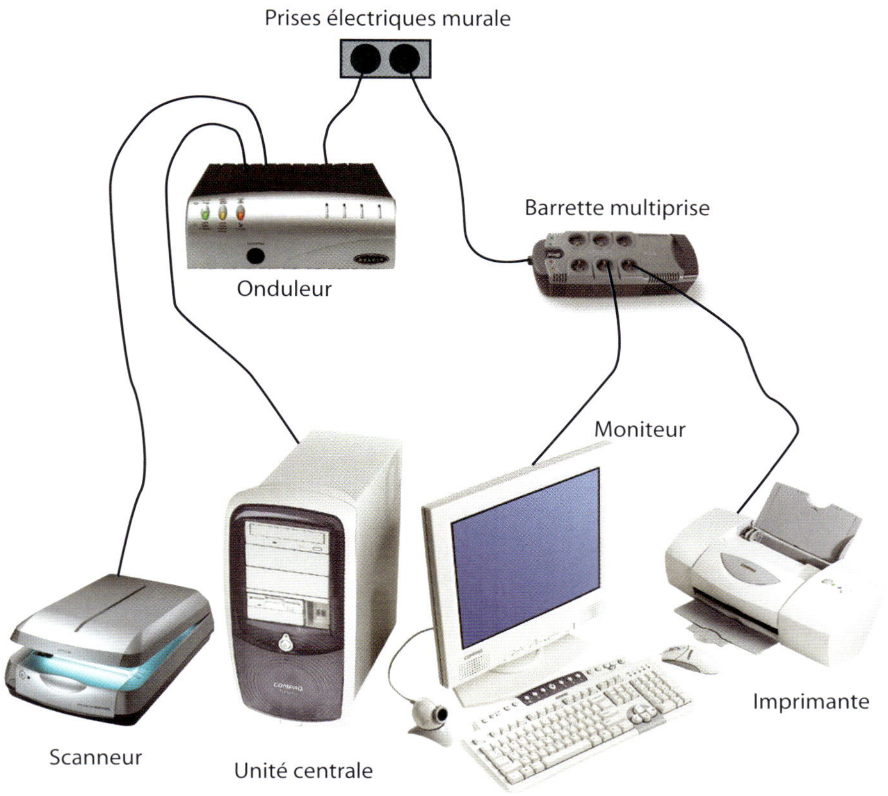


**FIGURE 3.2** Les branchements à un onduleur.

**Roger :** Ce n'est pas possible, car l'imprimante n'est pas alimentée par l'onduleur. Pour le moment, elle est en rade, comme ton four.

**Félicia :** Dépêche-toi, la batterie de l'onduleur ne va pas durer éternellement.

**Roger :** Cool, calme, zen ! Je fais un Ctrl+S pour enregistrer le travail sur le disque dur puis je ferme l'ordinateur.

*Roger quitte Windows et éteint l'ordinateur. Il coupe l'onduleur qui cesse de couiner.*

**Roger :** Eh bien voilà ! il ne reste plus qu'à attendre que l'orage passe.

**Félicia :** Je suis soufflée par ton savoir-faire.

Roger : C'est grâce au livre de Dan Gookin *Le PC pour les Nuls*, publié par les éditions First, le numéro 1 des collections informatiques.

**Félicia :** Quelle flagornerie ! Eh bien, prouve-moi maintenant en quoi tu es le numéro 1, parce qu'à mon avis le courant ne reviendra pas de sitôt et la télé n'est pas sur onduleur !

*Roger se rappelle qu'il est né quelques mois après la grande panne de courant de 1965. C'était autre chose qu'une panne de micro...*

Chapitre 4

# Démarrer avec le menu Démarrer

**DANS CE CHAPITRE :**

- **Démarrer Windows**
- **Se connecter à Windows**
- **Comprendre le menu Démarrer**
- **Passer d'une application à une autre**
- **Voir toutes les applications et tous les programmes**
- **Personnaliser le menu Démarrer**
- **Éteindre l'ordinateur**

Dans ce chapitre, je vais vous expliquer comment utiliser le menu Démarrer. Sur une tablette tactile, il emplit tout l'écran. Et ses grands pavés facilitent le mouvement de vos doigts. Sur un ordinateur de bureau, par contre, le menu Démarrer reste collé dans son coin d'écran. Et vous pouvez cliquer avec votre souris sur ses petits boutons et ses menus.

Dans tous les cas, ce chapitre vous montre comment obtenir du menu Démarrer ce pour quoi il est conçu : lancer vos programmes.

Si l'écran de votre ordinateur est tactile, substituez le mot *toucher* lorsqu'il s'agit de *cliquer,* et *double-toucher* pour *double-cliquer.* Quant au terme *clic du bouton droit,* remplacez-le par *le doigt maintenu sur l'écran.* Relevez le doigt lorsque le menu associé à cette action apparaît.

## Bienvenue dans le monde de Windows

Windows apparaît sitôt l'ordinateur allumé (enfin, presque aussitôt). Mais avant de pouvoir l'utiliser, il vous confronte à un écran qui fait barrage : l'écran de verrouillage que montre la Figure 4.1.

**FIGURE 4.1** L'écran de verrouillage protège l'ordinateur contre toute intrusion malveillante.

Depuis Windows 8, vous devez d'abord déverrouiller un écran avant de choisir le nom de votre compte et de saisir votre mot de passe.

La méthode de déverrouillage varie en fonction du mode de pointage que vous utilisez, c'est-à-dire une souris, un clavier ou un écran tactile :

- **Souris :** cliquez avec n'importe quel bouton.
- **Clavier :** appuyez sur n'importe quelle touche.

  La formulation « n'importe quelle touche » n'existe pas pour un clavier, c'est-à-dire que vous ne trouverez aucune touche portant ce nom. Vous comprenez alors que vous pouvez appuyer sur une touche quelconque du clavier. Mais attention, ne cherchez pas une touche libellée « Quelconque »... décidément, je ne m'en sortirai jamais !
- **Écran tactile :** effleurez vers le *haut*.

## CODE PIN OU MOT DE PASSE ?

Une commande Options de connexion se trouve sous le champ de saisie du mot de passe. Cliquer dessus affiche deux icônes permettant de choisir le type de mot de passe :

- **Code confidentiel :** vous utilisez un code PIN constitué d'un numéro à quatre chiffres. L'avantage de cette option est la rapidité de la saisie.
- **Mot de passe :** vous utilisez un mot de passe alphanumérique, constitué de lettres ou d'un mélange de lettres et de chiffres.

Vous avez un doute quant à la saisie du mot de passe ? Cliquez continument sur l'icône à droite dans le champ de saisie, et le mot de passe apparaît en clair.

Pour définir le code confidentiel, cliquez sur le bouton Démarrer puis, dans la colonne à gauche du menu Démarrer, sur l'icône Paramètres. Cliquez sur l'icône Comptes puis, dans le volet de gauche, cliquez sur Options de connexion. Définissez ensuite vos critères dans les sections Code PIN et Mot de passe.

Après avoir franchi le bien nommé écran de verrouillage, vous arrivez à l'écran de connexion (ou d'ouverture de session) où vous devez saisir votre mot de passe (voir la Figure 4.2).

Si votre tablette ou votre ordinateur est équipé d'un lecteur d'empreinte digitale, la fonctionnalité Hello permet de déverrouiller Windows d'un simple contact du doigt.

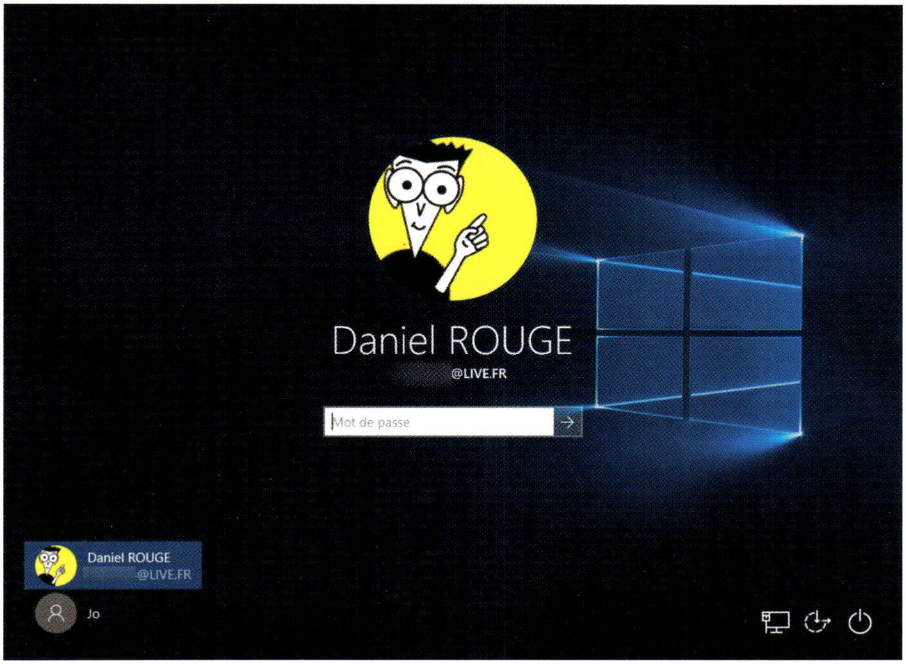


**FIGURE 4.2** Saisissez votre mot de passe pour arriver à l'écran d'accueil.

À l'heure où ces lignes étaient écrites, au printemps 2016, Microsoft planchait sur d'autres systèmes de reconnaissances biométriques, comme la reconnaissance faciale et la reconnaissance de l'iris à partir de l'image captée par la webcam intégrée à l'ordinateur ou la caméra des tablettes et des smartphones. Ces fonctionnalités seront intégrées ultérieurement dans Hello.

L'écran de verrouillage peut présenter un aspect différent sur votre appareil, mais cela ne change rien à l'affaire.

Face à cet écran plutôt intimidant, vous avez plusieurs options :

- **Si vous voyez votre nom et votre adresse e-mail, tapez votre mot de passe.** Windows vous laisse franchir la porte.
- **Vous ne voyez pas votre nom, mais vous savez que vous avez un compte sur cet ordinateur.** Regardez en bas et à gauche de l'écran. Windows liste ici *tous* les comptes actuellement définis. Le vôtre devrait normalement se trouver là, ainsi que le compte de l'administrateur (le propriétaire, en quelque sorte), voire même un compte Invité.
- **Si vous venez d'acheter l'ordinateur, utilisez le compte Administrateur que vous avez dû créer lors de la mise en service de la machine.** Il autorise la création d'autres comptes d'utilisateurs, l'installation de programmes, l'établissement d'une connexion Internet et l'accès à *tous* les fichiers présents dans l'ordinateur, même ceux appartenant à d'autres utilisateurs. Dans Windows, une personne au moins doit être Administrateur. Donc certainement vous...
- **Utilisez le compte Invité.** Il est destiné aux visiteurs (famille, amis, baby-sitter...) qui utilisent temporairement l'ordinateur.
- **Pas de compte Invité ?** Essayez de savoir à qui peut bien être cet ordinateur puis demandez à cette personne de bien vouloir vous créer un compte d'utilisateur, ou au moins d'activer le compte Invité.

Vous n'avez pas l'intention de saisir un mot de passe ? Vous avez alors le choix entre les options suivantes :

- **Le bouton évoquant un fauteuil à roulettes**, en bas et vers la droite de l'écran, donne accès aux fonctions destinées aux personnes handicapées. Si vous avez cliqué dessus par erreur, cliquez sur le fond d'écran pour faire disparaître le menu de configuration.

- **Le bouton en bas à droite** permet d'arrêter l'ordinateur, de le mettre en veille ou de le redémarrer. Si vous avez actionné par erreur ce bouton, ce n'est pas bien grave, puisque vous n'avez pas encore eu le temps de faire quoi que ce soit. Appuyez simplement sur le bouton Marche/Arrêt.

Même lorsque vous n'avez pas encore saisi le mot de passe, l'ordinateur affiche des informations. Selon la manière dont vous l'avez configuré, vous verrez sur l'écran de verrouillage la date et l'heure, la force du signal Wi-Fi (ou l'icône de la connexion filaire), la charge de la batterie (plus la couleur de l'icône est intense, plus la charge est élevée), vos prochains rendez-vous, le nombre de courriers électroniques non lus, et bien d'autres informations.

## Comprendre les comptes d'utilisateurs

Windows permet à plusieurs personnes d'utiliser le même ordinateur tout en séparant nettement leurs activités. Mais pour cela, il doit savoir qui l'utilise actuellement. Quand vous saisissez votre mot de passe après avoir éventuellement cliqué sur votre nom d'utilisateur, vous vous *connectez* à votre compte d'utilisateur. Vous faites ensuite ce que vous voulez.

Quand vous cessez d'utiliser l'ordinateur, vous vous *déconnectez*, ce qui met fin à votre session. Quelqu'un d'autre peut alors se connecter à son compte d'utilisateur et se servir de l'ordinateur. Quand vous vous reconnecterez par la suite, vous retrouverez l'ordinateur tel que vous l'aviez laissé, avec tous vos fichiers.

Même si vous mettez la pagaille dans l'ordinateur, c'est *votre* pagaille. Un autre utilisateur ne peut pas accéder à votre session. Votre conjoint ou votre rejeton ne peut pas avoir effacé vos fichiers par erreur, car il n'y a pas accès. Il lui est également impossible de fureter dans votre messagerie.

Tant que vous n'avez pas associé votre photo à votre compte d'utilisateur, vous n'êtes représenté que par une silhouette sur l'écran du mot de passe. Pour la remplacer par une de vos photos, ouvrez votre session Windows et basculez si nécessaire sur l'écran d'accueil. Cliquez sur le bouton Démarrer, en bas à gauche de l'écran puis, dans la colonne d'icônes de gauche, cliquez sur l'icône qui se trouve tout en haut. Par défaut, elle représente la silhouette d'un visage. Dans le menu qui apparaît, cliquez sur Modifier les paramètres de compte. Dans le panneau qui apparaît, sous la section Créer votre avatar – eh oui, l'avatar, c'est vous – cliquez sur l'icône Caméra pour prendre une photo de vous avec la webcam intégrée à votre ordinateur. Vous pouvez également choisir une photo stockée sur votre ordinateur en cliquant sur le bouton Rechercher une valeur (cette dénomination, c'est du n'importe quoi, mais c'est ce qui fait le charme de Windows). Recherchez alors votre portrait qui apparaîtra notamment à l'allumage de l'ordinateur.

## Protéger votre compte par un mot de passe

Comme Windows permet à plusieurs personnes d'utiliser le même ordinateur, il est important que les uns n'aillent pas farfouiller dans les documents et la messagerie des autres. De quelle manière ? En protégeant les comptes par un mot de passe.

En fait, l'usage d'un mot de passe est plus important que jamais sous Windows 10, car il peut stocker des informations très personnelles comme des numéros de cartes bancaires. En saisissant un mot de passe, vous vous identifiez auprès de votre ordinateur. Quand vous avez défini ou modifié un mot de passe dans les paramètres de votre compte, personne d'autre que vous ne peut accéder à votre compte. Et donc, personne ne pourra consulter vos fichiers ou vos courriers, effectuer des achats ou utiliser des services payants à vos frais.

Pour définir ou modifier un mot de passe, suivez ces étapes :

1. **Cliquez sur le bouton Démarrer, puis dans la colonne de gauche, sur l'icône Paramètres.**

   La fenêtre de l'application Paramètres apparaît.

2. **Cliquez sur l'icône Comptes. Dans la fenêtre qui s'affiche alors, cliquez dans le volet de gauche sur Options de connexion.**

   Les options de connexion apparaissent dans la partie droite de la fenêtre.

3. **Dans la section Mot de passe de cette fenêtre, cliquez sur le bouton Modifier (voir la Figure 4.3). Si vous n'avez pas encore de mot de passe, cliquez sur le bouton Ajouter.**

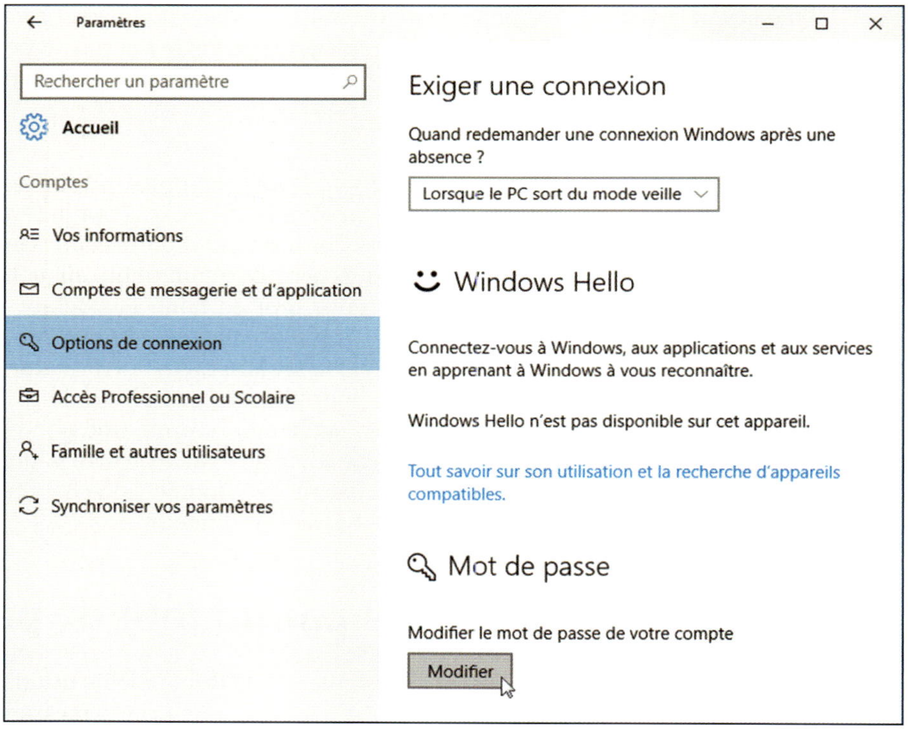


**FIGURE 4.3** Modifier le mot de passe.

4. **Si vous avez déjà un mot de passe, Windows va vous demander de le ressaisir.**

   D'accord, on n'est jamais *trop* prudent.

5. **Windows demande de ressaisir l'ancien mot de passe (voir la Figure 4.4).**

   Une précaution qui minimise le risque de saisie erronée.

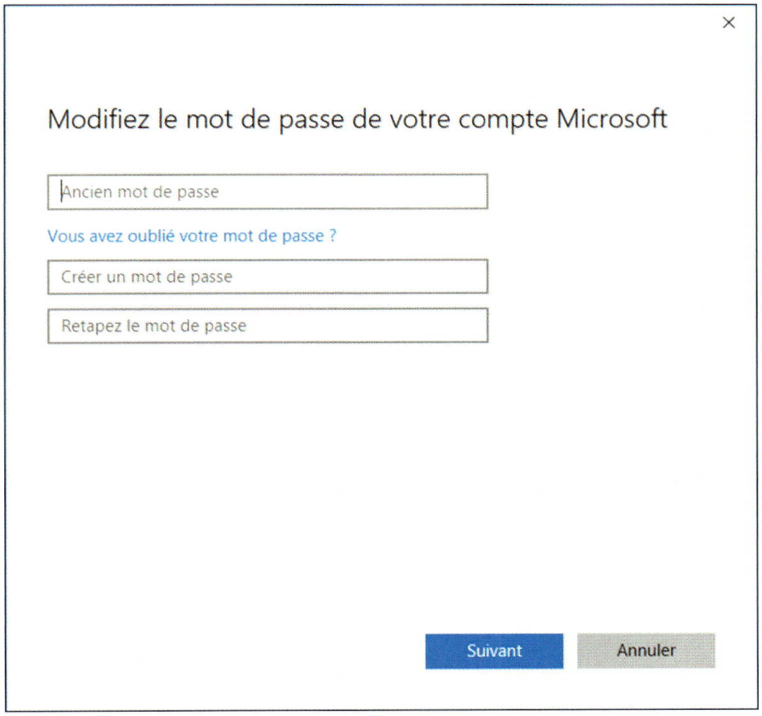


**FIGURE 4.4** Changer de mot de passe n'est pas bien compliqué.

6. **Saisissez un mot de passe que vous pourrez facilement vous rappeler.**

   Choisissez par exemple le nom de votre légume ou fruit préféré, ou la marque de votre dentifrice. Pour renforcer la sécurité, incorporez un chiffre au mot de passe, comme dans **6tron** ou **salle2bain**.

7. **Appuyez sur la touche Tab pour activer le champ Entrez de nouveau le mot de passe, et saisissez-le une seconde fois.**

   Cela vous permet d'être certain que vous n'avez pas commis d'erreur dans la création de votre nouveau mot de passe.

8. **Cliquez sur le bouton Suivant, puis sur Terminer.**

   Vous avez encore à ce stade la possibilité de revenir en arrière en cliquant sur Annuler.

Après avoir défini un mot de passe, il sera exigé chaque fois que vous voudrez utiliser l'ordinateur. Voici quelques informations utiles supplémentaires :

- Un mot de passe est *sensible à la casse typographique*. Les mots *Caviar* et *caviar* sont différents.
- Vous avez complètement oublié votre mot de passe ? Réaliser un *disque de réinitialisation du mot de passe*. En fait, si vous avez la bonne adresse de messagerie, vous pouvez aussi réinitialiser un mot de passe Microsoft perdu en vous connectant sur le site `http:/live.com`.

- Si vous changez votre mot de passe Microsoft sur votre PC, vous le changez aussi sur votre tablette Windows, votre smartphone Windows, ou encore votre Xbox One (en bref, sur tous les appareils où vous vous connectez avec un compte Microsoft).
- Windows peut aussi vous permettre lors de l'Étape 6 de créer un « mot de passe » image. Pour cela, vous faites glisser votre doigt ou le pointeur votre souris sur une photo en suivant une certaine séquence. Par la suite, au lieu de saisir une chaîne de caractères, vous devrez reproduire le même schéma. Ce système fonctionne mieux sur des écrans tactiles que sur des moniteurs de bureau, mais il n'offre en fait qu'une sécurité plus ou moins illusoire.
- Une autre possibilité consiste à créer un code PIN. Il s'agit d'un code formé de quatre chiffres, dans le genre de celui qui est associé à votre carte bancaire, ou à votre smartphone.
- Vous avez *déjà* oublié votre mot de passe ? Vous avez tapé un mot de passe qui ne fonctionne pas ? Dans ce cas, Windows va automatiquement afficher une indication (du moins si vous en avez défini une) qui devrait vous aider à vous souvenir de votre mot de passe. Mais il faut faire preuve de beaucoup de prudence dans ce domaine, puisque n'importe qui pourrait lire cette question. Vous devez donc avoir défini une réponse qui n'a de sens que pour vous. Et, en dernier ressort, il vous reste toujours votre disque de réinitialisation du mot de passe.

## WINDOWS, NE ME DEMANDE PLUS DE MOT DE PASSE !

Windows ne vous demande votre nom et votre mot de passe que s'il a besoin de savoir qui tape sur ses touches. Et il y a quatre bonnes raisons à cela :

- Vous avez un compte Microsoft, ce qui est une obligation pour utiliser OneDrive et de nombreuses applications, notamment Courrier, Agenda et Contacts. D'ailleurs, selon toute probabilité, vous avez *déjà* un compte Microsoft.
- Votre ordinateur est connecté à un réseau, et votre identité détermine ce à quoi vous pouvez ou non accéder.
- Le propriétaire de l'ordinateur n'a pas envie que vous fassiez n'importe quoi avec le contenu de *son* disque dur.
- Vous partagez *votre* ordinateur avec d'autres personnes, et vous ne voulez pas qu'elles puissent se connecter avec votre nom et farfouiller dans vos fichiers et vos réglages.

Si rien de tout cela ne semble vous concerner, vous avez bien entendu la possibilité de laisser les champs vides lors des Étapes 6 et 7. Dans ce cas, cependant, tout un chacun pourrait se connecter avec votre compte d'utilisateur, et visualiser (ou même détruire) vos fichiers. N'est-ce pas une perspective plutôt angoissante ? Je vous conseille donc de vous en tenir à un mot de passe certes pas trop compliqué, mais tout de même suffisamment personnel pour qu'il reste difficile à reconstituer (si c'est juste pour taper **123456**, autant effectivement ne pas avoir de mot de passe du tout…).

Si tous ces mots de passe vous agacent tout de même, vous avez une autre possibilité à la suite de l'Étape 2 : créer un code confidentiel, qui est par défaut un code de type PIN sur quatre chiffres, mais que vous pouvez rendre plus complexe si vous le souhaitez. Microsoft présente cette option comme tout autant efficace et plus simple. Mais, au final, la vraie question est celle du niveau de sécurité dont vous avez besoin, et vous seul êtes à même de connaître la réponse.

# Se connecter avec un compte Microsoft

Quand vous utilisez Windows pour la première fois, ou quand vous essayez d'accéder à certaines applications, ou si vous tentez seulement de modifier un paramètre, le système peut vous inviter à utiliser un compte Microsoft (voir la Figure 4.5).

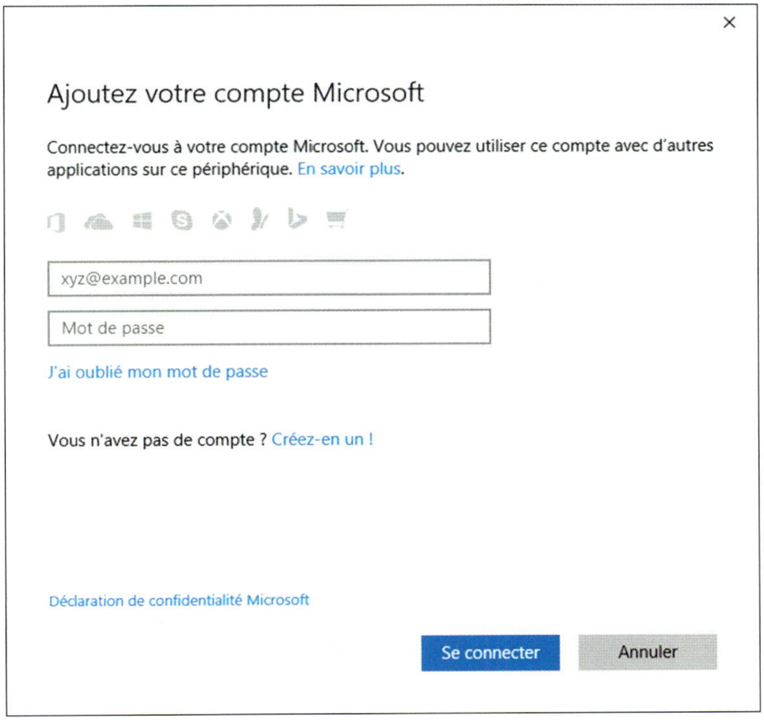


**FIGURE 4.5** Vous avez besoin d'un compte Microsoft pour accéder à de nombreuses fonctionnalités de Windows.

Vous pouvez accéder à votre ordinateur avec un compte *Microsoft*, ou bien avec un compte *Local*. Bien qu'un compte Microsoft facilite grandement le travail avec Windows, ces deux types répondent à des besoins différents :

- **Compte Local :** ce type de compte convient bien aux personnes qui utilisent des programmes de bureau traditionnels. Par contre, il ne permet pas d'accéder à OneDrive. De même, nombre d'applications maintenant intégrées à Windows refusent qu'on y accède sans compte Microsoft, par exemple Courrier, Calendrier ou encore Contacts. Et l'accès à Windows Store risque fort d'être aussi bloqué...
- **Compte Microsoft :** il est nécessaire pour accéder à de nombreux services. Comme tout compte, il est simplement constitué d'une adresse de messagerie et d'un mot de passe. Un compte Microsoft donne accès à un espace de stockage personnalisé sur OneDrive, au téléchargement d'applications sur Windows Store, ainsi qu'à un certain nombre d'applications, telles que Courrier ou Calendrier.

Vous avez deux manières de vous connecter avec un compte Microsoft :

» **Utiliser un compte existant :** si vous possédez déjà un compte du genre Hotmail, MSN, Xbox Live, Live, Windows Messenger ou encore Outlook.com, j'ai le plaisir de vous annoncer que vous *avez* un compte Microsoft et un mot de passe. Il vous suffit de saisir votre adresse de messagerie et votre mot de passe dans la fenêtre illustrée sur la Figure 4.5, et vous pouvez vous connecter sans souci.

» **Créer un nouveau compte Microsoft :** Lorsque vous voyez la fenêtre illustrée sur la Figure 4.5, cliquez sur les mots Créez-en un ! Microsoft va vous conduire vers un site Web où vous pourrez créer votre propre compte maison. En fait, vous pouvez saisir n'importe quelle adresse de messagerie valide, par exemple celle que vous utilisez le plus couramment, vous lui associer un mot de passe à votre convenance, et c'est fait. Vous voilà titulaire d'un compte Microsoft.

Si vous lancez Windows pour la première fois sur votre ordinateur, et que vous ne voulez pas passer sous les fourches caudines de Microsoft, cliquez sur les mots Ignorer cette étape. Dans ce cas, Windows va vous permettre de créer un compte Local, avec bien entendu toutes les restrictions que cela implique.

Mais, tant que vous n'aurez pas de compte Microsoft, l'écran illustré sur la Figure 4.5 reviendra vous hanter lorsque vous tenterez d'accéder à une application ou une fonctionnalité qui exige votre soumission à la firme de Redmond.

Lorsque vous vous connectez pour la première fois avec votre nouveau compte, Windows peut vous demander si vous voulez retrouver d'autres PC, dispositifs variés et contenus sur votre réseau. Acceptez si vous êtes effectivement en réseau, que ce soit chez vous ou au travail. Vous pourrez ainsi, par exemple, vous servir d'une imprimante partagée, ou encore accéder à des fichiers partagés par d'autres ordinateurs du réseau. Bien entendu, si vous activez une connexion à un réseau public sans fil, quel qu'il soit, rejetez cette offre en poussant de grands cris d'effroi.

## Le menu Démarrer de Windows 10

Dans Windows, tout part du bouton Démarrer et de son menu Démarrer. Que vous soyez paré pour détruire les vaisseaux venus de l'espace, prêt à payer vos impôts, ou bien lire les dernières nouvelles, vous commencez par cliquer sur le bouton Démarrer, en bas et à gauche de l'écran. Ceci provoque l'apparition du menu Démarrer, qui liste vos applications et vos programmes.

Sur un PC de bureau, la partie droite du menu Démarrer contient des vignettes (ou des pavés, ou encore de tuiles - vous avez le choix), chacune représentant une *application*, qui est un petit programme essentiellement conçu pour les écrans tactiles. Sur sa gauche, le menu liste les applications et les programmes les plus utilisés récemment, ainsi que des fonctionnalités importantes (voir la Figure 4.6).

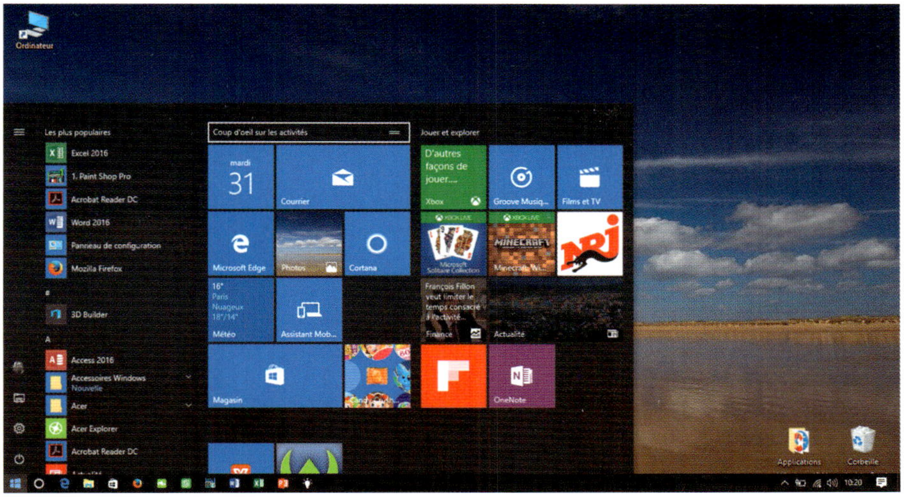


FIGURE 4.6 Le menu Démarrer d'un PC apparaît en bas et à gauche de l'écran.

Sur une tablette, par contre, le menu Démarrer remplit tout l'écran (voir la Figure 4.7), mais sans la colonne d'icônes et le volet de gauche.

Pour voir ce volet de gauche et ses raccourcis, touchez le bouton marqué de trois traits, en haut et à gauche de l'écran. La liste des applications – appelées familièrement « applis » –, des programmes et des fonctionnalités s'affiche comme si de rien n'était. Touchez à nouveau ce bouton, ou un emplacement libre de l'écran, pour le masquer.

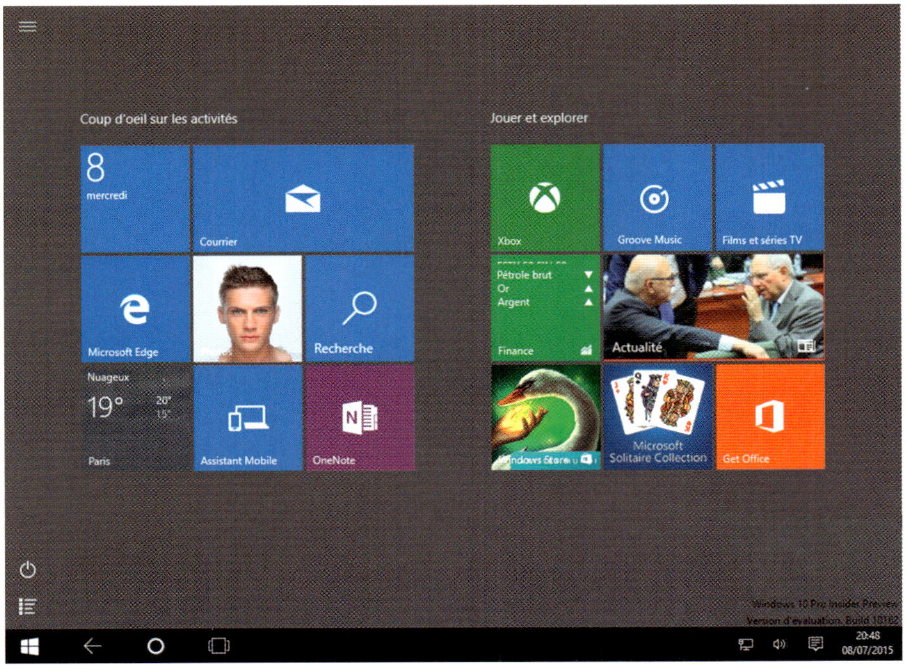


FIGURE 4.7 Le menu Démarrer d'une tablette occupe tout l'écran, ce qui facilite l'accès aux applications.

En dépit de ce remodelage, le menu Démarrer continue à offrir un point d'entrée vers vos programmes, à vous permettre d'accéder aux réglages de Windows, de trouver parfois de l'aide dans des situations délicates, ou encore, et c'est fort heureux, d'arrêter tranquillement Windows pour passer à d'autres activités.

Votre menu Démarrer évolue au fur et à mesure que vous allez utiliser Windows, et installer plus de programmes et d'applications. C'est pourquoi le menu Démarrer de vos amis, et celui que je vous présente dans ce livre, est probablement plus ou moins différent du vôtre. Et si vous n'aimez pas le système d'applications de Microsoft, vous avez même la possibilité de supprimer celles-ci totalement, comme je l'explique plus loin dans ce chapitre.

Voici quelques petites notions et astuces qui devraient vous aider à maîtriser le menu Démarrer :

- » Pour lancer un programme ou une application, cliquez ou touchez son nom ou sa vignette. La fenêtre du programme va surgir à l'écran.
- » Les fans du clavier peuvent appuyer sur la touche Windows pour ouvrir le menu Démarrer.
- » Faites défiler la liste des applications. Elles sont listées par ordre alphabétique.
- » Sur un écran tactile, vous naviguez dans le menu Démarrer avec vos doigts. Supposons que ce menu soit un morceau de papier posé sur une table (l'écran). En faisant glisser votre doigt, les éléments du menu Démarrer se déplacent en même temps.
- » Si le menu Démarrer emplit tout l'écran sur votre PC de bureau, c'est qu'il se prend pour une tablette. Cliquez sur l'icône des notifications, en haut à gauche (aussi appelée aussi Centre de maintenance), et un volet apparaît sur la droite de l'écran. Cliquez sur le bouton qui indique Mode tablette. Celui-ci devrait devenir grisé, et vous retrouvez votre menu Démarrer habituel.

## ELLE EST OÙ, LA BARRE DES CHARMES ?

Windows 8 et 8.1 possédaient une fonctionnalité bizarroïdement appelée la *barre des charmes*. Elle surgissait lorsque le pointeur atteignait le bord droit de l'écran. Cette barre offrait divers raccourcis pour effectuer un partage, ajouter un nouveau matériel, rechercher un élément ou encore modifier des réglages. Ils ont été dispersés dans Windows. Voici quelques pistes pour les trouver :

- » **Rechercher :** quand le menu Démarrer est affiché, contentez-vous de saisir le critère de recherche directement au clavier.
- » **Partager :** cette option se trouve à présent dans les applications possédant cette fonctionnalité.
- » **Imprimer :** cette option aussi a été intégré aux applications capable de l'utiliser.
- » **Paramètres :** l'icône se trouve à présent dans la colonne à gauche du menu Démarrer.

## Lancer une application ou un programme depuis le menu Démarrer

Windows remplit la partie droite du menu Démarrer de toute une série d'*applications*, qui sont de petits programmes conçus pour réaliser des tâches assez simples. En fait, Microsoft a tendance à appeler maintenant tout le monde *application*, qu'il s'agisse d'une simple application ou d'un programme de bureau de haut vol. Vous voir tout ce que contient votre machine, choisissez la commande Toutes les applications, en bas et à gauche du menu Démarrer. Ceci provoque l'apparition d'une liste alphabétique reprenant l'ensemble de ce qui est installé comme application ou comme programme.

Chaque nom, de même que chaque vignette, présent dans le menu Démarrer est en fait un bouton sur lequel vous cliquez, ou que vous touchez, pour exécuter l'application ou le programme correspondant. Vous avez en fait le choix entre plusieurs procédés :

- **Souris :** cliquez sur la vignette (avec l'habituel bouton gauche).
- **Clavier :** appuyez sur les touches fléchées jusqu'à ce qu'un liseré entoure la vignette désirée. Appuyez ensuite sur la touche Entrée.
- **Écran tactile :** touchez la vignette du bout du doigt.

Quelle que soit la technique adoptée, la fenêtre de l'application ou du programme apparaît sur l'écran, prête à vous informer, vous divertir et parfois même les deux.

Nous reviendrons plus loin dans ce chapitre sur les applications de Windows 10. Si vous le désirez, vous pouvez commencer à en ajouter en cliquant sur la vignette Store dans le menu Démarrer (afin d'accéder à Windows Store).

## Trouver un élément dans le menu Démarrer

Vous pouvez scruter le contenu du menu Démarrer jusqu'à ce que vos yeux perçants repèrent le programme ou la vignette de l'application dont vous avez besoin. Il ne vous reste plus alors qu'à attraper l'objet de vos désirs d'un rapide clic de souris et d'un léger tapotement de doigt. Mais si votre proie vous échappe, Windows vous offre plusieurs raccourcis afin de débusquer la bête profondément cachée au fond d'un menu.

En particulier, remarquez ces sections dans le menu Démarrer :

- **Nom d'utilisateur :** le nom associé à votre compte est affiché en haut de la colonne à gauche du menu Démarrer. Cliquez dessus, et un menu déroulant apparaît. Il vous permet de modifier vos propres paramètres, de verrouiller votre ordinateur, de vous déconnecter ou encore de permettre à quelqu'un d'autre de prendre le relais (nous y reviendrons à la fin de ce chapitre).

## C'EST QUOI, UNE APPLICATION, AU JUSTE ?

Raccourci du mot « application », le terme *application* est emprunté à l'univers des smartphones capables d'exécuter des petits programmes, et évidemment aussi de téléphoner. Les applications diffèrent des traditionnels programmes Windows sous ces aspects :

- Sauf lorsqu'elles sont préinstallées, les applications Windows ne peuvent provenir que d'un seul endroit : Windows Store. Sitôt téléchargées, les applications sont automatiquement installées. Beaucoup d'applications sont gratuites, d'autres sont payantes.
- Seules des applications Windows peuvent tourner sous Windows. Celles destinées aux iPhone, iPad et aux smartphones ou tablettes Android ne sont pas utilisables avec Windows. Certaines applications sont déclinées pour les différents systèmes d'exploitation (iOS, Android, Windows…), mais ces versions peuvent différer les unes des autres.
- La bonne nouvelle, c'est qu'une application Windows 10 fonctionnera tout aussi bien sur un PC de bureau, un ordinateur portable ou une tablette. Si une application est dite *universelle*, cela signifie qu'elle s'exécutera également sur un smartphone ou sur une console de jeu Xbox One.
- La plupart des applications effectuent des tâches relativement simples, et sont normalement bien adaptées aux écrans tactiles. Certaines permettent de visiter plus facilement certains recoins de l'Internet, comme Facebook. D'autres sont des jeux. D'autres encore vous permettent d'écouter la radio, de noter vos listes de courses, ou encore de trouver un restaurant ouvert à proximité.
- Les applications sont généralement assez faciles à utiliser, mais cette simplicité s'accompagne de restrictions. La plupart ne permettent pas de copier du texte, des images ou des liens. Il n'existe souvent aucun moyen d'en partager le contenu application avec des amis.

Pour se donner un look jeune et branché, Microsoft fait maintenant aussi référence aux programmes de bureau sous l'appellation *application*, voire application. Mais après tout, tout le monde dit encore de Photoshop qu'il est un programme, ou un logiciel, et ce n'est sans doute pas près de changer.

- **Les plus populaires :** ce sont en réalité les applications que vous utilisez le plus souvent.
- **# A-Z :** toutes les applications installés dans l'ordinateur s'y trouvent. La rubrique # (dièse) contient les applications dont le nom commence par un chiffre, comme 3D Builder.  Lorsque vous venez d'ajouter une application, le mot Nouvelle, en bleu, est affiché sous son nom jusqu'au moment où vous l'aurez utilisée.

Il y a de bonnes chances pour que vous retrouviez dans le menu Démarrer l'objet de vos recherches sans qu'il soit nécessaire de fouiller dans les entrailles du menu. Mais si une application ou un programme semble particulièrement évanescent, essayez ces astuces :

- Une fois le menu Démarrer ouvert, les possesseurs de clavier peuvent simplement commencer à taper le nom de l'application ou du programme voulu. Exemple : **facebook**. Au fur et à mesure de la saisie, Windows va lister tout ce qu'il trouve. Dès que vous voyez le bon nom apparaître dans la liste, vous pouvez cliquer dessus.

- » Vous ne voyez pas l'application recherchée ? Amenez le pointeur de la souris sur la liste puis actionnez la molette. Cela vaut également pour les pavés dans la fenêtre principale du menu Démarrer.
- » Si les vignettes affichées dans le menu Démarrer ne correspondent pas à vos besoins, cela signifie qu'il est temps pour vous de personnaliser le menu. Voyez un peu plus loin dans ce chapitre la section consacrée à cette opération.

## Voir ou fermer les applications actives

Sur un PC de bureau, il est assez facile de se déplacer d'une application à une autre, ou d'un programme à un autre. Comme tout ce joli monde se présente sous la forme d'une fenêtre affichée à l'écran, il vous suffit généralement de cliquer sur l'application que vous voulez ramener au premier plan (pour plus de détails sur le bureau, voyez le Chapitre 5).

Par contre, sur une tablette, les applications remplissent la totalité de l'écran, ce qui ne facilite pas le passage de l'une à l'autre.

Que vous soyez devant un ordinateur de bureau, un portable ou une tablette, vous pouvez rappeler rapidement une application à la vie. Suivez ces étapes :

1. **Cliquez sur le bouton Applications actives, ou touchez-le.**

   L'écran s'efface, et vous voyez s'afficher des vues en miniature de vos applications et programmes ouverts (voir la Figure 4.8).

   Si le bouton Applications actives n'est pas visible, cliquez du bouton droit sur la barre des tâches, en bas de l'écran, puis, dans le menu, choisissez Afficher le bouton Applications actives. Vous le découvrirez à gauche dans la barre des tâches.

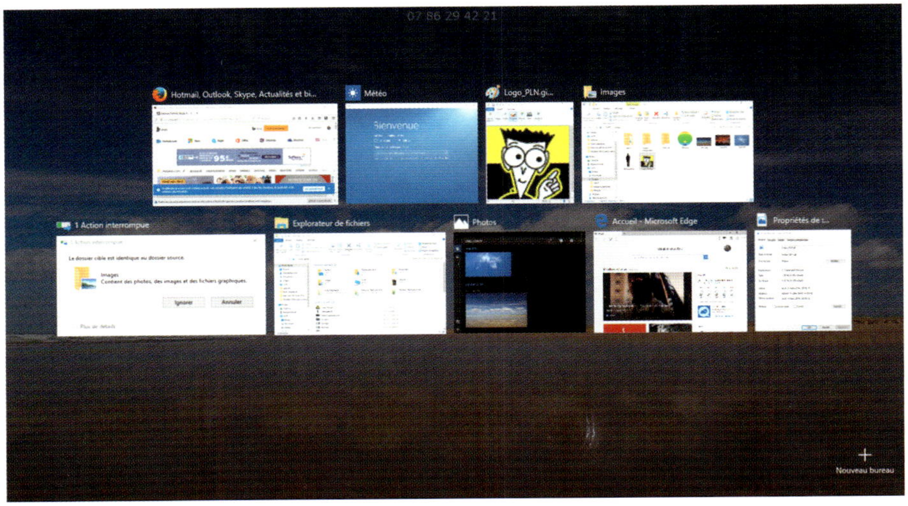


**FIGURE 4.8** Cliquez sur le bouton Applications actives pour voir tout ce qui s'exécute actuellement.

2. **Cliquez sur ou touchez l'un des aperçus pour replacer l'application ou le programme au premier plan.**

Les trois astuces qui suivent peuvent aussi vous aider à pister vos applications, ou encore à les refermer :

- » Les applications et les programmes en cours d'activité apparaissent également dans la *barre des tâches*, le bandeau collé au bas de l'écran. La barre des tâches est étudiée dans le Chapitre 5.
- » Pour refermer dans la vue Applications actives une application dont vous n'avez plus besoin, cliquez sur ou touchez la croix qui se trouve dans le coin supérieur droit de sa vue en miniature. Avec une souris, vous pouvez également cliquer avec le bouton droit sur une vue, puis choisir l'option Fermer dans le menu qui s'affiche.
- » Une fois une application refermée, les vues en miniature des autres restent visibles, ce qui vous permet de choisir ou de refermer votre prochaine victime. Pour quitter ce mode d'affichage, cliquez sur ou touchez un emplacement vide du bureau.

## Windows et ses applications gratuites

Le menu Démarrer de Windows est livré avec toute une série d'applications, représentées chacune par une vignette rectangulaire ou carrée. Chacune d'elles étant légendée, vous ne pouvez pas vous tromper.

La vignette de certaines applications, appelée *vignette dynamique*, change constamment. Les vignettes Finance ou Sport, par exemple, sont régulièrement mises à jour avec les dernières informations disponibles. La vignette Météo donne accès aux prévisions météorologiques dans n'importe quelle ville du monde.

Mais le menu Démarrer ne montre par défaut qu'une partie de ces applications. Pour les voir en totalité, cliquez sur les mots Toutes les applications, en bas et à gauche du menu Démarrer. Celui-ci va alors lister l'ensemble des applications et des programmes installés en les présentant dans l'ordre alphabétique. Cliquez ensuite sur le mot Retour pour revenir à la vue normale.

Toutes ces applications se trouvent dans cette liste, prêtes à être utilisées en un seul clic de souris ou un seul « tap » de doigt :

- » **3D Builder :** vous avez forcément entendu parler des imprimantes 3D. Cette application vous permet donc aux heureux possesseurs de cet équipement de fabriquer leurs propres objets à partir de fichiers informatiques spécialisés.
- » **Actualité :** présente une revue de presse des journaux, magazines et agences.
- » **Alarmes et horloge :** cette application met à votre disposition une ou plusieurs alarmes, un minuteur, un chronomètre, ainsi qu'une horloge mondiale. Simple et efficace.

- **Aperçu Skype :** normal. Ce programme de téléphonie Internet a été racheté par Microsoft.
- **Calculatrice :** vous disposez d'une calculatrice standard et scientifique, ainsi que d'un convertisseur de devises.
- **Calendrier :** permet de noter des rendez-vous ou de récupérer ceux déjà définis sur des comptes Microsoft ou encore Google.
- **Caméra :** cette application permet de prendre des photos avec la webcam de votre ordinateur.
- **Cartes :** commode pour préparer un déplacement, cette application utilise la cartographie de Bing, qui appartient à Microsoft.
- **Contacter le Support :** pour s'adresser au système d'aide ou aux techniciens de Microsoft en cas de problème.
- **Contacts :** cette application, récupère les noms de vos amis et relations diverses, ainsi que les informations que vous leur associez.
- **Cortana :** active l'assistant vocal de Windows. Il a réponse à tout et peut tout faire. Enfin presque...
- **Courrier :** cette application permet d'échanger du courrier électronique. Si vous entrez un compte Outlook, Windows Live, Yahoo! ou encore Google, l'application la prend automatiquement en compte, relève vos messages et récupère la liste des contacts.
- **Données Wi-Fi et cellulaires payées :** sert à se connecter à des réseaux Wi-Fi payants partenaires de Microsoft.
- **Enregistreur vocal :** permet d'enregistrer des commentaires, des pense-bêtes, et tout ce qui vous passe par la tête. Bien entendu, un périphérique de capture de son doit être connecté à votre ordinateur. Il pourra s'agir du microphone de votre webcam.
- **Films et TV :** comme tous ses concurrents, Microsoft vous propose d'acheter ou de louer des films ou des séries TV. D'accord, vous pouvez aussi y visionner vos propres vidéos, mais il y a mieux ailleurs...
- **Finance :** présente, avec un décalage de trente minutes, les cours de la bourse, ainsi que l'actualité financière et les performances des marchés.
- **Gestionnaire audio HD :** il sert à configurer le son, qu'il s'agisse des haut-parleurs et du microphone intégré au PC ou de matériel connecté.
- **Groove Musique :** cette application sert à écouter la musique stockée dans votre ordinateur, mais aussi à acheter des morceaux sur la boutique virtuelle de Microsoft.
- **Hub de commentaires :** application permettant de communiquer vos souhaits à Microsoft, afin d'améliorer en permanence Windows et ses services.
- **Magasin :** cette application donne accès à Windows Store, la boutique en ligne de Microsoft.
- **Messages :** application permettant de converser avec d'autres utilisateurs.

- **Météo :** cette application fournit des prévisions détaillées à dix jours ainsi que des statistiques. À condition de l'autoriser à vous localiser, elle indique la météo là où vous vous trouvez. Ou plus précisément, dans un lieu plus ou moins à proximité, sauf à être équipé d'un GPS.
- **Microsoft Edge :** c'est l'application de Microsoft, appelée plus simplement Edge, qui sert à visiter des sites Internet.
- **Microsoft Solitaire Collection :** des jeux de cartes classiques, mais pas le très célèbre Solitaire...
- **OneDrive :** c'est l'espace de stockage que Microsoft met à la disposition des utilisateurs. Ce stockage distant, aussi connu sous le nom de « nuage Internet » ou d'« informatique dématérialisée » vous permet d'accéder à vos fichiers où que vous soyez dans le monde, dès lors que votre ordinateur, tablette ou smartphone peut accéder à l'Internet. Nous y reviendrons au Chapitre 12.
- **OneNote :** cette populaire application de prise de notes trouve sa place dans le menu Démarrer de Windows 10.
- **Options d'ergonomie :** donne accès au outils – clavier virtuel, loupe et narrateur – permettant aux personnes à capacité réduite de mieux utiliser Windows.
- **Paramètres :** cette application propose, pour l'essentiel, ce que vous ne retrouveriez auparavant que dans le Panneau de configuration.
- **Photos :** cette application affiche les photos présentes dans l'ordinateur, ainsi que celles que vous avez stockées sur OneDrive.
- **Prise en main :** cette application présente rapidement les principales fonctionnalités de base de Windows 10.
- **Quick Assist :** permet à deux personnes de partager un même ordinateur à travers une connexion à distance. Cette fonction est utile pour demander de l'aide à un technicien qui travaillera à distance sur votre ordinateur comme s'il était installé devant lui.
- **Scanneur :** si un scanner est connecté à votre ordinateur, vous pourrez lancer la numérisation de documents sans passer par le bureau et un programme d'édition des images.
- **Sport :** vous trouverez ici l'actualité sportive, le calendrier des matchs et la possibilité d'ajouter vos équipes préférées.
- **Sticky Notes :** affiche un feuillet ressemblant au célèbre feuillet autocollant fabriqué par Post-It.
- **Xbox :** conçue pour les possesseurs d'une console Xbox One de Microsoft, cette application permet de voir les scores, les amis et les jeux. Elle permet aussi de discuter en réseau, de visionner les annonces des jeux et d'en acheter.

À ces applications s'en ajoutent deux qui possèdent quantité de fonctionnalités :

- **Accessoires Windows :** le menu de cet élément existant depuis presque toujours dans Windows contient des applications fort utiles comme le traitement de texte minimaliste Bloc-notes, l'ancien navigateur Internet Explorer, le Lecteur Windows Media, le logiciel de dessin Paint et le traitement de texte Wordpad, et d'autres encore.

» **Système Windows :** le menu contient des options avancées utiles aux techniciens comme le Gestionnaire des tâches, ou aux programmeurs, comme Invite de commandes. En revanche, des options comme Périphériques ou Programmes par défaut peuvent intéresser tous les utilisateurs.

Les applications fournies avec Windows fonctionnent mieux lorsqu'elles s'affichent en plein écran sur une tablette, et elles ne sont pas aussi puissantes que des programmes de bureau classiques. Mais, pour des raisons pas très évidentes, Microsoft a configuré le *bureau* de Windows pour que ce soient ces applications qui répondent à vos commandes, plutôt que des programmes classiques.

J'explique dans le Chapitre 5 comment faire un choix entre applications et programmes pour réaliser telle ou telle tâche. Voici cependant une astuce provisoire : sur le bureau (ou plus exactement dans l'Explorateur de fichiers), cliquez droit sur un fichier et choisissez dans le menu qui apparaît la commande Ouvrir avec. Celle-ci vous propose généralement une application, ainsi qu'un ou plusieurs programmes de bureau. Cliquez sur le nom de celui que vous voulez utiliser.

## Ajouter ou supprimer des éléments du menu Démarrer

Microsoft a rempli le menu Démarrer de Windows d'un tas de vignettes d'applications. Ce sont *ses* choix, et vraisemblablement pas les *vôtres*. Nous allons voir dans cette section comment personnaliser tout cela.

Supprimer des éléments du menu Démarrer est facile. Autant commencer par là. Pour ce faire, cliquez droit sur la vignette d'une application à ne plus afficher. Un menu apparaît. Cliquez alors sur l'option Détacher de l'écran de démarrage. Et voilà la vignette – uniquement elle, et non l'application – partie sans autre forme de procès.

Sur un écran tactile, maintenez appuyé un doigt sur la vignette de l'application à retirer. Lorsque l'icône de « désépinglage » s'affiche, touchez-la pour supprimer la vignette.

Une fois fait le ménage, il est temps de s'occuper de l'inverse, c'est-à-dire d'ajouter des éléments au menu Démarrer afin d'en faire le pot à crayons idéal de votre bureau.

Pour ajouter des applications ou des programmes au menu Démarrer, suivez ces étapes :

1. **Localisez dans la liste des applications celle que vous désirez ajouter au menu Démarrer. Cliquez droit sur son nom (avec l'autre bouton, vous ne feriez que lancer cette application ou ce programme). Dans le menu qui s'affiche, choisissez l'option Épingler à l'écran de démarrage.**

Répétez la procédure pour tous les éléments que vous voulez ajouter au menu Démarrer.

2. **Si vous voyez des éléments intéressants posés sur le bureau, cliquez droit dessus et choisissez l'option Épingler à l'écran d'accueil.**

   En fait, les vignettes du menu Démarrer ne concernent pas que les applications et les programmes. Vous pouvez par exemple cliquer du bouton droit sur un dossier, certains types de fichiers, ou d'autres éléments encore. Si le menu propose une option Épingler, vous avez gagné.

Les éléments que vous avez ajoutés viennent se placer en bas du volet de droite du menu Démarrer. Une fois celui-ci bien rempli, vous devrez faire défiler son contenu pour voir toutes vos vignettes. Un minimum d'organisation va donc s'imposer. La prochaine section va vous expliquer comment procéder. Lorsque vous avez fini, vous aurez à votre disposition un menu Démarrer qui répond vraiment à vos besoins.

Vous n'arrivez pas à retrouver une application que vous venez d'installer ? Elle est vraisemblablement dissimulée quelque part dans la liste Toutes les applications du menu Démarrer. Windows place en effet les nouvelles applications dans cette liste, et non sous la forme d'une vignette dans la partie droite du menu. Si vous voulez la rendre visible, vous devrez donc l'épingler manuellement.

## Personnaliser le menu Démarrer

Le menu Démarrer est partagé en deux colonnes : à gauche, les noms des applications et des programmes, à droite les vignettes des applications. Mais ces vignettes ne sont pas disposées selon un ordre préétabli, clair et lisible. La question se pose donc de savoir comment retrouver facilement vos applications favorites.

Puisque le ciel ne va pas vous aider, vous devez donc le faire vous-même en organisant votre menu Démarrer. Les étapes qui suivent commencent par une petite leçon de choses : élimination des vignettes inutiles, ajout de vos applications préférées.

Le but est d'atteindre le nirvana de toute organisation du menu Démarrer qui se respecte : un découpage en *groupes* (des collections d'applications de même type) clairement identifiés et correspondant à *vos* centres d'intérêt.

Vous pouvez organiser vos vignettes de la manière dont vous l'entendez en les associant dans un nombre quelconque de groupes nommés à votre convenance. Vous pourriez par exemple définir quatre groupes : Famille et relations, Travail, Loisirs et Web. Mais quels que soient vos choix, suivez ces étapes pour transformer le fouillis actuel du menu Démarrer en une harmonieuse pile de vignettes :

1. **Supprimer les vignettes dont vous n'avez pas besoin.**

Pour cela, cliquez droit sur une vignette à éliminer, puis choisissez dans le menu qui s'affiche l'option Supprimer du menu Démarrer. Répétez cette action jusqu'à ce que vous soyez débarrassé de tout ce qui vous encombre (sur un écran tactile, maintenez le doigt appuyé sur une vignette, puis touchez le bouton servant à la dépunaiser).

L'option Supprimer du menu Démarrer ne désinstalle *pas* l'application ou le programme. Elle ne fait que ce qu'elle dit : retirer la vignette du menu Démarrer. En fait, si vous avez effacé par erreur la vignette d'une application, il est facile de la replacer dans le menu en suivant l'Étape 3.

2. **Déplacez les vignettes pour les disposer à votre convenance.**

   Par exemple, vous pourriez avoir envie de conserver les applications qui concernent votre vie sociale (comme Courrier, Contacts et Calendrier) les unes à côté des autres. Pour déplacer la vignette d'une application, cliquez dessus et, tout en maintenant enfoncé le bouton gauche de la souris, faites-la glisser vers l'emplacement voulu. Les autres vignettes vont automatiquement se réorganiser pour faire de la place au nouvel arrivant.

   Maintenez le doigt appuyé sur la vignette à déplacer. Lorsque le menu apparaît, faites-la glisser vers sa nouvelle position.

   Pour que votre écran soit mieux gérable, vous pouvez changer la taille des vignettes. Pour cela, cliquez droit dessus. Dans le menu qui s'affiche, choisissez l'option Redimensionner. Sélectionnez alors un des choix proposés : Petit (réduit la vignette au quart de la taille moyenne), Moyen (c'est la dimension par défaut de la plupart des applications), Large (double la largeur de la vignette) et Grand (soit quatre fois la taille moyenne).

3. **Ajoutez de nouvelles vignettes pour les applications, programmes et autres éléments dont vous avez besoin.**

   J'ai expliqué plus haut comment procéder dans la section « Ajouter ou supprimer des éléments du menu Démarrer ».

   Maintenant, vous avez purgé le menu Démarrer de tout ce qui ne vous intéressait pas. Vous avez ajouté des vignettes pour les éléments dont vous avez besoin, et vous avez disposé tout ce petit monde à votre convenance. Si tout cela vous convient parfaitement, vous avez terminé !

   Par contre, si vous n'êtes pas encore satisfait du résultat et que trop de vignettes importantes sont encore masquées en bas du menu Démarrer, continuez votre lecture.

   Vous êtes toujours là ? Parfait. Ouvrez votre menu Démarrer et regardez-le attentivement. Vous allez constater que Windows affiche deux groupes de vignettes. L'un est appelé Coup d'œil sur les activités, et l'autre Jouer et explorer. Et vous pourrez même observer que ces deux groupes sont subtilement séparés par un espacement plus grand que celui qui permet aux vignettes de se détacher les unes des autres. Tout cela nous mène droit à l'étape suivante.

4. **Pour créer un nouveau groupe, faites glisser une des vignettes en dehors des deux groupes existants.**

Lorsque la vignette sort de la zone de son groupe, vous pouvez voir une barre horizontale bleutée apparaître. Cette barre crée un espace vide en dessous d'elle pour que vous puissiez y glisser la vignette (voir la Figure 4.9). Relâchez, et la vignette va former un *nouveau* groupe, réduit à ce stade à un seul et unique élément, et placé sous les deux autres.

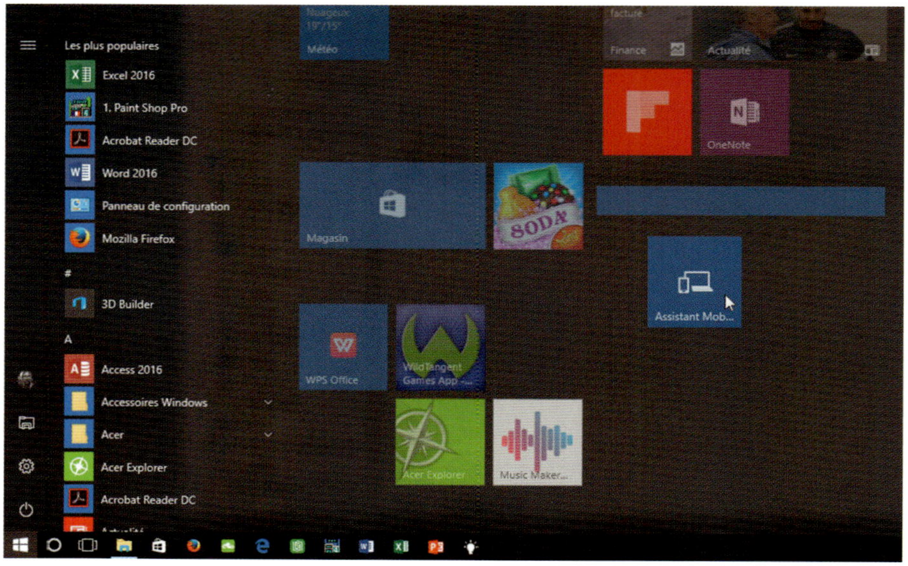


**FIGURE 4.9** Pour créer un nouveau groupe, faites glisser une vignette en dehors des deux groupes par défaut. Relâchez lorsque la barre horizontale apparaît.

**5. Pour ajouter d'autres vignettes dans le groupe qui vient d'être créé, faites-les glisser et déposez-les dans ce nouveau groupe.**

Une fois votre vignette ajoutée à un groupe, vous pouvez la faire glisser vers une autre position pour réorganiser celui-ci.

Vous voulez créer un groupe supplémentaire ? Répétez tout simplement les Étapes 4 et 5 pour voir à nouveau apparaître la barre bleutée, puis disposez vos vignettes à votre convenance.

Si vous trouvez que cette disposition est parfaite pour vous, arrêtez-vous là. Sinon, passez à l'étape suivante.

**6. Nommez le groupe.**

Cliquez sur l'espace vide qui se trouve directement au-dessus du groupe. Un champ vierge va apparaître. Vous pouvez alors saisir un nouveau nom, ou bien modifier celui qui est déjà défini. Quand vous avez fini, appuyez sur la touche Entrée pour confirmer votre décision.

Bien entendu, vous pouvez parfaitement changer d'avis plus tard et modifier de la même manière les noms de vos groupes.

Lorsque vous aurez terminé, votre menu Démarrer finira par ressembler exactement à ce que vous voulez (voir la Figure 4.10).

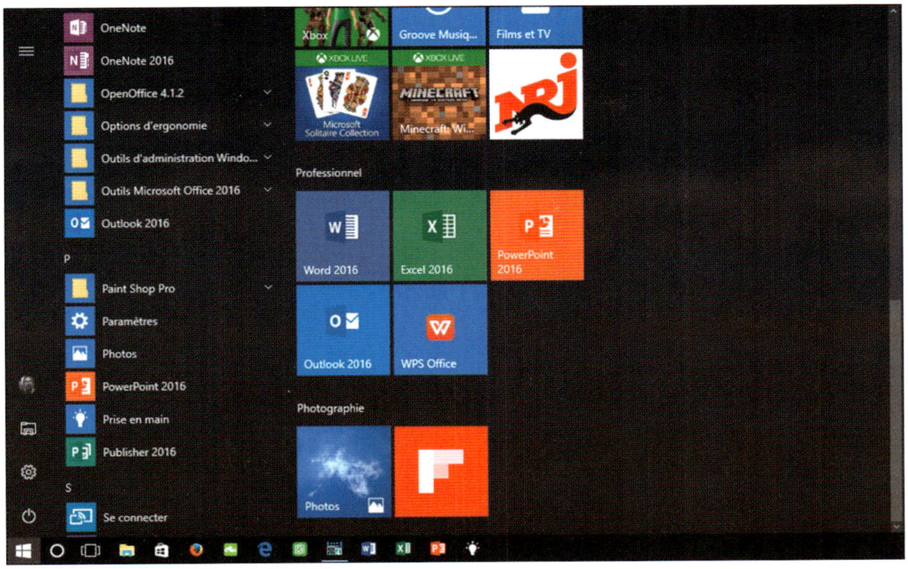


**FIGURE 4.10** Votre menu Démarrer vous semblera plus amical si vous organisez vos icônes dans des groupes à votre image.

## PERSONNALISER LE MENU DÉMARRER, ENCORE ET TOUJOURS

L'application Paramètres propose des moyens supplémentaires de personnaliser votre menu Démarrer. Cette section concerne plus particulièrement le menu Démarrer.

Pour trouver ces réglages, cliquez sur le bouton Démarrer. Dans la colonne de gauche, cliquez sur le bouton Paramètres. Dans la fenêtre Paramètres, cliquez sur le bouton Personnalisation, puis sur Accueil, dans le volet de gauche (attention, ce n'est pas le mot Accueil, en gras et qui ramène au panneau précédent, mais le mot Accueil dans la liste d'options).

Vous voyez alors s'afficher une série d'options dans le volet de droite :

- **Afficher les applications les plus utilisées :** donne la priprité dans le menu Démarrer aux applications et aux programmes que vous utilisez le plus souvent.
- **Afficher les applications récemment ajoutées :** laissez cette option active, et vos nouvelles applications ainsi que vos nouveaux programmes apparaîtront dans leur propre section.
- **Utiliser le menu Démarrer en plein écran :** il est là pour les nostalgiques de Windows 8. Lorsqu'elle est activée, cette option fait que le menu Démarrer emplit tout l'écran. En fait, cela ressemble au mode Tablette, mais ce n'est pas le mode Tablette...
- **Afficher les éléments récemment ouverts dans les Listes de raccourcis de l'écran d'accueil ou la barre des tâches :** c'est juste un peu compliqué, mais cette option signifie simplement que vos applications favorites sont accessibles aussi bien depuis le menu Démarrer que depuis la barre des tâches (celle-ci est étudiée dans le Chapitre 3).

D'accord, il n'y a pas de bonne ou de mauvaise manière de configurer tous ces réglages. Ou bien vous conservez les valeurs par défaut, ou bien vous jonglez avec elles pour voir ce qui vous convient le mieux. Dans tous les cas, vous pourrez changer d'avis à tout moment et revenir à la fenêtre Paramètres pour inverser tel ou tel commutateur.

» Comme vous pouvez vous en douter, il n'y a pas de bonne ou de mauvaise manière d'organiser le menu Démarrer. Nous sommes dans la vie réelle, et c'est à vous de décider.

» Lorsque vous installez de nouvelles applications ou de nouveaux programmes, n'oubliez pas de les rechercher dans la liste Toutes les applications. Vous risquez en effet de ne pas les retrouver directement dans le menu Démarrer lui-même. Pour que tout soit et reste parfaitement organisé, cliquez droit si nécessaire sur le nouveau venu, et choisissez l'option qui vous propose de l'épingler (en fait, vous avez deux choix : le menu Démarrer et la barre des tâches, celle-ci étant étudiée au Chapitre 5). Une fois vos nouvelles applications ajoutées au menu Démarrer,

vous pouvez les déplacer à l'intérieur d'un groupe existant ou encore créer pour elles un tout nouveau groupe.

» Vous pouvez tout aussi bien créer un groupe pour vos sites Web favoris afin d'y accéder directement. Pour cela, cliquez sur le bouton Autres actions de Microsoft Edge (celui qui affiche trois points), puis choisissez dans le menu l'option Épingler à l'écran d'accueil.

# Quitter Windows

Quitter Windows n'est pas si simple. Vous devez en effet vous décider entre plusieurs actions : vous déconnecter de votre compte d'utilisateur, mettre l'ordinateur en veille, le redémarrer ou l'arrêter. Pour autant, c'est quand même l'une des choses les plus agréables que vous ayez à faire : quitter Windows signifie que vous avez terminé votre journée de travail (ou de jeu...).

En fait, la réponse dépend de la durée pendant laquelle vous n'utiliserez pas l'ordinateur : est-ce que vous vous en éloignez un instant, ou en avez vous fini pour la journée ? Nous envisagerons les deux cas de figure.

Mais si vous voulez simplement éteindre l'ordinateur, le moyen le plus rapide sur un ordinateur non tactile est le suivant :

1. **Cliquez sur le bouton Démarrer, puis sur l'icône Marche/Arrêt, en bas à gauche.**
2. **Dans le menu, cliquez sur Arrêter.**
3. **Si l'ordinateur signale que vous allez perdre le travail que vous n'avez pas sauvegardé, vous pouvez soit insister, soit annuler et recommencer en choisissant cette fois l'option Veille.**

Une autre technique consiste à cliquer du bouton droit sur le bouton Démarrer. Choisissez ensuite Arrêter ou se déconnecter, puis Arrêter.

# Quitter momentanément l'ordinateur

Windows propose trois manières de quitter momentanément l'ordinateur, selon que vous voulez seulement vous faire un café ou que vous êtes parti acheter des allumettes, ce qui, pour certaines personnes, équivalait à une très longue absence. Voici comment choisir entre ces trois éloignements momentanés :

1. **Cliquez sur le bouton Démarrer. Le menu Démarrer s'affiche.**
2. **Cliquez sur l'icône de votre compte d'utilisateur, en haut de la colonne de gauche dans le menu Démarrer.**

   Ainsi que le montre la Figure 4.11, vous avez le choix entre plusieurs options :

   - **Modifier les paramètres de compte :** cette option vous conduit tout droit à l'application Paramètres, là où vous pouvez reconfigurer votre compte, par exemple pour changer votre image (votre *avatar*), votre mot de passe, ou encore redéfinir un compte Local.
   - **Verrouiller :** protège l'ordinateur des curiosités malsaines quand vous vous absentez un instant. De retour, vous devez saisir votre mot de passe pour retrouver Windows dans le même état que vous l'aviez laissé.

**FIGURE 4.11** Cliquez sur l'icône de votre compte d'utilisateur pour accéder à ces options.

- **Se déconnecter :** choisissez cette option lorsque vous avez fini d'utiliser l'ordinateur et que quelqu'un d'autre va l'utiliser. Windows enregistre vos travaux en cours, puis il affiche l'écran des comptes d'utilisateurs.
- **Accéder à un autre compte :** si d'autres comptes d'utilisateurs ont été définis, le nom de ces comptes apparaît dans la liste. Si l'un des utilisateurs désire emprunter l'ordinateur pendant quelques minutes, cliquez sur son nom et laissez-le taper son mot de passe. Lorsqu'il aura fini d'utiliser l'ordinateur et qu'il se sera déconnecté, vous pourrez vous reconnecter à votre compte et retrouver votre travail là où vous l'aviez laissé.

Chacune de ces options vous permet de vous éloigner de l'ordinateur pendant un petit moment, et de le retrouver dans l'état où vous l'aviez laissé.

En revanche, si vous avez fini d'utiliser l'ordinateur pour le restant de la journée, appliquez la procédure décrite ci-après.

## Éteindre l'ordinateur pour la journée

Quand vous avez fini votre travail de la journée, ou quand vous désirez éteindre l'ordinateur pendant que vous êtes dans le métro ou en vol pour Rome, vous avez là encore le choix entre trois options. Vous y accédez de la manière suivante :

1. **Cliquez sur le bouton Démarrer puis, dans la colonne de gauche, sur le bouton Marche/Arrêt.**

   Un menu local propose les actions suivantes :

   - **Mettre en veille :** le travail en cours reste dans la mémoire vive de l'ordinateur, et dans le disque dur lorsque l'ordinateur passe en mode d'économie d'énergie. Quand vous revenez devant votre PC, Windows réaffiche tout comme auparavant, y compris les travaux non enregistrés. Si l'alimentation a été coupée, le contenu réapparaît quand même, mais il lui faut quelques secondes de plus.
   - **Arrêter :** l'ordinateur va s'éteindre.
   - **Redémarrer :** choisissez cette option pour dépanner l'ordinateur lorsqu'il se conduit bizarrement (un programme se bloque, Windows fait n'importe quoi…). L'ordinateur s'arrête puis redémarre aussitôt. L'installation de certains programmes et certaines mises à jour exige parfois le redémarrage de l'ordinateur.

Tout cela est déjà bien beau. Mais si vous avez un peu de temps, voici quelques autres points intéressants.

Il est inutile d'éteindre l'ordinateur tous les soirs. En fait, ceux qui s'y connaissent le laissent allumé en permanence, affirmant que c'est mieux pour sa longévité. D'autres affirment le contraire. D'autres encore estiment que la mise en veille est un bon compromis.

En revanche, tout le monde est d'accord sur la nécessité d'éteindre l'écran quand l'ordinateur n'est pas utilisé, car il peut ainsi refroidir, ce qui lui fait le plus grand bien.

N'arrêtez jamais l'ordinateur à partir du bouton physique Marche/Arrêt, car vous pourriez perdre des travaux non enregistrés. De plus, des dysfonctionnements pourraient apparaître au niveau de Windows lui-même, car il doit fermer correctement des fichiers qui lui sont propres avant d'éteindre l'ordinateur.

Vous voulez démarrer votre ordinateur ou votre tablette lors d'un vol en avion tout en évitant la connexion à Internet ? Activez le mode Avion et utilisez l'option Veille plutôt que Arrêter. Lorsque l'ordinateur est réveillé, il est en mode Avion, déconnecté de l'Internet.

Chapitre 5

# Le bureau de Windows

**DANS CE CHAPITRE :**

- » **Trouver le bureau**
- » **Trouver le menu Démarrer**
- » **Travailler sur le bureau**
- » **Récupérer des éléments supprimés dans la Corbeille**
- » **Comprendre la barre des tâches**
- » **Personnaliser le bureau**
- » **Configurer des bureaux multiples**
- » **Rendre les programmes plus faciles à trouver**

Le nouveau mode Tablette de Windows, truffé d'applications, est parfait pour un usage à domicile avec un terminal numérique à écran tactile. Lorsque le menu Démarrer remplit l'écran de pavés facilement accessibles, même pour doigts les moins habiles, vous pouvez en effet écouter de la musique, échanger du courrier électronique, regarder des vidéos, préparer vos voyages, discuter via Skype, et aller sur Facebook.

Mais le lundi matin arrive inévitablement. Il faut alors passer à autre chose, autrement dit, abandonner le mode Tablette et utiliser des logiciels un peu plus productifs. Les employeurs préfèrent voir leur personnel travailler sur des feuilles de calcul et des traitements de texte plutôt que jouer à des jeux vidéo.

C'est là que le bureau entre en action. Une fois le mode Tablette désactivé, vous retrouvez le traditionnel bureau de Windows, tel qu'il existe depuis de très nombreuses années. Il est une métaphore d'un véritable bureau physique sur lequel vous posez votre clavier et autre souris. C'est un lieu de travail où vous créez et organisez vos documents.

Bien entendu, traditionnel ne veut pas dire immuable. Le menu Démarrer et son gang d'applications apportent de nombreux changements, mais le bureau lui-même fonctionne pour l'essentiel comme il l'a toujours fait. Ce chapitre vous montre donc comment transformer votre ordinateur en un outil de travail, plutôt qu'en un appareil de divertissement.

# Trouver le bureau et le menu Démarrer

Comme l'illustre la Figure 5.1, le bureau de Windows 10 reprend bon nombre d'éléments des versions qui l'ont précédé, notamment Windows Vista, 7, 8 et 8.1.

**FIGURE 5.1** Le bureau de Windows 10, fidèle à lui-même.

Lorsqu'ils sont exécutés en mode Tablette, les programmes et les applications occupent la totalité de l'écran. Cependant, les petits boutons et les fines barres du bureau sont plus à l'aise lorsqu'ils sont contrôlés avec un clavier et une souris. Si vous utilisez Windows 10 sur une tablette tactile, vous devriez sérieusement envisager l'achat d'un clavier et d'une souris Bluetooth (donc sans fil) pour exécuter un travail de bureau.

Presque tous les logiciels conçus pour Windows Vista, 7, 8 ou 8.1 peuvent être exécutés sur le bureau de Windows 10. Les exceptions qui ne s'accommodent guère des changements de version de Windows sont pour l'essentiel les antivirus, les logiciels de sécurité Internet et certains utilitaires.

Les applications qui occupaient tout l'écran sous Windows 8 et 8.1 s'ouvrent maintenant dans une fenêtre du bureau de Windows 10. Bien entendu, sur une tablette, elles continuent à squatter toute la surface de l'écran. Mais le basculement entre les deux modes de fonctionnement reste toujours possible. Voyons un peu plus loin à ce sujet la section « Basculer entre le mode Tablette et le bureau ».

## UTILISER LE BUREAU SUR UN ÉCRAN TACTILE

Il est très facile de manœuvrer les grandes vignettes de l'écran de démarrage du bout des doigts. Mais sur le bureau, ces manœuvres sont un peu plus délicates. Voici quelques conseils :

- » **Sélectionner :** touchez l'élément du bout du doigt, car la pulpe du doigt risque cependant d'être un peu trop grande.
- » **Double-cliquer :** là encore, le double-toucher avec le bout du doigt est plus efficace.
- » **Cliquer du bouton droit :** laissez le doigt sur l'écran tactile jusqu'à ce qu'un petit carré apparaisse. Ôtez le doigt ; le menu reste affiché. Touchez ensuite l'option désirée.

Si votre doigt est trop gros pour les délicates manœuvres sur le bureau, achetez un clavier et une souris Bluetooth pour votre tablette. Utilisez ensuite le mode Tablette pour un usage courant et le bureau pour travailler.

J'insiste un peu. En mode Tablette, les applications et les programmes couvrent toujours la totalité de l'écran. Si vous avez besoin de voir le bureau, vous devez donc désactiver d'abord le mode Tablette.

D'autre part, seules les tablettes Windows ayant une diagonale d'au moins 8 pouces incluent le bureau. Les tablettes plus petites, ainsi bien entendu que les smartphones Windows, n'ont pas de bureau. Ces appareils ne peuvent donc exécuter que des applications, pas les programmes.

# Travailler sur le bureau

Le bureau vous permet d'exécuter en même temps plusieurs applications et programmes. Chacun est placé dans sa propre *fenêtre*, ce qui permet entre autres de faire passer des données d'un logiciel à un autre.

Quand il est tout neuf, Windows démarre avec un écran semblable à celui de la Figure 5.1, mais avec une autre image de fond (eh oui, celle-ci est personnelle et représente une plage bretonne ; vous ne la trouverez nulle part). Au fil du temps, l'écran se remplira d'*icônes*, ces petits boutons qui démarrent un programme ou ouvrent un fichier d'un double-clic. Beaucoup de gens remplissent leur écran d'icônes pour pouvoir accéder facilement à leurs applications, et peut aussi parce que cela les rassure.

D'autres utilisateurs sont plus organisés. Quand ils terminent un travail, ils stockent le fichier dans un *dossier*, une tâche décrite au prochain chapitre.

Mais quelle que soit la manière dont vous utilisez votre bureau, celui-ci comporte trois éléments principaux, indiqués sur la Figure 5.1 :

- » **Le bouton Démarrer :** pour lancer un programme ou une application, vous cliquez sur le bouton Démarrer, celui qui se trouve en bas et tout à fait à gauche de l'écran. Lorsque le menu qui lui est associé (donc le menu Démarrer) apparaît, cliquez sur le nom ou la vignette du programme ou de l'application que vous voulez exécuter.

J'ai décrit le menu Démarrer dans le Chapitre 4. En particulier, vous y avez appris à ajouter (ou retirer) des vignettes de menu. Mais vous pouvez également faire la même chose avec la barre des tâches (voir ci-dessous).

- **La barre des tâches :** s'étirant paresseusement en bas de l'écran, la *barre des tâches* reçoit les icônes des programmes, des applications et des fichiers actuellement ouverts. Immobilisez le pointeur de la souris sur une icône pour connaître le nom du programme, voire une miniature de ce que contient sa fenêtre. Par exemple, si plusieurs fenêtres ont été ouvertes dans l'Explorateur de fichiers, chacune affichant un dossier différent, le fait de placer le pointeur de la souris sur l'icône de ce programme dans la barre des tâches affiche une miniature de chacun des dossiers. Il suffit de cliquer sur celui dont vous souhaitez consulter le contenu. Vous apprendrez un peu plus loin comment personnaliser la barre des tâches.
- **La Corbeille :** vous y envoyez ou déposez les fichiers et les dossiers dont vous n'avez plus besoin. Il est cependant possible de les récupérer en cas d'erreur. Ouf !

Ces éléments sont décrits plus loin dans ce chapitre et tout au long de ce livre. Voici cependant quelques informations à leur sujet :

- Les possesseurs de PC et du bureau et d'ordinateurs portables peuvent démarrer de nouveaux projets directement sur le bureau. Cliquez du bouton droit sur une partie vide de son arrière-plan, c'est-à-dire la photo ou la couleur unie qui couvre toute la surface de votre écran. Dans le menu contextuel qui apparaît, choisissez Nouveau. Cliquez ensuite sur l'une des options proposées, comme la création d'un document ou encore la compression d'un dossier.
- Vous vous demandez quelle fonction remplit un certain élément placé sur le bureau ? Immobilisez le pointeur de la souris dessus et une petite info-bulle vous renseignera. Cliquez du bouton droit sur cet élément, et Windows affichera généralement un menu proposant diverses actions. Cette manipulation fonctionne avec la plupart des icônes et des boutons que vous trouvez sur votre bureau avec ses programmes.
- Toutes les icônes du bureau peuvent soudainement disparaître (c'est le côté un peu caractériel de Windows). Pour les faire réapparaître, cliquez du bouton droit sur le fond d'écran et dans le menu, choisissez Affichage puis cochez l'option Afficher les éléments du bureau. Si cela ne suffit pas, essayez de désactiver le mode Tablette. Touchez l'icône du Centre de notifications (elle se trouve juste à la gauche de l'horloge, vers l'extrémité droite de la barre des tâches). Un volet s'ouvre sur le bord droit de l'écran. En bas de celui-ci, touchez le bouton qui indique Mode tablette (il doit devenir grisé). En effet, le mode Tablette masque la totalité du bureau.

## Ouvrir des applications depuis le menu Démarrer

Le bouton Démarrer se trouve dans le coin inférieur gauche de l'écran. Un clic (ou un toucher) sur ce bouton, et le menu Démarrer apparaît. Celui-ci contient toutes les applications et les programmes qui sont installés. Il vous suffit alors de cliquer sur l'élément que vous voulez lancer (ou de le toucher).

Le menu Démarrer est étudié au Chapitre 4, mais voici un rapide rappel de ce que vous devez absolument savoir pour faire ami-ami avec Windows 10 :

1. **Placez le pointeur de la souris au-dessus du bouton Démarrer, dans l'angle inférieur gauche de l'écran.**

   Le menu Démarrer apparaît (voir la Figure 5.2). Si votre appareil fonctionne en mode Tablette, le menu Démarrer remplit tout l'écran (nous allons y revenir plus loin dans ce chapitre).

   Le menu Démarrer affiche automatiquement en haut de la colonne de gauche les noms des applications et des programmes auxquels vous avez accédé récemment. Sur la droite, vous trouvez le bloc des vignettes associées aux applications populaires (?) installées sur votre ordinateur.

2. **Si vous voyez dans la liste de menu Démarrer le nom de l'application ou d'un programme que vous voulez ouvrir, cliquez dessus.**

   Aussitôt, la fenêtre de l'application ou du programme s'ouvrira sur l'écran, prête à exécuter vos ordres.

3. **Vous ne le voyez pas ? Tapez son nom et si cette application existe dans l'ordinateur, Windows l'affichera.**

Un autre moyen de faire apparaître le menu Démarrer consiste à appuyer sur la touche Windows du clavier.

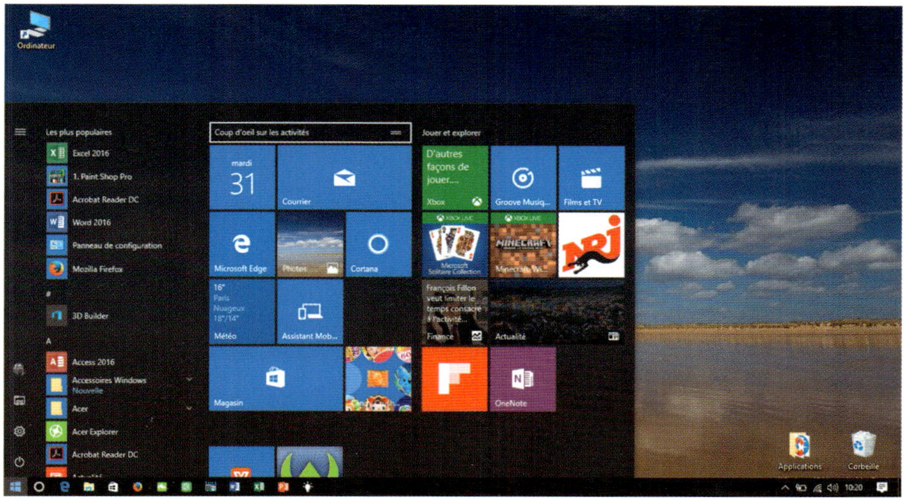


**FIGURE 5.2** Si vous trouvez l'application voulue dans le menu Démarrer, cliquez sur son nom ou sur sa vignette pour l'exécuter.

Une fois que vous avez ouvert une application ou un programme, vous allez forcément vouloir la ou le refermer un jour. J'y reviendrais dans le Chapitre 11. Mais il y a un petit truc à connaître : cliquez sur la croix qui se trouve en haut et à droite d'une fenêtre, et celle-ci se referme (peut-être après vous avoir demandé de sauvegarder votre travail en cours).

Pour encore plus d'informations sur le menu Démarrer, reportez-vous au Chapitre 4.

## Personnaliser l'arrière-plan du bureau

Pour décorer votre bureau, Windows le couvre d'une jolie image. C'est ce qu'on appelle l'*arrière-plan* du bureau.

Si vous êtes lassé de celle que vous impose Windows, remplacez-le par une image enregistrée sur votre ordinateur :

1. **Cliquez sur le bouton Démarrer.**

2. **Dans la colonne de gauche du menu Démarrer, cliquez sur l'icône Paramètres.**

   La fenêtre de l'application Paramètres de Windows va apparaître.

3. **Cliquez sur l'icône Personnalisation.**

   La fenêtre Personnalisation s'affiche. Elle montre les options proposées par la rubrique Arrière-plan.

4. **Cliquez sur une des images, et Windows l'affiche aussitôt à l'arrière-plan du bureau (voir la Figure 5.3).**

5. **Cliquez sur le bouton Parcourir pour accéder aux photos qui se trouvent dans le dossier Images, ou dans d'autres emplacements.**

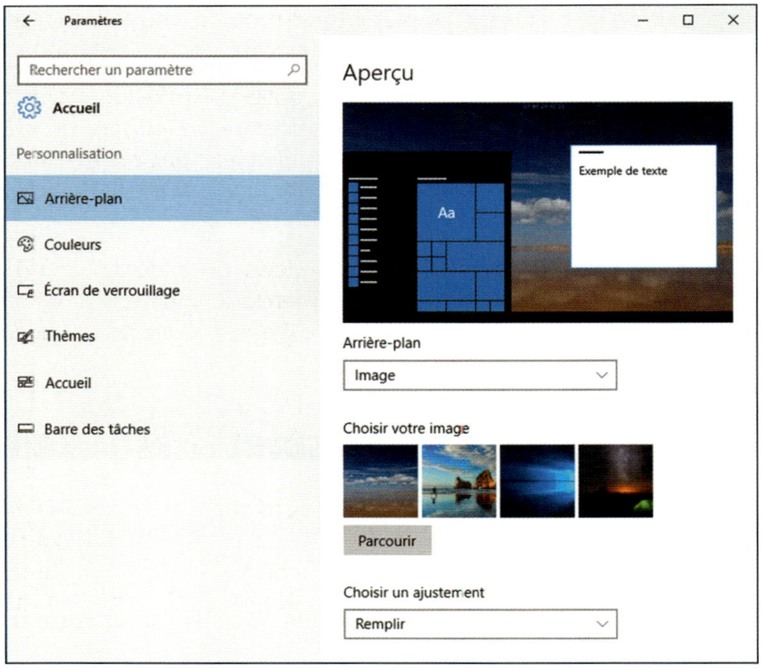


**FIGURE 5.3** Essayez différents arrière-plans en cliquant sur les imagettes. Cliquez sur le bouton Parcourir pour trouver d'autres photos dans l'ordinateur.

La plupart des gens stockent leurs photos numériques dans leur dossier Images (nous verrons dans le Chapitre 11 comment naviguer dans les dossiers). Si vous avez choisi de synchroniser les clichés pris avec votre tablette ou votre smartphone avec OneDrive, ils apparaîtront dans votre dossier Pellicule (ou Camera Roll, les deux situations pouvant se présenter).

6. **N'hésitez pas à visionner différentes images pour voir le résultat.**

   Lorsque vous êtes satisfait(e), quittez l'application Paramètres en cliquant sur sa case de fermeture, la croix qui se trouve en haut et à droite de sa fenêtre.

Voici quelques conseils pour vos fonds d'écran en général :

- La liste Choisir un ajustement, en bas de la fenêtre Arrière-plan, permet de choisir si une photo qui n'est pas homothétique, c'est-à-dire aux mêmes proportions que la résolution de votre écran, doit être étirée sans déformation, ou montrée entre des bandes noires, ou étirée, ou répétée pour remplir tout l'écran. Les options Remplir, Ajuster et Vignette conviennent aux photos de petites dimensions, comme celles prises avec des téléphones mobiles.
- Avec Edge, le navigateur Internet de Windows 10, il est très facile d'utiliser comme arrière-plan n'importe quelle photo trouvée sur Internet. Cliquez du bouton droit sur l'image affichée sur une page Web et, dans le menu contextuel qui apparaît, cliquez sur Enregistrer l'image. Windows va la copier dans votre dossier Images, et vous pourrez ensuite la choisir comme arrière-plan dans l'Étape 4 ci-dessus.
- Si vous ne voyez pas bien les icônes du bureau sur un fond d'écran, optez pour une couleur uniforme. À l'Étape 2 de la précédente procédure, choisissez Couleur unie dans la liste Arrière-plan. Sélectionnez ensuite l'une des couleurs proposées, ou cliquez sur Autres pour paramétrer un coloris personnalisé.
- La liste Arrière-plan propose également une option Diaporama, qui fait défiler le contenu de votre dossier Images (ou d'un autre) selon une périodicité que vous choisissez. Mais, à l'usage, tout cela est plus fatigant pour les yeux que réellement plaisant, et consomme de surcroît des ressources dont vos applications et vos programmes pourraient bien avoir besoin.
- Pour modifier complètement l'aspect de Windows, choisissez l'option Thèmes dans le volet de gauche. Cliquez ensuite sur Paramètres du thème, en haut du panneau. Choisissez un des thèmes proposés. Chaque thème change les couleurs des boutons, bordures et autres éléments.

## Basculer entre le mode Tablette et le bureau

Certaines personnes préfèrent utiliser Windows 10 sur leur tablette. D'autres préfèrent que leur tablette affiche le bureau en lui ajoutant un clavier et une souris. D'autres encore veulent le meilleur des deux mondes en permanence. En fait, tout le monde a raison. Les tablettes sont bien adaptées pour y glisser vos doigts, mais le bureau marche mieux quand il est accompagné d'un clavier et d'une souris.

Pour faire plaisir à tout le monde, Windows 10 permet d'activer ou de désactiver le mode Tablette. Lorsque celui-ci est activé (encore faut-il que votre écran ait une diagonale d'au moins 8 pouces), vos applications et vos programmes occupent la totalité de l'écran (et c'est d'ailleurs aussi le cas du menu Démarrer). Ce mode ajoute également un subtil espacement entre les menus et les icônes pour que vos doigts les trouvent plus facilement (d'accord, un seul doigt, c'est bien aussi).

En règle générale, Windows détecte votre manière de travailler et il ajuste automatiquement le mode Tablette (il appelle ce comportement d'un nom assez curieux : *Continuum*). Mais si vous remarquez que Windows ne se place pas dans le bon mode, vous pouvez procéder manuellement en suivant ces étapes :

1. **Cliquez sur l'icône du Centre de notifications.**

   Cette icône se trouve près du côté droit de la *barre des tâches*, le bandeau qui se trouve en bas de votre écran.

   Le volet du Centre de notifications apparaît (voir la Figure 5.4).

2. **Tapez sur le bouton Mode tablette, vers le bas du Centre de notifications, pour l'activer.**

   Dans ce cas, le bouton devrait être mis en surbrillance. Autrement dit, il devrait s'afficher dans une teinte bleutée. Lorsqu'il est grisé, le mode Tablette est désactivé et le bureau se comporte normalement.

Pour accéder au volet des notifications sur un écran tactile, effleurez celui-ci vers le centre en partant de la droite de l'écran.

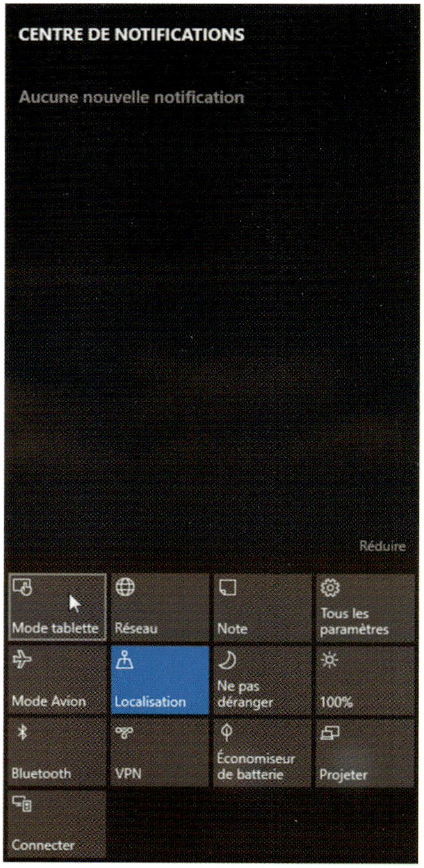


**FIGURE 5.4** Les boutons du Centre de notifications permettent d'accéder directement à divers réglages, dont le mode Tablette.

## Plongée dans la Corbeille

La Corbeille de Windows, que vous devriez voir dans le coin en haut et à gauche de votre écran, fonctionne de la même manière qu'une véritable corbeille à papier : vous pouvez y jeter ce dont vous n'avez pas besoin, et récupérer les éléments qui sont finalement encore utiles.

Vous pouvez la remplir de plusieurs manières :

» Cliquez du bouton droit sur l'élément à jeter puis, dans le menu, cliquez sur Supprimer. Windows demande prudemment de confirmer la suppression. Cliquez sur Oui et hop !, il part à la corbeille.

» Plus rapide encore : cliquez sur l'élément et appuyez sur la touche Suppr de votre clavier.

» Glissez et déposez l'élément dans la Corbeille.

Vous voulez récupérer un élément ? Double-cliquez sur l'icône de la Corbeille pour voir ce qu'elle contient. Cliquez droit sur l'élément que vous voulez récupérer. Dans le menu qui s'affiche, cliquez sur Restaurer (voir la Figure 5.5). Pour restaurer la totalité du contenu de la Corbeille, choisissez Restaurer tous les éléments dans l'onglet affiché en haut de la fenêtre.

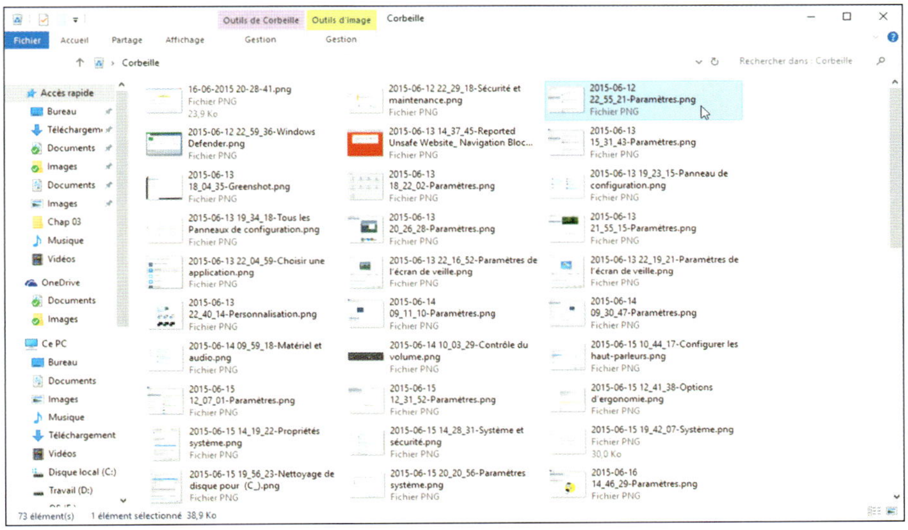


**FIGURE 5.5** Restaurer un élément de la Corbeille.

Une autre technique consiste à faire glisser un élément sur le bureau. Et réciproquement…

La Corbeille se remplit vite. Pour trouver rapidement ce que vous avez supprimé récemment, cliquez du bouton droit dans une partie vide de la Corbeille et, dans le menu qui apparaît, choisissez Trier par, puis Date de suppression.

Pour supprimer *définitivement* un élément, supprimez-le depuis la Corbeille. Pour cela, cliquez dessus et appuyez sur la touche Suppr de votre clavier. Pour vider la Corbeille, cliquez sur le bouton éponyme de l'onglet Gestion de la fenêtre de la Corbeille.

Pour supprimer un élément sans le faire transiter par la Corbeille, appuyez sur les touches Maj + Suppr. C'est un moyen radical pour supprimer des documents confidentiels, comme une mise en demeure de payer ou une lettre d'amour torride.

» Lorsque la Corbeille contient ne serait-ce qu'un seul élément, son icône montre une corbeille pleine, débordant de papiers.

- La Corbeille ne conserve que les éléments supprimés sur le bureau. Tout ce que vous supprimeriez à partir d'une applications, sur une clé USB, dans la carte mémoire d'un appareil photo, dans un lecteur MP3 ou sur un CD réinscriptible, entre autres, est définitivement effacé.
- Si vous ne souhaitez pas conserver une trace des fichiers supprimés, ouvrez la boîte de dialogue Propriétés de la Corbeille en faisant un clic du bouton droit sur son icône. Ensuite, activez l'option Ne pas déplacer les fichiers vers la Corbeille. Cette option est très très très dangereuse ! Vous risquez de vous en mordre les doigts !
- La Corbeille conserve tous les fichiers supprimés tant que la limite de 5 % de la capacité du disque dur n'est pas atteinte. Ensuite, elle efface les fichiers les plus anciens pour faire de la place. Si votre disque dur est d'une taille plutôt modeste, vous pouvez réduire la place allouée à la Corbeille. Pour cela, cliquez du bouton droit sur son icône et, dans le menu, choisissez Propriétés. Ensuite, dans Taille personnalisée, réduisez la taille maximale. Bien entendu, le contraire est aussi possible.
- Vous avez bêtement vidé la Corbeille ? Il est néanmoins possible de récupérer son contenu avec la fonction de sauvegarde nommée Historique des fichiers.
- Quand vous supprimez des fichiers dans l'ordinateur de quelqu'un d'autre, par le réseau informatique, il n'est plus possible de les récupérer. La Corbeille ne recueille que les fichiers effacés par la personne qui utilise l'ordinateur où se trouve la Corbeille. Sur un ordinateur distant, le fichier disparaît définitivement. Sachez-le et soyez prudent.

# La barre des tâches

Dès que plusieurs fenêtres sont ouvertes simultanément, vous êtes confronté à un petit problème de logistique : les fenêtres ont tendance à se chevaucher, ce qui complique leur repérage. Pire encore : des programmes comme des navigateurs Web ou Word peuvent ouvrir de nombreuses fenêtres. Comment s'en sortir dans cette pagaille ?

La solution réside dans la *barre des tâches*, une zone spéciale dans laquelle se trouvent les icônes de tous les programmes ouverts et leurs fenêtres. Représentée sur la Figure 5.6, elle se trouve tout en bas du bureau et Windows la met constamment à jour.

Windows 10 maintient la barre des tâches fermement en place, mais en mode Tablette. Elle est toujours accessible en bas de l'écran y compris si le menu Démarrer vient remplir le reste de la surface.

La barre des tâches est aussi le lieu de prédilection pour démarrer vos programmes favoris. Elle évite le détour par le menu Démarrer.

Lorsqu'une icône est soulignée d'un trait blanc dans la barre des tâches, cela signifie qu'elle est actuellement ouverte (c'est le cas de deux d'entre elles dans la Figure 5.6).

**FIGURE 5.6** Survolez le bouton dans la barre des tâches pour voir les vignettes des dossiers ou documents ouverts.

Vous vous demandez à quoi correspondent les icônes dans la barre des tâches ? Immobilisez le pointeur sur l'une d'elles et vous verrez, soit le nom du programme, soit une vignette montrant le contenu de sa fenêtre, comme sur la Figure 5.6 (ou vous pouvez voir l'application Photos affichant trois clichés).

La barre des tâches permet d'exécuter les tâches suivantes :

- **Démarrer un programme réduit dans la barre des tâches :** cliquez sur son icône et la fenêtre du programme se déploie aussitôt à l'écran, par-dessus celles qui s'y trouvent déjà, prête à être utilisée. Cliquer de nouveau sur la même icône réduit le programme dans la barre des tâches.
- Chaque fois qu'un programme est ouvert sur le bureau, son icône est visible dans la barre des tâches. Si vous ne trouvez pas une fenêtre sur le bureau, en particulier parce qu'elle est recouverte par beaucoup d'autres, cliquez sur son icône dans la barre des tâches pour la ramener au premier plan.
- Désormais, les applications ouvertes sur l'écran de démarrage d'un ordinateur non équipé d'un écran tactile affichent également une icône sur la barre des tâches.
- **Fermer un programme :** cliquez du bouton *droit* sur son icône, dans la barre des tâches, et choisissez Fermer la fenêtre (ou Fermer toutes les fenêtres selon le cas). Le programme se ferme exactement comme si vous aviez choisi la commande Quitter. Il vous sera demandé d'enregistrer le travail si cela n'a pas encore été fait.
- La présence d'un trait fin sous une icône de la barre des tâches vous indique que l'application ou le programme correspondant est en cours d'exécution.
- **Déplacer la barre des tâches :** elle se trouve traditionnellement en bas de l'écran, mais vous pouvez la tirer contre n'importe quel autre bord (si cela ne fonctionne pas, cliquez dessus du bouton droit et dans le menu, désactivez l'option Verrouiller la barre des tâches).

- **Masquer ou non la barre des tâches :** cliquez du bouton droit sur la barre des tâches et dans le menu, choisissez Propriétés. Dans la boîte de dialogue des propriétés, cochez ou décochez la case Masquer automatiquement la barre des tâches. Lorsqu'elle est masquée, elle réapparaît en approchant le pointeur de la souris du bord où elle se trouve.
- **Épingler une application ou un programme sur la barre des tâches :** dans le menu Démarrer, cliquez droit sur l'application ou le programme. Dans le menu qui s'affiche, choisissez Épingler à la barre des tâches. Vous pouvez alors y accéder d'un clic, sans avoir besoin d'ouvrir le menu Démarrer. Et si vous changez plus tard d'avis, la technique n'est pas plus difficile : vous cliquez droit dans la barre sur l'icône à retirer, et vous choisissez dans le menu qui s'affiche l'option Détacher de la barre des tâches.

## Réduire des fenêtres dans la barre des tâches et les réafficher

« Windows » se traduit par « fenêtres » et ce n'est pas pour rien. Quand vous écrivez un courrier, c'est dans une fenêtre que vous le faites. Quand vous vérifiez les coordonnées d'un contact, c'est dans une fenêtre qu'apparaissent ses coordonnées. Quand vous désirez jeter un coup d'œil sur un site Internet, c'est dans une fenêtre que la page apparaît. En un rien de temps, l'écran est plein de fenêtres.

Pour éviter d'être débordé par ce déferlement de fenêtres, Windows contient une fonctionnalité fort utile : la possibilité de placer les fenêtres dans la barre des tâches qui se trouve en bas de l'écran. Pour cela, vous devez cliquer sur leur bouton Réduire.

Avez-vous remarqué les trois boutons qui se trouvent en haut à droite de presque chaque fenêtre ? Cliquez sur le bouton *Réduire* d'une fenêtre – celui avec un petit tiret – et elle disparaît aussitôt de l'écran tandis que l'icône de l'application ou du programme reste sagement rangée dans la barre des tâches.

Pour rétablir la fenêtre minimisée, cliquez sur son icône dans la barre des tâches. Vraiment simple, non ?

- Vous vous demandez quelle peut bien être l'icône que vous recherchez, parmi toutes celles de la barre des tâches ? Survolez-les avec le pointeur de la souris et vous verrez apparaître une vignette de la fenêtre ainsi que le nom du programme.
- Quand vous réduisez une fenêtre, vous ne supprimez pas son contenu et vous ne fermez pas le programme. Quand vous rétablissez une fenêtre, elle s'ouvre à la même taille et avec le même contenu qu'au moment où vous l'aviez réduite.

## Exécuter des actions à partir de la barre des tâches

La barre des tâches de Windows ne sert pas qu'à ouvrir des programmes et passer d'une fenêtre à l'autre. Vous pouvez également exécuter diverses tâches grâce à un clic du bouton droit. Ainsi que le montre la Figure 5.7, le clic du bouton droit sur l'icône de l'Explorateur de fichiers affiche une liste des dossiers récemment visités. Cliquez sur l'un d'eux pour y accéder aussitôt.

Ces *listes de raccourcis* permettent de répéter rapidement des actions effectuées précédemment. Et elles sont présentes, même si l'application ou le programme correspondant a été refermé.

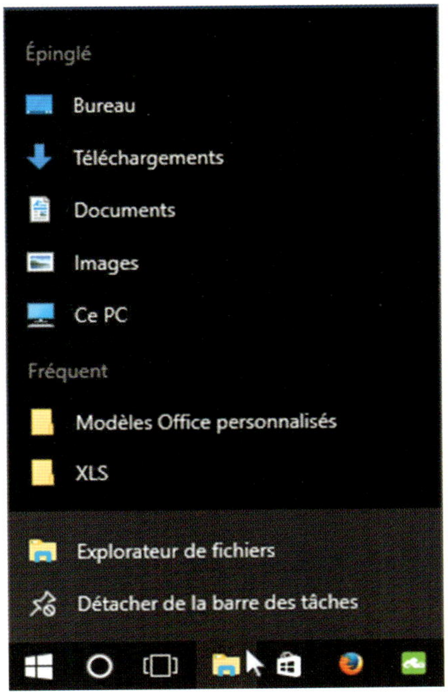


**FIGURE 5.7** Les diverses actions exécutables depuis le menu contextuel de la vignette de l'Explorateur de fichiers.

## La barre des tâches et ses zones sensibles

Comme un joueur de poker, la barre des tâches cache quelques atouts dans sa manche. En particulier, toute la partie droite de cette barre révèle une série d'icônes et de boutons qui jouent un rôle particulier et fort utile (voir la Figure 5.8). On l'appelle souvent la *zone de notification*.

Ces icônes peuvent varier selon l'ordinateur et les logiciels qui y ont été installés, mais vous y trouverez sans doute celles-ci :

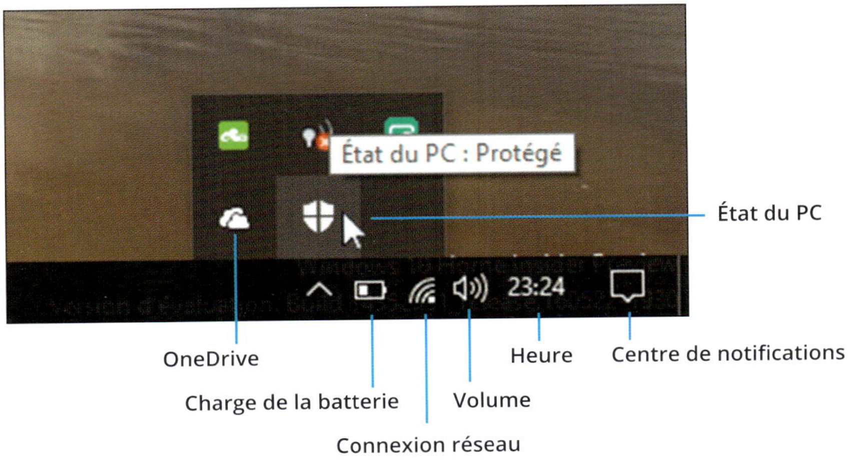


**FIGURE 5.8** Cliquez sur la flèche pour voir les icônes cachées dans la zone de notification de la barre des tâches.

» **Minimiser les fenêtres :** le petit bandeau vertical qui se trouve tout à fait à droite de la barre des tâches réduit instantanément toutes les fenêtres ouvertes. Cliquez à nouveau dessus pour les remettre en place. Laissez quelques instants le pointeur de la souris survoler ce bouton, et vous obtenez une vue *très* allégée de vos fenêtres.

- **Heure :** cliquez dessus pour afficher un calendrier. Pour changer de date et d'heure, voire ajouter un fuseau horaire, cliquez sur Paramètres de date et d'heure.

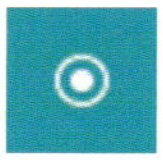

- **Position :** sa présence indique que la machine partage votre position avec une application, par exemple lorsque vous consultez une carte ou que vous recherchez quelque chose à proximité.

- **Bluetooth :** cliquez sur cette icône pour configurer une connexion Bluetooth.

- **Retirer un périphérique en toute sécurité :** cliquez sur l'icône avant de retirer un périphérique comme une clé USB, un lecteur MP3, un disque dur externe, etc. Windows s'assurera qu'aucun fichier n'est en cours de lecture ou d'écriture avant de vous autoriser à ôter le périphérique.

- **Centre de notifications :** il signale des messages envoyés par le système et permet d'effectuer divers réglages.

- **Réseau filaire :** apparaît lorsque la connexion au réseau ou à Internet est établie par un câble Ethernet. Une croix signale que l'ordinateur est déconnecté.

- **Réseau Wi-Fi :** apparaît lorsque la connexion Wi-Fi est établie. Plus l'icône affiche de barres, et plus votre connexion est forte. Une croix par-dessus cette icône signale que l'ordinateur est déconnecté du réseau.

- **Volume :** cliquez sur cette icône pour régler le volume de sortie du son (voir la Figure 5.9). Cliquez sur le petit haut-parleur pour couper le son (ou le rétablir). Vous pouvez également cliquer du bouton droit sur l'icône pour accéder à un mixer ainsi qu'aux réglages de la lecture ou de l'enregistrement. Un mixer permet d'ajuster séparément le volume pour chaque programme, par exemple pour que le Lecteur Windows Media ne soit pas perturbé par les ennuyeux bips de Windows.

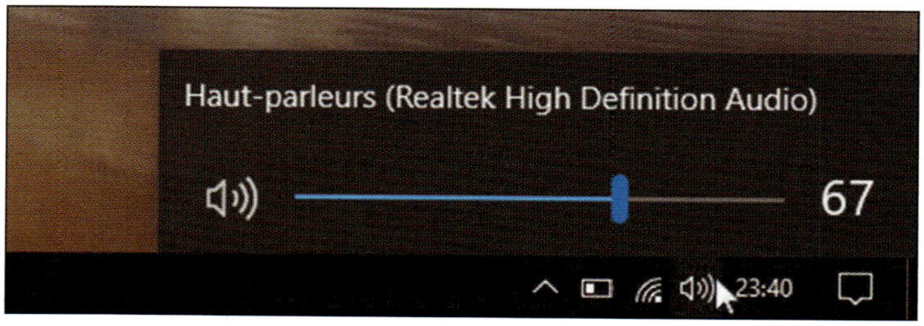


**FIGURE 5.9** Régler le volume sonore.

- **Alerte Windows :** si Windows rencontre un problème, il affiche cette icône. Cliquez dessus pour voir les solutions possibles.

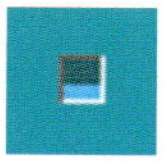

- **Gestionnaire des tâches :** cet outil peut terminer des programmes qui se sont égarés dans la nature, gérer des tâches en arrière-plan, suivre les performances de l'ordinateur, et d'autres choses encore qui font le bonheur des *geeks*, des *technogourous* et des *techies*. Mais pas le nôtre...

- **Processus hôte :** c'est encore pire. La présence de cette icône indique que le gadget que vous venez de brancher ne fonctionne pas, qu'il s'agisse d'une imprimante, d'un scanner, d'un lecteur de musique, et ainsi de suite. Essayez de débrancher l'appareil, d'exécuter à nouveau son programme d'installation, puis de le reconnecter.

» **USB :** cliquez ici avant de retirer une clé ou un disque USB, de manière à ce que Windows sache que vous ne vous en servez plus.

» **OneDrive :** lorsque Windows synchronise ses fichiers avec OneDrive, une petite barre mobile apparaît sous cette icône.

» **Secteur :** indique que l'ordinateur portable est alimenté par le courant secteur et que la batterie est en train d'être chargée.

» **Batterie :** indique que l'ordinateur portable fonctionne sur la batterie. Immobilisez la souris au-dessus de l'icône pour connaître le pourcentage de la charge.

» **Afficher les icônes cachées :** cette flèche, à gauche des icônes de la zone de notification, donne accès aux icônes qui ne sont pas affichées dans la barre. Nous y reviendrons à la section « Personnaliser la barre des tâches ».

Vous pouvez choisir les icônes qui devraient rester toujours visibles en cliquant sur le bouton Démarrer. Dans le menu Démarrer, choisissez la commande Paramètres. Dans la fenêtre qui s'affiche, cliquez sur le bouton Système. Choisissez alors dans le volet de gauche l'option Notifications et actions. Dans la partie droite de la fenêtre, cliquez sur Sélectionnez les icônes à afficher dans la barre des tâches. Une nouvelle fenêtre apparaît. Activez ou désactivez ce que vous voulez voir ou non apparaître dans la barre des tâches (personnellement, j'active simplement l'option Toujours afficher toutes les icônes dans la zone de notification, mais chacun a le droit d'avoir ses préférences).

## DISCUTER AVEC CORTANA

Vous avez certainement remarqué le champ qui indique Rechercher sur le web et dans Windows, juste à droite du menu Démarrer. C'est *Cortana*, le nouvel assistant numérique de Windows 10. Cortana est là pour vous aider à trouver des informations, que ce soit sur votre ordinateur ou sur le Web.

Tapez par exemple dans ce champ quelques mots associés à l'un de vos fichiers, et Cortana devrait localiser celui-ci et afficher son nom. Vous n'avez plus qu'à cliquer dessus pour l'ouvrir. Cortana réalise le même travail si vous tapez le nom d'un réglage ou d'un programme.

Cortana comprend également vos commandes vocales. Cliquez sur le petit symbole de micro, à droite du champ, et énoncez votre commande. En fait, vous pouvez simplement commencer par dire les mots « Hey, Cortana ». Cela devrait suffire à réveiller le bon génie pour qu'il écoute ce que vous lui racontez et réponde à vos désirs les plus chers (d'accord, Cortana n'est quand même pas le génie de la lampe d'Aladin).

N'oubliez pas qu'il faudra un certain temps à Cortana pour qu'il ou elle s'habitue à votre voix, et qu'il vous faudra aussi un certain temps pour maîtriser son vocabulaire un peu limité.

## Ouvrir le Centre de notifications

La partie droite de la barre des tâches est souvent truffée d'icônes. À moins d'avoir mémorisé la totalité de la section précédente, ce que je ne vous conseille pas, nombre d'entre elles sont assez mystérieuses. Pour en savoir un peu plus sur tout cela, cliquez sur l'icône des notifications, juste à la gauche de l'horloge. Le volet des notifications va apparaître sur la droite de l'écran (voir la Figure 5.10). Il démystifie un peu toutes cela en affichant plus d'informations sur votre ordinateur, et le cas échéant sur vous.

Le volet des notifications peut par exemple lister vos derniers messages, signaler des rendez-vous, vous interroger sur certaines mises à jour, et ainsi de suite. Il fournit également une rangée de boutons permettant d'accéder rapidement à certains réglages, dont en particulier ceux-ci, visible sur la Figure 5.10 :

- **Mode tablette :** cliquez sur ou touchez ce bouton pour activer (le bouton est bleuté) ou désactiver (il devient grisé) le mode Tablette, évidemment préférable sur les écrans tactiles.
- **Réseau :** affiche tous les réseaux Wi-Fi à portée du PC et permet de se connecter à l'un d'eux..
- **Note :** ouvre l'application Notes.
- **Tous les paramètres :** accède aux paramètres de Windows.
- **Mode avion :** désactive toutes les communications Wi-Fi et Bluetooth. Les applications nécessitant un accès Internet ne sont plus opérationnelles.
- **Localisation :** activez ce bouton si vous acceptez (il devient bleuté) ou non (il est grisé) d'être localisé. La localisation est très précise sur un appareil doté d'un GPS, beaucoup moins sur un ordinateur.
- **Ne pas déranger :** désactive le son des alertes et des notifications.
- **Luminosité :** règle l'intensité lumineuse de l'affichage.
- **Bluetooth :** active ou désactive les communications par Bluetooth.

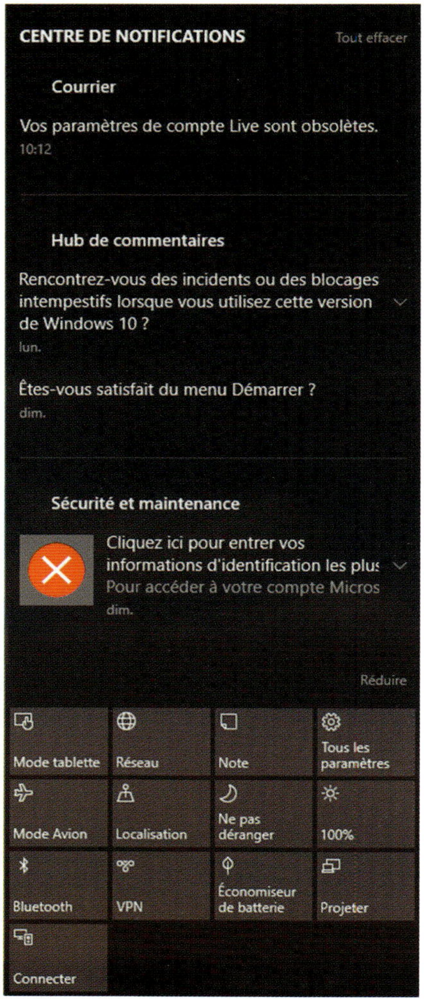


**FIGURE 5.10**
Le volet des notifications affiche des informations, par exemple les derniers e-mails reçus, vos rendez-vous, ou encore les mises à jour de Windows.

- **VPN :** configure puis utilise une communication VPN (*Virtual Private Network,* « réseau virtuel privé ». Un VPN est une connexion directe entre des ordinateurs distants.
- **Économiseur de batterie :** accède à des fonctions de gestion de l'énergie.
- **Projeter :** gère l'affichage lorsqu'un second écran ou un vidéoprojecteur est connecté au PC : écran du PC uniquement, dupliquer (le contenu des deux écrans est identique), étendre (les deux écrans forment un ensemble) ou deuxième écran uniquement. La connexion sans fil est prise en charge. Notez que ces fonctions sont également accessibles en appuyant sur les touches Windows + P.
- **Connecter :** demande à Windows de rechercher un appareil que vous avez connecté, généralement sans fil. Il peut par exemple s'agir d'un écran sans fil ou encore d'enceintes Bluetooth.

Les boutons en bas du volet des notifications peut varier selon le matériel utilisé.

Si le bas du volet du Centre de notifications ne montre que quatre boutons, cliquez sur le mot Développer, juste en haut, pour voir tous les autres. Inversement, cliquez sur Réduire pour gagner de la place.

Voici quelques conseils pour gérer au mieux le Centre de notifications :

- Il peut arriver que le Centre de notifications se perde un peu dans les dates, et qu'il vous rappelle un rendez-vous d'avant-hier. Dans ce cas, pointez sur cette ligne, puis cliquez sur la croix qui apparaît à sa droite.
- Pour nettoyer totalement le Centre de notifications, cliquez sur les mots Effacer tout, en haut et à droite du volet.
- Avec un écran tactile, vous pouvez accéder au Centre de notifications en effleurant l'écran vers la gauche à partir de son bord droit.
- Il est possible de personnaliser le bas du volet du Centre de notifications. Ouvrez-le, puis cliquez sur Tous les paramètres. Dans la fenêtre des paramètres, choisissez Système, puis cliquez sur Notifications et actions. À la section Actions rapides, sous les pavés reproduisant ceux du Centre de notification, cliquez sur le lien Ajouter ou supprimer des actions rapides. Dans le panneau que montre la Figure 5.11, actionnez le commutateur de chaque élément à activer ou non.

## Personnaliser la barre des tâches

La barre des tâches est personnalisable. En ne plaçant dessus que les icônes des applications et des programmes que vous utilisez le plus souvent, vous éviterez bien des allers et retours dans le menu Démarrer.

À l'origine, la partie gauche de la barre des tâches ne contient que trois icônes d'applications : Microsoft Edge, le nouveau navigateur Internet de Windows 10, l'Explorateur de fichiers, qui permet d'accéder à vos documents, et Windows Store, l'ami de votre por-

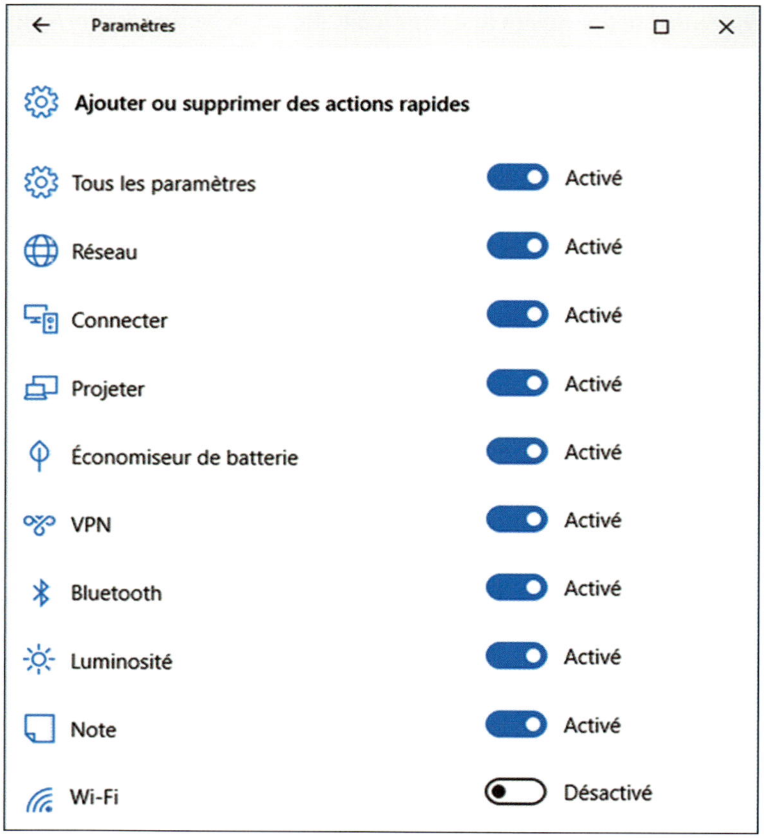


**FIGURE 5.11** Le bouton Wi-Fi n'est actuellement pas affiché dans le Centre de notification.

tefeuille. Toutes ces icônes sont repositionnables les unes par rapport aux autres en les faisant glisser.

Je ne reprends pas dans cette liste les éléments propres au système que sont le bouton Démarrer, la barre de recherche et le bouton qui affiche les tâches actives.

Quand vous localisez dans le menu Démarrer un programme ou une vignette d'application que vous considérez comme faisant partie de vos favoris, il vous suffit de cliquer du bouton droit dessus et de choisir dans le menu qui apparaît l'option Épingler à la barre des tâches. C'est tout !

Pour personnaliser encore plus la barre des tâches, cliquez sur une partie non occupée et dans le menu, choisissez Paramètres. Un panneau Barre des tâches apparaît. Il est composé de deux sections : Barre des tâches et Zone de notification.

Le Tableau 5.1 explique les options du panneau et fournit quelques recommandations. Pour que certaines de ces options fonctionnent, vous devrez décocher la case Verrouiller la barre des tâches.

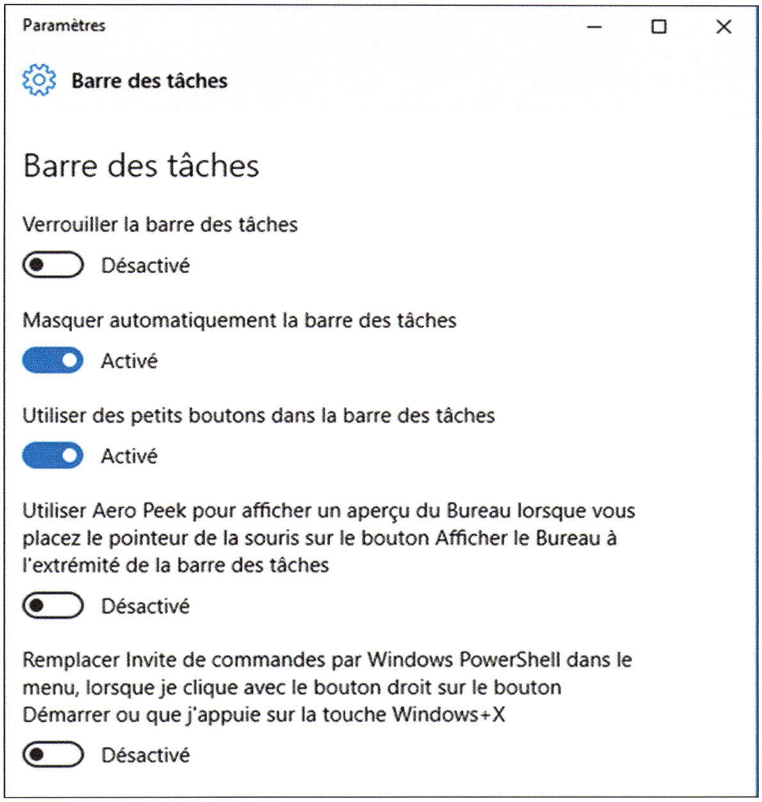


**FIGURE 5.12** L'onglet Barre des tâches permet de personnaliser son aspect et son comportement.

Essayez les diverses options des propriétés de la barre des tâches. Pour voir les effets de l'une d'elles, cliquez sur le bouton Appliquer. Le résultat ne vous convient pas ? Rétablissez l'état précédent de l'option, puis cliquez de nouveau sur Appliquer.

Après avoir configuré la barre des tâches à votre guise, cochez la case Verrouiller la barre des tâches.

## Créer et configurer de multiples bureaux

Certaines personnes connectent deux moniteurs à leur ordinateur de manière à pouvoir travailler plus efficacement sur des images ou des documents. Il est ainsi possible, par exemple, d'afficher d'un côté une feuille de calcul, et de l'autre un rapport en cours de rédaction sur les données de la feuille.

Si votre PC ne dispose pas d'une sortie pour y brancher un second écran), Windows 10 vous offre le moyen d'avoir plusieurs bureaux sur un *seul* moniteur. Ces bureaux *virtuels* vous permettent donc de passer d'une configuration de travail (ou de loisirs) à une autre sans

**TABLEAU 5.1 Personnaliser la barre des tâches.**

| Commandes | Recommandations |
|---|---|
| Verrouiller la barre des tâches | Lorsque cette case est cochée, l'apparence de la barre des tâches n'est plus modifiable. Cela évite les changements par inadvertance. Bien entendu, vous devez d'abord la personnaliser à votre convenance. |
| Masquer automatiquement la barre des tâches | Lorsque cette option est active, la barre des tâches disparaît en bas de l'écran lorsqu'elle n'est pas utilisée. Approchez le pointeur de la souris du bord inférieur pour la faire réapparaître. On aime ou on n'aime pas, c'est selon. |
| Utiliser des petits boutons dans la barre des tâches | La hauteur de la barre des tâches ainsi que ses icônes sont réduites à la moitié de leur taille. Cette option est commode pour les petits écrans. |
| | |
| Utiliser Aero Peek... | Normalement, immobiliser le pointeur de la souris dans le coin inférieur droit de l'écran rend toutes les fenêtres transparentes, ce qui permet de voir le bureau. Pour désactiver cet effet, décochez l'option Passage furtif sur le bureau. |
| Remplacer Invite de commandes... | Cette option ne concerne que les programmeurs. Normalement, des commandes apparaissant en cliquant du bouton droit sur le bouton Démarrer permettent d'afficher la fenêtre Invite de commandes. Cette fenêtre sert à créer des lignes commandes en langage MS-DOS (une vieillerie, mais encore fort utile pour ceux qui s'y connaissent). Activer cette option permet de faire de même, mais dans un environnement de programmation plus proche d'Unix. |
| Position de la barre des tâches | La barre des tâches peut être placée contre n'importe quel bord de l'écran. Choisissez dans ce menu celui que vous préférez. |
| Combiner les boutons de la barre des tâches | Lorsque vous ouvrez de nombreux programmes et fenêtres, Windows évite d'encombrer la barre des tâches en groupant les boutons similaires sous un seul. Par exemple, toutes les fenêtres Word sont liées à un seul bouton Word. Pour cela, conservez l'option Toujours combiner, et masquer le texte. |
| Zone de notification | Permet de définir quelles icônes doivent apparaître dans la zone de notification. Personnellement, je choisis systématiquement d'afficher toutes les icônes et les notifications. Si plusieurs écrans sont utilisés, la section Plusieurs affichage gère l'apparition de la barre des tâches sur les différents écrans. |

aucun investissement supplémentaire. Ceci peut être pratique si la taille de votre écran est assez réduite et que cela vous gêne pour afficher plusieurs fenêtres côté à côte. Au lieu de jongler entre les fenêtres, il vous suffit de passer d'un bureau à l'autre.

Pour créer et utiliser des bureaux virtuels, suivez ces étapes :

1. **Cliquez dans la barre des tâches sur le bouton Affichage des tâches. Cliquez ensuite sur le bouton Nouveau bureau en bas et à droite de l'écran.**

   Lorsque vous cliquez sur (ou touchez) le bouton Affichage des tâches, l'écran s'obscurcit et il affiche des vignettes montrant toutes vos applications et tous vos programmes actifs. Dans le coin inférieur droit de l'écran, la mention Nouveau bureau apparaît (voir la Figure 5.13).

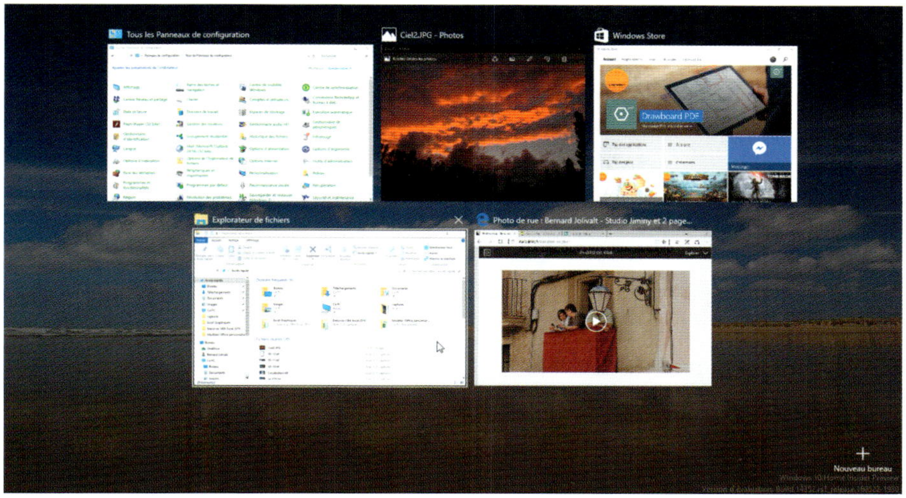


**FIGURE 5.13** Cliquez sur le bouton Affichage des tâches, et les mots Nouveau bureau apparaissent à droite, au-dessus de la barre des tâches.

Quand vous cliquez sur le bouton Nouveau bureau, le bas de l'écran révèle deux vignettes : l'une pour le bureau actuel (appelé par défaut Bureau 1), et une autre pour le nouveau bureau, dénommé Bureau 2 (voir la Figure 5.14).

**FIGURE 5.14** Cliquez sur l'une des vignettes pour changer de bureau.

**2. Cliquez sur la vignette du nouveau bureau, et celui-ci s'affiche à l'écran.**

À ce stade, votre nouveau bureau se contente de répliquer votre bureau d'origine. Rien n'y est ouvert, ni application, ni programme.

C'est fait. Vous avez créé un second bureau virtuel, et vous l'avez activé. Votre autre bureau est toujours bel et bien là, dans l'état où vous l'avez laissé, et il suffit de passer à nouveau par le bouton Affichage des tâches pour le retrouver.

Certaines personnes aiment les bureaux virtuels. D'autres les trouvent sans intérêt et pensent qu'ils constituent plutôt une source de confusion. Si votre cœur balance, voici quelques conseils pour vous aider à vous décider :

- Pour passer d'un bureau à un autre, cliquez sur le bouton Affichage des tâches. Cliquez ensuite sur le nom du bureau que vous voulez activer (reportez-vous à la Figure 5.14).
- Pour voir les fenêtres ouvertes dans chaque bureau, cliquez également sur le bouton Affichage des tâches. Survolez ensuite la vignette du bureau voulu. Les aperçus des applications et des programmes qui y sont ouverts vont s'afficher. Il vous suffit alors de cliquer sur l'aperçu voulu pour retrouver la fenêtre correspondante.
- Pour supprimer un bureau, cliquez une fois de plus sur le bouton Affichage des tâches. Survolez le bureau virtuel superflu, puis cliquez sur la croix qui apparaît au-dessus et à droite de sa vignette. Toutes les fenêtres qui y étaient ouvertes vont se déplacer vers votre bureau original, *réel*. Vous ne perdez donc rien, ce qui est évidemment très important.
- Il est aussi possible de supprimer de cette manière le bureau *réel*. Dans ce cas, c'est le bureau virtuel qui devient réel, et qui récupère toutes les applications et les programmes du premier.
- Vous pouvez reprendre les étapes décrites ci-dessus pour créer encore plus de bureaux virtuels. Attention cependant à la consommation de mémoire que cette multiplication des bureaux peut générer.
- Si vous aimez jouer avec votre clavier, appuyez en même temps sur les touches Windows, Ctrl et D. Immédiatement, un nouveau bureau vierge apparaît. En appuyant maintenant sur la combinaison touche Windows + Tab, vous activez directement la vue Affichage des tâches, et vous retrouvez donc tous vos bureaux, ainsi que toutes les fenêtres ouvertes.
- Pour déplacer une fenêtre d'un bureau à un autre, cliquez sur le bouton Affichage des tâches. Ensuite, cliquez droit sur l'aperçu de la fenêtre que vous voulez déplacer. Dans le menu qui s'affiche, choisissez un numéro de bureau, ou encore l'option Nouveau bureau. Une autre méthode consiste à faire glisser l'aperçu de la fenêtre sur la vignette de son bureau de destination.

Les bureaux sont numérotés dans l'ordre de leur création.

# Faciliter la recherche des programmes

Lorsque vous installez un nouveau programme, le programme d'installation pose généralement quelques questions plus ou moins absconses. Mais attention si le programme d'installation propose de placer un raccourci sur votre bureau ou dans la barre des tâches.

Dans ce cas, répondez oui sans hésiter, car vous éviterez ainsi d'avoir à fouiller dans le menu Démarrer pour y retrouver le nom ou la vignette du programme.

Par contre, si certains de vos programmes favoris n'ont pas ajouté leur propre icône sur votre bureau, vous pouvez facilement réparer ce regrettable oubli :

1. **Ouvrez le menu Démarrer.**
2. **Cliquez du bouton droit sur le nom du programme ou de l'application que vous voulez voir apparaître sur la barre des tâches. Dans le menu qui s'affiche, choisissez Plus > Épingler à la barre des tâches.**

   Avec un écran tactile, il suffit de maintenir le doigt appuyé sur la vignette voulue. Dès qu'elle change de taille, relâchez votre pression. Touchez alors Plus > Épingler à la barre des tâches dans le menu qui s'affiche.

Au lieu d'aller rechercher le programme dans le menu Démarrer, il vous suffira de cliquer sur son icône dans la barre des tâches.

Lorsque vous ne souhaitez plus qu'un programme soit affiché dans la barre des tâches, cliquez droit sur son icône et exécutez la commande Détacher de la barre des tâches.

Une dernière astuce pour les pros du clavier : appuyez simultanément sur la touche Windows et sur un chiffre. La fenêtre à laquelle Windows a affecté ce numéro (ne me demandez pas comment) s'ouvrira. Recommencez, et elle se réduit sur la barre des tâches. Magique !

# Sous le capot du PC

**DANS CETTE PARTIE…**

Un ordinateur, ce n'est pas qu'un engin équipé d'un clavier, d'une souris et d'un écran, auquel une imprimante est éventuellement branchée. Pour bien le connaître, vous devez savoir ce qu'il y a sur et sous le capot, connaître le nom de différents éléments, savoir à quoi ils servent. Dans cette partie du livre, vous mettrez enfin un nom sur tous ces trucs et ces machins qui vous intriguent.

Chapitre 6

# Anatomie d'un ordinateur

**DANS CE CHAPITRE :**

» **Un coup d'œil dans l'unité centrale.**

» **La carte mère.**

» **Le microprocesseur.**

» **Ajouter des cartes d'extension.**

» **Régler l'heure.**

» **Comprendre le programme d'initialisation (BIOS).**

» **L'alimentation électrique.**

L'unité centrale de votre PC est probablement une élégante boîte aux lignes fluides, mais elle cache un vilain bric-à-brac électronique. C'est un souk rempli de circuits imprimés, de composants électroniques, de filasses et de prises électriques parfois branchées à rien. Affreusement compliqué? Pas tant que ça, même si le spectacle n'est guère engageant.

En dépit de sa complexité apparente, l'unité centrale n'est pas une cité interdite. La plupart sont faciles à ouvrir et ce pour une raison toute simple : il faudra parfois ajouter du nouveau matériel. Ce chapitre vous explique comment procéder sans peine et sans prendre de châtaigne.

## Sous le capot

Vous n'aurez pas forcément à ouvrir le capot de l'unité centrale, car il existe plein d'autres manières d'étendre les capacités de l'ordinateur sans bidouiller dedans. Je vous conseille cependant vivement de vous familiariser avec sa configuration interne, ne serait-ce que pour savoir qui est quoi et comment *ça* s'appelle.

## Les tripes du PC

La Figure 6.1 montre les éléments les plus importants de l'unité centrale. Le schéma montre une tour vue de côté, l'avant se trouvant à gauche, l'arrière à droite.

**FIGURE 6.1** L'intérieur d'une unité centrale.

Est absent, Figure 6.1, l'enchevêtrement de câbles qui forment les boyaux de la bête. Selon le type du boîtier et ses dimensions, l'unité centrale est plus ou moins bourrée de matériel. Si vous possédez le PC depuis un moment, ajoutez une bonne couche de poussière, voire des poils de chat.

Les trois éléments principaux d'une unité centrale sont :

» Le rack des lecteurs.

» L'alimentation.

» La carte mère.

Le *rack des lecteurs* est un logement où prennent place le lecteur de disquette, de CD-ROM, de DVD, le disque dur et parfois un lecteur de disquettes. Des emplacements libres permettent d'ajouter des lecteurs supplémentaires. Ils se trouvent généralement juste derrière la façade.

L'alimentation nourrit la bête de cet ingrédient indispensable appelé « électricité ». Vous en apprendrez plus à la section « L'alimentation », à la fin de ce chapitre.

Enfin, la *carte mère* est le principal circuit électronique de l'ordinateur. Étant donné son importance, une section entière lui sera consacrée d'ici peu.

Tout, dans un PC, est modulaire. Les éléments peuvent être remplacés aussi facilement que dans un jeu de construction. C'est cette modularité qui assure le succès durable du PC.

# Ouvre-le si tu oses !

Rien ne vous oblige à visiter l'intérieur d'une unité centrale. Vous pouvez la confier à un technicien ou à quelqu'un qui s'y connaît. Mais, si vous êtes un tant soit peu adroit de vos mains, vous constaterez qu'il est très facile d'intervenir sous le capot et de remplacer des éléments.

Voici les étapes que je conseille pour ouvrir une unité centrale :

1. **Éteignez l'ordinateur.**
2. **Retirez le cordon d'alimentation de l'unité centrale.**

   Éteindre l'unité centrale n'est pas suffisant. Il faut aussi enlever le cordon. Sauf si vous devez déplacer l'unité centrale, débrancher les autres câbles est inutile.
3. **Éloignez l'unité centrale du mur. Placez-la à un endroit où vous avez de la place.**
4. **Ôtez le capot de l'unité centrale.**

   La procédure dépend du boîtier. Pour certains, vous aurez besoin d'un tournevis cruciforme. D'autres peuvent être ouverts à main nue.

Vous voici prêt à plonger vos mains dans les boyaux du monstre. Reportez-vous à la Figure 6.1 pour vous y retrouver. Que de câbles ! Un véritable cauchemar filandreux !

- Ne rebranchez jamais l'unité centrale pendant qu'elle est ouverte. Si vous devez tester un élément, refermez-la d'abord.
- Vous ouvrez classiquement l'unité centrale pour trois bonnes raisons : ajouter de la mémoire, ajouter une carte d'extension ou remplacer la petite pile.
- Pendant que vous intervenez dans l'unité centrale, arrangez-vous pour qu'une main touche toujours le châssis. Vous évacuerez ainsi l'électricité statique qui pourrait endommager l'ordinateur.

## Fermer le capot

Votre intervention terminée, fermez aussitôt l'unité centrale. Assurez-vous que tous les câbles ont été rebranchés et qu'aucun outil n'a été oublié dans le boîtier.

Replacez le couvercle ou le capot puis rebranchez l'unité centrale. Allumez l'ordinateur en espérant que tout fonctionnera bien.

Ne remettez pas les vis tant que vous n'êtes pas certain que tout s'est bien passé.

# La mère de toutes les cartes

La *carte mère* est la pièce maîtresse des circuits internes de votre ordinateur (Figure 6.2). C'est sur elle que sont greffés les éléments les plus importants du PC.

**FIGURE 6.2** Une carte mère de PC.

- Le microprocesseur.
- Les jeux de composants électroniques.
- La mémoire vive.
- La pile.
- Les connecteurs d'extension.

- Les connecteurs d'entrées/sorties.
- Les pièces électroniques.

Des sections particulières sont réservées au microprocesseur, aux jeux de composants, à la pile et aux cartes d'extension.

Les *connecteurs d'entrées/sorties* sont de simples emplacements sur la carte mère où sont enfichés les panneaux E/S. Un connecteur est réservé au câble du disque dur, et d'autres connecteurs reçoivent l'électricité fournie par l'alimentation. Les pièces électroniques sont les condensateurs, résistances, diodes, etc., parsemés sur les circuits imprimés.

- La carte mère est le principal circuit électronique du PC.
- Plusieurs composants peuvent se trouver sur la carte mère. Le plus important est le *microprocesseur*. La carte mère est toujours conçue en fonction de lui.

# Le microprocesseur

Au cœur de tout ordinateur bat le *microprocesseur*. C'est la puce principale de l'ordinateur.

Notez que le microprocesseur n'est pas le cerveau du PC. La matière grise de l'ordinateur, ce sont les logiciels. Le microprocesseur n'est que du matériel : il fait ce que lui commandent les programmes. La Figure 6.3 montre un microprocesseur de type Core i7 (processeur à quatre cœurs).

**FIGURE 6.3** Un microprocesseur de type Intel Core i7.

Le microprocesseur traite avec des éléments externes de l'ordinateur. Ces éléments fournissent soit des *entrées*, soit des *sorties* (ou *E/S*, pour *entrées/sorties*). Les *entrées* sont des données à traiter acheminées au microprocesseur. Les *sorties* sont les résultats que le microprocesseur génère et recrache.

Toute l'activité de l'ordinateur tourne en fait autour de ces entrées et sorties.

» La puce principale de l'ordinateur est le *microprocesseur*, qui est essentiellement une calculatrice dont le coût est inversement proportionnel à la taille.

» Le microprocesseur est également appelé *CPU* (*Central Processing Unit*, unité centrale de traitement). Les accros du franglais informatique utilisent ce terme pour frimer.

» Pour économiser votre salive, vous pouvez simplement dire *processeur*.

» Les microprocesseurs des PC modernes chauffent énormément. Pour dissiper la chaleur, ils sont équipés de petits ventilateurs.

## Appelez-le par son nom

Les premiers microprocesseurs portaient des numéros : 8088, 8086, 80286, 80386, 80486. Aujourd'hui, ils ont de vrais noms. Pour célébrer leur puissance, on aurait pu choisir Papillon ou Libellule, mais non. Leurs noms évoquent plutôt la pharmacie ou des héros de science-fiction. En voici quelques-uns :

**Intel Core i7 deuxième génération :** Toute dernière génération de processeurs Intel à six cœurs cadencés à 3,20 GHz chacun. Il dispose d'une mémoire cache de 12 Mo. Ce processeur est idéal pour les applications nécessitant beaucoup de puissance notamment les jeux en 3D.

**Intel Core i5 deuxième génération** : Identifie des processeurs quatre et deux cœurs. Les puces à quatre cœurs avec capacités multitâches sur quatre voies s'accélèrent selon vos besoins. Vous disposez ainsi de fonctions de sécurisation pour protéger informations et données. La fiabilité des PC est considérablement renforcée.

**Intel Core i3 deuxième génération :** Le Core i3 constitue la base d'un PC à petit prix. Ce processeur double cœur multitâche sur quatre files dispose d'une réserve de performances intégrées pour les évolutions logicielles et se caractérise ainsi par une excellente rentabilité.

**Intel Core i7, i5, et i3 première génération :** Avec un maximum de quatre cœurs, ces processeurs sont tout simplement moins performant mais aussi moins chers que les Core i7, i5, et i3 de deuxième génération.

**Intel Core 2 :** Considéré aujourd'hui comme l'ancienne génération des processeurs Intel à double cœur, c'est-à-dire biprocesseur. Il n'est rencontré désormais que sur le marché de l'occasion.

**Celeron :** Version économique du très ancien Pentium destinée aux ordinateurs d'entrée de gamme. Il équipe encore certains PC portable et de bureau bon marché. Il se limite à Internet et aux applications bureautiques peu gourmandes.

À côté et en concurrence aux processeurs Intel, nous avons les puces du fondeur AMD :

**AMD Opteron :** Dernier né de chez AMD. Ce processeur est conçu pour des travaux intenses en ressources système. Son incroyable architecture lui permet de gérer jusqu'à 16 cœurs. Il assure ainsi une grande stabilité du système en cas de surcharge des ressources.

**AMD FX :** AMD a compensé la faiblesse relative de ses 6 cœurs par rapport aux puces Intel en sortant le premier processeur 8 cœurs. L'AMD FX est conçu pour les applications gourmandes comme les jeux 3D et la vidéo HD. Le FX est également disponible en 6 et 4 cœurs.

**AMD APU :** Processeur haute performance destiné aux PC d'entrée de gamme. Il est destiné aux applications peu gourmandes, et ne saurait gérer efficacement les jeux 3D dernière génération.

**AMD Phenom II :** Processeurs 4 cœurs suffisamment performant pour gérer la vidéo HD. Résolument orienté loisir numérique, ces processeurs permettent aussi de profiter des jeux 3D dès lors que vous les couplés avec une carte graphique puissante. Ils assurent des calculs de donnés importants, notamment en montage et rendu vidéo virtuel. Désormais bon marché, le Phenom permet de se monter un PC performant à moindre coût.

**Athlon II :** Bon marché, ce processeur prendra en charge la majorité de vos loisirs numériques et de vos applications bureautique. Photo, vidéo, musique, traitement de texte, et bien entendu Internet.

**Sempron :** Processeur d'entrée de gamme pour PC ultra économique. Sans en attendre de miracle, si vous surfez sur le Web et envoyé des e-mails et/ou parcourez les réseaux sociaux, le Sempron couvrira vos besoins sans aucun souci.

## Les performances d'un microprocesseur

Les microprocesseurs sont jugés sur deux éléments : leur puissance de calcul et leur cadence, improprement appelée « vitesse ».

La puissance du microprocesseur se mesure au nombre de bits qu'il est capable de traiter. On peut comparer le nombre de bits aux couloirs d'une autoroute : plus ils sont nombreux, plus le trafic peut être élevé et fluide.

La montée en puissance des processeurs s'évalue actuellement en *gigahertz*, c'est-à-dire en milliards de cycles par seconde. Plus cette valeur est élevée, plus le microprocesseur est rapide. Les PC à plusieurs cœurs atteignent des cadences supérieures à 3 GHz par cœur.

La puissance et la vitesse d'un PC ne se ramènent pas qu'à la cadence du microprocesseur. Tous les composants de l'ordinateur participent aux performances, y compris la mémoire et le disque dur. C'est pourquoi deux PC cadencés à la même vitesse ne sont pas forcément aussi rapides l'un que l'autre.

## Quel processeur choisir ?

Comment savoir quel microprocesseur anime votre PC ? Comme il est caché sous un ventilateur, lui-même posé sur un dissipateur thermique en contact avec le processeur par le truchement d'un enduit conducteur, rien ne sert d'ouvrir l'unité centrale. La méthode la plus simple consiste à accéder au Panneau de configuration du Bureau et à choisir la catégorie Système et sécurité, puis à cliquer sur Système.

La boîte de dialogue Système apparaît.

Cette boîte de dialogue peut aussi être affichée en appuyant sur les touches Win+I, et en choisissant ensuite Panneau de configuration, puis Système et sécurité.

> » Toutes les boîtes de dialogue Propriétés système ne sont pas aussi précises que celle de la Figure 6.4.
>
> » Un de mes programmes préférés pour examiner le microprocesseur est CPU-Z. Vous pouvez le télécharger sur ce site :
>
> `http://www.cpuid.org/cpuz.php`
>
> » Reportez-vous au Chapitre 9 pour en savoir plus sur la mémoire vive ou RAM.

## Le processeur peut-il être mis à niveau ?

Certaines publicités laissent entendre que vous pouvez procéder à une mise à niveau ultérieure pour bénéficier d'un processeur plus rapide. C'est vrai : sur la plupart des PC, il peut être remplacé par un nouveau, mais je ne conseille pas de le faire.

Pour exploiter pleinement une nouvelle technologie, il faut plus qu'un nouveau processeur. Il faut aussi changer de carte mère, de mémoire et, tant qu'à faire, de lecteurs. Sinon, les avantages du nouveau processeur seraient neutralisés par l'ancienne circuiterie.

Un autre point est le coût : acheté à l'unité, un nouveau microprocesseur est onéreux, surtout si le modèle vient de sortir. Il est souvent plus rentable d'acheter une nouvelle unité centrale.

# Connecteurs d'extension

Pour ajouter des fonctionnalités à votre PC, la carte mère propose des connecteurs d'extension que l'on appelle aussi *slots d'extension*. Ils sont destinés à recevoir des *cartes d'extension* qui augmentent les possibilités de votre machine.

Le nombre de connecteurs d'extension varie en fonction du modèle de votre carte mère. Certains systèmes, notamment les ordinateurs portables, n'ont pas de connecteurs supplémentaires comme les PC de bureau.

Les connecteurs d'extension sont déclinés en plusieurs types :

ISA. Le plus ancien des connecteurs d'extension. ISA est l'acronyme de *Industry Standard Architecture*. Aujourd'hui, ce connecteur n'accepte que les très vieilles cartes d'extension à cette norme. En effet, l'avènement du PCI et des périphériques USB et Firewire a marqué la fin de l'ISA qui assurait un transfert relativement lent des données à traiter.

PCI. Le connecteur PCI (*Peripheral Component Interconnect*) est le plus répandu des connecteurs de nos PC modernes. Votre carte mère ne dispose plus d'aucun connecteur ISA, mais de un à six connecteurs PCI. Très rapides, ils permettent d'étendre efficacement les possibilités de votre PC.

**PCI-E.** Destiné à succéder au standard PCI et à concurrencer le port AGP décrit ci après, le connecteur PCI-Express offre une meilleure bande passante, donc des performances accrues.

AGP. AGP est l'acronyme de *Accelerated Graphics Port*. Ce type particulier de connecteur est uniquement destiné aux cartes graphiques. La plupart des PC n'ont qu'un seul connecteur de ce type.

Un côté d'une carte ISA, PCI ou PCI-E est plaqué contre la fente à l'arrière de l'unité centrale, obturée par une lamelle métallique lorsqu'elle n'est pas utilisée.

Ajouter des cartes d'extension est une bonne chose, mais pas forcément indispensable. Beaucoup de périphériques peuvent désormais être connectés à l'ordinateur par le port USB ou FireWire.

» Ne vous faites pas refiler une vieille carte ISA. Vous ne pourriez sans doute rien en faire.

» Les PC compacts contiennent peu de connecteurs d'extension. Les boîtiers « tour » en ont le plus.

» Les cartes d'extension sont parfois appelées « cartes filles ». Et pourquoi pas « cartes cousines germaines » ou « cartes parents éloignés » ?

» Certaines cartes d'extension sont livrées avec des câbles. Elles contribuent à faire ressembler le PC à un plat de nouilles. Certains câbles s'enfoncent dans les tréfonds de la machine, d'autres pendouillent de-ci, de-là… Bref, ils ne facilitent pas l'évolutivité de l'ordinateur.

# Quelle heure est-il à votre PC ?

Tous les ordinateurs sont équipés d'une horloge interne. Elle possède sa propre petite pile bouton qui lui permet de fonctionner en permanence, que le PC soit branché ou non.

L'horloge interne sert non seulement à afficher l'heure, mais aussi à dater les fichiers et vos courriers électroniques, et à gérer vos rendez-vous si vous possédez un logiciel de gestion du temps.

Pour connaître l'heure, jetez un œil à la petite horloge située à l'extrémité droite de la barre des tâches.

- » L'heure est affichée dans la zone de notification. Immobiliser la souris sur l'heure fait apparaître une info-bulle indiquant la date.
- » Le format de la date et de l'heure dépend de la configuration de votre PC. Windows affiche un format basé sur les sélections de la boîte de dialogue Options régionales et linguistiques accessible via Démarrer/Panneau de configuration.

# Des précisions sur la pile du PC

Tous les ordinateurs possèdent une pile interne. Elle fait partie intégrante de la carte mère.

La pile assure le bon fonctionnement de l'horloge, même quand l'ordinateur est éteint.

La pile bouton dure environ six ans. Lorsqu'elle est vide, l'horloge commence à faire des siennes ; le BIOS du PC perd ses paramètres et demande l'heure et la date à chaque allumage. Dans le meilleur des cas, un message vous informe qu'il faut changer la pile. Vous en trouverez une n'importe où.

- » Eh oui, vous devez ouvrir le capot de l'unité centrale pour accéder à la pile. Elle n'est pas toujours facile à localiser.
- » La pile sert aussi à mémoriser des paramètres système comme le nombre et le type de disques durs, la configuration de la mémoire et autres données dont l'ordinateur ne saurait se passer.
- » La pile de la carte mère s'ajoute à une éventuelle batterie, celle d'un portable par exemple, qui est la source d'alimentation principale de ce type d'ordinateur.

# Le BIOS

Il ne suffit pas à l'ordinateur d'avoir un microprocesseur et de la mémoire, il lui faut également des instructions pour savoir ce qu'il doit faire. Ces instructions sont inscrites sur une mémoire spéciale appelée *BIOS* (*Basic Input/Ouput System*, système d'entrée/sortie de base).

La fonction principale du BIOS est la communication. Il permet au microprocesseur de contrôler les différents éléments de votre ordinateur (l'écran, l'imprimante, le clavier, etc.) et de dialoguer avec eux. Ces instructions ont été écrites par les fabricants de votre ordinateur et sont gravées de façon définitive sur le composant BIOS soudé à même la carte mère.

- » Le BIOS fait démarrer votre ordinateur. En fait, vous voyez probablement un message le concernant chaque fois que vous allumez votre PC. Il existe différents modèles, fabriqués par différentes sociétés.
- » En plus du BIOS principal, votre ordinateur en possède peut-être d'autres : le BIOS vidéo et le BIOS du disque dur, par exemple, qui contrôlent l'un votre affichage graphique, l'autre votre disque dur. Votre interface réseau peut également posséder son propre BIOS. En règle générale, lorsque le terme BIOS est employé sans autre attribut, il s'agit du BIOS principal de votre PC.

## L'alimentation

Pour que l'ordinateur et les cartes d'extension fonctionnent, le PC doit être alimenté électriquement. C'est le rôle de l'*alimentation*.

- » L'électricité provient du « secteur » (c'est-à-dire une prise murale de votre appartement). Le courant alternatif 220 volts est transformé par le bloc d'alimentation en courant continu de 12 et 5 volts.
- » L'électricité alimente la carte mère qui elle-même alimente tous les autres circuits dont les slots d'extension AGP, PCI ou PCI-E.
- » L'alimentation fournit l'électricité aux disques durs.
- » Des ventilateurs rafraîchissent l'intérieur de l'unité centrale.
- » L'alimentation est le premier élément à se mettre en marche quand vous appuyez sur le bouton Marche/Arrêt, ou de mise sous tension, de votre ordinateur.

L'alimentation est prévue pour encaisser tous les dommages lors d'une surtension, et se sacrifier pour que le restant de l'ordinateur soit sauf. Comme elle est facile à remplacer, c'est sans regret.

- » L'alimentation est aussi la partie la plus bruyante de l'ordinateur.
- » La puissance des alimentations est exprimée en *watts*. Plus vous installez d'accessoires, de lecteurs, de barrettes de mémoire, de cartes d'extension, etc., plus l'alimentation

doit être puissante. Celle d'un PC est classiquement de 150 à 200 watts. Des systèmes plus puissants ont besoin d'une alimentation plus forte, supérieure à 300 watts.

» Une manière de protéger votre alimentation – et l'ordinateur – est d'investir dans une protection antisurtension (parasurtenseur).

Chapitre 7

# De port en port

**DANS CE CHAPITRE :**

- **Tout sur le port.**
- **Les ports anciens.**
- **Le port USB.**
- **Brancher des périphériques USB.**
- **Débrancher des périphériques USB.**
- **Ajouter de nouveaux ports USB.**
- **Le port FireWire.**
- **Le port e-SATA**

Le PC doit son succès, depuis plus d'un quart de siècle, à ses possibilités d'extension. Il est non seulement possible d'ajouter des éléments dans l'unité centrale, grâce aux connecteurs d'extension, mais aussi tout autour grâce à une kyrielle de prises spéciales appelées « ports ».

## Qu'est-ce qu'un port ?

En jargon informatique, un « port » est l'endroit où des données parviennent à l'ordinateur ou en sortent. Pour être exact, il faudrait parler de « ports d'entrée/sortie », mais, cochon qui s'en dédit, « port » fait aussi bien l'affaire.

Pour des raisons tant techniques qu'historiques, un PC comporte une impressionnante diversité de ports. Certains sont spécifiques, comme celui de l'imprimante, de la souris ou du clavier. D'autres sont généralistes, comme les ports USB ou FireWire.

Reportez-vous au Chapitre 3 pour savoir comment brancher tout votre attirail aux différents ports.

# Les ports d'ancienne génération

Lorsque le PC a été conçu, les éléments externes étaient connectés à l'unité centrale au travers de ports dûment nommés : il y avait des ports clavier, souris et imprimante.

Ces ports dédiés, d'ancienne génération, ont été peu à peu supplantés par le port USB, qui est généraliste et sur lequel on peut brancher indifféremment un clavier, une souris, une imprimante ou tout autre périphérique. Les anciens ports ont cependant perduré, de sorte que l'on retrouve sur des PC ces héritages des tout premiers *Personal Computer* d'IBM.

## Souris et clavier

Les ports clavier et souris ont été conçus à une seule fin : communiquer avec le clavier et la souris. Bien que les connecteurs soient identiques, l'un de ces périphériques ne peut pas être branché à la place de l'autre.

Des claviers et des souris sans fil utilisent encore ces ports traditionnels (NdT : bien qu'en réalité le clavier ait été naguère branché à une prise DIN 5 broches et la souris sur un port Série), car c'est là que vous branchez l'émetteur-récepteur.

## Le port Imprimante

Il va de soi qu'une imprimante puisse être connectée à un port Imprimante. Peut-être ignorez-vous qu'il était, à l'origine, appelé port LPT, abréviation inventée par IBM pour *Line Printer*, imprimante ligne par ligne. Il est aussi parfois appelé PRN (NdT : ou encore « port Parallèle » ou « port Centronics » ; ce n'est plus un port, c'est un troupeau !).

Je recommande vivement l'utilisation du port USB, décrit plus loin dans ce chapitre, plutôt que le recours au vieux port Imprimante, qui a fait son temps.

Autrefois, le port Imprimante – ou « parallèle » – servait aussi à communiquer avec d'autres périphériques comme un scanneur ou un lecteur de disques Zip Iomega. Ces ap-

### LE REMARQUABLE COMMUTATEUR KVM

KVM sont les initiales de *Keyboard*, *Video* et *Mouse* (clavier, vidéo et souris). Un commutateur KVM sert à utiliser ces périphériques avec plusieurs ordinateurs en même temps. Il est ainsi possible, d'un même poste de travail, d'accéder aisément à différents types d'ordinateurs.

Il n'existe hélas ! pas de dispositif inverse, permettant de relier à un ordinateur deux claviers, deux moniteurs ou deux souris. C'est possible avec les systèmes d'exploitation Linux et Unix, mais pas avec Windows.

pareils pouvaient être chaînés, comme l'illustre la Figure 7.1. Cette technique n'est plus nécessaire ; il est beaucoup plus facile de tout brancher à un port USB.

Ceux qui travaillent avec deux ordinateurs utilisent souvent un commutateur mécanique pour basculer l'imprimante de l'un à l'autre. Cette solution archaïque est peu à peu abandonnée au profit de la mise en réseau des ordinateurs et de l'imprimante, plus commode et avec en prime le partage de la connexion Internet.

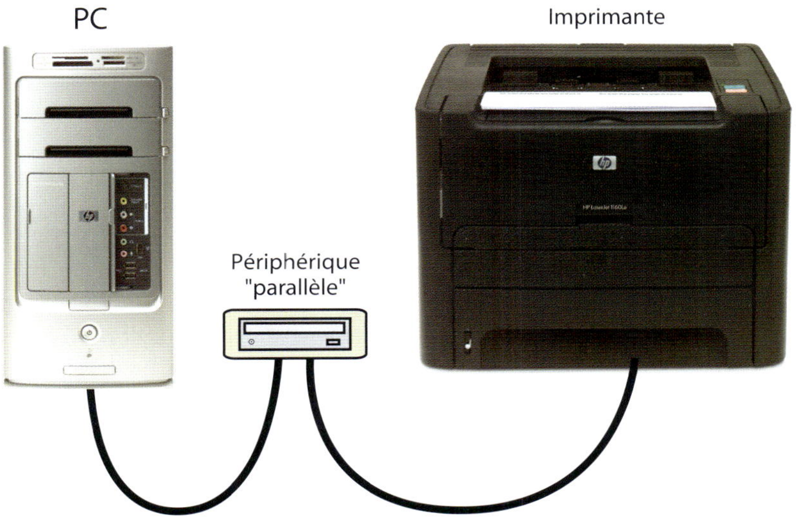


**FIGURE 7.1** Un chaînage de périphériques à un ancien port Imprimante.

# Le port Série

Après le port USB, le port Série est le plus polyvalent des connecteurs. Contrairement aux autres ports d'ancienne génération, il peut accueillir divers appareils : souris, scanneur, modem téléphonique... Ce qui n'a rien à voir avec son nom : si le port Série s'appelle ainsi, c'est parce que les données se suivent au lieu d'être acheminées simultanément sur plusieurs brins à la fois, comme c'est le cas avec le port parallèle ou Imprimante. La plupart des PC sont équipés de deux ports Série.

» Le port Série est aussi appelé COM ou encore RS-232C, du nom de son standard.

» Les ports Série modernes utilisent un connecteur à 9 broches. Autrefois, ce connecteur avait 25 broches. Il existe des adaptateurs de conversion dans un sens ou dans l'autre.

» Un port Série est parfois appelé *port modem* ou port RS-232, du nom de son standard.

» Le port Série servait aussi à brancher les modems téléphoniques. Les modems à haut débit – ADSL, câble et satellite – se branchent sur la prise Réseau ou parfois sur une prise USB. Nous en reparlerons dans la troisième partie de ce livre.

# Le roi USB

Le port USB est la prise polyvalente par excellence, puisque le U signifie Universel. Les appareils les plus divers peuvent y être branchés : moniteur, enceintes, manette de jeu, scanneur, imprimante, appareil photo et caméscope numériques, webcam, lecteur de disquettes, lecteur de CD et DVD, disque dur externe, lecteur de mémoire photo, périphériques de réseau, petits ventilateurs, éclairage de clavier, machine à remonter le temps… La liste ne cesse de grossir. Des périphériques USB apparaissent tous les jours.

Le plus fabuleux est qu'il suffit souvent de brancher ce matériel, et c'est tout.

- USB signifie *Universal Serial Bus*, bus série universel.
- À l'instar d'un port USB, une prise US arbore le symbole visible dans la marge.
- Reportez-vous au Chapitre 2 pour savoir où trouver le ou les ports USB sur votre unité centrale.
- Si le nombre de ports USB de votre PC est insuffisant, vous pouvez en ajouter grâce à une carte d'extension. Vérifiez soigneusement que les ports sont de type USB 2.0 High Speed (voir encadré « Les versions du port USB »).

## Connecter un périphérique USB

Contrairement aux autres ports du PC, le port USB est intelligent. Quand on y branche un périphérique, Windows le reconnaît instantanément et établit la procédure d'installation.

Dans certains cas, vous devrez toutefois installer d'abord un logiciel avant de brancher le périphérique USB. Mais ensuite vous pourrez le brancher et le débrancher à votre guise. La seule exception concerne les unités de stockage, comme nous le verrons à la section « Débrancher un périphérique USB ».

## Où est l'alimentation ?

L'autre avantage de l'USB réside dans le fait que bon nombre de périphériques n'ont pas besoin d'une alimentation externe. Ils sont alimentés par le courant électrique fourni par le port USB. C'est ce que l'on appelle un *périphérique autoalimenté*, bien que le terme soit inadéquat.

Certains utilisateurs n'apprécient pas l'absence de bouton Marche/Arrêt. Mais à quoi servirait-il ? Si vous n'avez plus besoin de l'appareil, retirez son câble du port USB.

- Les périphériques USB exigeant une puissante alimentation sont alimentés par leur propre transformateur branché sur le secteur.

## LES VERSIONS DU PORT USB

Il existe trois versions du port USB : le plus répandu aujourd'hui, l'USB 2.0 High Speed, avec un débit de 480 mégabits par seconde, l'ancienne, l'USB 1.1, dont le débit n'est que de 12 mégabits par seconde, et le nouvel USB 3.0 avec un débit théorique de 5 Go par seconde. Les PC sont majoritairement équipés de ports USB 2.0, mais sont capables d'utiliser des périphériques au standard 1.1. Évidemment, ces appareils ne seront pas pour autant plus rapides. Pour bénéficier d'un taux de transfert élevé, ordinateur et périphériques doivent tous deux être au standard 2.0.

En revanche, un ordinateur ancien équipé de ports USB 1.1 ne pourra pas utiliser de périphériques prévus pour l'USB 2.0. Un message d'erreur vous en informera.

Enfin, le nouvel USB 3.0, rétro compatible avec l'USB 2.0 mais pas avec l'USB 1.0 équipe certaines cartes mère. Il souffre pour le moment d'un certain handicap : peu de périphériques USB 3.0 sont disponibles sur le marché.

NdT : Attention aussi à l'appellation USB 2.0 qui recouvre une arnaque de première magnitude. Beaucoup de périphériques, des clés USB et des magnétophones numériques sont estampillés USB 2.0 Full Speed, qui n'est rien de plus que de l'USB 1.1, donc 40 fois plus lent : un transfert qui s'effectue en 10 secondes en High Speed exige plus de 7 minutes en Full Speed. Conclusion : n'achetez que du matériel certifié USB 2.0 High Speed. Et si ce n'est pas précisé sur l'emballage ? Dans ce cas, la méfiance s'impose.

» Certains périphériques doivent être branchés directement au port USB de l'ordinateur. S'ils le sont par le truchement d'un réplicateur de ports, ce dernier doit être alimenté par un transformateur externe pour fournir le courant nécessaire. Reportez-vous à la section « L'expansion de l'univers USB », plus loin dans ce chapitre, pour en savoir plus sur les réplicateurs alimentés et ceux qui ne le sont pas.

# Débrancher un périphérique USB

Ça a l'air tout bête : pour ôter un périphérique USB, débranchez-le. Oui, mais seulement si le périphérique n'est pas un disque externe, une clé USB ou un autre truc de ce genre. Car, dans ce cas, vous devez impérativement le *démonter* avant de le débrancher.

Pourquoi s'ennuyer à le faire ? Parce qu'un programme peut être en train de lire ou d'écrire des données. Si vous débranchez sauvagement le disque pendant que des données y sont écrites, vous perdrez non seulement le fichier concerné, mais peut-être aussi d'autres données. C'est pourquoi vous devez démonter le lecteur dans les règles.

1. **Cliquez Démarrer/Ordinateur.**

   Ainsi, tous les lecteurs connectés à votre PC apparaissent dans une fenêtre de l'Explorateur Windows.

2. **Localisez le périphérique, sans doute nommé Disque amovible.**
3. **Faites un clic-droit sur l'icône du disque amovible.**

   Bien souvent, une icône générique est associée au disque, bien que certains équipements USB possèdent une icône particulière.

**4. Dans le menu contextuel qui apparaît, choisissez Ejecter.**

Au bout de quelques secondes, un message apparaît dans la zone de notification de Windows vous indiquant que le périphérique peut être retiré en toute sécurité.

Notez que l'icône peut ne pas disparaître de la fenêtre Poste de travail tant que le périphérique n'est pas détaché.

Si un message d'erreur signale que le disque est occupé ou en cours d'utilisation. Vous devrez patienter puis recommencer. Si l'erreur persiste, éteignez l'ordinateur. Détachez le périphérique. Redémarrez l'ordinateur.

Une technique plus rapide pour démonter un disque USB consiste à trouver, dans la zone de notification, l'icône Retirer le périphérique en toute sécurité. Cliquer dessus affiche une liste de disques amovibles. Choisissez celui que vous désirez démonter et Windows s'occupe du reste. Une info-bulle vous prévient dès que vous pouvez ôter le périphérique.

Retirez toujours un disque USB dans les règles.

» Par « disque USB », il faut aussi comprendre « clé USB » et « carte mémoire d'appareil photo ».

» Je conseille de brancher un disque dur externe directement à l'onduleur. Cela évitera à Windows de mal réagir si, le courant étant coupé, un lecteur est soudainement indisponible.

## L'expansion de l'univers USB

Vous n'aurez jamais assez de ports USB. Fort heureusement, il reste la possibilité de recourir à un réplicateur de ports, parfois appelé *hub*.

Un réplicateur, ou hub USB, est parfait pour étendre les possibilités de branchement USB. Comme le montre la Figure 7.2, il se branche à l'un des ports USB du PC afin de le démultiplier.

» Si un réplicateur ne suffit pas, ajoutez-en un autre ! Ils peuvent être chaînés.

» Les réplicateurs permettent de brancher du matériel jusqu'à concurrence de 127 périphériques. Vous manquerez de place sur la table avant d'y arriver.

  Notez que certains périphériques doivent de préférence être branchés directement au port USB de l'unité centrale. Leur manuel signale cette exigence.

» Certains périphériques ne peuvent être branchés que sur un réplicateur alimenté par un transformateur.

» Un clavier USB ou une souris USB sont des exemples types de périphériques autoalimentés.

**FIGURE 7.2** Démultipliez un port USB grâce à un réplicateur.

» Le premier réplicateur, qui n'est autre que le PC lui-même, est appelé « réplicateur racine » ou *hub* racine.

# Le port FireWire

Le second type de port polyvalent est le port FireWire. Il est comparable au port USB 2.0 High Speed et, comme lui, contribue à étendre les possibilités de connexions à l'ordinateur. Lui aussi peut servir à brancher un disque dur externe, un scanneur ou du matériel audiovisuel. Comme l'USB, le branchement et le débranchement peuvent s'effectuer à chaud, sans devoir éteindre le PC.

Le port FireWire est le port de prédilection de la vidéo numérique. Si vous possédez un caméscope numérique, le transfert des séquences s'effectue sans doute par une connexion FireWire.

Comme bon nombre de PC ne sont pas encore pourvus de port FireWire, vous pourrez y remédier en installant une carte d'extension.

» Les ports FireWire sont identifiés par le symbole ci-contre.

» Apple a successivement développé deux standards : le FireWire 400 (prise à 6 broches) et le FireWire 800 (prise à 9 broches), encore peu répandu. Les chiffres sont ceux des taux de transfert, respectivement 400 et 800 mégabits par seconde.

» Développé par Sony, le port i-Link est au standard FireWire mais ne comporte que 4 broches.

» Les câbles FireWire sont différents des câbles USB.

» Il existe aussi des réplicateurs (*hubs*) FireWire.

» Si un disque dur externe comporte deux ports FireWire, vous pouvez utiliser n'importe lequel. L'autre servira à chaîner un autre périphérique FireWire.

» Vous pouvez chaîner jusqu'à 64 périphériques FireWire (contre 127 en USB).

# Le port e-SATA

Il s'agit d'une évolution de la norme SATA. À l'origine, cette norme offrait des débits de données bien plus rapides que l'ancestral connecteur IDE. De facto, pour répondre aux besoins de rapidité des utilisateurs de disques durs externes, la norme a évolué sous la forme d'un port externe appelé e-SATA.

La Figure 7.3 montre des ports d'extension e-SATA traditionnellement insérés dans la carte mère d'un PC. Bien entendu, de nombreuses cartes mètre disposent en standard d'un port e-SATA intégré.

**FIGURE 7.3** Connecteurs e-SATA.

On peut légitimement se demander si les jours de l'e-SATA ne sont pas comptés du fait de l'avènement de la norme USB 3.0 dont le débit théorique, comme nous l'avons déjà mentionné, est de 5 Go/s.

Chapitre 8

# La mémoire

**DANS CE CHAPITRE :**

- **Qu'est-ce que la mémoire ?**
- **Chips et dis (et SIMM et DIMM).**
- **Kilo-octets et mégaoctets.**
- **De combien de mémoire dispose votre PC ?**
- **La mémoire virtuelle.**
- **Ajouter de la mémoire à votre ordinateur.**

À l'instar du disque dur, la mémoire vive ou RAM (Random Access Memory, mémoire à accès aléatoire) est un ensemble de composants où l'ordinateur stocke des informations. Mais, à l'inverse du disque dur, c'est là que le véritable travail s'accomplit. Pour bien comprendre, imaginez la RAM comme étant la surface d'un bureau et le disque dur ses rangements (tiroirs, dossiers, fichiers, etc.). Plus vous avez de place pour sortir et étaler votre matériel de travail (vos programmes), plus vous travaillez rapidement. Et ce n'est pas tout : plus vous disposez de mémoire, plus l'ordinateur est capable d'exécuter de lourdes tâches comme le traitement des images, des animations, du son et de la musique.

## Qu'est-ce que la mémoire ?

Tous les ordinateurs ont besoin de mémoire. C'est là que le travail se fait.

Tout se fait au niveau du logiciel. Le microprocesseur n'est qu'une calculatrice qui ne se souvient de rien. Il a certes une mémoire, mais très modeste.

C'est pourquoi l'ordinateur contient de la mémoire. Elle offre un vaste espace pour les données en cours de traitement. Elles sont transférées dans la mémoire vive, ou RAM, où le microprocesseur peut les manipuler.

- Tous les ordinateurs ont besoin de mémoire.

- La mémoire informatique est à l'ordinateur ce que le bloc-notes est à l'être humain : c'est là qu'il couche les informations et les garde pour plus tard.
- Plus l'ordinateur a de mémoire, mieux vous travaillez. Une capacité mémoire importante permet de travailler sur de grands documents ou de vastes feuilles de calcul, et de profiter des applications qui utilisent des images et du son.
- Le terme RAM est souvent utilisé pour parler de la mémoire vive. C'est la même chose. RAM est l'acronyme de Random Access Memory, c'est-à-dire *mémoire à accès aléatoire*.

## Utiliser de la mémoire

La *mémoire* est un espace de stockage temporaire. En d'autres termes, les applications s'y chargent, Windows par exemple, et elles y placent les données à traiter. Comme la mémoire est très rapide, le traitement effectué par le CPU est d'autant plus efficace.

Par exemple, lorsque vous créez un document à l'aide de votre traitement de texte, chaque caractère que vous tapez est enregistré dans un endroit spécifique de la mémoire. Lorsque vous avez terminé, vous devez sauvegarder le document entier sur disque de façon permanente. Ensuite, vous pouvez le recharger sur la mémoire pour que le microprocesseur le traite de nouveau.

Le seul petit problème avec la mémoire est qu'elle constitue un lieu de rangement volatil. Chaque fois que vous éteignez l'ordinateur, le contenu de sa mémoire se vide (comme si la femme de ménage jetait tout ce qui traîne sur votre bureau). Tout va bien si vous avez préalablement enregistré vos documents sur disque (rangé vos affaires dans les tiroirs du bureau) ; autrement, tout est perdu.

- Lorsque vous quittez Windows et éteignez votre ordinateur, le *contenu* de la mémoire disparaît.
- La mémoire vive est rapide. Le microprocesseur analyse des millions d'octets de mémoire – l'équivalent des œuvres complètes de Molière ou de Victor Hugo – en une fraction de seconde.
- Le disque dur est une unité de stockage à long terme dont les fonctions ne sont pas volatiles. Vous y inscrivez physiquement vos données tandis qu'elles sont temporairement chargées dans la RAM. Si vous éteignez votre ordinateur, les données du disque dur ne sont pas effacées. Vous les retrouvez donc à chaque redémarrage de votre PC.
- Tous les ordinateurs ont une quantité limitée de mémoire, ce qui veut dire qu'un jour ou l'autre vous en viendrez à bout. Le cas échéant, vous verrez un message apparaître sur votre écran, du style : « Mémoire insuffisante. » Si cela vous arrive, ne paniquez pas, l'ordinateur peut s'en sortir. Il suffit de libérer un peu de mémoire.
- Lorsque vous ouvrez un document préalablement enregistré, l'ordinateur récupère ces informations sur le disque et les copie dans la mémoire, unique endroit où elles pourront être examinées et modifiées. Lorsque vous enregistrez de nouveau ces données, l'ordinateur les retire de la mémoire pour les copier sur le disque.

» Enregistrez systématiquement et fréquemment votre travail sur le disque dur. Ce n'est qu'à ce moment que vous êtes sûr de ne pas le perdre.

# Les barrettes de mémoire

La mémoire de votre PC se trouve sur la carte mère, près du microprocesseur. Elle se présente sous la forme d'une ou plusieurs barrettes sur lesquelles sont disposés des composants électroniques. Une longue rangée de broches plaquées or assure le contact avec le connecteur. Cette mémoire est appelée *DRAM*. Selon leur format, ces barrettes sont de type SIMM ou de type DIMM.

La Figure 8.1 montre une barrette de mémoire. En réalité, elle est un peu plus petite et les broches beaucoup plus nombreuses. Une barrette comportant des composants de mémoire de chaque côté est appelée *Dual Inline Modular Memory*, module de mémoire double en ligne. Si elle n'en a que d'un seul côté, c'est une mémoire SIMM (*Single Inline Memory Module*, module de mémoire simple en ligne).

**FIGURE 8.1** Une barrette DIMM presque grandeur nature.

Chaque barrette DIMM contient 64, 128, 256, 512 Mo ou 1, 2 voire 4 Go de mémoire.

Ces barrettes sont enfichées dans des emplacements adéquats sur la carte mère. Ces emplacements sont prévus pour recevoir un type particulier de barrette, par exemple quatre barrettes de mémoire DIMM.

» DRAM signifie *Dynamic Random-Access Memory*, mémoire à accès aléatoire dynamique. C'est le type de mémoire le plus répandu.

» Il existe d'autres types de mémoire, comme la mémoire EDO (désormais obsolète) ou RAMBUS, chère, rapide et que quasiment plus aucune carte mère ne reconnaît.

# Mesure de la mémoire

La mémoire est mesurée en *octets*. Un *octet* peut être comparé à un caractère, une lettre d'un mot. Par exemple, le mot « spatule » serait composé de sept octets.

Une demi-page de texte contient à peu près 1000 octets. Pour que ce nombre soit plus facile à mémoriser, les accros de la micro remplacent mille par *kilo*, ce qui donne 1 *kilo-octet* ou 1K, ou encore 1 Ko.

Un mégaoctet correspond à 1024 Ko, soit environ un million d'octets. Le M de Mo signifie *méga*. De ce fait, 128 Mo signifie cent vingt-huit mégaoctets de mémoire.

Alors que la mémoire des micro-ordinateurs expérimentaux des années 1970 n'avaient que 256 à 1000 octets, c'est par centaines de millions d'octets que se mesure celle des ordinateurs récents. Mais trêve de chiffres abscons ; reportez-vous au Tableau 8.1 pour connaître les unités de mémoire.

**TABLEAU 8.1** **Les unités de mesure de la mémoire informatique.**

| Terme | Abréviation | Environ | Exactement |
|---|---|---|---|
| Octet | | 1 octet | 8 bits |
| Kilo-octet | Ko | 1 000 octets | 1 024 octets |
| Mégaoctet | Mo | 1 000 000 d'octets | 1 048 576 octets |
| Gigaoctet | Go | 1 000 000 000 d'octets | 1 073 741 824 octets |
| Téraoctet | To | 1 000 000 000 000 octets | 1 099 511 627 776 octets |

Au-dessus du mégaoctet se trouve le *gigaoctet*. Comme vous pouvez le deviner, ce terme désigne un milliard d'octets, ou à peu près 1000 mégaoctets. Le téraoctet correspond à un million de mégaoctets, ou 10 puissance 12 octets.

Bavardage supplémentaire à propos de la mémoire :

- Le terme giga vient du grec *gigas* qui signifie *géant*.
- Le terme *tera* vient également du grec et signifie *monstre*.
- Un emplacement spécifique dans la mémoire de votre ordinateur est appelé *adresse*.
- La quantité de stockage d'un disque dur se mesure également en octets.
- Un PC fonctionnant sous Windows 10 nécessite au moins 2 Go de mémoire pour fonctionner décemment.
- Les disques durs proposent en général 80 à 400 *gigaoctets* d'espace libre. Des disques durs de 1 téraoctet commencent à voir le jour. Impressionnant ? Autant que l'était le disque dur de 1 Go il y a une vingtaine d'années.
- Les octets sont composés de huit bits. Le mot *bit* est une contraction de *binary digit*, chiffre binaire. Un chiffre binaire est un nombre exprimé en base 2, un système de numération basé uniquement sur 0 et 1. Le système traditionnel est décimal (base

## DÉTAILS TECHNIQUES SUR LA RAM, LA ROM ET LA MÉMOIRE FLASH

RAM signifie *random-access memory*, mémoire à accès aléatoire. C'est dans cette mémoire que le microprocesseur peut traiter les informations provenant de vos logiciels. Tout ce que vous créez prend place dans la mémoire RAM, lieu temporaire de traitement des données.

ROM signifie *read-only memory*, mémoire en lecture seule. Le microprocesseur se contente de lire les informations de la ROM, mais il ne peut ni y écrire des données, ni modifier celles qu'elle contient. La ROM est permanente. Cette mémoire contient généralement des instructions destinées à l'ordinateur. Par exemple, le BIOS est dans la ROM. Comme cette information est stockée dans une puce de type ROM, le microprocesseur peut y accéder. Les instructions y sont inscrites, car on ne peut pas, et surtout on ne doit pas, les effacer.

La mémoire Flash est un type particulier de mémoire qui fonctionne comme la RAM et la ROM. Les informations qui y sont contenues peuvent être flashées, c'est-à-dire mises à jour par un programme spécial. Aussi comprenez-vous que, comme la RAM, on peut y accéder et en modifier les données, et, comme la ROM, les informations y sont conservées quand vous éteignez l'ordinateur. Cette notion de mise à jour de la mémoire a été étendue aux cartes mémoire des appareils photo numériques et aux clés USB. Les images stockées dans ces cartes sont conservées même quand vous éteignez l'appareil photo ou retirez la clé USB du PC. La mémoire Flash est hélas ! beaucoup plus lente que la RAM conventionnelle.

10). Les ordinateurs comptent en binaire ; les bits sont rassemblés par groupes de huit pour une digestion plus simple par l'ordinateur.

## Quiz sur la mémoire

A priori, votre cerveau dispose de la mémoire suffisante à toute votre vie. Même si nous nous souvenons de moins en moins de choses à mesure que nous avançons en âge, les scientifiques assurent que notre mémoire reste intacte. Des expériences réalisées sous hypnose ont permis d'arriver à une telle conclusion.

Votre ordinateur a vraiment des trous de mémoire. Chaque programme ouvert s'accapare un morceau de la RAM. Des données y sont traitées avec soin, mais dès que l'ordinateur est éteint ou que vous fermez un programme sans enregistrer votre travail, tout est perdu.

# « Combien de mémoire y a-t-il dans ce PC ? »

Cette information peut être un mystère pour vous, mais pas pour votre PC. La réponse se trouve dans la boîte de dialogue Propriétés Système. Avec le bouton droit de la souris, cliquez sur l'icône du Ordinateur du menu Démarrer. Dans le menu contextuel, choisissez Propriétés. Vous accédez à la boîte de dialogue représentée, au Chapitre 6, à la Figure 6.4.

## QUE SONT CES PUISSANCES DE 2 ?

Des chiffres reviennent fréquemment en informatique. Ce sont :

1, 2, 4, 8, 16, 32, 64, 128, 256, 512, 1 024, 2 048, 4 096, etc.

Chacun est une puissance de 2, une notion que vous avez sans doute apprise au collège : 20 = 1, 21 = 2, 22 = 4, 23 = 8, et ainsi de suite jusqu'à l'infini, ce qui est bien loin...

Ces valeurs sont utilisées parce que l'ordinateur repose sur un système binaire à base de 0 et de 1. Il lui est donc beaucoup plus facile de calculer selon des puissances de 2.

Jusqu'à 512, personne ne se trompe. Par la suite, lorsqu'il est question de kilo, de giga, de méga et de téra, il faut faire la différence entre, par exemple, le kilo conventionnel, qui vaut 1 000, et le kilo binaire, qui vaut 1 024. Cette subtilité apparaît dans le Tableau 8.1.

La quantité de mémoire s'affiche sous le type du microprocesseur. Dans la Figure 6.4, il apparaissait que l'ordinateur dispose de 6 Go de RAM, ce qui est largement suffisant pour des applications bureautiques et Web, mais qui est juste pour le travail sur des effets vidéo et la retouche d'images volumineuses. Cliquez sur le bouton de fermeture X pour quitter le Panneau de configuration.

# Le PC risque-t-il d'être à court de mémoire ?

Pas du tout. Contrairement au disque dur qui risque un jour d'être saturé, la mémoire d'un PC ne peut pas l'être. Il fut un temps où le message « Mémoire pleine » s'affichait fréquemment, mais ce n'est aujourd'hui plus le cas grâce à la *mémoire virtuelle.*

# Qu'est-ce que la mémoire virtuelle ?

Windows a recours à une astuce intelligente pour empêcher la saturation de la mémoire vive : il crée de la mémoire virtuelle.

La mémoire virtuelle est une feinte : elle laisse croire à l'ordinateur qu'il dispose de plus de mémoire que la RAM physique. Pour cela, il accapare de vastes blocs de mémoire sur le disque dur. Comme Windows gère à la fois la RAM et la mémoire, il sait toujours où il en est en permutant sans cesse les blocs de données. Voilà pourquoi le redouté message « Mémoire insuffisante », plus de mémoire, est tombé aux oubliettes.

Cette mémoire est définie automatiquement. Ne vous en préoccupez pas. Vous remarquerez cependant un ralentissement général des performances de votre PC quand un ou plusieurs programmes utilisent la mémoire virtuelle.

» Pour éviter le recours à la mémoire virtuelle et ses inconvénients, ajoutez de la mémoire dans votre PC.

» Les ordinateurs qui travaillent avec des applications graphiques ont besoin de plus de mémoire que les autres. Les stations graphiques disposent au moins de 2 Go de RAM.

» Windows affichera rarement « Mémoire insuffisante ». La mémoire virtuelle entre en jeu. Regardez le témoin d'activité de votre disque dur clignoter à outrance pour vous en convaincre.

» La mémoire virtuelle est contrôlée par la boîte de dialogue Propriétés système. Vous n'avez cependant aucune raison de la modifier, car Windows 10 la gère parfaitement.

## Qu'est-ce que la mémoire vidéo ?

La mémoire utilisée par le système vidéo de votre PC est appelée *mémoire vidéo*. On parle ici des puces (GPU) qui se trouvent sur la carte graphique de votre ordinateur. Cette mémoire permet d'afficher plus de couleurs, des résolutions impressionnantes, des graphismes en 3D et, surtout, de faire tourner des jeux impressionnants.

Il est parfois possible d'augmenter la mémoire vidéo de votre PC. Bien souvent, cette augmentation se traduit par le changement pur et simple de votre carte graphique pour un modèle supérieur.

La *mémoire vidéo partagée* est une solution économique sur les ordinateurs d'entrée de gamme. L'ordinateur est pourvu de peu de mémoire vidéo – radins, va ! – et, s'il lui en faut davantage, il l'emprunte à la mémoire principale. C'est acceptable pour de la bureautique, mais pas du tout pour les jeux vidéo ou les logiciels de retouche photo.

La mémoire vidéo est le plus souvent appelée *mémoire graphique*.

# Ajouter de la mémoire dans votre PC

Il n'existe aucun dopant pour redonner un peu d'ardeur à votre PC. En revanche, vous pouvez « gonfler » sa mémoire et le rendre plus rapide en lui ajoutant des barrettes de RAM.

Ajouter de la mémoire à un ordinateur est aussi simple que d'assembler des Lego. La seule différence est qu'un jeu de RAM coûte plus cher.

Augmenter la mémoire d'un ordinateur implique cinq étapes complexes et rébarbatives :

1. **Définissez la quantité de RAM que vous devez ajouter.**

   Par exemple, votre ordinateur est équipé de 1 Go de RAM, ce qui est très juste pour utiliser correctement Windows 10. Donc, si vous utilisez des applications gourmandes en mémoire ou créez des projets nécessitant l'utilisation simultanée de plusieurs logiciels, il faudra investir dans 1 Go de RAM supplémentaire, voire plus.

2. **Définissez la quantité de RAM qui peut être installée.**

   Cette deuxième étape est technique. Vous devez savoir s'il reste des emplacements libres, pour quel type de barrettes, de quelle capacité, et jusqu'à quelle capacité totale maximale. Après, c'est relativement simple. S'il n'y a pas d'emplacement libre, voyez avec votre revendeur informatique ou votre gourou préféré, car cela risque d'être cher et compliqué.

3. **Achetez.**

   Ne chipotez pas sur la qualité des barrettes. Une mémoire bon marché n'est pas une bonne mémoire. De plus, lorsque vous y mettez le prix, vos mémoires sont généralement garanties à vie. (Ceci étant dit, à la vitesse de renouvellement des vitesses de la mémoire, le concept de vie est très aléatoire en matière de barrettes.)

4. **Confiez le travail à quelqu'un qui s'y connaît.**

   Vous pouvez le faire vous-même, mais à votre place je m'adresserais à quelqu'un d'expérimenté.

5. **Réjouissez-vous.**

Dès que la mémoire supplémentaire est installée, vous pouvez vous en vanter auprès de vos amis. Autrefois, pour impressionner votre entourage, il vous fallait 640 Ko de RAM. Ensuite, pour ne pas perdre la face, il fallait au moins 4 Mo sur un 386. Aujourd'hui, il faut au moins 2 Go rien que pour garder l'estime de vos proches Et 4 Go pour passer pour un gourou de l'informatique.

» Avant d'acheter de la mémoire, vérifiez la configuration des barrettes telle qu'elle se présente sur la carte mère. Ôter les mémoires et noter leurs références exactes sont une sage précaution.

» Si vous tenez absolument à installer la mémoire vous-même, ne vous gênez pas. De nombreux livres et articles de magazines informatiques grand public expliquent les procédures à suivre de manière claire et assez simple. Mais je vous recommande toutefois de faire appel à quelqu'un qui s'y connaît.

Chapitre 9

# Moniteurs et écrans

**DANS CE CHAPITRE :**

- **Le guide de base des moniteurs et cartes graphiques.**
- **À la découverte de votre moniteur.**
- **La carte graphique.**

Le moniteur d'un PC est la première des choses que vous remarquez. Si votre PC était un être vivant, le moniteur lui tiendrait lieu de visage. Ce chapitre parle du visage de votre ordinateur, et des talents de maquilleur exercés par Windows pour le rendre séduisant.

## Les mots pour le dire

Est-ce un moniteur ? Est-ce un écran ? C'est en tout cas cet appareil posé à côté ou au-dessus de l'ordinateur et qui ressemble bigrement à un poste de télévision.

- Le *moniteur* est l'objet complet, avec le cadre et le support.
- L'*écran* est la dalle luminescente sur laquelle les données sont affichées.
- L'*affichage* est ce qui apparaît à l'écran.

Beaucoup de gens utilisent hélas ! ces termes à tort et à travers : le « pied de l'écran », la « résolution du moniteur », l'« affichage sombre... ». Dans tous les cas, il est question de la même chose, mais pas avec les mots justes.

## Moniteur plus carte graphique

Le moniteur attire sans doute toute l'attention, mais ce n'est que la partie visible de ce que l'on pourrait appeler le « système graphique de l'ordinateur ». Celui-ci est composé de deux éléments :

» Le moniteur.

» La carte graphique.

Le moniteur est la partie passive : il se contente d'afficher les données. Il se trouve à part de l'unité centrale, qui contient la partie active du système : la carte graphique.

C'est la carte graphique qui indique au moniteur ce qu'il doit afficher et comment, avec combien de couleurs et dans quelle résolution. C'est de lui que dépendent les capacités graphiques de votre ordinateur.

La Figure 9.1 illustre les rapports entre moniteur et carte graphique. Cette carte peut être une carte d'extension, comme dans la figure, ou un composant intégré à la carte mère. Bien entendu, le moniteur est alimenté par un cordon branché à une prise électrique.

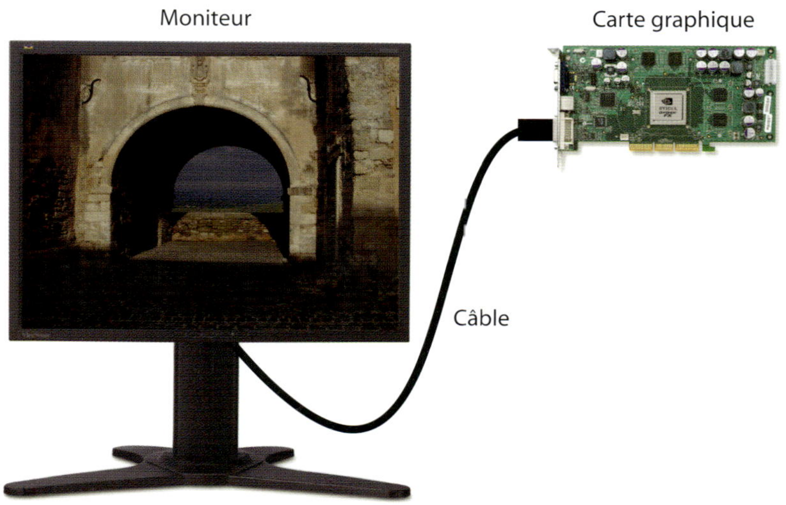


**FIGURE 9.1** Le moniteur et la carte graphique.

» Vous avez besoin à la fois du moniteur et de la carte graphique.

» La carte graphique est parfois appelée *carte vidéo.*

» Si votre PC a plusieurs moniteurs (oui, c'est possible), il doit avoir aussi plusieurs cartes graphiques, une pour chaque moniteur, ou alors une carte graphique spéciale prévue pour deux moniteurs.

# Les deux types de moniteurs

Deux types de moniteurs se partagent actuellement le marché :

## NE DEVRAIT-IL PAS EXISTER DES MONITEURS USB?

L'une des fonctionnalités de l'USB autorise le branchement d'un moniteur à l'ordinateur, sans passer par la carte graphique. Bien que ce soit théoriquement possible, cette solution n'a pas été exploitée en raison de la lenteur du standard USB.

Il existe un accessoire qui, branché au port USB d'un PC portable, permet d'y connecter un moniteur externe. Mais il ne remplace pas un moniteur. Il sert simplement à utiliser deux moniteurs ou un vidéoprojecteur avec un portable.

- Le classique moniteur à tube cathodique, qui ressemble à un téléviseur.
- Le moniteur à cristaux liquides.

Des deux, le moniteur à cristaux liquides est désormais le roi du marché. Son prix ne cesse de baisser, et il offre l'avantage de la compacité et d'un poids très réduit. Bien que bradés, les pesants moniteurs à tube cathodique ne séduisent plus guère la clientèle. On trouve aujourd'hui sur le marché des moniteurs TFT de 22 pouces de diagonale à moins de 150 euros. La Figure 9.2 montre un écran de type LCD.

**FIGURE 9.2**
Un écran LCD.

L'écran cathodique surclasse toutefois l'écran plat dans deux domaines : l'infographie, car il affiche de meilleures couleurs que les diodes des écrans plats, et les jeux vidéo, car l'écran cathodique est quasiment dépourvu de rémanence. Mais ceci tend à changer rapidement. La Figure 9.3 montre un écran de type Cathodique (CRT).

**FIGURE 9.3**
Un écran cathodique.

- » L'appellation CRT, parfois utilisée, signifie *Cathode Ray Tube*, tube à rayons cathodiques.
- » LCD signifie *Liquid Crystal Display*, affichage à cristaux liquides.
- » Il existe des moniteurs à tube cathodique plat. La dalle frontale est plane, ce qui procure une vision plus agréable que sur un écran bombé, mais ce n'est pas pour autant un écran à cristaux liquides. Ne vous y trompez pas.
- » Tous les écrans à cristaux liquides sont plats.

## Les cartes graphiques

La carte graphique est la partie cachée du système d'affichage de votre PC. C'est une carte d'extension qui se trouve sur la carte mère de votre unité centrale. Elle permet d'afficher à l'écran les textes et les images de votre ordinateur.

Il existe toute une gamme de cartes graphiques destinées aux professionnels du graphisme, aux fanas de jeux vidéo ou à vous et moi. Trois caractéristiques méritent votre attention :

- » La quantité de mémoire.

- » L'existence d'un processeur graphique.
- » Le type d'adaptateur.

Sur un PC, le graphisme exige une mémoire distincte de la mémoire principale. Cette mémoire est appelée *mémoire vidéo* ou encore VRAM. Plus elle est élevée, plus les couleurs sont riches et la résolution élevée, avec en prime des effets spéciaux (transparences, lueurs, reflets…) du plus bel effet.

La mémoire d'une carte graphique s'étend de 0 Mo (aucune mémoire) à 3 Go, notamment pour les cartes dédiées aux jeux vidéo, extrêmement gourmands en ressource graphiques. Dans le domaine des cartes graphiques, plus n'est pas forcément égal à mieux. Ce n'est que si l'application l'exige, ou sais exploiter la mémoire supplémentaire, que cela en vaut la peine. Autrement, une carte dotée de 512 Mo de mémoire vidéo convient très bien.

Les cartes graphiques dépourvues de mémoire vidéo empruntent de la mémoire à la RAM. Pour un amateur de jeux vidéo, ce n'est pas un bon plan.

L'autre élément digne d'intérêt est la présence d'un microprocesseur spécifique ou GPU (*Graphic Processing Unit*, processeur graphique). Conçu pour prendre en charge les opérations graphiques, il libère le microprocesseur central tout en améliorant considérablement la qualité et la vitesse des graphismes. Ça bouge à l'écran !

Enfin, il faut tenir compte de la *connectique*, c'est-à-dire de la manière dont la carte graphique communique dans la carte mère. Jusqu'à présent, le port AGP, qui procure un accès direct au microprocesseur et à la mémoire, était la voie royale. Il est aujourd'hui sérieusement concurrencé par le connecteur PCI-Express.

Voici en gros ce qu'il faut retenir :

- » L'élément essentiel est la mémoire vidéo. Plus elle est élevée, plus l'écran pourra afficher de couleurs et plus la résolution pourra être élevée.
- » Deux processeurs graphiques sont très répandus : Radeon et GeForce. Ils se valent à peu près au niveau des performances.
- » Certaines cartes graphiques sont prévues pour un affichage 3D. Cela n'est utile que lorsque votre programme est lui aussi prévu pour s'afficher en 3D.
- » Si votre ordinateur est équipé d'un lecteur de DVD, la carte graphique doit être capable d'afficher les images du DVD. Ces cartes disposent de sorties S-Vidéo permettant d'afficher les images du DVD sur un téléviseur et de regarder un film sur un écran grand format.
- » Autrefois, les cartes graphiques étaient connues sous des acronymes plus ou moins hermétiques. Le plus populaire fut la carte VGA (*Video Gate Array*). Il en a existé d'autres, qui ont disparu.

# Votre moniteur chéri

Le moniteur d'un PC est un véritable périphérique. Vous pouvez acheter d'une part l'unité centrale, et d'autre part le moniteur qui vous convient. Il existe de nombreux modèles, présentant des caractéristiques différentes selon la marque, mais ils ont tous la même fonction : afficher les informations générées par l'ordinateur.

## L'aspect physique

Le moniteur est doublement branché. D'un côté, il est relié à la prise murale pour l'alimentation électrique ; de l'autre, il est relié par un câble vidéo au connecteur de la carte graphique à l'arrière de l'unité centrale. Ce connecteur est aussi appelé *port VGA*. Toutefois, les moniteurs possèdent souvent un connecteur *DVI* qui permet d'obtenir une image totalement numérique quand vous le branchez sur le port idoine de votre carte graphique.

Le bouton Marche/Arrêt du moniteur est le plus souvent sur la façade avant, du côté droit. (Encore une manifestation de la vaste conspiration antigauchers.)

La façade du moniteur comporte d'autres boutons servant à contrôler l'affichage. Nous les verrons en détail un peu plus loin dans ce chapitre.

Certains moniteurs affichent des messages lorsque vous les allumez avant l'unité centrale (le moniteur ne reçoit pas de signal de la part du PC). Le message peut être `Invalid Sync` ou `No Signal`, ou Vérifiez la connexion. Pas de problème, le moniteur s'allume dès que l'unité centrale démarre.

## L'aspect technique

On utilise souvent un jargon absurde pour décrire les caractéristiques du moniteur. Pourtant, quelques notions seulement sont réellement indispensables :

- **Taille de l'écran :** C'est la dimension de la diagonale de l'image sur votre écran coin à coin. Plus les écrans sont grands, plus ils sont onéreux. Les tailles standards sont 15, 17, 19 et 21 pouces. Les plus en vogue sont aujourd'hui les 21 pouces, mais il existe des écrans encore plus grands
- **Taille du pas de masque :** C'est l'écart entre deux points ou *pixels* sur l'écran. Cette distance est mesurée de centre à centre. Plus les points sont rapprochés, meilleure est la qualité de l'image. Un pas de masque, ou *pitch*, de 0,28 mm, c'est bien ; un pitch de 0,26 ou 0,25 mm, c'est encore mieux.
- **Entrelacé/non entrelacé :** Sur un moniteur *non entrelacé*, une image est affichée en une seule passe. Cela évite le scintillement au détriment d'une image moins précise, mais pour le plus grand confort de vos yeux. Quand l'image est entrelacée, elle est affi-

chée en deux passes : les lignes impaires d'abord, les lignes paires ensuite (ou inversement).

Les autres aspects de l'affichage, comme la résolution, le nombre de couleurs et la mémoire vidéo, concernent la carte graphique, pas le moniteur. Ces termes sont étudiés ailleurs dans ce chapitre.

D'autres termes, parfois abscons ou ronflants, sont utilisés pour décrire un moniteur. La plupart sont des inventions du marketing qui ne s'appliquent pas forcément à votre écran.

# Régler l'affichage

Sur les premiers PC, votre moniteur disposait, si vous étiez chanceux, d'un réglage du contraste et de la luminosité. Aujourd'hui, vous disposez d'une infinité de réglages. Parfois, ils s'opèrent par de simples boutons placés sur la façade du moniteur, parfois en appuyant un certain nombre de fois sur tel ou tel bouton comme pour régler votre radioréveil.

Si votre moniteur est pourvu d'une rangée de boutons, chacun d'eux règle un aspect de l'affichage (Figure 9.4). Souvent, deux boutons à part, plus (+) et moins (–), servent au réglage sélectionné. Par exemple, pour régler le contraste, on presse le bouton contraste, puis le bouton « plus » ou « moins ». Et vous observez ce qui se passe à l'écran. La Figure 9.5 montre un panneau de réglage d'un moniteur LCD.

Certains moniteurs ont très peu de boutons et affichent les fonctions de réglage à l'écran.

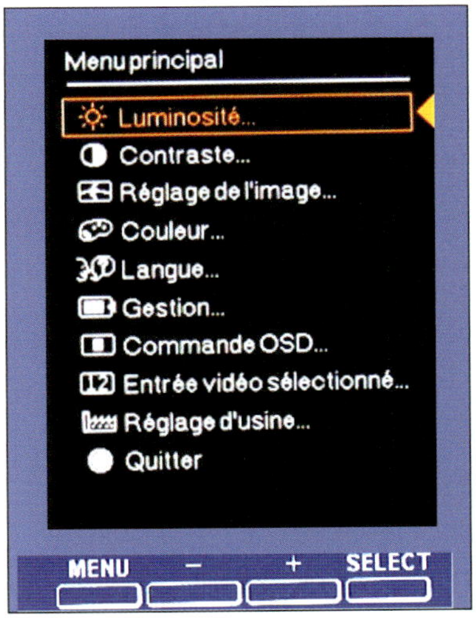


**FIGURE 9.4** Les commandes de réglage d'un moniteur CRT.

- Il serait temps de normaliser ces réglages.
- Le réglage à l'écran vient se superposer à l'image en cours d'affichage, sans la modifier.
- C'est l'utilisation conjointe de ces réglages qui permet de centrer l'image et de l'étaler sur toute la surface d'affichage.
- Les moniteurs peuvent aussi afficher des informations sur les fréquences verticale et horizontale, par exemple 31 kHz/60 Hz, au moment où le mode d'affichage change. C'est le cas lorsque vous lancez certains jeux.
- Certains moniteurs sont capables de mémoriser vos réglages préférés, sans aucune intervention de votre part.

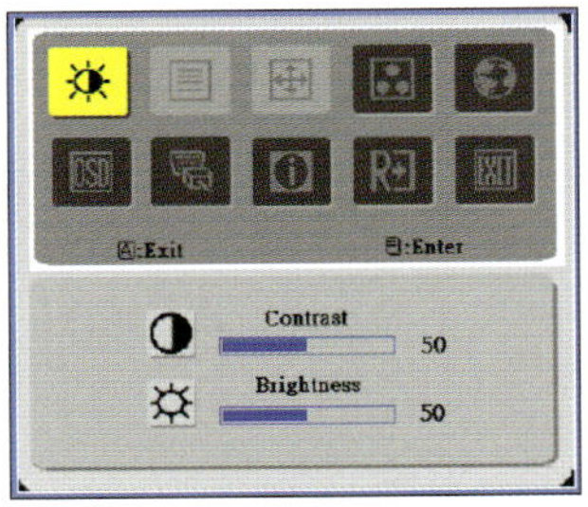


**FIGURE 9.5** Les commandes de réglage d'un moniteur LCD.

Chapitre 10

# Au Chapitre du clavier et de la souris

**DANS CE CHAPITRE :**

» **Le clavier.**

» **Les touches importantes.**

» **Les touches Windows.**

» **Taper sans se faire mal.**

» **Travailler avec la souris dans Windows.**

Rien ne vaut un clavier dont les touches s'enfoncent délicatement sous une légère pression des doigts, peut-être même en renvoyant quelques « clapatap-tap-tap » d'accompagnement. Un clavier qui émet des cliquetis lorsque vous tapotez conforte l'impression de beaucoup travailler. Si seulement les souris pouvaient être plus bruyantes !

## Évidemment que votre PC a besoin d'un clavier !

Votre clavier est la voie de communication directe entre vous et l'ordinateur. Un PC n'a pas d'oreilles. Vous pouvez toujours essayer de crier, d'agiter les bras, il ne voit ni n'entend rien. Pour communiquer avec lui, vous devez taper ce que vous voulez lui dire.

Le clavier est le périphérique de saisie standard de l'ordinateur. Reportez-vous au Chapitre 1 pour en savoir plus sur la notion d'entrée des données.

### Le clavier standard

La Figure 10.1 montre un clavier PC type de 105 touches. Vous pouvez vérifier, si vous avez du temps à perdre.

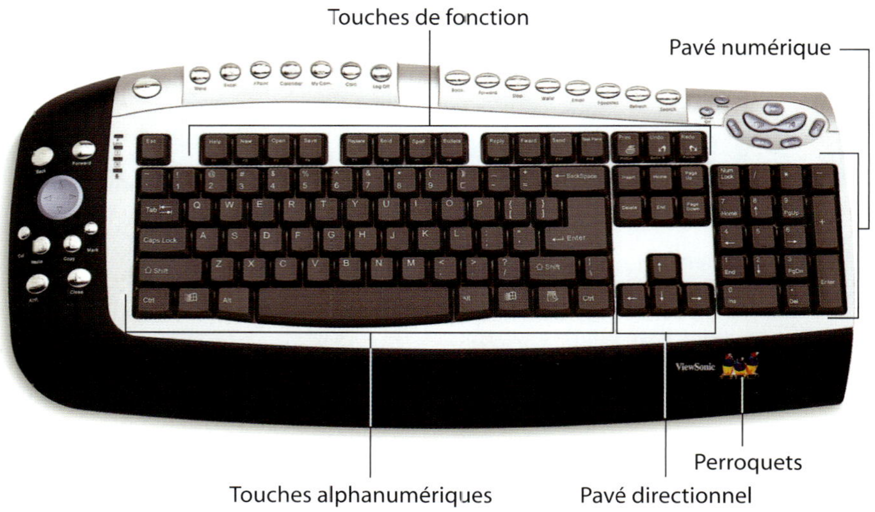


**FIGURE 10.1** Les touches importantes du clavier.

## Composition classique d'un clavier

Un clavier peut être divisé en quatre parties principales, visibles à la Figure 10.1 :

**Les touches de fonction :** Elles se trouvent au-dessus du clavier alphanumérique et sont identifiées par la lettre F suivie d'un nombre : F1, F2, F3, jusqu'à F12.

**Les touches alphanumériques :** Ce sont les mêmes touches que sur les machines à écrire. Elles comprennent les lettres, les nombres et les signes de ponctuation.

**FIGURE 10.2** Un clavier de compétition pour gagner.

**Les touches de déplacement du curseur (pavé directionnel)** : Elles sont divisées en deux parties : les « flèches », qui permettent de déplacer le curseur sur l'écran dans le sens de la flèche, et les touches Inser, Suppr, Pge Préc., Pge Suiv., Origine et Fin, qui sont regroupées au-dessus de ces quatre touches.

**Le pavé numérique :** Il ressemble à celui d'une calculatrice. Vous pouvez le verrouiller pour qu'il n'affiche que des chiffres. Sinon, il se comporte également comme le pavé directionnel.

Le clavier de la Figure 10.1 n'est pas très sexy. Il en existe heureusement d'autres, plus séduisants et surtout ergonomiques Figures 10.2 et Figure 10.3). D'autres sont truffés de boutons supplémentaires. Nous y reviendrons dans les sections suivantes.

**FIGURE 10.3** Celui-ci mérite le prix du design.

- Le *pointeur* est la flèche qui, à l'écran, indique où se trouve la souris.
- Le *curseur* est une marque qui indique où, dans le document, vous allez taper du texte. Il est aussi appelé *barre d'insertion.*
- Reportez-vous à la section « Les touches de verrouillage », plus loin dans ce chapitre, pour en savoir plus sur certaines subtilités du clavier.

### « DOIS-JE APPRENDRE À TAPER POUR UTILISER UN ORDINATEUR ? »

Personne ne doit apprendre à taper à la machine pour utiliser un ordinateur. Sachez que la plupart des programmeurs tapent très mal ou très lentement. Le fait de posséder un ordinateur est l'occasion d'apprendre à taper à votre rythme et en fonction de votre dextérité.

Il existe des logiciels de dactylographie qui vous apprennent à taper sans regarder vos doigts, et surtout en les utilisant tous.

## Les touches particulières

Quatre touches du clavier sont des *touches modificatrices.* Elles sont utilisées avec d'autres touches pour produire un effet particulier. Il s'agit de :

- Maj (majuscule)
- Ctrl (contrôle)
- Alt (alternante)
- Win (Windows)

Vous utilisez ces touches en les maintenant enfoncées et en appuyant sur une autre touche. L'effet qui en résulte dépend de la combinaison de touches et de la manière dont le logiciel les interprète.

- La touche Maj sert à mettre les lettres en majuscules, à écrire les chiffres à partir du clavier alphanumérique, et à utiliser une partie des signes de ponctuation et des signes spéciaux.
- Les touches Ctrl et Alt sont utilisées conjointement avec d'autres touches, notamment pour exécuter des commandes. Par exemple, lorsque vous maintenez la touche Ctrl enfoncée et que vous appuyez sur S, vous activez la commande Enregistrer. La combinaison de touches Alt+F4, elle, ferme la fenêtre active.

  NdT : La touche Alt Gr, à droite de la barre Espace, joue un rôle important. Elle sert en effet à sélectionner les caractères supplémentaires, dans la rangée supérieure des touches alphabétiques. Par exemple, pour insérer l'indispensable arobase dans une adresse Internet, vous devrez taper Alt Gr+à : `trucmuche@machin.fr`.
- Appuyer sur la touche Windows déploie le menu Démarrer. Elle est utilisable avec d'autres touches. Par exemple, Win+E affiche l'Explorateur Windows, et Win+D affiche le Bureau (répétez cette séquence pour retrouver les fenêtres).

## QUELQUES CARACTÈRES À NE PAS CONFONDRE

Sur une machine à écrire, la lettre majuscule l et le chiffre 1 sont souvent identiques. Pas sur les ordinateurs. Si vous voulez saisir 1 001, par exemple, ne saisissez pas l 00l par erreur (vous voyez la différence ?), en particulier si vous travaillez avec un tableur.

Il en va de même pour la lettre O majuscule et le chiffre 0 ; ce sont deux caractères différents : n'écrivez pas 1OO1 pour 1001. Utilisez un zéro pour les chiffres et un gros O pour toute autre histoire d'O.

Ne pas confondre ces lettres n'est pas qu'une affaire d'esthétique : si vous devez procéder à un tri, ces fautes de frappe fausseront le résultat. Pis : dans un tableur, les chiffres seront considérés comme du texte, au risque de produire d'énormes erreurs de calcul.

» Bien que dans ce livre les combinaisons de touches soient écrites en majuscules, comme Ctrl+S, cela ne signifie pas qu'il faille appuyer aussi sur la touche Maj. C'est simplement un choix typographique, plus esthétique que Maj+s. En revanche, l'appui sur Maj est obligatoire pour Ctrl+1, à moins de recourir au pavé numérique.

Ne soyez pas surpris de découvrir parfois des combinaisons à trois touches, comme Ctrl+Alt+Suppr. Dans ce cas, enfoncez-les les unes après les autres puis relâchez-les toutes.

NdT : A ces touches particulières s'en ajoute une autre fort utile : l'accent circonflexe/tréma. Cette touche, à droite du P, est une touche morte : appuyer dessus ne produit rien. Il faut ensuite taper une voyelle pour que cette dernière apparaisse avec l'accent circonflexe ou, si la touche Maj était enfoncée, un tréma. Notez que ces signes sont utilisables avec des majuscules : Maj+¨ suivi de Maj+E donne Ë, comme dans NOËL.

# Les touches de verrouillage

Trois touches modifient le fonctionnement général du clavier :

**Verr Maj** : Cette touche a la même fonction que Maj, si ce n'est qu'elle évite les crampes de votre petit doigt. Une fois verrouillée, tout ce que vous tapez apparaît en lettres capitales, et les chiffres sont tapés directement. Pour revenir aux minuscules, appuyez de nouveau sur cette touche.

**Verr Num :** Appuyez sur cette touche et le pavé numérique à droite du clavier produira exclusivement des chiffres. Pressez de nouveau dessus et il permute en touches de déplacement du curseur, pour déplacer le point d'insertion à l'écran, par exemple.

**Arrêt Défil :** Cette touche n'a aucune raison d'être. J'ai vu autrefois des tableurs sous DOS l'utiliser, mais plus aucun programme ne s'en sert aujourd'hui. Qu'elle repose en paix !

Le verrouillage des touches Maj, Num et Défil est signalé par un voyant lumineux.

- » La touche Verr Maj affecte la totalité du clavier alphanumérique.
- » Si vous appuyez sur la touche Maj quand les majuscules sont verrouillées, les lettres retrouvent leur état initial de minuscules.
- » Si vous saisissez **Ce Texte Ressemble A Une Note De Service** et que s'affiche cE tEXTE, rESSEMBLE, a, uNE, nOTE, dE, sERVICE, c'est que la touche Caps Lock est active. Appuyez dessus pour revenir à la normale.

## Les touches étranges venues d'ailleurs

Nous avons vu les touches particulières, voici à présent une description des touches qui intriguent la plupart de ceux qui découvrent un clavier informatique :

- » Gag ! La « n'importe quelle touche » n'existe pas ! Le vieux message « Appuyez sur n'importe quelle touche pour continuer » a semé le trouble chez beaucoup de débutants qui la recherchaient désespérément sur le clavier.

  Si jamais vous rencontrez ce message, appuyez sur la touche Entrée ou Espace. Ou sur n'importe quelle touche pour continuer.

- » La touche Attn (Attention), ou Break sur certains claviers, ne sert plus à grand-chose, à tel point que parfois elle n'est même plus mentionnée.

  La touche Attn est la même que la touche Pause. C'est en fait l'équivalent de Alt+Pause.

- » La touche Entrée est la plus connue du clavier. Dans un traitement de texte, elle produit un retour à la ligne. Dans une boîte de dialogue, elle équivaut à cliquer sur OK.

  Une autre touche Entrée se trouve en bas à droite du pavé numérique. Elle facilite les saisies comptables.

- » La touche Echap permet d'échapper à une situation bloquée. C'est l'équivalent d'un clic sur un bouton Annuler, ou un moyen de mettre fin à une action, et parfois à un programme (comme une présentation PowerPoint).

- » Chaque fois que vous avez besoin d'aide, appuyez sur la touche F1. Dans la plupart des logiciels, et aussi dans Windows, elle affiche l'aide en ligne.

- » Dans Windows, la touche Pause ne sert à rien. En revanche, la combinaison Win+Pause affiche la boîte de dialogue Propriétés système.

- » La barre inclinée est utilisée comme séparateur (comme dans 19/12/2005) ou comme opérateur arithmétique pour la division, dans un tableur.

- » La barre inverse est utilisée dans les noms des chemins (exemple : `C :\WINDOWS\system32`). Ce domaine complexe n'est pas abordé ici.

- » La touche Syst (Système) ne sert à rien. Elle aussi a disparu des claviers récents.

## POUR MATHEUX SEULEMENT

En cherchant bien autour du pavé numérique, vous trouverez les touches /, *, - et +. Elles sont utilisées par l'ordinateur pour diviser, multiplier, soustraire et additionner.

+ sert à additionner.

- à soustraire.

* à multiplier.

/ à diviser.

Maintenant que vous le savez, n'essayez plus d'utiliser la lettre "x" pour effectuer une multiplication sur votre tableur. De plus, n'essayez pas de trouver un signe ÷ sur le clavier puisque la division s'effectue avec la barre oblique /.

» Cette touche contextuelle affiche le menu contextuel associé à l'élément actuellement sélectionné. C'est l'équivalent du clic du bouton droit sur cet élément. Autant dire que cette touche sert peu.

Utilisez la touche Tab (tabulation) plutôt que la touche Entrée lorsque vous remplissez un formulaire dans un logiciel ou sur l'Internet. Dans une boîte de dialogue, elle fait aller d'une option à une autre. Vous passerez ainsi d'un champ à un autre, sans en oublier aucun.

» La touche Tab est souvent signalée par deux flèches superposées pointant chacune en sens inverse, en haut à gauche du clavier.

» Dans un formulaire ou dans une boîte de dialogue, la combinaison de touches Maj+-Tab fait reculer d'un champ ou d'une option.

» Pour l'ordinateur, une tabulation est un seul caractère et non une succession d'espaces. Lorsque vous en effacez une avec la touche Suppr, vous l'ôtez d'un coup, non pas espace après espace.

## Touches spéciales de claviers spéciaux

Si les 105 touches d'un clavier ne vous suffisent pas, achetez un clavier disposant de touches spéciales. Mais peut-être que l'ordinateur que vous venez d'acquérir est livré avec un tel clavier ? Généralement, ces touches se trouvent au-dessus des touches de fonction. Elles exécutent des tâches particulières qui permettent, par exemple, de se connecter à l'Internet, de régler le volume sonore du PC, de copier et coller, d'aller d'une application ouverte à une autre, etc.

Ces boutons ne sont pas standards. Cela signifie qu'on ne les trouve pas sur tous les claviers et qu'ils diffèrent d'un clavier spécial à un autre. Les boutons sont programmables pour lancer les applications que vous utilisez régulièrement.

## La bonne position pour travailler avec le clavier

La posture face à un ordinateur, et notamment face au clavier, est importante pour éviter une fatigue excessive susceptible d'entraîner des problèmes de santé, comme le bien connu syndrome du canal carpien, qui se manifeste par des douleurs importantes au niveau du poignet.

Voici quelques conseils pour éviter ces problèmes :

**Utilisez un clavier ergonomique.** Même si vos poignets sont souples comme une liane, envisagez l'achat d'un clavier ergonomique pour prévenir tout incident.

**Utilisez un repose-poignets.** Le repose-poignets place vos mains et vos poignets à la bonne hauteur de saisie et de maîtrise de tous les aspects d'un clavier.

**Réglez votre chaise.** Asseyez-vous de manière que vos coudes soient au même niveau que vos poignets.

**Réglez votre moniteur.** Votre tête ne doit pas s'incliner de haut en bas quand vous regardez l'écran. Elle doit rester droite, sans tension néfaste au niveau du cou.

> » Les claviers ergonomiques sont un peu plus chers que les claviers standards, mais ils assurent, à qui sait bien les utiliser, un confort de travail sans équivalent.
>
> » Certains tapis de souris ont un repose-poignets surélevé. Ils sont destinés à ceux qui manipulent intensivement le petit rongeur.
>
> » La plupart des claviers sont équipés de pattes de surélévation permettant d'incliner le clavier pour faciliter la frappe.

## Une souris sous la main

Si la souris s'appelle ainsi, c'est sans doute en raison de sa forme ramassée et de sa longue queue, et de sa propension à fureter dans tous les coins du tapis où elle est confinée. Peut-être même qu'elle pourrait couiner, si elle avait des rouages en métal susceptibles de s'encrasser. Hélas ! la bête est électronique et silencieuse. Et c'est tant mieux pour le confort de travail.

NdT : Le « mulot », terme que vous rencontrerez de temps en temps, est le nom qu'utilisa le président Jacques Chirac lors de l'inauguration de la Bibliothèque nationale de France en décembre 1996. Popularisé par les Guignols de l'Info, il connaît depuis un succès grandissant. Ne tentez cependant pas de vous singulariser en appelant une souris « Mickey ». Car en informatique un « mickey » est une unité de déplacement du mulot équivalant à 1/200 de pouce, soit environ 0,13 mm. Tout ceci laisse rongeur...

# La souris est indispensable

La souris de l'ordinateur est un *périphérique d'entrée*, et celle qui visite le garde-manger est un *muridé*. Bien que le clavier – un autre périphérique d'entrée – puisse quasiment tout faire, la souris est indispensable pour exécuter des actions graphiques (dessin, retouche...), et surtout pour utiliser au mieux une interface graphique comme Windows.

Votre ordinateur a été livré avec une souris, mais rien ne vous empêche de la remplacer par une autre de votre choix.

# La souris générique

**FIGURE 10.4**
Une souris classique.

La Figure 10.4 montre une souris type, mais il en existe beaucoup d'autres, de diverses formes. Mais fondamentalement, leur anatomie est identique.

**Le corps de la souris :** Il est de la taille d'une savonnette et se niche au creux de la main, les doigts reposant sur les boutons.

Les deux boutons standards : Une souris pour PC possède au moins deux boutons. Celui de gauche tombe pile sous l'index. C'est le bouton *principal* et c'est lui qui exécute l'action de *cliquer*. Lorsqu'il faut appuyer sur l'autre bouton, on parle de « clic du bouton droit » ou de *clic-droit*.

**La molette :** Elle se trouve entre les deux boutons précités et remplit deux fonctions : faire défiler le contenu d'une application, comme les pages dans un traitement de texte ou un navigateur Web. Ensuite, elle fait office de troisième bouton dont vous pouvez programmer l'action quand vous appuyez dessus au lieu de la faire tourner. La molette de certains modèles de souris est capable de déplacer une page horizontalement en la poussant de côté.

La souris est généralement placée à droite du clavier (encore un coup des droitiers !). Il lui faut un peu d'espace pour évoluer, l'équivalent de la surface de ce livre.

## Souris optique contre souris mécanique

Vous actionnez la souris en la déplaçant sur votre bureau (le vrai, tangible). Son déplacement est détecté soit mécaniquement, soit optiquement.

La *souris mécanique* traditionnelle contient une boule qui roule selon le mouvement que vous lui imprimez. Deux rouleaux perpendiculaires, en contact avec la boule, transmettent le mouvement à des disques ajourés. Des cellules photoélectriques internes détectent la rotation des disques et la convertissent en données que l'ordinateur interprète.

La *souris optique* n'a aucune partie mobile. Des diodes électroluminescentes détectent le déplacement sur la surface où elle repose.

Des deux procédés, celui fondé sur la détection optique est le meilleur. La longévité de la souris optique est meilleure, et elle est plus facile à nettoyer. De plus, elle n'a pas besoin de tapis, indispensable en revanche avec une souris mécanique afin que sa boule puisse rouler. Une souris optique fonctionne sur n'importe quelle surface non réfléchissante.

Bien que la majorité des joueurs préfèrent la manette de jeu, ou joystick (voir Figure 10.5), quelques-uns sont des fans de la souris. Pour eux, la souris mécanique est bien meilleure que l'optique, car elle réagit plus rapidement.

**FIGURE 10.5** L'instrument indispensable des fondus de jeux vidéo.

# La souris sans fil

La mode étant au « sans fil », la souris ne pouvait échapper à cette tendance. Elle y a perdu sa queue. Deux types de souris sans fil rôdent près de nos claviers :

**La souris sans fil à infrarouge (IR) :** Ce type de souris fonctionne si et seulement si aucun obstacle ne vient perturber la liaison entre sa cellule photoélectrique et celle du module branché à l'ordinateur. C'est le même principe que la télécommande de votre téléviseur. Si les batteries sont à plat ou si un obstacle coupe le rayon, la petite bête ne répond plus !

**La souris sans fil à fréquence radio (RF) :** Contrairement à la souris infrarouge, la souris radio se rit des obstacles, l'essentiel étant que la distance entre l'émetteur et le récepteur ne soit pas trop importante. Pour plus de discrétion, ce dernier peut être caché derrière l'unité centrale.

Les souris sans fil ont besoin d'une alimentation externe, par des piles.

# Les autres espèces de souris

De tous les périphériques informatiques, la souris est sans doute le plus polymorphe. Il y en a de toutes sortes.

L'alternative la plus courante à la souris standard est un modèle comportant plus de boutons, susceptibles d'être programmés pour surfer sur l'Internet ou tourner les pages lors de la lecture d'un document. Combien de boutons ? La plupart des mulots évolués en ont cinq, mais le record que j'ai vu est 57 boutons. Une vraie poussée d'urticaire ! La Figure 10.6 montre une souris de compétition !

**FIGURE 10.6** Une souris optique sophistiquée avec son récepteur.

Le *trackball*, ou boule de pointage, n'est rien d'autre qu'une souris renversée. Au lieu de le déplacer pour faire rouler la boule, vous l'actionnez directement avec le pouce ou l'index. L'engin lui-même reste en place, de sorte qu'il ne faut pas beaucoup d'espace pour l'utiliser, et son fil n'est pas gênant. Le trackball est l'outil de pointage préféré des infographistes, car il est souvent plus précis que la « savonnette au bout d'un fil ». La Figure 10.7 montre un trackball.

Autre mutation plaisante du rongeur : le stylet utilisé avec une tablette graphique. Les modèles les plus perfectionnés sont sensibles à la pression, à l'inclinaison et même à la rotation, ce qui en fait les outils idéals avec les logiciels de peinture artistique.

Et pour finir il existe des souris 3D sans fil, que l'on pointe vers l'écran comme une télécommande. Terrifiant...

**FIGURE 10.7**
Un trackball avec sa boule caractéristique.

# Manier la souris

La souris d'un PC commande un pointeur (aussi appelé *curseur*) à l'écran. Lorsque vous déplacez la souris en la faisant rouler sur votre bureau, le pointeur se déplace de la même manière à l'écran. Si vous la dirigez vers la droite, le pointeur se dirigera vers la droite. Si vous la faites tourner en rond, le pointeur fera de même. Faites tomber la souris et vous entendrez un « Aïe ! » en provenance du PC (non, je plaisante !).

Voici les actions de base que vous effectuez avec une souris :

**Pointer :** Rien à voir avec la pétanque. Si l'on vous demande de « pointer » à l'aide de la souris sur un objet précis, cela signifie que vous devez déplacer la souris sur votre bureau pour positionner le curseur à l'écran de sorte qu'il pointe sur cet objet.

**Cliquer :** Ce terme est employé par la plupart des programmes. Il signifie pointer sur un objet de l'écran et appuyer sur le bouton de la souris. Cette action produit un léger déclic. Cliquer sert à enfoncer un bouton virtuel, à positionner le curseur ou à sélectionner un élément.

**Cliquer du bouton droit :** Dans Windows, cette action déroule souvent un menu contextuel. L'effet réellement obtenu peut varier considérablement d'un logiciel à un autre.

**Double-cliquer :** Cela signifie qu'il faut appuyer sur le bouton de la souris deux fois de suite, au même endroit et à intervalle très réduit (sinon, vous effectuez deux clics successifs, dont l'effet est très différent). Sous Windows, vous double-cliquez pour ouvrir un élément.

**Faire glisser la souris :** Il s'agit de déplacer la souris tout en maintenant enfoncé le bouton gauche pour sélectionner des objets ou les déplacer (cela dépend du programme).

- La meilleure méthode pour utiliser une souris est de jouer à un jeu de cartes livré avec Windows comme le Solitaire ou FreeCell.
- Inutile de vous crisper sur la souris… elle ne va pas se sauver !
- Pour cliquer, appuyez sur le bouton et, surtout, relâchez-le aussitôt.
- Si vous avez double-cliqué et qu'il ne se passe rien, vous n'avez peut-être pas double-cliqué assez vite. Reportez-vous à la section « Le double clic ne fonctionne pas ! », plus loin dans ce chapitre.

# Quand la souris se fait stylet

Pour terminer ce chapitre, je vais parler d'un périphérique qui fait un peu bande à part : la tablette graphique.

Elle permet de dessiner à l'aide d'un stylet, restituant à l'utilisateur toutes les sensations qu'il peut avoir en maniant un crayon, un pinceau, un feutre ou un aérographe. L'essayer, c'est l'adopter.

**FIGURE 10.8** Les retouches compliquées sont beaucoup plus faciles à réaliser avec une tablette graphique comme la Bamboo de Wacom.

Une tablette graphique pour professionnel est onéreuse, mais il existe des modèles grand public d'excellente qualité, comme la Bamboo de Wacom (`www.wacom-europe.com/fr`).

Les infographistes utilisent des tablettes de grande dimension dont le prix dépasse allègrement plusieurs centaines d'euros. Le modèle de la Figure 10.8 est doté d'une zone active A6. La tablette Bamboo est livrée avec un stylet. Certaines tablettes disposent également d'une souris sans fil, ce qui permet de passer rapidement de l'un à l'autre de ces périphériques.

Pour les graphistes professionnels, l'utilisation de deux écrans en plus d'une tablette graphique permet d'afficher sur l'un des écrans les menus et palettes du logiciel et sur l'autre l'image ou l'illustration sur laquelle ils travaillent (Figure 10.9)

**FIGURE 10.9**
Avec deux écrans c'est encore mieux.

# Les éléments de Windows 10 que vous êtes censé déjà connaître

**DANS CETTE PARTIE**

Démarrer avec Windows.

Tout sur le nuage Internet avec OneDrive

# Chapitre 11

# Les bases du bureau de Windows

**DANS CE CHAPITRE :**

- **Comprendre les différents éléments de Windows**
- **Manipuler les boutons, les barres et les boîtes**
- **Trouver les commandes dans le ruban**
- **Comprendre le volet de navigation**
- **Déplacer des fenêtres et modifier leur taille**
- **Le bureau du bout du doigt**

Le menu Démarrer de Windows 10 apparaît avec ses couleurs vives, ses grands caractères et ses vignettes surdimensionnées. Il est facile d'y toucher ses éléments ou de cliquer dessus.

En revanche, le bureau de Windows a de petits boutons monochromes, des caractères tout petits et des fenêtres au bord mince. Ces fenêtres sont souvent encombrées d'éléments extrêmement variés, bien souvent avec des noms plus ou moins ésotériques et que les programmes voudraient que vous appreniez par cœur. Pour vous aider à vous y retrouver, ce chapitre vous propose un cours d'anatomie de Windows, et de navigation dans ses méandres.

Vous avez éventuellement besoin de vous repérer dans ce dédale, car les fenêtres ont tendance à s'accumuler les unes au-dessus des autres, et il est important de savoir comment les pousser dans les coins, et comment les ramener ensuite au milieu de la pièce, enfin, de l'écran.

Nous décortiquerons ici chaque partie d'une fenêtre afin que vous sachiez ce qui se passe lorsque vous cliquez ou touchez quelque chose. N'hésitez pas à cribler les marges de ce livre de notes aussi bien lorsque vous vous attardez sur le relativement simple menu Démarrer que quand vous vous plongez dans les fenêtres, puissantes mais compliquées, du bureau.

# Analyse d'une fenêtre typique

La Figure 11.1 montre une fenêtre typique : celle du dossier Documents – le lieu de stockage par défaut de la majeure partie de votre travail –, dont tous les éléments sont étiquetés.

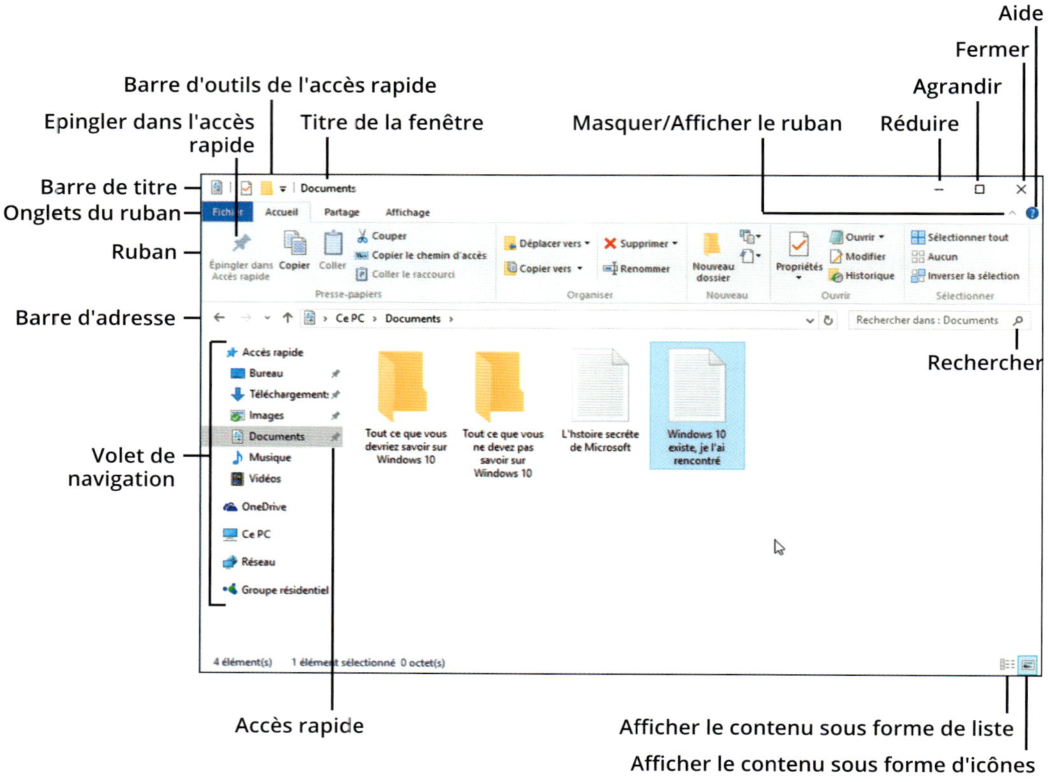


**FIGURE 11.1** Terminologie des diverses parties d'une fenêtre de Windows.

La mention « par défaut », figurant dans le précédent paragraphe, signifie que Windows propose systématiquement ce dossier de stockage lorsque vous enregistrez des documents comme des fichiers texte (conçus dans le Bloc-notes, WordPad et autre Word), des feuilles de calculs, des présentations et j'en passe.

Les fenêtres se comportent différemment selon la fonction qu'elles remplissent. Les prochaines sections décrivent les principales parties du dossier Documents – celui de la Figure 11.1 –, comment et où cliquer, et comment Windows réagit en conséquence.

» Les anciens – enfin, pas si anciens que cela… – se souviennent que Windows appelait autrefois ce dossier *Mes documents*. Maintenant, c'est simplement *Documents*, mais c'est la même chose.

» Un épais panneau rempli de contrôles, le *ruban*, se trouve au-dessus de chaque dossier. Certaines personnes aiment les gros boutons et les menus du ruban. D'autres préfèrent l'ancien système de menus. Le ruban vous embête ? Cliquez sur la petite pointe placée sur la droite, juste à côté du point d'interrogation, pour le replier (et si vous cliquez une nouvelle fois dessus, il se déplie).

» Windows 10 n'affiche plus ses bibliothèques dans le volet de navigation, à gauche de la fenêtre. En fait, la plupart des gens ne s'en sont jamais souciés. Mais il est toujours possible de le retrouver si vous le souhaitez. Pour cela, cliquez du bouton droit sur un emplacement vide du volet de navigation et choisissez dans le menu qui apparaît Afficher les bibliothèques. Et procédez exactement de la même manière pour les masquer.

» Windows regorge de petits boutons, bordures et boîtes bizarroïdes. Il est inutile de retenir leurs noms, bien que cela puisse s'avérer utile lorsque vous aurez recours aux menus d'aide de certaines fenêtres. En cas de doute, reportez-vous à la Figure 11.1 et lisez les explications.

» Vous pouvez interagir avec la plupart de ces éléments en cliquant, en double-cliquant ou en cliquant du bouton droit (dans le doute, essayez toujours le clic du bouton droit).

» Vous utilisez un écran tactile ? Reportez-vous à l'encadré du Chapitre 5 où il est question du toucher lors de l'utilisation d'une tablette tournant sous Windows.

» Après avoir cliqué de-ci, de-là, vous vous rendrez compte combien il est facile d'obtenir la réponse souhaitée de la part de votre fenêtre. Le plus ardu est de trouver la bonne commande la première fois (un peu comme les nouveaux boutons sur un téléphone mobile ou les commandes d'un véhicule de location).

## Les fenêtres et leur barre de titre

Située en haut de pratiquement chaque fenêtre, la barre de titre mentionne généralement le nom du programme et celui du fichier courant, ou encore du dossier ouvert. La Figure 11.2 montre celles de deux petits programmes de traitement de texte : WordPad (en haut) et le Bloc-notes (en bas). Dans les deux cas, le fichier n'a pas encore été enregistré ; c'est pourquoi leur nom est respectivement Document et Sans titre.

En dépit de son aspect anodin, la barre de titre contient bon nombre de fonctionnalités intéressantes :

» La barre de titre permet de déplacer une fenêtre sur le bureau. Cliquez dessus – ailleurs que sur une icône – puis, sans relâcher le bouton de la souris, faites-la glisser. La fenêtre suit le mouvement de la souris. Relâchez le bouton de votre souris pour la déposer à son nouvel emplacement.

» Double-cliquez dans une partie vide de la barre de titre, et la fenêtre emplit tout l'écran. Double-cliquez de nouveau dessus, et elle reprend ses dimensions d'origine.

» Remarquez les petites icônes qui s'entassent à gauche de la barre de titre de WordPad. Elles constituent la barre d'outils *Accès rapide* et appartiennent à ce que Microsoft appelle une *interface à ruban*. Ces icônes procurent un accès à un clic à certaines fonctions d'usage courant, comme enregistrer le document courant.

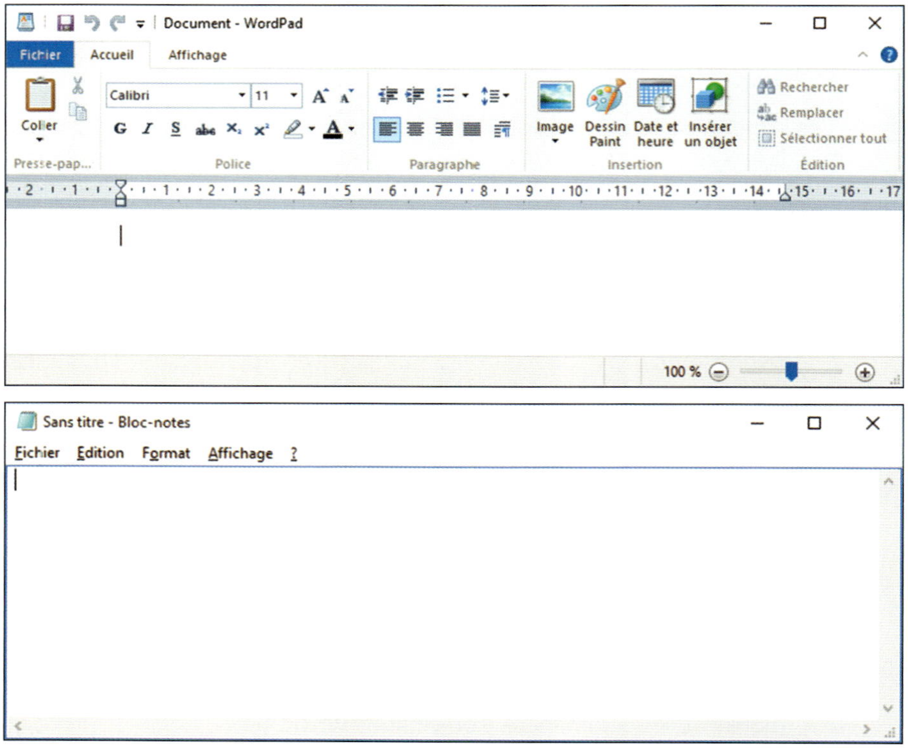


**FIGURE 11.2** La barre de titre de WordPad (en haut) et du Bloc-notes (en bas).

## GLISSER, DÉPOSER ET EXÉCUTER

Le glisser-déposer est une action aussi vieille que Windows, qui sert à déplacer ou repositionner un élément, par exemple une icône. Rien à voir avec le manuel du parfait petit tueur à gages.

Pour *faire glisser* un élément, placez le pointeur de la souris sur l'objet en question. Ensuite, maintenez enfoncé le bouton gauche, puis déplacez la souris. L'icône semble collée au pointeur. Parvenue à destination, relâchez le bouton et l'icône est *déposée*.

Sur un écran tactile, vous remplacez bouton par doigt, et vous obtenez le même résultat.

Vous pouvez déplacer un élément avec le bouton droit de la souris. Dans ce cas, un petit menu contextuel vous demande, après avoir déposé l'icône, si vous désirez la Copier ici ou la Déplacer ici, ou bien encore Créer un raccourci ici (un *raccourci*, c'est juste un lien qui renvoie à l'objet original).

Une petite astuce : vous avez déplacé quelque chose et vous vous rendez compte, au cours de l'opération, que vous vous êtes trompé d'élément ? Ne relâchez pas le bouton de la souris, mais appuyez sur la touche Échap pour annuler l'action. Trop tard ? Vous aviez effectué le déplacement avec le bouton droit de la souris et vous l'avez relâché trop tôt. Pas de souci : choisissez Annuler dans le menu qui s'affiche. Quoi ? C'était le bouton gauche ? Essayez alors d'appuyer tout de suite sur la *combinaison de touches* Ctrl + Z (combinaison, cela veut dire appuyer sur les deux touches en même temps). Normalement, cela suffit à renvoyer le fugueur à sa place.

» Trois boutons rectangulaires se trouvent à droite de la barre de titre des programmes *et* des applications. Ce sont, de gauche à droite, les boutons Réduire, Agrandir et Fermer. Nous les retrouverons un peu plus loin.

» Repérer la fenêtre *active*, c'est-à-dire celle qui subit les effets de vos actions réalisées à la souris ou au clavier, demande des yeux d'aigle. En effet, elle se démarque des autres par le fait que son titre est plus foncé que celui des autres fenêtres, dont le titre est grisé. C'est plutôt subtil, mais en même temps cette distinction est plus « classe » que les couleurs plus ou moins criardes des anciennes versions de Windows.

# Naviguer parmi les dossiers avec la barre d'adresse de la fenêtre

Directement sous le ruban se trouve la *barre d'adresse* (voir la Figure 11.3). Elle semblera familière à ceux qui surfent sur le Web, car elle rappelle beaucoup la barre d'adresse d'un navigateur Internet.

**FIGURE 11.3** La barre d'adresse d'un dossier.

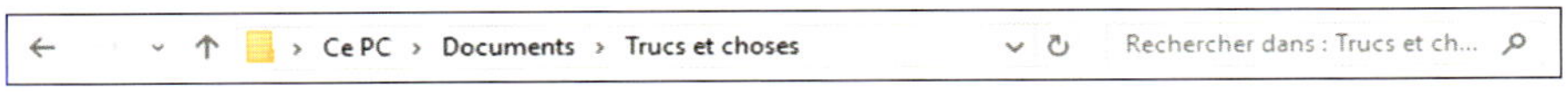


Les parties principales de la barre d'adresse – de gauche à droite dans les paragraphes qui suivent – ont chacune une fonction bien définie :

» **Boutons Précédent et Suivant :** ces deux boutons mémorisent votre itinéraire parmi les dossiers du PC. Le bouton Précédent vous ramène au dossier que vous venez de visiter (en amont). Le bouton Suivant vous ramène au dernier dossier (en aval).

» **Emplacements récents :** cliquez sur la minuscule flèche, à droite des deux boutons précédents, pour accéder à une liste des emplacements que vous avez déjà visités. Cliquez sur l'un d'eux pour y accéder aussitôt.

» **Bouton Niveau supérieur :** cliquez dessus pour remonter d'un niveau dans l'arborescence des dossiers. Par exemple, si vous avez ouvert le dossier « Trucs et choses » dans vos documents, cliquez sur cette flèche pour revenir à votre dossier Documents.

» **Barre d'adresse :** elle contient l'adresse du dossier actuellement ouvert, de la même manière qu'un navigateur Internet affiche l'adresse de la page courante. Cette adresse correspond plus exactement au *chemin* dans le disque dur. Par exemple, sur la Figure 11.3, l'adresse est *Ce PC*, *Documents*, et *Trucs et choses*. Elle indique que vous vous trouvez dans le dossier *Trucs et choses*, qui se trouve à l'intérieur du dossier *Documents* de *Ce PC*. *Ce PC* indique que la recherche du disque s'est faite sur *mon* ordinateur. Eh oui, ces histoires de dossiers sont suffisamment compliquées pour qu'un chapitre entier – le prochain – leur soit consacré.

» **Le champ Rechercher :** toutes les fenêtres de Windows 10 sont dotées d'un champ Rechercher, capable d'explorer le dossier et ses sous-dossiers à la recherche d'une donnée ou d'une information. Par exemple, si vous recherchez le mot **carotte**, Windows montrera tous les dossiers et fichiers contenant ce mot.

Remarquez, dans la barre d'adresse, les petits triangles noirs avant les mots *Ce PC*, *Documents* et *Trucs et choses* (du moins sur la Figure 11.3). Cliquer dessus affiche un menu de tous les autres dossiers ou éléments se trouvant à ce niveau. C'est un moyen commode d'accéder à d'autres dossiers.

La barre d'adresse est également suivie d'un petit bouton en forme de flèche recourbée. Il sert à mettre à jour le contenu du dossier courant dans le cas où un changement serait intervenu avant que Windows n'ait eu le temps de s'en rendre compte.

## Trouver les commandes sur le ruban

Encore plus impressionnantes que la carte d'un restaurant asiatique, les commandes de Windows sont innombrables et contextuelles en ce sens qu'elles varient en fonction de la fenêtre utilisée. Pour y accéder rapidement, elles ont été réparties dans différents onglets d'un ruban. Ce dernier se trouve en haut de chaque dossier (voir la Figure 11.4).

**FIGURE 11.4** Les onglets d'un ruban.

Chacun des onglets donne accès à différentes options. Pour les voir, cliquez sur l'un d'eux, Partage, par exemple. Le ruban se présente alors comme sur la Figure 11.5. Il contient toutes les options et commandes utiles pour le partage de fichiers.

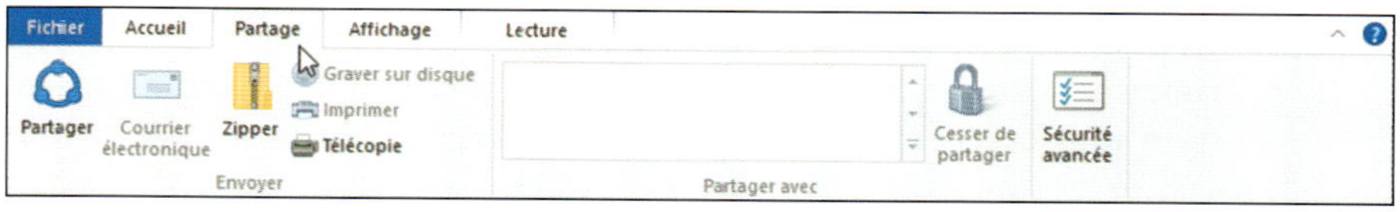


**FIGURE 11.5** Cliquez sur un onglet du ruban pour voir ses commandes.

Certaines options sont parfois indisponibles. Elles apparaissent alors en grisé, comme l'option Imprimer sur la Figure 11.5 (dans le dossier, l'élément sélectionné est une vidéo, qu'il n'est évidemment pas possible d'imprimer).

Si vous cliquez par erreur sur le *mauvais* onglet dans le ruban, ce qui fait apparaître des commandes dont vous n'avez pas besoin, aucun souci : vous cliquez sur le *bon* onglet, et c'est tout !

Il n'est pas nécessaire de savoir combien de types de rubans il existe dans Windows, car ceux que vous pouvez utiliser sont automatiquement affichés. Par exemple, lorsque vous ouvrez le dossier Musique dans le volet de navigation, un onglet Lecture vient s'ajouter aux autres dès que vous sélectionnez un de ses éléments dans le volet central.

Si l'usage d'un bouton ne vous semble pas évident, immobilisez le pointeur de la souris dessus. Une *info-bulle* apparaît et explique sa raison d'être. Voici un bref descriptif des onglets et des boutons les plus courants :

- **Fichier :** présent à gauche dans chaque ruban, cet onglet sert principalement à ouvrir de nouvelles fenêtres et à accéder aux emplacements fréquemment visités. Il donne généralement aussi accès aux options du programme.
- **Accueil :** vous trouvez dans cet onglet, toujours affiché, les commandes permettant de copier, couper et coller, de déplacer ou supprimer les éléments sélectionnés, ou encore de renommer un fichier ou un dossier, d'accéder à ses propriétés et ainsi de suite.
- **Partage :** cet onglet permet de partager le contenu de votre ordinateur avec d'autres personnes, que ce soit en gravant un CD ou un DVD, en envoyant un document par e-mail, ou bien encore en lançant un partage sur le réseau.
- **Affichage :** les commandes de cet onglet servent à modifier l'aspect de la fenêtre. Par exemple, cliquez sur le bouton Très grandes icônes pour afficher en grand les vignettes des photos.
- **Gestion :** cet onglet contient des commandes propres au type de fichier que contient le dossier. Par exemple, vous trouverez un bouton Diaporama dans l'onglet Gestion des outils d'image, ainsi que des boutons pour remettre droit la vignette d'une photo cadrée en hauteur, la choisir comme arrière-plan du bureau ou même la diffuser sur un dispositif multimédia connecté.

  En fonction de l'élément sélectionné dans l'Explorateur de fichiers, l'onglet Gestion sera remplacé par un autre. Par exemple, lorsque vous sélectionnez un fichier musical ou vidéo, comme un fichier MP3 ou AVI, un onglet Lecture apparaît sous un onglet Outils de musique ou Outils de vidéo. Il contient des commandes de lecture spécifiques à chaque type de fichier.

Vous aimeriez que le ruban occupe moins de place ? Cliquez sur le petit chevron, en haut à droite de la fenêtre, juste à côté du point d'interrogation, pour n'afficher que les onglets. Ou alors, appuyez sur Ctrl + F1 : c'est plus rapide.

## Le volet de navigation et ses accès rapides

Examinez un bureau – un vrai – et vous constaterez que les objets les plus couramment utilisés sont à portée de main : le pot à crayons, l'agrafeuse, les tampons, la tasse de café et peut-être quelques miettes du sandwich de midi... C'est la même chose dans Windows : tous les éléments les plus fréquemment utilisés (hormis le café et les miettes) sont placés dans le volet de navigation illustré sur la Figure 11.6.

Situé à gauche de chaque dossier, le volet de navigation est divisé en plusieurs rubriques : Accès rapide, OneDrive, Ce PC, Réseau et Groupe résidentiel. Cliquez sur l'une de ces rubriques, Accès rapide par exemple, et son contenu apparaît dans le volet de droite.

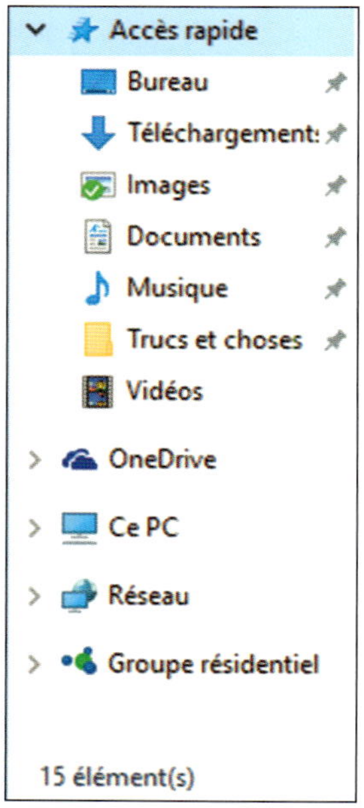


**FIGURE 11.6**
Le volet de navigation contient des accès vers les emplacements les plus visités.

Les catégories Réseau et Groupe résidentiel n'apparaissent que si vous êtes connecté en réseau.

Voici quelques précisions sur les parties du volet de navigation :

» **Accès rapide :** autrefois appelés Favoris, ces éléments sont des raccourcis vers les emplacements les plus fréquentés de Windows :

- **Bureau :** vous ne vous en doutiez peut-être pas, mais votre bureau est en réalité un dossier dont le contenu apparaît en permanence sur l'écran. Cliquer sur la ligne Bureau montre tout ce qui s'y trouve.
- **Téléchargements :** cliquez ici pour accéder aux fichiers téléchargés avec Microsoft Edge (ou Internet Explorer, ou n'importe quel autre navigateur) lors de vos pérégrinations sur le Web. C'est en effet là qu'ils se retrouvent.
- **Documents :** accède au contenu du dossier Documents qui regroupe des fichiers créés avec des applications et qui y sont enregistrés par défaut.
- **Images :** cette icône donne accès à votre photothèque numérique. Il s'agit du dossier de stockage de vos images par défaut quand, par exemple, vous les importez depuis un appareil photo numérique, ou que vous les copiez depuis un disque dur externe, une clé USB, ou une carte mémoire.

» **OneDrive :** affiche tout ce que vous avez stocké sur le fameux *cloud* (nuage informatique) qui vous est alloué lorsque vous créez un compte Microsoft. Cet espace de stockage distant vous permet de travailler sur vos fichiers, quel que soit l'endroit où vous séjournez dès lors que vous disposez d'un accès à Internet.

Par défaut, vous disposez de 15 Go de stockage. Au-delà, le service est payant. Mais il existe des moyens simples d'augmenter ce volume. Ainsi, demander à votre smartphone de sauvegarder ses photos sur OneDrive vous donne droit à de l'espace supplémentaire. Et vous abonner à Office 365 vous procure 1 To de stockage !

» **Ce PC :** cette section vous donne accès aux dossiers et aux disques durs de votre ordinateur. Vous y retrouvez d'ailleurs un certain nombre d'éléments qui figurent aussi sous l'accès rapide. Voyons cela d'un peu plus près

- **Bureau :** affiche tous les éléments actuellement stockés sur le bureau. Il peut s'agir de dossiers, de fichiers, et de raccourcis (refermez la fenêtre, et vous verrez votre bureau en chair et en icônes).

- **Documents :** accède au contenu du dossier Documents qui regroupe des fichiers créés avec des applications et qui y sont enregistrés par défaut. C'est vrai, je me répète.
- **Téléchargements :** cliquez ici pour accéder aux fichiers téléchargés avec votre navigateur Internet.
- **Musique :** cliquez sur Musique, puis double-cliquez sur un morceau pour l'écouter aussitôt. Il s'agit là aussi d'un espace de stockage par défaut pour faciliter la gestion de vos fichiers audio.
- **Images :** ce raccourci ouvre le dossier de stockage par défaut de vos images.
- **Vidéos :** un double-clic sur les séquences stockées dans ce dossier vous permettra de les visionner avec le lecteur par défaut.
- **Disque local (C:) :** c'est le nom que donne Windows à votre disque dur principal, celui qui contient le système d'exploitation et vos programmes. À moins que vous ne sachiez spécifiquement ce que vous recherchez, vous aurez du mal à le retrouver de cette manière. Autant passer par d'autres chemins.
- **Périphériques et lecteurs :** cette section du dossier Ce PC affiche tous les disques durs ou lecteurs flash connectés à votre ordinateur. Double-cliquez sur l'icône de celui dont vous souhaitez afficher les éléments.

» **Réseau :** bien que les groupes résidentiels facilitent le partage des fichiers, la notion de réseau informatique existe toujours. C'est à cet endroit que s'affiche le nom des ordinateurs mis en réseau, y compris le vôtre.

Les éléments du réseau peuvent également inclure des disques durs partagés, des serveurs multimédias, des appareils connectés et même votre box.

» **Groupe résidentiel :** les groupes résidentiels permettent de partager facilement des informations entre plusieurs ordinateurs connectés sur un réseau familial. Cliquez sur ce bouton pour voir ce qui est partagé par les autres.

Voici quelques conseils pour tirer le meilleur parti du volet de navigation :

» Ajoutez vos emplacements préférés dans la rubrique Accès rapide du volet de navigation. Cliquez sur un dossier ou un disque, puis faites-le glisser dans cette zone. Il se transforme alors en raccourci. Vous pouvez également cliquer du bouton droit sur l'élément voulu, puis choisir dans le menu qui s'affiche l'option Épingler dans Accès rapide. Inversement, faites un clic du bouton droit sur une icône que vous trouvez inutile, et choisissez la commande Supprimer de l'accès rapide. Bien entendu, cette action n'efface pas l'élément de son emplacement d'origine.

» Si vous êtes connecté à un réseau domestique ou professionnel, la rubrique Ce PC peut également inclure des éléments provenant d'autres ordinateurs, comme de la musique, des photos ou des vidéos. Vous pouvez ouvrir ces éléments comme s'ils se trouvaient sur votre propre ordinateur.

» Les anciens utilisateurs de Windows ont certainement remarqué la disparition de leurs bibliothèques dans le volet de navigation. En fait, elles sont simplement masquées dans Windows 10. Pour les rappeler à la vie, cliquez du bouton droit sur un emplacement vide du volet de navigation, et choisissez dans le menu qui s'affiche l'option Afficher les bibliothèques. Recommencez la même procédure, et elles disparaissent à nouveau.

Les bibliothèques affichent par défaut les contenus des dossiers Documents, Images, Musique et Vidéos de votre PC *et* de OneDrive. Autrement dit, chaque dossier est doublé. Si cela vous gêne, cliquez du bouton droit sur le nom d'un dossier provenant de OneDrive. Dans le menu qui apparaît, cliquez sur Supprimer l'emplacement de la bibliothèque. Pour rétablir la situation, cliquez du bouton droit sur le dossier voulu et choisissez Inclure dans la bibliothèque (ou encore Créer une nouvelle bibliothèque).

## Se déplacer dans une fenêtre avec ses barres de défilement

Une barre de défilement apparaît au bord droit et/ou inférieur d'une fenêtre dès qu'elle est trop petite pour afficher tout son contenu (voir la Figure 11.7).

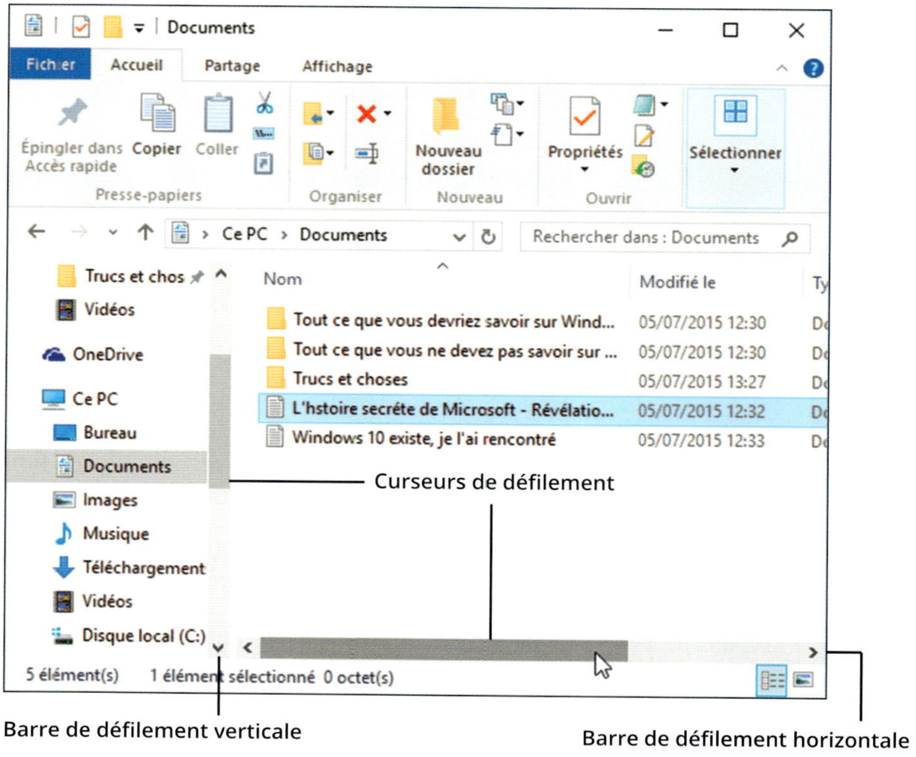


**FIGURE 11.7** Les barres de défilement verticale et horizontale.

## LES SÉLECTIONS MULTIPLES

Cliquer sur un élément le sélectionne. Cliquer sur un autre élément le sélectionne tout en désélectionnant le précédent. Voici comment sélectionner plusieurs éléments à la fois :

» Pour sélectionner plusieurs éléments à différents emplacements d'une fenêtre, maintenez la touche Ctrl enfoncée puis cliquez sur les éléments voulus. Le même procédé permet de retirer un élément sélectionné par erreur. Sur une tablette, maintenant le doigt appuyé sur un fichier ou un dossier pour commencer la sélection. Si vous voyez une case à cocher apparaître dans le coin des autres éléments, il vous suffit de les toucher pour les sélectionner (ou l'inverse).

» Pour sélectionner une plage d'éléments qui se suivent, dans une liste, cliquez sur le premier d'entre eux puis, touche Majuscule enfoncée, cliquez sur le dernier. Tous les éléments, du premier que vous avez sélectionné jusqu'au dernier sur lequel vous venez de cliquer, sont sélectionnés. Notez qu'il est possible de désélectionner certains éléments de cet ensemble en cliquant dessus, touche Ctrl enfoncée.

» Vous pouvez aussi utiliser la fonction Lasso : cliquez sur le fond du dossier, à proximité d'un élément puis, tout en maintenant le bouton de la souris enfoncé, tracez un contour autour des éléments à sélectionner. Relâchez ensuite le bouton. Sur une tablette, c'est votre doigt qui fait office de lasso.

À l'intérieur de la barre, un *curseur de défilement* monte et descend selon la partie d'une page qui est affichée. D'un seul coup d'œil sur le curseur, vous savez si vous êtes plutôt en haut, au milieu ou en bas du contenu d'une fenêtre.

Cliquer en différents endroits de la barre de défilement permet de se déplacer rapidement dans un document. Par exemple :

» Cliquer dans la barre dans la direction à afficher. Par exemple, cliquer au-dessus du curseur vertical déplace la vue d'une page vers le haut. Cliquer dessous la déplace d'une page vers le bas.

» La barre de défilement qui peut se trouver sur le bord droit du menu Démarrer, ou de sa liste d'applications et de programmes, est assez difficile à distinguer. Mais elle apparaît si vous y déplacez le pointeur de la souris. Faites-la glisser pour révéler les contenus cachés du menu Démarrer.

» Pas de curseur dans la barre de défilement, ou aucune barre visible ? Cela signifie que tout le contenu de la fenêtre est affiché. Il n'y a donc rien à faire défiler.

» Vous voulez parcourir rapidement le contenu d'une fenêtre ? Cliquez sur le curseur et tirez-le. Vous verrez le contenu de la fenêtre défiler à toute vitesse. Arrivé là où vous le vouliez, relâchez le bouton de la souris.

» Votre souris est dotée d'une molette ? Faites-la rouler pour déplacer le curseur vertical. Gardez le doigt appuyé sur la molette et faites glisser la souris. Le document va défiler en continu. C'est un moyen commode pour parcourir des documents longs ou des dossiers très remplis.

### Du côté des bordures

Une *bordure* est le fin cadre qui entoure une fenêtre.

Pour changer la taille d'une fenêtre, cliquez sur une bordure – le pointeur de la souris prend la forme d'une flèche à deux pointes – et tirez dans la direction désirée. Redimensionner une fenêtre en cliquant et en faisant glisser un coin est le plus commode. Notez que certaines fenêtres ne sont pas redimensionnables.

## Déplacer les fenêtres sur le bureau

Comme un joueur qui jetterait ses cartes sur le tapis vert, Windows semble empiler les fenêtres d'une manière apparemment aléatoire, ce qui fait qu'elles finissent par se recouvrir plus ou moins les unes les autres. Cette section vous explique comment les empiler rationnellement, en plaçant celle que vous préférez en haut du tas. Vous pouvez aussi les étaler, comme une main au poker. Et, cerise sur le gâteau, elles peuvent être redimensionnées et s'ouvrir automatiquement à n'importe quelle taille.

### Placer une fenêtre au-dessus des autres

Pour Windows, la fenêtre qui se trouve au-dessus de toutes les autres, qui attire donc l'attention, est la *fenêtre active*. C'est celle qui reçoit tout ce que vous ou votre chat tapez sur le clavier.

Une fenêtre peut être placée au-dessus des autres de diverses manières. Voici comment :

- En cliquant sur une fenêtre qui en chevauche d'autres, vous la basculez au premier plan.
- Dans la barre des tâches, cliquez sur le bouton de la fenêtre désirée. Le Chapitre 5 vous dit tout sur la barre des tâches.
- La touche Alt enfoncée, appuyez sur la touche Tab. Un petit panneau montre une miniature de chacune des fenêtres ouvertes sur le bureau (y compris celles des applications du menu Démarrer que vous avez lancées). Appuyez autant de fois que nécessaire sur la touche Tab pour sélectionner la fenêtre voulue, puis relâchez les deux touches Alt et Tab. La fenêtre sélectionnée passe au premier plan.
- Cliquez sur le bouton Affichage des tâches pour visualiser des vues en miniature de vos applications et programmes, y compris sur vos bureaux virtuels. Cliquez sur un aperçu pour réactiver l'application ou le programme choisi. Le bouton Affichage des tâches et les bureaux virtuels sont décrits dans le Chapitre 5.

Le bureau est encombré de fenêtres au point de gêner votre travail ? Cliquez dans la barre de titre d'une fenêtre, secouez sa barre de titre avec la souris jusqu'à ce que les autres fenêtres disparaissent dans la barre des tâches. Secouez-la de nouveau, et les fenêtres réapparaissent.

## Déplacer une fenêtre

Pour une raison ou pour une autre, vous voudrez déplacer une fenêtre. Peut-être parce qu'elle est décentrée, ou pour faire de la place et voir tout ou partie d'une autre fenêtre.

Bref et quoi qu'il en soit, vous déplacerez une fenêtre en la tirant par sa barre de titre. La fenêtre repositionnée reste sélectionnée et donc active. Du moins jusqu'à ce que vous en placiez une autre au premier plan...

## Afficher une fenêtre en plein écran

Pour certaines tâches, agrandir une fenêtre afin qu'elle exploite au maximum la surface de l'écran est une bonne chose. Pour cela, double-cliquez sur la barre de titre : la fenêtre s'étale instantanément sur tout le bureau, recouvrant toutes les autres.

Pour la ramener à sa taille d'origine, double-cliquez de nouveau sur sa barre de titre. On ne s'en lasse pas...

- Si double-cliquer sur la barre de titre vous paraît vraiment ringard, cliquez sur le bouton Agrandir. C'est celui du milieu, en haut à droite.
- Quand une fenêtre est en plein écran, le bouton Agrandir est remplacé par le bouton Niveau inférieur. Cliquez dessus pour qu'elle redevienne plus petite.
- La force brute ne vous fait pas peur ? Faites glisser la fenêtre en la tirant par sa barre de titre jusqu'en haut de l'écran. L'ombre de la fenêtre s'étend à présent tout autour de l'écran. Relâchez le bouton de la souris, et c'est fait : la fenêtre est affichée en plein écran. Bon d'accord, le double-clic dans la barre de titres est plus rapide (mais c'est d'un ringard...).
- Trop fatigué pour attraper la souris ? La touche Windows enfoncée, appuyez sur la touche fléchée Haut pour agrandir la fenêtre en plein écran. La combinaison Windows + Flèche bas redonne à la fenêtre sa taille d'origine. Encore une fois, et elle vient se ranger sur la barre des tâches. Une fois encore ? C'est la fenêtre suivante qui se replie.

## Fermer une fenêtre

Quand vous avez fini de travailler dans une fenêtre, fermez-la en cliquant sur le petit bouton « X », en haut à droite. C'est « Retour vers le bureau »...

Si le travail en cours n'a pas été enregistré, Windows vous propose d'en effectuer la sauvegarde. Confirmez-la en cliquant sur le bouton Oui – vous devrez peut-être nommer le fichier que vous avez créé et choisir un dossier de stockage –, ou en cliquant sur Non si vous estimez qu'il n'est pas nécessaire de l'enregistrer. D'autres fenêtres – comme celles propres à Windows – se ferment sans formalité supplémentaire.

## Redimensionner une fenêtre

Comme le chantait Serge Gainsbourg en son temps à propos de la pauvre Lola, il faut savoir s'étendre sans se répandre. Fort heureusement, une fenêtre de Windows ne s'étend ni ne se répand : elle se redimensionne. Voici comment :

1. **Immobilisez le pointeur de la souris au-dessus d'un bord ou d'un coin de la fenêtre. Lorsqu'elle se transforme en flèche à deux pointes, cliquez et faites glisser le pointeur pour changer la taille de la fenêtre.**
2. **Le redimensionnement terminé, relâchez le bouton de la souris.**

Redimensionner en tirant un coin est plus souple que de ne tirer qu'un seul côté, mais c'est à vous de voir.

## Placer deux fenêtres côte à côte

Quand vous voudrez copier un élément dans une fenêtre pour le coller dans une autre, pouvoir juxtaposer les deux fenêtres vous facilitera la tâche.

Windows vous offre pour cela plusieurs méthodes :

- Le moyen le plus rapide consiste à glisser-déplacer une des deux fenêtres par sa barre de titre vers un bord du bureau. Quand un cadre ombré occupe toute la moitié de l'écran, relâchez la souris. Il ne vous reste plus qu'à effectuer la même opération avec la deuxième fenêtre en la positionnant sur l'autre bord de l'écran.
- Si vous faites glisser une fenêtre pour qu'elle vienne occuper une moitié de l'écran, Windows affiche immédiatement un aperçu des autres fenêtres vers le bord opposé. Cliquez sur l'aperçu voulu, ou sur le fond du bureau pour ne rien faire de particulier.
- Vous pouvez également disposer jusqu'à quatre fenêtres côte à côte en faisant glisser leur barre de titre dans un coin de l'écran.
- Cliquez du bouton droit sur une partie vide de la barre des tâches – y compris sur l'horloge – et choisissez Afficher les fenêtres côte à côte. Windows dispose aussitôt toutes les fenêtres les unes à côté des autres. Une véritable mosaïque ! Si vous préférez les voir les unes sur les autres, choisissez Afficher les fenêtres empilées. Si les fenêtres sont nombreuses, l'option Cascade les empile toutes, en les décalant légèrement en diagonale les unes par rapport aux autres.

» Quand plus de deux fenêtres sont ouvertes, cliquez sur le bouton Réduire de celle que vous ne voulez pas afficher puis choisissez de nouveau la commande Afficher les fenêtres côte à côte pour ne voir que celles qui restent.

» Le raccourci touche Windows + Flèche gauche permet à la fenêtre d'occuper la moitié gauche de l'écran, et le raccourci touche Windows + Flèche droite sa moitié droite.

### Toujours ouvrir une fenêtre à la même taille

Parfois, une fenêtre s'ouvre à une taille trop petite, parfois en plein écran et je ne parle pas des courants d'air qui font claquer la porte du bureau. Windows n'en fait qu'à sa tête, à moins que vous connaissiez cette petite astuce : quand vous redimensionnez *manuellement* une fenêtre, Windows mémorise sa taille et son emplacement. Il rouvrira toujours cette fenêtre à la même taille au même endroit. Procédez comme suit pour vous en assurer :

1. **Ouvrez votre fenêtre.**

   Elle s'ouvre comme d'habitude à n'importe quelle taille.

2. **Redimensionnez la fenêtre à la taille voulue et placez-la à l'endroit du bureau où elle doit apparaître.**

   Veillez à redimensionner la fenêtre manuellement en repositionnant les côtés et/ou les coins. Se contenter de cliquer sur le bouton Agrandir ne donnerait rien.

3. **Fermez immédiatement la fenêtre.**

   Windows mémorise la taille et l'emplacement d'une fenêtre au moment où elle est fermée. Quand vous la rouvrirez, elle le sera à l'endroit et à la taille d'avant. Ces réglages ne s'appliquent toutefois qu'au programme auquel appartient la fenêtre. Par exemple, quand vous ouvrez la fenêtre de Microsoft Edge, Windows ne tiendra compte que de la fenêtre propre à ce programme, et non de la fenêtre d'une autre application.

La plupart des fenêtres respectent ces règles, mais quelques-unes y dérogent. Eh oui, tout le monde n'a pas le goût du travail bien fini…

## Le bureau du bout du doigt

Si vous utilisez une tablette, ou si votre ordinateur est équipé d'un écran tactile, vous pourrez utiliser une toute nouvelle fonctionnalité de Windows nommée Windows Ink, «encre Windows» en français bien de chez nous, et non « encre de fenêtres ».

Windows Ink est utilisable avec une souris, même si à l'origine il n'a pas été conçu à cette fin. Vous constaterez cependant à l'usage qu'écrire ou dessiner avec le « mulot » n'est pas évident.

Windows Ink permet d'écrire directement à l'écran comme vous le feriez sur une feuille de papier. Procédez comme suit pour activer cette fonctionnalité :

1. **Cliquez du bouton droit sur la barre des tâches puis, dans le menu, cliquez sur Afficher le bouton Espace de travail Windows Ink.**

   L'icône Windows Ink apparaît dans la zone de notification de la barre des tâches, à gauche de l'horloge (Figure 11.8).

2. **Cliquez sur l'icône Windows Ink.**

   Un volet apparaît à droite de l'écran. Il contient différents outils utilisables du bout du doigt ou avec un stylet, selon le matériel dont vous disposez :

   - **Pense-bête :** cliquez sur cette grande vignette pour afficher un Post-It dans lequel vous griffonnerez vos idées.
   - **Bloc-croquis :** sert à dessiner sur une feuille vierge. Il contient quelques instruments comme un stylo à bille, un crayon et un surligneur. Le diamètre de la pointe ainsi que les couleurs sont réglables.
   - **Croquis sur capture d'écran :** Au lieu d'une page blanche, les fonctions de dessin sont appliquées sur une copie du contenu de l'écran. Rappelons que le contenu de l'écran peut également être copié dans le Presse-papiers en appuyant sur la touche Impr écran, à droite des touches de fonction.
   - **Récemment utilisé :** les icônes sont celles des dernières applications qui avaient été ouvertes. Cliquer sur l'une d'elle ouvre l'application en question.
   - **Suggéré :** eh oui, Windows ne manque jamais une occasion de vous fourguer sa marchandise. Il propose dans cette rubrique des applications spécifiquement conçues pour un usage avec un stylet.

3. **Après avoir utilisé un pense-bête, le bloc-croquis ou sa variante sur capture d'écran, cliquez sur le bouton de fermeture pour revenir à l'écran habituel.**

**FIGURE 11.8** Les fonctionnalités de Windows Ink sont affichées dans un volet.

Microsoft est très fier de sa technologie Ink Windows et compte beaucoup sur elle pour agrémenter l'usage des tablettes et des ordinateurs à écran tactile. La société Wacom, qui fabrique des tablettes graphiques bien connues des professionnels du graphisme, a d'ailleurs passé des accords avec Microsoft pour implémenter des fonctionnalités Ink Windows dans ses produits.

Chapitre 12

# Enregistrements : en interne, en externe et dans les nuages

**DANS CE CHAPITRE :**

- **Gérer les fichiers avec l'Explorateur de fichiers**
- **Naviguer parmi les lecteurs, les dossiers et les clés USB**
- **Créer et nommer des dossiers**
- **Sélectionner et désélectionner des éléments**
- **Copier et déplacer des fichiers et des dossiers**
- **Enregistrer sur des CD et des cartes mémoire**
- **Comprendre OneDrive, le nuage informatique de Microsoft**

En quittant leurs bureaux encombrés de papiers pour se mettre à travailler sur des ordinateurs, tout le monde espérait que les choses seraient plus faciles. Les documents importants n'iraient plus de cacher sous des piles inaccessibles, ou languir au fond d'armoires poussiéreuses. Vingt ou trente ans plus tard, nous connaissons la vérité : les ordinateurs ont tout autant de coins, de recoins et d'endroits cachés que les bureaux qu'ils prétendent remplacer… et peut-être même plus.

Sous Windows, l'Explorateur de fichiers est comme votre armoire à dossiers. Insérer un lecteur flash ou un disque dur portable dans votre ordinateur, et l'Explorateur de fichiers apparaît, prêt à vous aider à parcourir ces nouveaux rayonnages.

Vous faites appel à l'Explorateur de fichiers chaque fois que vous avez besoin de retrouver des dossiers dans votre ordinateur, *en dehors* de votre ordinateur quand vous branchez des disques, un appareil photo numérique ou encore votre smartphone, de même que si vous

## GÉRER LES FICHIERS SUR UN ÉCRAN TACTILE

La plupart des tablettes tactiles fonctionnent par défaut dans le mode que Microsoft appelle Tablette. Avouons d'ailleurs que c'est assez normal.

Dans le mode Tablette, l'écran affiche de gros boutons et des vignettes facilement accessibles d'un seul doigt. Par contre, le bureau est totalement caché, ce qui pose un problème pour gérer ses fichiers. Windows 10 ne propose aucun explorateur qui serait dédié au mode Tablette. Vous êtes donc forcé d'en passer par le mode Bureau.

Très vraisemblablement, vos doigts ne vont pas apprécier d'avoir à jongler avec les petits boutons et les menus de l'Explorateur de fichiers. De toute manière, vous n'avez pas trop le choix. Commencez par désactiver le mode Tablette en effleurant l'écran vers son centre et en partant de son bord droit. Lorsque le volet du Centre de notifications apparaît, touchez le bouton qui indique Mode tablette de manière à ce qu'il apparaisse en grisé (désactivé). Ceci vous permettra ensuite d'accéder plus facilement au bureau et à vos fichiers.

Si vous envisagez de passer pas mal de temps avec le bureau, investissez dans une souris Bluetooth (sans fil) pour cliquer sans souci sur les contrôles. Et prolongez la démarche en vous offrant également un clavier Bluetooth, ce qui vous fera gagner autant de place sur l'écran, puisque vous aurez plus besoin du clavier virtuel. D'ailleurs, certains constructeurs proposent même des claviers sans fil avec un pavé tactile incorporé.

Si vous voulez que votre tablette vous serve de PC de substitution, faites l'acquisition d'une station d'accueil. Celle-ci vous permet en plus d'ajouter un moniteur de plus grande taille, une souris filaire, ce qui la transforme *presque* en un vrai PC.

stockez des fichiers sur l'Internet (autrement dit sur des disques durs qui se trouvent peut-être à l'autre bout de la planète).

Que vous utilisiez une tablette à écran tactile, un ordinateur portable ou un PC bureau, les dossiers et les fichiers font toujours partie de l'univers informatique. Et si vous ne maîtrisez pas leur principe, vous aurez du mal à trouver facilement vos données.

Ce chapitre explique comment utiliser ce gestionnaire de fichiers qui porte le doux nom d'*Explorateur de fichiers* (certains anciens continuent à l'appeler Explorateur Windows). Vous apprendrez tout ce qu'il faut savoir à son sujet et vous y découvrirez aussi OneDrive, l'espace virtuel que Microsoft vous offre dans son immense nuage Internet.

# Parcourir le classeur à tiroirs informatisé

Pour que vos programmes et documents soient rationnellement rangés, Windows a amélioré la métaphore du classeur à tiroirs en y ajoutant de jolies petites icônes. C'est là que se trouvent les zones de stockage de votre ordinateur où vous pourrez copier, déplacer, renommer ou supprimer des fichiers avant que les enquêteurs ne débarquent.

Pour ouvrir vos tiroirs virtuels et commencer à farfouiller dans votre ordinateur, ouvrez le menu Démarrer et cliquez sur l'application Explorateur de fichiers. Vous trouverez celui-ci à gauche et vers le bas du menu Démarrer.

Vous pouvez également ouvrir l'Explorateur de fichiers en cliquant sur son icône dans la barre des tâches, le bandeau qui occupe tout le bas de l'écran (voir la Figure 12.1).

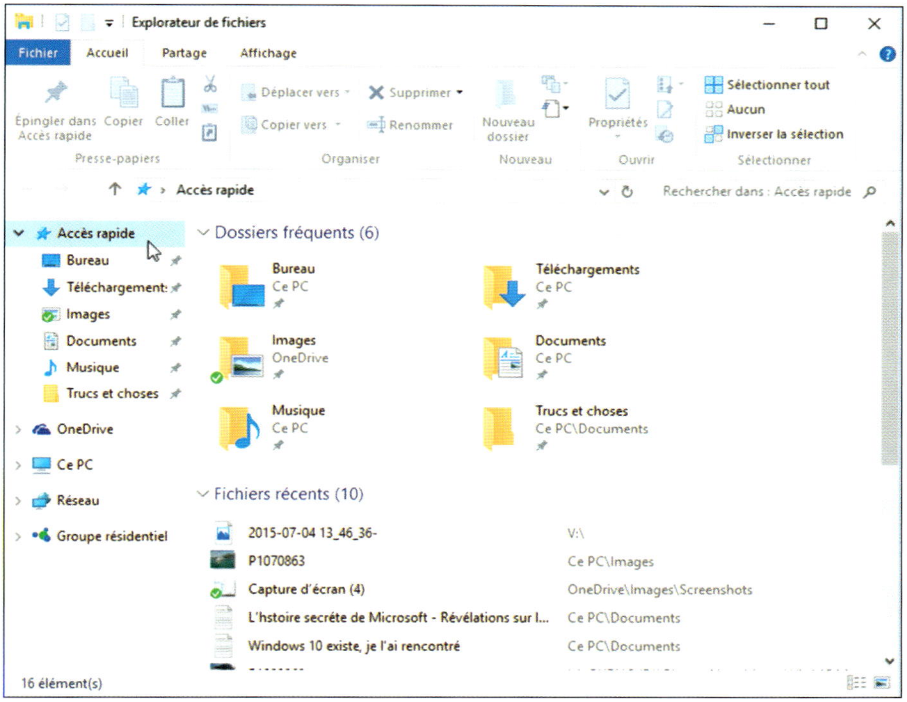


**FIGURE 12.1** L'Explorateur de fichiers affiche tous les espaces de stockage auxquels vous avez accès.

Dans les versions précédentes de Windows, l'Explorateur de fichiers vous montrait vos grandes armoires à tiroir, appelées *disques*, ou encore *unités de disques*, dans le langage des ordinateurs. Windows 10 fait un pas en avant.

Au lieu de vous lancer directement dans le grand bain des disques et de vous forcer à y plonger pour retrouver vos fichiers, l'Explorateur de fichiers de Windows 10 tente de vous aider un peu mieux. Il liste en priorité vos dossiers les plus populaires. Par exemple, il montre d'emblée le dossier Documents, là où vous enregistrez la plupart de vos fichiers, ou encore Téléchargements, le réceptacle des fichiers que vous chargez depuis l'Internet (la même remarque s'applique pour vos dossiers Images, Musique ou encore Vidéos).

Sous ces dossiers principaux, l'Explorateur de fichiers liste les éléments que vous avez ouverts récemment. Si vous avez par exemple travaillé hier sur une feuille de calcul, vous devriez pouvoir facilement la retrouver en ouvrant l'Explorateur de fichiers. Il vous suffira alors d'un double clic sur cette ligne pour ouvrir la feuille dans Excel.

Il se peut très bien que tout cela soit d'ores et déjà suffisant pour commencer à travailler. Mais si vous avez besoin de voir *tous* les dispositifs de stockage de votre ordinateur, cliquez dans le volet de gauche sur la ligne qui indique Ce PC. L'Explorateur de fichiers va afficher une vue du matériel disponible, comme il le faisait dans les versions antérieures de Windows (voir la Figure 12.2).

Le contenu de l'Explorateur de fichiers que montre la Figure 12.2 est évidemment différent de celui de votre ordinateur, mais les noms des différentes zones sont identiques. Voici à quoi elles correspondent :

- **Volet de navigation :** situé à gauche, il contient les noms des divers espaces de stockage de votre ordinateur ainsi que des emplacements dans lesquels vous stockez vos fichiers : Documents, Images, Musique et Vidéos (voir aussi plus haut). Le volet de navigation est étudié dans le Chapitre 11.

- **Périphériques et lecteurs :** comme l'illustre la Figure 12.2, cette zone montre le ou les disques durs, c'est-à-dire les mémoires de masse les plus importantes de votre PC. Tout ordinateur en possède au moins un. Double-cliquer sur l'icône d'un disque dur affiche ses dossiers et ses fichiers, mais ce n'est pas le meilleur moyen d'y accéder. Explorez plutôt les dossiers Documents, Images, Musique et Vidéos.

La section Emplacements réseau du volet de droite peut contenir aussi bien des disques partagés que des équipements ou des serveurs multimédias.

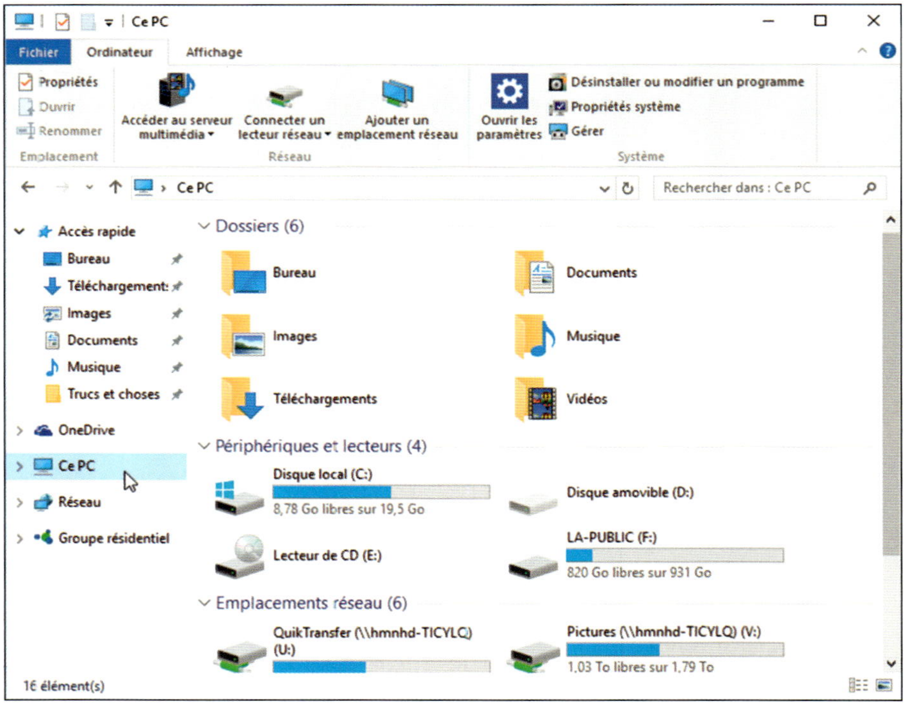


**FIGURE 12.2** Cliquez sur Ce PC pour voir tous les dispositifs de stockage disponibles sur ou depuis l'ordinateur.

Vous avez remarqué l'icône du disque dur marquée du logo Windows ? Ce logo indique que c'est sur ce disque dur que Windows 10 est installé. En fonction du mode d'affichage du contenu de l'Explorateur de fichiers, des jauges indiquent la quantité de données, c'est-à-dire l'espace libre et occupé du disque. Lorsqu'un disque ou une clé est presque plein, la jauge devient rouge. Le moment est alors venu, soit de faire le ménage en supprimant des fichiers inutiles ou des programmes dont vous ne vous servez plus, soit de remplacer le disque dur par un modèle plus volumineux.

Parmi tous les gadgets multiples et variés susceptibles d'être connectés à votre ordinateur, voyons les plus courants :

» **Lecteur de CD, DVD et Blu-ray :** comme le montre la Figure 12.2, Windows place une courte indication à la suite de l'icône de chaque type d'unité, du moins s'il est capable de reconnaître leur nature. Par exemple, Lecteur de CD indique la présence d'un lecteur de CD et/ou de DVD. Dans le cas d'un lecteur Blu-ray, son nom sera explicité. Lorsque vous insérez un support déjà enregistré, l'indication change pour afficher le nom donné au CD, au DVD ou au Blu-ray.

Écrire des informations sur un disque est appelé *graver*. Recopier des données d'un CD/DVD/Blu-ray vers un disque dur est généralement désigné par l'anglicisme *ripper* (rien à voir avec la glisse).

» **Clé USB et lecteurs de cartes mémoire :** l'icône de certaines clés USB ressemble à une clé USB, mais souvent, c'est une icône générique qui est affichée. Quant au lecteur de cartes mémoire, il peut être intégré à l'ordinateur ou branché à un port USB de celui-ci.

Windows n'affiche pas d'icône du lecteur de cartes mémoire tant qu'aucune carte n'est insérée dedans. Pour l'afficher en permanence, ouvrez l'Explorateur de fichiers, activez l'onglet Affichage puis cliquez sur le bouton Afficher/Marquer. Cochez alors la case qui indique Éléments masqués. La même procédure cache à nouveau ces éléments.

» **iPads, smartphones, Lecteurs MP3 :** Un smartphone Windows a droit à une jolie icône. Par contre, les appareils Android, les lecteurs MP3 ou encore les iPhones et les iPad doivent se contenter d'une icône générique. Notez que les morceaux ne peuvent pas être copiés directement entre Windows et un iPhone ou un iPad. Vous devez utiliser pour cela le logiciel iTunes d'Apple. Mais ce n'est pas le sujet de ce livre…

» **Appareils photo :** dans la fenêtre de l'Explorateur de fichiers, un appareil photo numérique peut apparaître sous la forme d'une icône spécifique ou plus simplement d'un périphérique amovible. Pour accéder aux photos, double-cliquez sur l'icône de l'appareil (n'oubliez pas de l'allumer d'abord). Après avoir procédé au transfert, Windows place les photos dans le dossier Images.

Quand vous connectez un caméscope numérique, un téléphone mobile ou tout autre périphérique à votre ordinateur, l'Explorateur de fichiers s'orne d'une nouvelle icône le représentant. Double-cliquez dessus pour voir le contenu du périphérique ; cliquez dessus du bouton droit pour savoir ce que Windows vous permet de faire. Pas d'icône ? Peut-être devez-vous installer un pilote pour votre périphérique.

- **Réseau :** cette icône n'est visible que si l'ordinateur est relié à un réseau informatique. Elle représentera par exemple le serveur de médias qu'est votre box Internet, ou d'un autre ordinateur connecté au réseau. Cliquez sur cette icône pour accéder aux morceaux de musique, photos et vidéos de l'ordinateur distant.

Pour voir le contenu d'un élément affiché par l'Explorateur de fichiers, par exemple une clé USB ou votre appareil photo numérique, faites un double clic dessus. Pour revenir en arrière, cliquez sur la flèche qui pointe vers la gauche, au-dessus du volet de navigation.

Si vous préférez afficher directement le contenu de votre PC plutôt que d'ouvrir l'Explorateur de fichiers, commencez par ouvrir un dossier quelconque. Activez ensuite l'onglet Affichage. Cliquez alors sur le bouton Options du ruban, puis sur Modifier les options des dossiers et de recherche. La fenêtre Options des dossiers va apparaître. Sous l'onglet Général, choisissez l'option que vous préférez dans la liste de la section Ouvrir l'Explorateur de fichiers dans.

Lorsque vous voyez écrit *cliquer*, pensez immédiatement *toucher*. Lorsque vous voyez *cliquer double*, pensez toucher et *maintenir le doigt appuyé*. De même, *glisser et déposer* veut dire ici *toucher et, tout en continuant d'appuyer comme si votre doigt était le pointeur de la souris, effleurer l'écran dans la direction voulue, et enfin relever le doigt quand il est arrivé au bon endroit*. D'accord, c'est plus long, mais il n'y a rien de compliqué là-dedans.

# Tout sur les dossiers

Ce sujet est un peu ardu, mais si vous n'en prenez pas connaissance, vous risquez d'être aussi perdu dans Windows que vos fichiers dans l'ordinateur, et inversement.

Un *dossier* est une zone de stockage sur le disque dur. On peut le comparer à un véritable dossier en carton. Windows divise le ou les disques durs de votre ordinateur en autant de dossiers thématiques que vous le désirez. Par exemple, vos morceaux de musique sont stockés dans le dossier Musique, et vos photos dans le dossier Images. Vous et vos programmes les retrouvez ainsi facilement.

Windows vous propose six dossiers principaux pour y stocker vos fichiers et dossiers. Pour pouvoir y accéder facilement, ils sont regroupés dans la section Ce PC du volet de navigation, à gauche de la fenêtre de l'Explorateur de fichiers. Vous les retrouvez sur la Figure 12.3 : Bureau, Documents, Images, Musique, Téléchargements et Vidéos.

Gardez à l'esprit ce qui suit quand vous manipulez des fichiers dans Windows :

- Rien ne vous empêche de déposer tous vos fichiers sur le bureau de Windows. Mais cela équivaut à jeter toutes ses affaires sur le siège arrière de la voiture et à se deman-

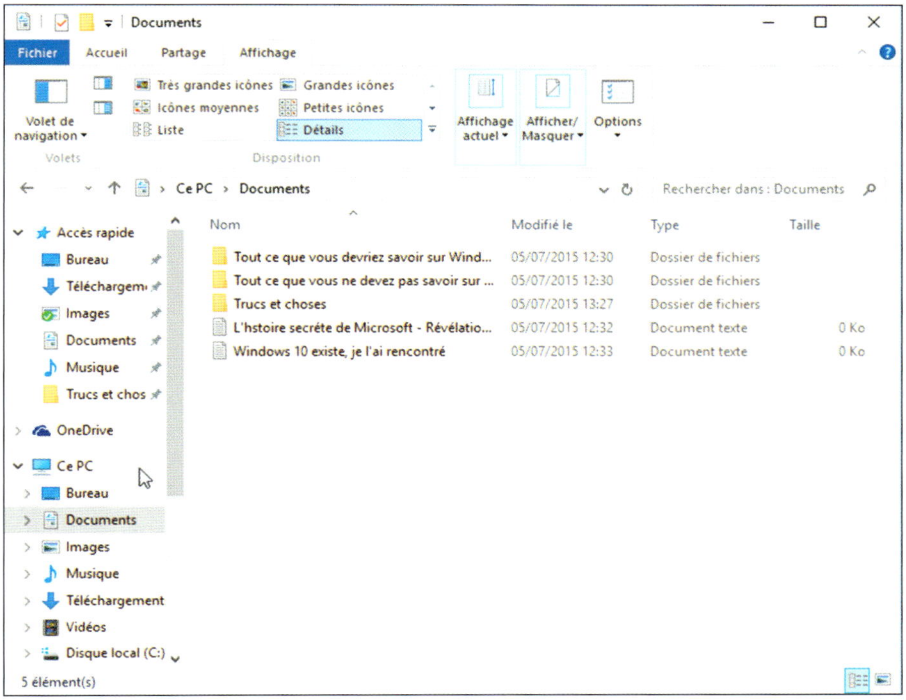


**FIGURE 12.3** Ces six dossiers se trouvent dans tous les comptes d'utilisateurs, mais ils sont différents pour chaque compte.

der, un mois plus tard, où peuvent bien se trouver les lunettes de soleil. Quand les affaires sont bien rangées, on s'y retrouve mieux.

» Si vous brûlez d'impatience de créer un dossier, ce qui est très facile, reportez-vous à la section « Créer un nouveau dossier » plus loin dans ce chapitre.

» Le nouveau navigateur Internet de Windows 10, Microsoft Edge, enregistre automatiquement tous les fichiers que vous récupérez sur l'Internet dans le dossier Téléchargements. Ils restent là jusqu'à ce que vous les supprimiez.

» Les dossiers d'un ordinateur sont organisés en *arborescence*, de la racine du disque dur jusqu'aux dossiers, sous-dossiers et sous-sous-dossiers (non, ce ne sont pas des dossiers où l'on range ses sous) les plus profondément enfouis. En fait, vous pouvez créer pratiquement autant de niveaux que vous le voulez. Mais plus vous enfouissez profondément vos fichiers, et plus ils deviennent difficiles à retrouver.

# Scruter les lecteurs, les dossiers et autres médias

Savoir ce que sont les lecteurs et les dossiers, c'est certes génial pour impressionner la vendeuse de petits pains au chocolat, mais c'est surtout utile pour trouver un fichier (reportez-vous à la section précédente pour savoir quel dossier contient quoi). Coiffez votre casque de chantier, empoignez la clé à molette et parcourez les lecteurs et les dossiers de votre ordinateur en vous servant de cette section comme guide.

## Voir les fichiers d'un disque dur

À l'instar de presque tout dans Windows, les lecteurs de disques sont représentés par des boutons, ou *icônes*. L'Explorateur de fichiers affiche aussi des informations sur d'autres zones, comme un lecteur MP3, un appareil photo numérique ou un scanner (ces icônes ont été expliquées à la section « Parcourir le classeur à tiroirs informatisé », précédemment dans ce chapitre).

Ouvrir ces icônes donne généralement accès à leur contenu et permet de gérer les fichiers, comme dans n'importe quel autre dossier de Windows.

Quand vous double-cliquez sur l'icône d'un disque dur dans l'Explorateur de fichiers, Windows l'ouvre promptement afin de vous montrer ce qui s'y trouve. Mais comment doit-il réagir lorsque vous introduisez une clé USB, un CD ou un DVD dans un lecteur ?

Lorsque vous introduisiez autrefois un CD audio dans le lecteur, Windows se mettait immédiatement à jouer la musique. Les versions modernes de Windows sont plus polies. Elles vous demandent ce que vous voulez faire avec ce disque, comme l'illustre la Figure 12.4.

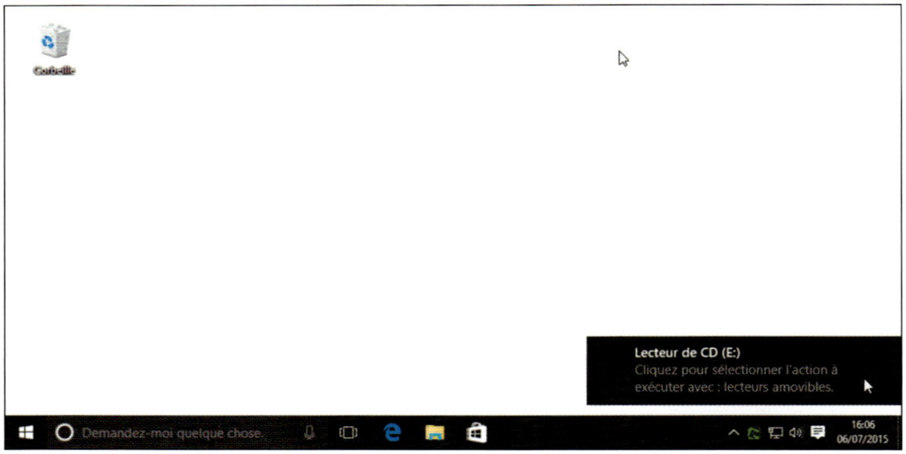


**FIGURE 12.4** Windows affiche un message en bas et à droite de l'écran pour vous demander ce que vous voulez faire avec l'élément inséré.

Lorsque ce message apparaît, cliquez immédiatement dessus. Un second message s'affiche pour vous indiquer les options possibles, ou encore quelles applications et quels programmes sont capables de venir à votre aide (voir la Figure 12.5).

Choisissez une option, par exemple Ouvrir le dossier et afficher les fichiers. Windows va lancer l'Explorateur de fichiers et vous montrer le contenu du disque que vous venez d'insérer. La prochaine fois que vous brancherez ou insérerez ce disque, Windows ne vous posera plus la question : il ouvrira automatiquement l'Explorateur de fichiers pour vous montrer le contenu de l'élément.

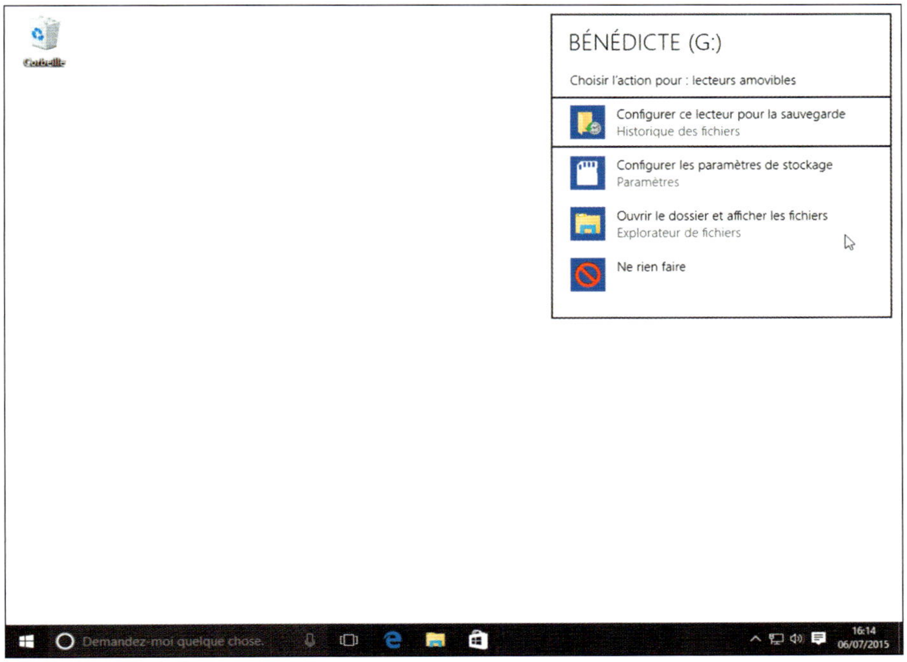


**FIGURE 12.5** Choisissez la manière dont Windows devra réagir la prochaine fois que vous insérerez cet élément.

Mais, après, vous avez parfaitement le droit de changer d'avis entre-temps. Il faut alors modifier le comportement de Windows. Pour cela, cliquez du bouton droit sur le nom du disque dans l'Explorateur de fichiers, et choisissez dans le menu qui s'affiche la commande Ouvrir la lecture automatique. La fenêtre illustrée sur la Figure 12.5 va apparaître à nouveau, et vous pourrez y faire un autre choix.

L'exécution automatique est particulièrement commode dans le cas d'une clé USB. Si elle contient quelques morceaux de musique, Windows risque de démarrer spontanément l'application Musique pour les jouer : effet garanti sur le lieu de travail. Pour éviter ce genre de gag, accédez à la lecture automatique comme expliqué au paragraphe précédent puis, dans le menu, choisissez l'option Ouvrir le dossier et afficher les fichiers. De cette manière, vous gardez la maîtrise des événements, et vous pourrez de plus retrouver plus facilement les *autres* fichiers enregistrés sur la clé.

- Si vous ne savez pas à quoi sert une icône dans l'Explorateur de fichiers, cliquez dessus du bouton droit de la souris. Windows affiche alors un menu de toutes les actions possibles sur cet élément. Vous pourrez par exemple choisir Ouvrir, pour voir tous les fichiers d'une clé USB, ce qui en facilite la copie sur votre disque dur.
- Quand vous double-cliquez sur l'icône d'un CD, d'un DVD ou d'un Blu-ray alors que le lecteur est vide, Windows vous invite gentiment à insérer un disque avant de continuer.
- Vous avez remarqué l'icône Réseau ? C'est une porte dérobée permettant de lorgner, le cas échéant, dans les autres ordinateurs du réseau.

## C'EST QUOI, UN CHEMIN ?

Un *chemin* est tout bonnement l'adresse d'un fichier, comme une adresse postale si vous voulez. Quand vous envoyez une lettre, elle est acheminée vers le pays, le département, la ville, la rue, le numéro, voire le bâtiment, et ce jusqu'à la boîte aux lettres nominative du destinataire. Dans un ordinateur, il en va de même pour un chemin. Il commence par le nom du lecteur, puis d'un dossier, suivi d'un ou plusieurs sous-dossiers, et il se termine par le nom du fichier lui-même.

Prenons le cas du dossier Téléchargements. Pour que Windows trouve un fichier qui y est stocké, il part du disque dur C:, franchit le dossier Utilisateurs, puis le dossier qui porte votre nom d'utilisateur, et se rend au dossier Téléchargements où il est censé retrouver le fichier tant attendu. Microsoft Edge suit le même chemin lorsqu'il enregistre les fichiers que vous téléchargez.

Accrochez-vous au pinceau, car la grammaire informatique n'a rien à envier à celle du français. Sur un chemin, le disque dur principal est appelé `C:\`. La lettre et le signe deux-points forment la première partie du chemin. Tous les dossiers et sous-dossiers qui suivent sont séparés par une barre inversée (\). Le nom du fichier, *Ma vie de cloporte.rtf,* par exemple, vient en dernier.

Tout cela peut sembler indigeste ; c'est pourquoi on en remet une louche : la lettre du lecteur arrive en premier, suivie par un deux-points et une barre inversée. Suivent ensuite tous les dossiers et sous-dossiers conduisant au fichier, séparés par des barres inversées. Le nom du fichier ferme le chemin. Exemple : `C:\Utilisateurs\Daniel\Téléchargements\Ma vie de cloporte.rtf`.

Windows définit automatiquement le chemin approprié lorsque vous cliquez sur un dossier. Heureusement. Mais chaque fois que vous cliquez sur le bouton Parcourir pour atteindre un fichier, vous naviguez parmi des dossiers et parcourez le chemin qui mène à lui.

Pour afficher le nom du chemin de manière classique – avec des barres inversées et le nom des répertoires à la place des noms de dossiers – et non à la manière Windows, cliquez sur l'icône en forme de dossier au début de la barre d'adresse.

## Voir ce que contient un dossier

Les dossiers étant en quelque sorte des chemises à documents, Windows s'en tient à cette représentation. C'est simple, c'est clair, c'est parlant.

Pour voir ce que contient un dossier, que ce soit dans l'Explorateur de fichiers ou sur le bureau, double-cliquez sur son icône en forme de chemise. Une nouvelle fenêtre apparaît pour en afficher le contenu. Il se peut alors que vous y trouviez un autre dossier. Comme ce dossier secondaire se situe dans un dossier principal (ou répertoire), on parle de *sous-dossier.* Double-cliquez dessus pour découvrir ce qu'il recèle. Cliquez ainsi jusqu'à ce que vous trouviez le fichier désiré ou arriviez dans un cul-de-sac.

←

Vous êtes arrivé au fond du cul-de-sac ? Si vous avez malencontreusement cherché dans le mauvais dossier, revenez en arrière comme vous le feriez sur le Web : cliquez sur la flèche Retour, en haut à gauche de la fenêtre. Vous reculez ainsi d'un dossier dans l'arborescence. En continuant à cliquer sur cette flèche, vous finissez par revenir au point de départ.

La barre d'adresse est un autre moyen permettant d'aller rapidement en divers endroits du PC. Tandis que vous naviguez de dossier en dossier, la barre d'adresse du dossier – la petite zone de texte en haut de la fenêtre – conserve scrupuleusement une trace de vos pérégrinations. La Figure 12.6 montre ce qui peut apparaître quand vous êtes dans un dossier qui regroupe vos compilations musicales.

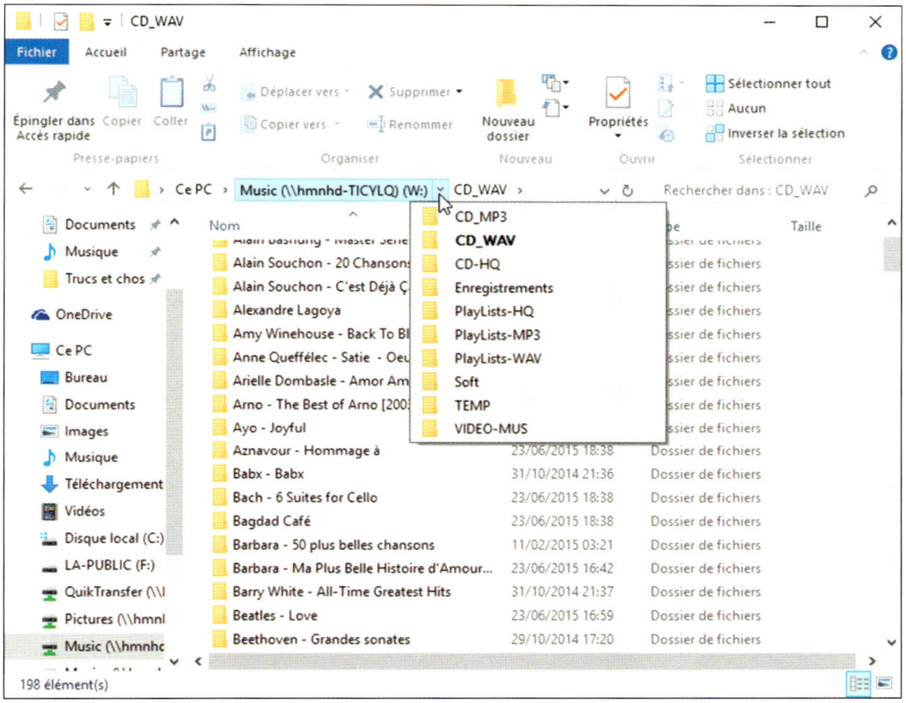


**FIGURE 12.6**
Les petites flèches entre les noms de dossiers sont autant de raccourcis vers d'autres dossiers.

Voici quelques astuces pour trouver votre chemin dans et hors des dossiers :

» Un dossier contient parfois trop de sous-dossiers et de fichiers pour tenir dans la fenêtre. Cliquez dans la barre de défilement pour voir les autres. Cette commande est expliquée au Chapitre 11.

» Quand vous farfouillez profondément dans vos dossiers, la flèche Emplacements récents est un moyen de retourner rapidement dans n'importe quel dossier que vous venez de visiter : cliquez sur la petite flèche pointant vers le bas, à côté de la flèche Suivant, en haut et vers la gauche de la fenêtre. Le menu local qui s'affiche mémorise tous les dossiers que vous avez parcourus. Cliquez sur le nom de celui où vous désirez retourner.

» Impossible de retrouver un dossier ou un fichier ? Au lieu d'errer comme une âme en peine dans l'arborescence, utilisez le champ Rechercher du bouton Démarrer, décrit au Chapitre 14. Windows peut automatiquement retrouver les fichiers dont vous avez perdu la trace, ainsi que vos dossiers, vos messages, et pratiquement tout ce qui se dissimule dans votre PC.

» Face à une interminable liste de fichiers triés alphabétiquement, cliquez n'importe où dans la liste puis tapez rapidement une ou deux lettres

  figurant de préférence au début du nom de fichier. Windows se positionne aussitôt sur le premier nom de fichier commençant par cette ou ces lettres.

» Les bibliothèques, sortes de super-dossiers introduits avec Windows 7, s'étaient déjà pratiquement évanouies dans Windows 8.1. Microsoft les avait cachées dans le volet de navigation, et vous ne les voyez même plus apparaître dans Windows 10. Si elles vous manquent tant que cela, rappelez-les à la vie. Cliquez du bouton droit sur une partie vide du volet de navigation, et choisissez dans le menu qui apparaît la commande Afficher les bibliothèques.

## Créer un nouveau dossier

Quand vous rangez un document dans un classeur à tiroirs, vous prenez une chemise en carton, vous écrivez un nom dessus puis vous y placez votre paperasserie. Pour stocker de nouvelles données dans Windows – vos échanges de lettres acerbes avec un service de contentieux, par exemple, ou bien encore des notes pour votre autobiographie – vous créez un nouveau dossier, vous pensez à un nom qui lui convient bien, et le remplissez avec les fichiers appropriés.

Pour créer rapidement un nouveau dossier avec l'Explorateur de fichiers :

1. **Commencez par afficher le contenu du disque, voire d'un dossier en cliquant sur leur icône dans le volet de navigation, ou en double-cliquant sur l'élément dans la partie droite de l'Explorateur.**

   Vous pouvez tout aussi bien ouvrir d'un double clic l'icône d'un dossier placée sur votre bureau.

2. **Cliquez sur le bouton Nouveau dossier.**

   Une autre méthode, qui fonctionne aussi avec le bureau, consiste à cliquer du bouton droit sur une partie vide de la fenêtre. Un menu contextuel va s'afficher. Choisissez alors Nouveau, puis Dossier (voir la Figure 12.7)

   Cette action crée un dossier nommé Nouveau dossier.

3. **Comme le nom du nouveau dossier est sélectionné, tapez directement le nom que vous voulez donner à ce dossier.**

   Si vous vous êtes fourvoyé et que vous désirez recommencer, cliquez du bouton droit sur le dossier, choisissez Renommer et recommencez. Ou bien encore, cliquez une fois sur ce nom et appuyez sur la touche F2 de votre clavier.

Certains caractères et symboles sont interdits. L'encadré suivant « Les noms de dossiers et de fichiers admis » donne des détails. Vous n'aurez jamais de problème en vous en tenant aux bons vieux chiffres et lettres.

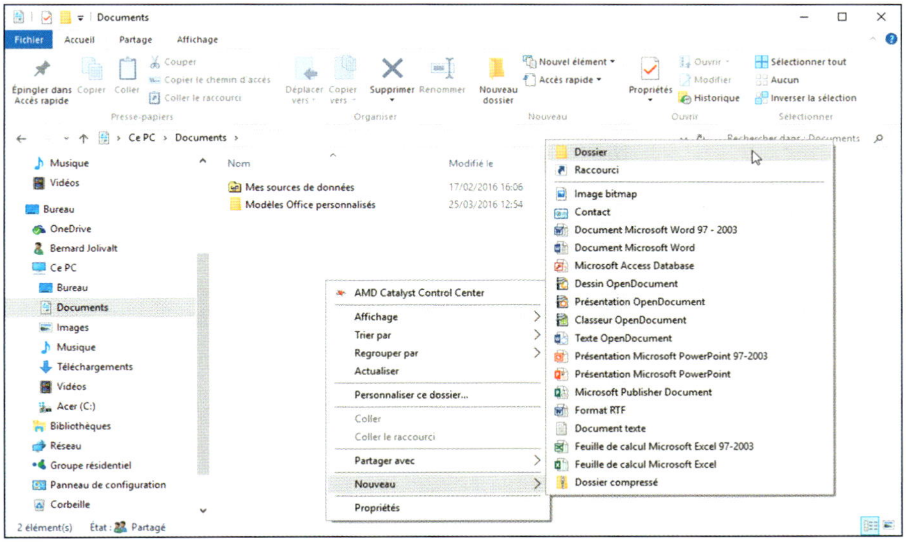


**FIGURE 12.7** Pour créer rapidement un nouveau dossier, cliquez du bouton droit et choisissez Nouveau, puis Dossier.

Si vous observez la Figure 12.7, vous remarquerez que le sous-menu Nouveau de Windows vous propose d'autres options que Nouveau. Servez-vous de cette méthode chaque fois que vous avez besoin de créer rapidement un raccourci, un nouveau document d'un certain type, ou encore d'un dossier compressé dans lequel vous rangerez des fichiers pour qu'ils prennent moins de place, par exemple pour les communiquer à une autre personne ou les enregistrer sur une clé USB.

Si vous constatez que votre propre menu diffère de celui qui est illustré sur la Figure 12.7, n'en tirez aucune conclusion hâtive. De nombreux programmes ajoutent ici leurs propres options. C'est ainsi le cas de Microsoft Office, qui vous proposera de créer de cette manière un nouveau document Word, Excel ou encore PowerPoint.

## LES NOMS DE DOSSIERS ET DE FICHIERS ADMIS

Windows est plus que pinailleur sur les caractères utilisables ou non pour des noms de fichier ou de dossier. Pas de problème si vous n'utilisez que des lettres, des chiffres et certains signes comme le tiret, le point d'exclamation, l'apostrophe, le signe de soulignement, etc. En revanche, les caractères que voici sont interdits :

: / \ * | < > ? «

Si vous tentez de les utiliser, Windows affichera un message d'erreur et vous devrez modifier le nom que vous comptiez attribuer. Voici quelques noms de fichiers dont Windows ne voudra pas :

Dernier 1/4 d'heure

Travail : fini

Un < deux

Pas de «gros mots» ici

En revanche, ces noms sont admis :

Dernier quart d'heure

Travail = OK

Un est inférieur à deux

#@$% de !!! et j'en dis pas plus !

## Renommer un fichier ou un dossier

Un nom de fichier ou de dossier ne convient plus ? Modifiez-le. Pour cela, cliquez du bouton droit sur l'icône incriminée puis, dans le menu, choisissez Renommer. Windows sélectionne l'ancien nom du fichier, qui disparaît sitôt que vous commencez à taper le nouveau nom. Appuyez sur Entrée ou cliquez sur le bureau pour le valider.

Ou alors, vous pouvez cliquer sur le nom du fichier ou du dossier afin de le sélectionner, attendre une seconde puis cliquer de nouveau dans le nom afin de modifier tel ou tel caractère. Sélectionner le nom et appuyer sur la touche F2 est une autre technique de renommage.

Une dernière méthode consiste à cliquer sur un dossier pour le sélectionner puis, dans la foulée, à cliquer sur son nom. Cette action sélectionne le nom du dossier (il est mis en surbrillance). Tapez le nouveau nom que vous validerez en appuyant sur la touche Entrée de votre clavier.

Cliquez une fois, puis une autre. Si vous allez trop vite, vous ferez un double clic dont l'effet sera d'ouvrir le dossier.

- Quand vous renommez un fichier, seul son nom change. Le contenu reste le même, de même que sa taille et son emplacement.
- Pour renommer simultanément un ensemble de fichiers, sélectionnez-les tous, cliquez du bouton droit sur le premier et choisissez Renommer. Tapez ensuite le nouveau nom et appuyez sur Entrée. Windows renomme tous les fichiers en les numérotant : `chat`, `chat(2)`, `chat(3)`, `chat(4)` et ainsi de suite. Ce n'est sans doute pas génial pour les chats, mais cette méthode peut être très pratique avec une série de photographies.
- Renommer des dossiers peut semer une redoutable pagaille dans Windows, voire le déstabiliser ou le bloquer. Ne renommez jamais des fichiers comme Documents, Images, Musique ou Vidéos.
- Windows n'autorise pas le renommage de fichiers ou de dossiers actuellement utilisés par un programme. Fermer le programme dans lequel le fichier est ouvert résout généralement le problème. S'il persiste, le moyen le plus radical consiste à redémarrer l'ordinateur puis à recommencer l'opération.

## Sélectionner des lots de fichiers ou de dossiers

La sélection d'un fichier, d'un dossier ou de tout autre élément peut sembler particulièrement ennuyeuse, mais c'est le point de passage obligé pour une foule d'autres actions : supprimer, renommer, déplacer, copier et bien d'autres bons plans que nous aborderons d'ici peu.

Pour sélectionner un seul élément, cliquez dessus. Pour sélectionner plusieurs fichiers et dossiers épars, maintenez la touche Ctrl enfoncée tout en cliquant sur les noms ou sur les icônes. Chacun reste en surbrillance.

Pour sélectionner une plage de fichiers ou de dossiers, cliquez sur le premier puis, la touche Majuscule enfoncée, cliquez sur le dernier. Ces deux éléments, ainsi que tous ceux qui se trouvent entre eux, sont sélectionnés (ou mis en *surbrillance*, dans le jargon informatique).

Windows vous permet aussi de sélectionner des fichiers et des dossiers avec le lasso. Cliquez à proximité d'un fichier ou d'un dossier à sélectionner puis, sans relâcher le bouton de la souris, tracez un contour englobant les fichiers et/ou dossiers à sélectionner. Un rectangle coloré montre l'aire de sélection. Relâchez le bouton de la souris. Le lasso disparaît, mais les fichiers et/ou dossiers englobés restent sélectionnés.

- » Il est possible de glisser et de déposer de gros ensembles de fichiers et de dossiers aussi facilement que vous en déplacez un seul.
- » Vous pouvez simultanément couper, copier ou coller ces gros ensembles dans n'importe quel autre emplacement, par n'importe laquelle des techniques décrites dans la section « Copier ou déplacer des fichiers et des dossiers », plus loin dans ce chapitre.
- » Ces gros ensembles de fichiers et de dossiers peuvent être supprimés d'un seul appui sur la touche Suppr. Windows les stocke alors dans la Corbeille, d'où vous pouvez les récupérer si vous avez fait une *énorme* erreur.
- » Pour sélectionner simultanément tous les fichiers et sous-dossiers, choisissez Sélectionner tout, dans le menu Édition du dossier. Pas de menu ? Appuyez sur Ctrl + A. Voici une autre manip sympa : pour tout sélectionner *sauf* quelques éléments, appuyez sur Ctrl + A puis, la touche Ctrl restant enfoncée, cliquez sur les éléments à ne pas prendre en compte.

## Se débarrasser d'un fichier ou d'un dossier

Tôt ou tard, vous vous débarrasserez de fichiers ou de dossiers – lettres d'amour défuntes ou photos embarrassantes… – qui n'ont plus de raisons d'exister. Pour supprimer un fichier ou un dossier, cliquez sur leur nom du bouton droit et choisissez Supprimer, dans le menu contextuel. Cette manipulation des plus simples fonctionne pour presque n'importe quoi dans Windows : fichiers, dossiers, raccourcis…

Pour supprimer un élément en un clin d'œil, cliquez dessus et appuyez sur la touche Suppr. Le glisser et le déposer dans la Corbeille produit le même effet.

L'option Supprimer supprime la totalité d'un dossier, y compris tous les fichiers et sous-dossiers qui s'y trouvent. Assurez-vous d'avoir choisi le véritable dossier à jeter avant d'appuyer sur Suppr.

## INUTILE DE LIRE CETTE LITTÉRATURE TECHNIQUE

Vous n'êtes pas le seul à créer des fichiers dans l'ordinateur. Les programmes stockent souvent des informations – la configuration de l'ordinateur, par exemple – dans des fichiers de données qu'ils fabriquent automatiquement. Pour éviter qu'un utilisateur les considère comme des éléments inutiles et les détruise, Windows ne les affiche pas.

Mais si cela vous intéresse, vous pouvez afficher les dossiers et fichiers cachés en procédant ainsi :

1. **Ouvrez un dossier dans l'Explorateur de fichiers, puis cliquez sur l'onglet Affichage.**

   Le ruban propose les diverses manières d'afficher le contenu du dossier.

2. **Cliquez sur le bouton Afficher/Masquer, et cochez la case Éléments masqués.**

   Si cette commande n'est pas visible, élargissez la fenêtre jusqu'à ce qu'elle apparaisse.

Les fichiers cachés apparaissent maintenant parmi les autres. Veillez à ne pas les supprimer, car le programme auquel ils appartiennent aurait un comportement inattendu et Windows lui-même pourrait être endommagé. Je vous conseille vivement de ne pas activer cette commande. Les fichiers sensibles resteront ainsi prudemment invisibles.

» Après avoir choisi Supprimer, Windows demande confirmation. Si vous êtes *sûr*, cliquez sur Oui. Si vous êtes lassé de cette sempiternelle question, cliquez du bouton droit sur la Corbeille, choisissez Propriétés puis décochez la case Afficher la confirmation de suppression. Windows supprime désormais les dossiers et les fichiers sans autre forme de procès.

» Assurez-vous plutôt deux fois qu'une de ce que vous faites lorsque vous supprimez une icône arborant une petite roue dentée. Ces fichiers sont généralement des fichiers techniques sensibles, cachés, que vous n'êtes pas censé bidouiller.

» Les icônes avec une petite flèche dans un coin sont des *raccourcis*, autrement dit des boutons qui se contentent de pointer vers des fichiers à ouvrir. Les supprimer n'élimine en aucun cas le fichier ou le programme visé.

» Maintenant que vous savez supprimer des fichiers, assurez-vous d'avoir lu le Chapitre 5 qui explique différentes manières de les récupérer au besoin. Un conseil en cas d'urgence : ouvrez la Corbeille, cliquez du bouton droit sur le fichier et choisissez Restaurer (c'est ça, la restauration rapide...).

# Copier ou déplacer des fichiers et des dossiers

Pour copier ou déplacer des fichiers vers d'autres dossiers du disque dur, il est parfois plus facile d'effectuer un glisser-déposer avec la souris. Par exemple, voici comment déplacer le fichier Voyageur du dossier Documents vers le dossier Maroc.

1. **Ouvrez deux fenêtres de l'Explorateur de fichier en cliquant sur son icône dans la barre des tâches. Une fois la première fenêtre ouverte, faites un clic du bouton**

**droit sur cette icône et, dans le menu contextuel qui apparaît, cliquez sur Explorateur de fichiers.**

Vous avez donc maintenant deux fenêtres de l'Explorateur de fichiers.

2. **Juxtaposez les deux fenêtres sur votre bureau en les faisant glisser par leur barre de titre.**

3. **Amenez le pointeur de la souris jusque sur le dossier ou le fichier à déplacer.**

   Dans notre exemple, il faut commencer par double-cliquer sur le dossier Documents, puis cliquer sur le fichier Voyageur pour le sélectionner.

4. **Glissez-déplacez l'élément jusqu'à ce qu'il se trouve sur le dossier de destination.**

   Comme le révèle la Figure 12.8, le fichier Voyageur est glissé du dossier Documents jusque dans le dossier Maroc. Le fichier suit le pointeur de la souris, tandis que Windows indique dans une info-bulle que vous déplacez un fichier. Veillez à ce que le bouton droit reste enfoncé pendant toute la manœuvre.

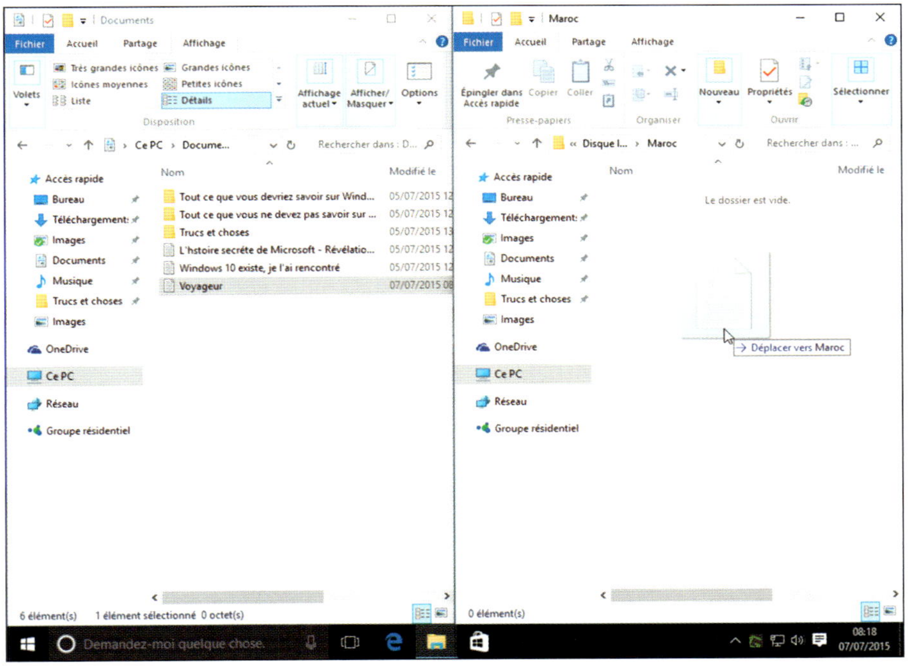


**FIGURE 12.8** Glissez-déplacez un fichier ou un dossier d'une fenêtre à une autre.

Pour copier le fichier, donc sans le déplacer, effectuez cette opération en maintenant la touche Ctrl enfoncée. Vous observez que la petite info-bulle affichée à la base du pointeur de la souris indique cette fois Copier sur et non pas Déplacer vers.

Vous pouvez également appliquer cette technique en utilisant le bouton droit de la souris. Cette fois, lorsque vous relâcherez ce bouton, un menu contextuel vous propose les commandes suivantes : Copier ici, Déplacer ici ou Créer les raccourcis ici. Cliquez sur celle qui est adaptée à ce que vous souhaitez réaliser (ou bien sur Annuler).

Si le glisser-déposer prend trop de temps, Windows propose quelques autres manières de copier ou de déplacer des fichiers. Certains des outils qui suivent seront plus ou moins appropriés selon l'arrangement de l'écran :

- **Les menus contextuels :** cliquez du bouton droit sur un fichier ou sur un dossier et choisissez Couper ou Copier selon ce que vous voulez faire.

  Cliquez ensuite du bouton droit dans le dossier de destination et choisissez Coller. C'est simple, ça fonctionne à tous les coups et il n'est pas nécessaire d'afficher deux fenêtres à l'écran.

- **Les commandes du ruban :** dans l'Explorateur de fichiers, cliquez sur le dossier ou sur le fichier voulu. Cliquez ensuite sur l'onglet Accueil, sur le ruban, et choisissez Copier vers ou Déplacer vers. Un menu se déploie, proposant des dossiers de destination. Celui que vous désirez utiliser ne s'y trouve pas ? Cliquez sur Choisir un emplacement, puis parcourez les sous-dossiers jusqu'à celui qui vous convient. Cliquez ensuite sur le bouton Copier ou Déplacer. Cela vous semble bien compliqué ? Certes, mais cette technique est pratique quand vous ne savez pas exactement où se trouve le dossier de destination.

  Le ruban est décrit au Chapitre 11.

- **Le volet de navigation :** décrit à la section « Le volet de navigation et ses accès rapides », au Chapitre 11, ce volet contient la liste des emplacements les plus usités, comme les disques, les dossiers, ou encore OneDrive, ce qui permet d'y déposer facilement des fichiers, sans la corvée de devoir ouvrir le dossier de destination.

Après que vous avez installé un programme dans votre ordinateur, ne déplacez jamais le dossier dans lequel il se trouve. Un programme est toujours intimement lié à Windows. Si vous déplaciez son dossier, toutes les relations qu'il entretient avec Windows seraient rompues, vous obligeant à le réinstaller (sans parler de la pagaille que le programme déplacé risque d'avoir laissée derrière lui). En revanche, les raccourcis des programmes peuvent être librement déplacés.

# Obtenir plus d'informations sur les fichiers et les dossiers

Chaque fois que vous créez un fichier ou un dossier, Windows révèle des informations le concernant : sa date de création, sa taille, ainsi que d'autres renseignements moins passionnants. Parfois, il vous permet même d'ajouter vos propres informations : des paroles ou une critique d'un morceau de musique, ou la miniature de chacune de vos photos.

Vous pouvez parfaitement ignorer toutes ces informations, mais parfois, elles vous permettront de résoudre un problème.

Pour les découvrir, cliquez du bouton droit sur un fichier ou un dossier et, dans le menu contextuel qui s'affiche, choisissez Propriétés. Par exemple, les propriétés d'un titre musical ou d'une photographie révèlent souvent une belle quantité d'informations, comme le montre la Figure 12.9. Voici la signification de chaque onglet :

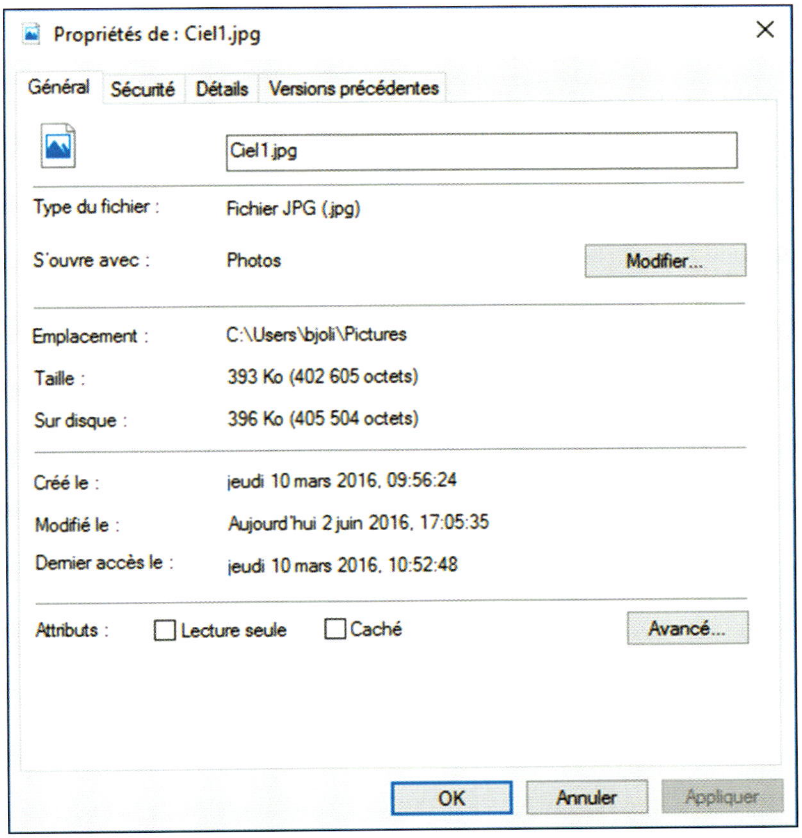


**FIGURE 12.9** Les propriétés d'un fichier indiquent le programme qui l'ouvre automatiquement, la taille du fichier ainsi que d'autres informations.

- **Général :** ce premier onglet indique le type du fichier, en l'occurrence une photo au format JPEG, sa taille (890 Ko), le programme qui l'ouvre par défaut (l'application Photos du menu Démarrer) et l'emplacement du fichier, c'est-à-dire son chemin d'accès.

  Vous voudriez qu'un autre programme ouvre le fichier ? Cliquez du bouton droit sur le fichier, choisissez Propriétés et, sous l'onglet Général, cliquez sur le bouton Modifier. Sélectionnez ensuite votre programme préféré dans la liste.

- **Sécurité :** sous cet onglet, vous contrôlez les autorisations, c'est-à-dire qui a le droit d'accéder au fichier et ce qu'il peut faire avec, des détails qui ne deviennent une corvée que lorsque Windows empêche l'un de vos amis – ou même vous – d'ouvrir un fichier.
- **Détails :** cet onglet révèle des informations supplémentaires concernant un fichier. Si c'est celui d'une photo numérique, cet onglet contient les métadonnées EXIF (*Exchangeable Image File Format,* format de fichier d'image échangeable) : marque et modèle de l'appareil photo,

» diaphragme, focale utilisée et autres valeurs que les photographes apprécient. Pour un morceau de musique, cet onglet affiche son identifiant ID3 (*Identify MP3*) : artiste, titre de l'album, année, numéro de la piste, genre, durée, son débit binaire, c'est-à-dire sa vitesse de transmission qui permet de juger de sa qualité, et d'autres informations.

» **Versions précédentes :** lorsque vous activez l'Historique des fichiers de Windows, cet onglet liste toutes les versions de ce fichier qui ont été sauvegardées, ce qui peut permettre de restaurer la bonne en un clic.

Normalement, tous ces détails restent cachés à moins de cliquer du bouton droit sur un fichier et de choisir Propriétés. Mais un dossier peut fournir simultanément des détails de la totalité des fichiers, ce qui est commode pour des recherches rapides. Voici comment procéder :

1. **Dans le ruban, cliquez sur l'onglet Affichage.**

   Les commandes du ruban indiquent les diverses manières d'afficher le contenu du dossier.

2. **Dans le groupe Disposition, cliquez sur l'option Détails, comme le montre la Figure 12.10.**

   Les fichiers sont affichés dans une liste à colonnes. Chaque colonne indique une caractéristique de ces fichiers.

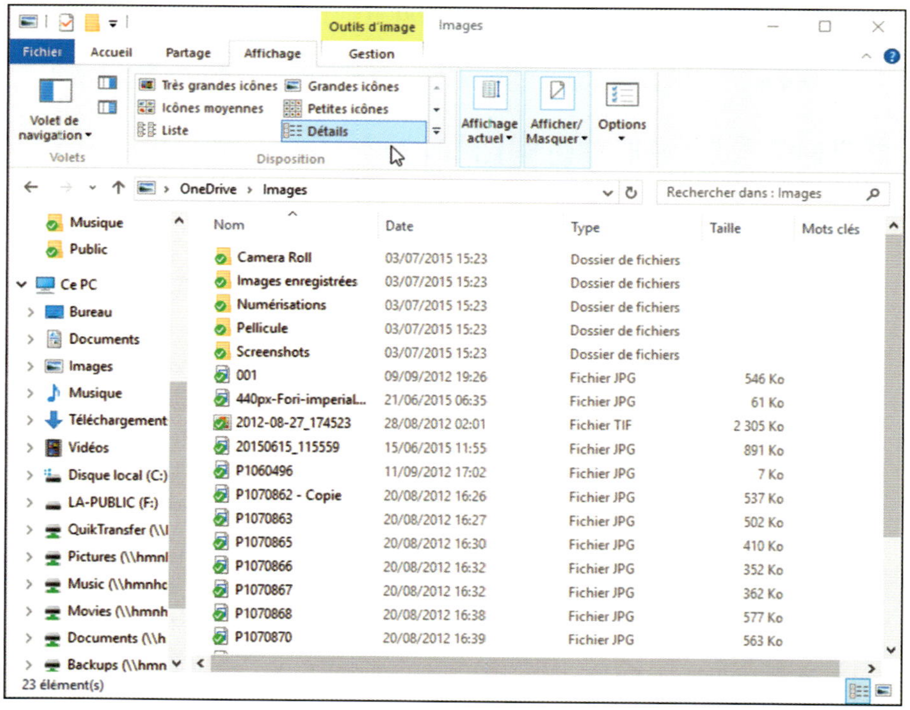


**FIGURE 12.10** Pour obtenir des informations détaillées sur les fichiers, cliquez sur l'onglet Affichage, puis sur Détails.

Essayez toutes les vues du groupe Disposition. Windows mémorise celles que vous préférez pour chacun des types de dossiers.

- Si vous ne vous souvenez plus de la fonction d'un bouton de la barre de commandes, immobilisez le pointeur de la souris dessus. Windows affiche alors une info-bulle expliquant succinctement à quoi il sert.
- Bien que les informations supplémentaires puissent être appréciables, elles occupent de la place au détriment du nombre de fichiers affichés dans la fenêtre. N'afficher que le nom des fichiers est souvent une meilleure option. C'est seulement lorsque vous voudrez en savoir plus sur un fichier ou un dossier que vous essayerez l'astuce qui suit.
- Dans un dossier, les fichiers sont habituellement triés alphabétiquement. Pour les lister différemment, cliquez du bouton droit sur un emplacement vide du dossier. Dans le menu local qui apparaît, choisissez l'option Trier par. Sélectionnez alors le mode de classement voulu : par date, par type, par taille, etc.
- Le tri peut être effectué sur chaque colonne. Cliquez sur l'en-tête Taille, par exemple, pour placer rapidement les fichiers les plus volumineux en haut de la liste. Cliquez sur Modifié le pour trier les fichiers selon la date de modification la plus récente (cliquer une seconde fois inverse l'ordre de tri).
- Vous pouvez également choisir les colonnes qui sont affichées dans la vue Détails. Pour cela, cliquez du bouton droit sur l'en-tête d'une colonne, puis cochez ou décochez ce que vous voulez ou non voir apparaître comme informations. Par exemple, j'affiche toujours la colonne Prise de vue pour mes photographies afin de me souvenir du moment où j'ai pris mes clichés.

# Graver des CD et des DVD

La plupart des ordinateurs sont équipés de lecteurs/graveurs de CD ou de DVD. Certains lisent et même gravent des disques Blu-Ray. Si votre ordinateur n'est pas équipé d'un tel périphérique, vous devrez acheter un lecteur/graveur de disques optonumériques interne, ou un modèle externe que vous connecterez à un port USB.

Pour savoir si votre lecteur de CD est aussi un graveur, ôtez tout disque se trouvant dans le tiroir, ouvrez l'Explorateur de fichiers et cliquez sur Ce PC, dans le volet de gauche.

Comme les ordinateurs ont toujours tendance à parler un langage secret, voici ce que vous pouvez faire avec ce genre de matériel :

- **Lecteur DVD-RW :** lecture et gravure des CD et des DVD.
- **Lecteur BD-ROM :** lecture et gravure des CD et des DVD, et lecture des disques Blu-ray.
- **Lecteur BD-RE :** lecture et gravure des CD, des DVD et des disques Blu-ray.

Si votre PC est équipé de deux lecteurs, de CD ou de DVD, indiquez à Windows lequel sera utilisé pour la gravure. Pour ce faire, cliquez du bouton droit sur le lecteur, choisissez Propriétés puis cliquez sur l'onglet Enregistrement. Choisissez ensuite votre lecteur favori dans la partie supérieure.

## Acheter des CD et DVD vierges pour la gravure

Il existe deux types de CD : les CD-R (comme *Recordable*, « enregistrable », en anglais) et CD-RW (comme *ReWritable*, « réinscriptible »). Voici la différence :

- **CD-R :** la plupart des gens achètent des CD-R, car ils sont bon marché et sont parfaits pour stocker de la musique ou des fichiers. Vous pouvez graver les données jusqu'à ce qu'ils soient pleins, mais c'est tout. Il est impossible de modifier le contenu. Ce n'est pas un problème, car ceux qui utilisent ce support ne veulent pas que leurs CD risquent d'être effacés. Ils sont aussi utilisés pour les sauvegardes.
- **CD-RW :** les CD réinscriptibles servent notamment à faire des sauvegardes temporaires. Vous pouvez les graver tout comme un CD-R, à la différence près que le CD-RW peut être entièrement effacé – l'effacement partiel est impossible – et réutilisé. Ce type de CD est cependant plus onéreux.

À l'instar des CD, les DVD existent eux aussi en version enregistrable et réinscriptible. Hormis cela, c'est la pagaille : les fabricants multiplient les formats, semant la confusion parmi les consommateurs. Avant d'acheter des DVD vierges, vérifiez les formats acceptés par votre lecteur : DVD-R, DVD-RW, DVD+R, DVD+RW et/ou DVD-RAM. La plupart des graveurs récents reconnaissent les quatre premiers formats, ce qui facilite votre choix.

- La vitesse de rotation du disque, indiquée par l'opérateur × (comme dans 8×, 40×...) indique la rapidité de la gravure : généralement 52× pour un CD et 16× pour un DVD.

  À quoi se rapportent les vitesses ? Elles sont basées sur l'une des toutes premières normes de gravure de CD, à la fin des années 1980, qui imposait un taux de transfert des données de 153 ko par seconde. Un lecteur qui grave à la vitesse de 52× grave ainsi 7 956 ko par seconde, soit 7,77 Mo/s.
- Les CD vierges sont bon marché. Pour un essai, demandez-en un à un ami : si la gravure s'effectue sans problème, achetez-en d'autres du même type. En revanche, les DVD vierges étant plus chers, il vous sera plus difficile d'en obtenir un pour un test.
- Les disques Blu-ray sont encore plus chers. Certes, pratiquement n'importe quel support de ce type passera l'épreuve sans souci, mais, de toute manière, les graveurs Blu-ray sont rares dans les PC.
- Bien que Windows gère parfaitement les tâches de gravure de CD simples, il est extraordinairement compliqué lorsqu'il s'agit de *dupliquer* des CD. La plupart des utilisateurs renoncent rapidement et préfèrent s'en remettre à des logiciels de gravure tiers.

» La copie des CD audio et des DVD est soumise aux lois protégeant le droit d'auteur. Windows est incapable de copier des DVD vidéo du commerce qui bénéficient de cette protection, mais certains logiciels permettent de le faire.

## Copier des fichiers depuis ou vers un CD ou un DVD

Il fut un temps ou CD et DVD étaient à l'image de la simplicité : il suffisait de les introduire dans un lecteur de salon pour les lire. Mais, dès lors que ces disques ont investi les ordinateurs, tout se compliqua. À présent, lorsque vous gravez un CD ou DVD, vous devez indiquer au PC ce que vous copiez et comment vous comptez le lire : sur un lecteur de CD audio ? Sur un lecteur de DVD ? Ou ne s'agit-il que de fichiers informatiques ? Si vous avez mal choisi, le disque ne sera pas lisible.

Voici les règles régissant la création d'un disque :

» **Musique :** vous utiliserez le Lecteur Windows Media pour graver un CD audio.

» **Diaporamas :** le programme DVD Maker qui était fourni avec Windows Vista et Windows 7 a disparu des radars. Pour créer des diaporamas, vous devrez utiliser un logiciel tiers.

Si vous désirez seulement copier des fichiers informatiques sur un CD ou un DVD, à des fins de sauvegarde ou pour les envoyer à quelqu'un, la situation est plus simple.

Suivez ces étapes pour graver des fichiers sur un CD ou un DVD vierge (si vous ajoutez les données à un disque qui en contient déjà, passez à l'Étape 5).

1. **Insérez le disque vierge dans le graveur. Cliquez ensuite sur la notification qui apparaît dans l'angle supérieur droit de l'écran.**

2. **Dans le menu qui apparaît, cliquez sur l'option Graver les fichiers sur un disque.**

   Windows affiche une boîte de dialogue Graver un disque.

   Si la boîte de notification disparaît avant que vous n'ayez eu le temps de réagir, éjectez votre disque, puis insérez-le à nouveau. Mettez immédiatement la main sur votre souris pour ne pas manquer la notification. D'un autre côté, vous pouvez obtenir le même résultat en cliquant droit sur l'icône de votre unité de disque dans l'Explorateur de fichiers, puis en choisissant l'option Ouvrir la lecture automatique dans le menu qui apparaît.

3. **Donnez un titre au CD ou le DVD afin d'expliquer ce que vous voulez en faire, puis cliquez sur Suivant.**

   Le nom ne peut pas excéder 16 caractères, ce qui vous oblige à être concis. Vous pouvez aussi conserver le titre par défaut, c'est-à-dire la date d'aujourd'hui.

   Après avoir entré un nom, Windows se prépare à recevoir les fichiers qu'il devra graver. Pour le moment, la fenêtre du disque est vide.

**4. Choisissez comment utiliser ce disque.**

Windows propose deux méthodes pour la gravure des disques :

- **Comme un lecteur flash USB :** un lecteur flash USB est tout simplement ce que l'on appelle communément une clé USB. Cette option permet de graver des fichiers plusieurs fois. C'est un moyen commode pour stocker des fichiers au fur et à mesure. Le CD ainsi créé n'est malheureusement pas compatible avec certains lecteurs de salon connectés à une chaîne stéréo ou à un téléviseur.

- **Avec un lecteur de CD/DVD :** si vous avez l'intention de lire le CD avec un lecteur de salon assez récent et donc capable de lire des fichiers enregistrés dans divers formats, sélectionnez cette méthode.

**5. Indiquez à Windows les fichiers qu'il doit graver.**

Le disque étant prêt à recevoir des données, il faut expliquer à Windows où il trouvera celles-ci. Vous pouvez le faire de diverses manières :

- Cliquez du bouton droit sur l'élément à copier, qu'il s'agisse d'un seul fichier, d'un dossier, ou d'un ensemble de fichiers et de dossiers sélectionnés. Dans le menu contextuel qui apparaît, choisissez Envoyer vers puis sélectionnez le graveur.

- Faites glisser les fichiers et/ou les dossiers et déposez-les sur la fenêtre du graveur, ou sur l'icône du graveur, dans la fenêtre de l'Explorateur de fichiers.

- Dans le dossier Musique, Images ou Documents, cliquez sur l'onglet Partage puis cliquez sur l'option Graver sur disque. Tous les fichiers du dossier, ou uniquement ceux préalablement sélectionnés, sont copiés sur le disque.

- Demandez au logiciel que vous utilisez actuellement d'enregistrer le fichier sur le disque compact plutôt que sur le disque dur.

Quelle que soit la technique choisie, Windows examine scrupuleusement les données puis les grave sur le disque. Une fenêtre montre la progression de la gravure. Lorsqu'elle se referme, cela signifie que l'opération est terminée.

**6. Fermez la session de gravure en éjectant le disque.**

Quand vous avez fini de copier des fichiers sur un disque, indiquez-le à Windows en appuyant sur le bouton d'éjection du disque, ou cliquez du bouton droit sur l'icône du lecteur, dans l'Explorateur de fichiers, et choisissez Éjecter. Windows ferme la session en veillant à ce que le disque soit lisible par d'autres ordinateurs.

Par la suite, vous pouvez graver d'autres fichiers sur le même disque jusqu'à ce que Windows vous informe qu'il est plein. Vous devrez alors mettre fin à la gravure, insérer un disque vierge puis tout recommencer à partir de l'Étape 1.

Si vous tentez de copier un ensemble de fichiers plus volumineux que ce que peut héberger le disque, Windows le signale aussitôt. Réduisez le nombre de fichiers à copier sur un même disque ou essayez de les répartir sur plusieurs.

## DUPLIQUER UN CD OU UN DVD

Windows ne possède pas de commande de duplication de disque compact. Il n'est même pas capable de copier un CD audio, ce qui explique pourquoi les gens achètent un logiciel de gravure.

Il est cependant possible de copier tous les fichiers d'un CD ou d'un DVD dans un disque vierge en procédant en deux étapes :

1. **Copiez les fichiers et dossiers du CD ou du DVD dans un dossier de votre PC.**
2. **Copiez le contenu de ce dossier sur un CD ou un DVD vierge.**

Vous obtenez ainsi une copie du CD ou du DVD, commode lorsque vous tenez à conserver deux sauvegardes essentielles.

Ce procédé ne fonctionne pas avec un CD audio ou un film sur DVD (j'ai essayé). Seuls les disques contenant des programmes ou des données informatiques peuvent être dupliqués.

La plupart des programmes permettent d'enregistrer directement sur un CD. Cliquez sur l'onglet Fichier, puis cliquez sur Enregistrer et sélectionnez le graveur. Insérez un disque dans le lecteur – de préférence pas trop plein – pour démarrer le processus.

# Utiliser des clés USB et des cartes mémoire

Les possesseurs d'appareil photo numérique connaissent bien les *cartes mémoire*, ces petites plaquettes en plastique qui remplacent la pellicule. Windows est capable de lire les photos numériques directement sur l'appareil, pour peu qu'il soit connecté à l'ordinateur. Mais il est aussi capable de lire les cartes mémoire, une technique prisée par tous ceux qui préfèrent ménager la batterie de leur appareil photo, car celui-ci doit rester allumé pendant toute la procédure de transfert.

Pour cela, le PC doit évidemment être équipé d'un lecteur de cartes mémoire, à moins que vous ne connectiez un lecteur de cartes mémoire externe acceptant les formats les plus répandus : SD-HC (*Secure Digital High-Capacity*), Micro SD (avec un adaptateur) CF (*Compact Flash*), Memory Stick, et d'autres encore.

Un lecteur de cartes mémoire est d'une agréable convivialité : après avoir inséré la carte, vous pouvez ouvrir son dossier dans le PC et voir les miniatures des photos qui s'y trouvent. Toutes les opérations de glisser-déposer, copier-coller et autres manipulations décrites précédemment dans ce chapitre sont applicables. Vous déplacez et organisez vos photos intuitivement.

Les clés USB sont reconnues par Windows de la même manière que les lecteurs de cartes mémoire ou les disques durs externes : insérez une clé dans un port USB et elle apparaît dans l'Explorateur de fichiers sous la forme d'une icône, prête à être ouverte d'un double-clic.

- Formater une carte mémoire efface irrémédiablement toutes les photos et autres données qui s'y trouvent. Ne formatez jamais une carte mémoire sans avoir préalablement vérifié ce qu'elle contient (en règle générale, vous ne devriez jamais formater une carte mémoire sur votre ordinateur, mais uniquement avec la commande de formatage de l'appareil photo lui-même).
- La procédure, maintenant : si Windows se plaint de ce qu'une carte nouvellement insérée n'est pas formatée – un problème qui affecte surtout les cartes ou clés endommagées –, cliquez du bouton droit sur son lecteur et choisissez Formater. Parfois, le formatage permet d'utiliser la carte avec un autre appareil que celui pour lequel vous l'aviez achetée. Par exemple, un lecteur MP3 acceptera peut-être celle que l'appareil photo refuse.

## OneDrive : votre sac de voyage dans les nuages

Le stockage des fichiers dans l'ordinateur est parfait tant que vous êtes chez vous ou au bureau. Si vous devez emporter des fichiers, vous pouvez les copier dans une clé USB, ou dans un disque dur externe, voire les graver sur un CD ou un DVD. Encore faut-il ne pas les oublier sur place.

Mais comment faire pour accéder à vos fichiers depuis n'importe quel ordinateur ? Et comment récupérer chez vous les fichiers que vous utilisez au travail, et *vice versa* ? Comment consulter un important document lorsque vous voyagez ?

La réponse de Microsoft à ce problème porte un nom : OneDrive. C'est votre espace de stockage privé sur Internet, et il fait partie intégrante de Windows 10. Avec OneDrive, vos fichiers sont disponibles sur n'importe quel ordinateur, disposant d'une connexion Internet. Et vous pouvez même y accéder avec une tablette ou un smartphone Apple, Android ou encore BlackBerry, et bien entendu Windows. Microsoft propose en effet une application gratuite disponible sur toutes ces plates-formes.

Si vous modifiez un fichier enregistré sur OneDrive, la nouvelle version est immédiatement disponible sur *tous* vos ordinateurs, tablettes ou smartphones. Le dossier OneDrive est donc automatiquement à jour sur chaque dispositif (d'accord, il lui faut parfois un tout petit peu de temps pour scruter le nuage).

OneDrive est facilement accessible, puisqu'il est disponible dans chaque fenêtre de l'Explorateur de fichiers. Cependant, vous avez besoin pour y accéder de plusieurs choses :

- **Un compte Microsoft :** il est indispensable pour placer des fichiers sur OneDrive et les récupérer. Il est d'ailleurs très probable que vous en avez créé un lorsque vous avez créé un compte pour votre ordinateur tournant sous Windows 10, ou même que vous en possédiez un depuis longtemps (les comptes Microsoft sont expliqués au Chapitre 4).

- **Une connexion Internet :** c'est par l'Internet que s'effectuent les transferts de fichiers. Vous pouvez les récupérer avec un autre équipement (ordinateur, tablette, smartphone...) que le vôtre, et depuis n'importe où dans le monde.
- **De la patience :** l'envoi des fichiers vers OneDrive est toujours plus long que leur récupération. Le transfert des fichiers très volumineux peut exiger plusieurs minutes, voire des heures si vous stockez sur OneDrive le film de vos vacances...

Pour certaines personnes, OneDrive est plus sûr et commode, car elles peuvent toujours accéder à leurs fichiers les plus importants. C'est aussi un moyen de mettre ces fichiers hors de portée des autres personnes. D'autres jugent que c'est rajouter une couche supplémentaire de complication, ainsi qu'un endroit de plus où les fichiers peuvent se cacher. Quoi qu'il en soit, OneDrive est là. Autant faire sa connaissance.

Les sections qui suivent vous expliquent comment accéder facilement à OneDrive directement depuis un dossier, voire dans un navigateur Internet. Vous verrez également comment modifier les réglages de OneDrive pour vous assurer que l'espace important de stockage qu'il constitue ne viendra pas dévorer celui de votre ordinateur.

## Choisir les dossiers OneDrive à synchroniser avec le PC

Windows 10 place OneDrive dans le volet de navigation de l'Explorateur de fichiers, ce qui en facilite grandement l'accès. En fait, OneDrive se comporte exactement comme n'importe quel autre dossier, à une exception près : les fichiers et les dossiers que vous copiez dans votre dossier OneDrive sont également enregistrés dans l'espace que Microsoft vous a alloué sur Internet.

Ceci peut créer un problème. Les smartphones, les tablettes et les *notebooks* ne disposent pas d'une très grande quantité de mémoire. OneDrive, de son côté, est capable d'avaler des *tas* de fichiers. Très vraisemblablement, votre tablette, par exemple, ne possède vraisemblablement pas suffisamment de place pour y enregistrer une copie de *tout* ce que vous avez stocké sur OneDrive.

Windows 10 propose sa solution : vous pouvez choisir les dossiers qui doivent rester uniquement sur OneDrive, et ceux qui devraient être *synchronisés*, autrement dit dupliqués également sur votre PC.

Les fichiers que vous décidez de synchroniser seront automatiquement mis à jour de manière à être dans le même état sur votre ordinateur comme sur le nuage Internet. Dit autrement, OneDrive joue dans ce cas le rôle d'unité de sauvegarde, tout en permettant d'accéder à son contenu à partir d'un autre PC, d'une tablette ou d'un smartphone.

Les fichiers qui ne sont *pas* synchronisés résident uniquement sur OneDrive. Si vous en avez besoin, vous pouvez y accéder en rendant visite à OneDrive sur l'Internet, comme je l'explique un peu plus loin.

Lorsque vous cliquez sur le dossier OneDrive d'un nouveau PC, Windows vous permet de choisir les fichiers et les dossiers qui seront stockés *uniquement* sur OneDrive, et ceux qui seront *aussi* enregistrés en tant que copies sur votre PC.

Vous avez fait votre choix ? Alors lancez-vous :

1. **Depuis la barre des tâches, cliquez sur l'icône de l'Explorateur de fichier afin de l'ouvrir. Cliquez ensuite sur l'icône de OneDrive dans le volet de navigation.**

   Puisque c'est votre première visite à OneDrive, vous allez avoir droit à un écran de démarrage.

2. **Cliquez sur le bouton de démarrage, puis saisissez si nécessaire le nom de votre compte Microsoft et votre mot de passe.**

   En fait, seuls les utilisateurs avec un compte Local devraient avoir besoin de saisir ces informations. Si vous vous êtes connecté avec un compte Microsoft, le travail est déjà fait.

   OneDrive va vous demander si vous voulez changer l'emplacement où vos fichiers OneDrive seront enregistrés sur votre PC.

3. **Demandez le cas échéant à changer l'emplacement de vos fichiers OneDrive, ou cliquez simplement sur Suivant.**

   Si vous utilisez un PC de bureau, avec un espace disque important, contentez-vous de passer à la suite. OneDrive va utiliser votre disque C:, ce qui ne devrait pas poser de problème.

   Le cas des tablettes est différent, puisque leur mémoire est limitée. Je ne peux que vous conseiller d'acheter au préalable une carte mémoire et de l'insérer dans votre tablette (vérifiez d'abord la capacité maximale tolérée par celle-ci). Demandez à changer d'emplacement, et dites à OneDrive de stocker ses fichiers sur cette carte mémoire.

4. **Choisissez les dossiers que vous voulez synchroniser avec votre PC.**

   OneDrive va lister les dossiers disponibles (voir la Figure 12.11).

   OneDrive vous propose en fait deux options :

   - **Synchroniser tous les fichiers et dossiers dans mon OneDrive :** à moins d'avoir une excellente raison pour dire non, cochez cette option de manière à ce que *tous* vos fichiers OneDrive possèdent une copie sur votre PC (ou sur la carte mémoire de votre tablette). En règle générale, cela ne pose aucun problème aux PC de bureau, et c'est une assurance tout risque.
   - **Synchroniser uniquement ces dossiers :** cette option est plus intéressante avec un appareil disposant de peu de mémoire de stockage. Dans ce cas, cochez les

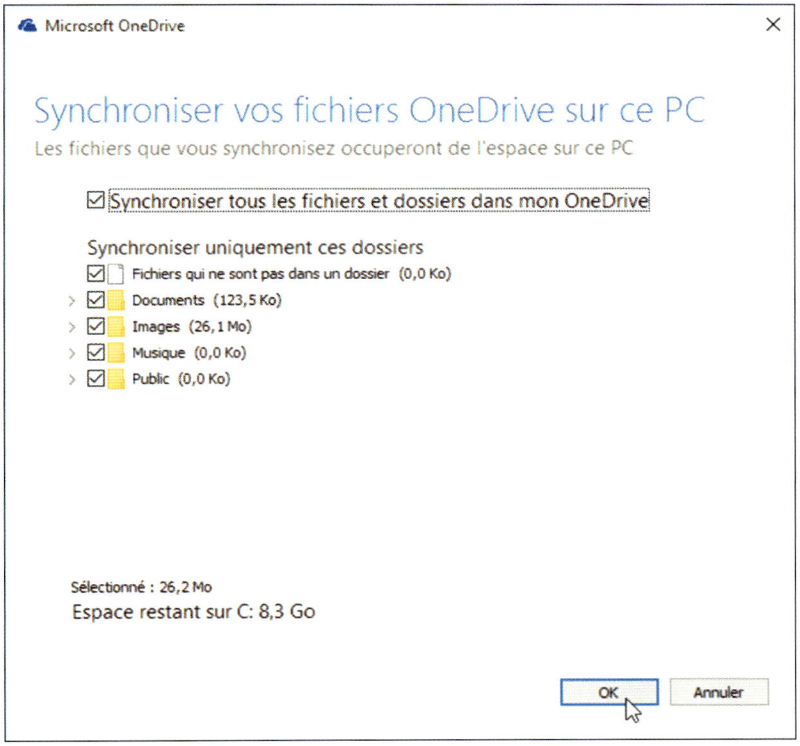


**FIGURE 12.11** Cochez les dossiers que vous voulez conserver dans votre ordinateur et sur OneDrive.

noms des dossiers qui doivent être synchronisés, et décochez les noms de ceux qui resteront uniquement sur OneDrive.

5. **Cliquez sur Commencer dans la fenêtre qui suit.**
6. **Laissez-vous guider pour la suite en validant notamment l'emplacement proposé par défaut.**

Vous n'avez en aucun cas besoin de synchroniser les mêmes dossiers sur chacun de vos ordinateurs ou de vos appareils. Par exemple, vous choisirez de tout synchroniser sur votre PC de bureau, et uniquement les photos sur votre tablette ou votre smartphone.

Si vous voulez accéder à un dossier OneDrive qui n'est pas synchronisé sur votre PC, vous avez deux options : changer la configuration de OneDrive pour ajouter le dossier à la liste des éléments synchronisés, ou visiter le site dédié à OneDrive sur Internet (j'y reviendrai un peu plus loin).

## Changer la configuration de OneDrive

La vie évolue et vos besoins peuvent changer. Par exemple, vous voulez maintenant synchroniser un nouveau dossier, ou l'inverse.

## ACCÉDER AU PC DEPUIS LE NUAGE

OneDrive permet de partager facilement vos fichiers entre tous vos gadgets. Mais, attendez : et si le fichier dont vous avez besoin n'est *pas* enregistré sur OneDrive ? S'il se trouve par exemple sur le bureau de votre PC et que vous êtes loin de chez vous ?

Voici une solution. Lors de sa configuration initiale, OneDrive vous propose de rendre les fichiers de votre PC disponibles pour d'autres appareils. Si vous acceptez, vous pourrez accéder à la *totalité* de votre PC depuis le site web de OneDrive, et même à des fichiers et des dossiers enregistrés sur des réseaux accessibles depuis ce PC.

Naturellement, Microsoft sait parfaitement que tout cela exige des mesures de sécurité draconiennes. Avant de vous laisser accéder à un nouveau PC pour la première fois, il va vous demander de taper un code.

En arrière-plan, Microsoft envoie un message texte au téléphone portable ou à l'adresse e-mail associés à votre compte Microsoft. Lorsque vous recevez ce message, vous devez saisir le code numérique indiqué sur l'ordinateur que vous utilisez pour accéder à votre PC. Une fois que Microsoft a conclu que vous aviez tapé le bon code, et donc que c'est vous, il ajoute cet ordinateur à la liste des PC auxquels vous pouvez accéder.

Évidemment, pour atteindre un PC distant, celui-ci doit être allumé *et* connecté à l'Internet. Si cette fonctionnalité vous intéresse, n'oubliez pas de saisir le numéro de votre téléphone portable dans la configuration de votre compte Microsoft.

Pour modifier les réglages de OneDrive, suivez ces étapes :

1. **Dans la zone de notification de la barre des tâches, repérez l'icône de OneDrive et cliquez dessus avec le bouton droit de la souris. Choisissez ensuite l'option Paramètres.**

   Il est possible que vous deviez d'abord cliquer sur la petite flèche pour dévoiler les icônes cachées. La zone de notification de la barre des tâches est décrite dans le Chapitre 5.

   La boîte de dialogue des paramètres de OneDrive apparaît (voir la Figure 12.12).

   Si vous avez manqué l'étape décrite dans l'encadré « Accéder à votre PC depuis le nuage », c'est le moment de vous rattraper en cochant sous l'onglet Paramètres la case Me laisser utiliser OneDrive pour récupérer des fichiers sur ce PC.

2. **Activez l'onglet Choisir des dossiers, puis cliquez sur le bouton qui possède le même intitulé.**

   Vous retrouvez la fenêtre Synchroniser vos fichiers OneDrive sur ce PC (reportez-vous à la Figure 12.11).

3. **Effectuez les modifications voulues, puis cliquez sur le bouton OK.**

   OneDrive commence à synchroniser vos fichiers et vos dossiers selon vos souhaits.

Microsoft vous offre sur OneDrive un espace de stockage de 15 Go, mais vous pouvez souscrire pour une formule plus large (bien entendu en payant).

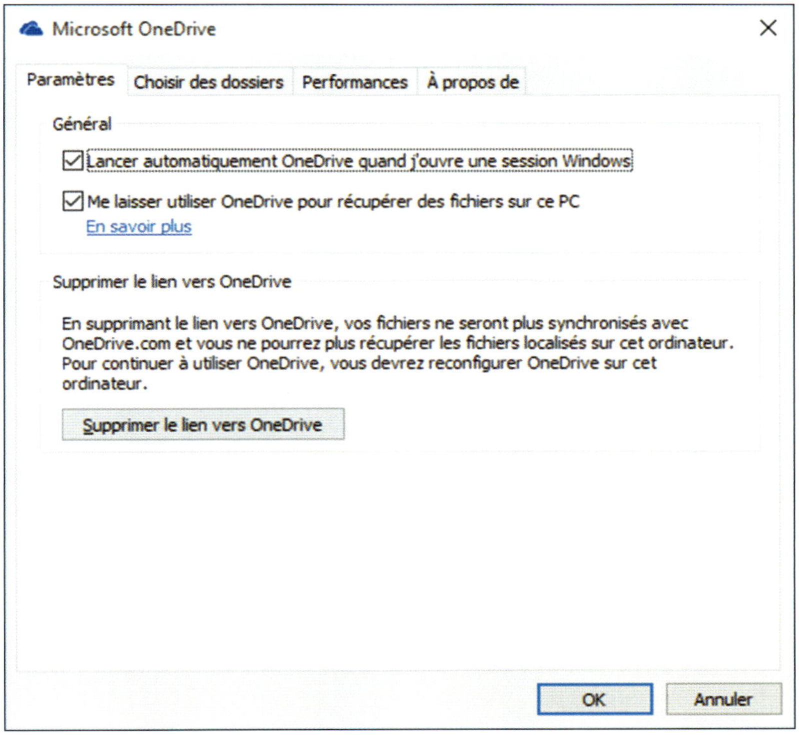


**FIGURE 12.12** Cette boîte de dialogue vous permet de modifier la manière dont OneDrive communique avec votre ordinateur.

Si vous avez besoin de la suite Office de Microsoft et vous choisissez la formule d'abonnement Office 365, vous disposez du même coup d'un très généreux espace sur OneDrive de 1 To, de quoi dupliquer tout votre disque dur.

Pour voir la quantité d'espace dont vous disposez encore sur OneDrive, cliquez du bouton droit sur son icône dans la zone de notification, et choisissez dans le menu l'option Gérer le stockage. Votre navigateur Internet va s'ouvrir et afficher la page dédiée à la configuration de OneDrive (vous devrez peut-être saisir votre adresse e-mail et votre mot de passe si vous n'êtes pas connecté avec un compte Microsoft). Vous y verrez l'espace disponible, ainsi que des propositions pour acheter plus de stockage.

## Ouvrir et enregistrer des fichiers avec OneDrive

Lorsque vous vous connectez pour la première fois à Windows 10 avec un compte Microsoft, Windows crée deux dossiers vides dans votre espace OneDrive : Documents et Images. Bien entendu, d'autres dossiers viennent s'y ajouter selon les choix que vous avez effectués lors de la configuration de OneDrive.

Pour les voir, le plus simple consiste à cliquer dans la barre des tâches sur l'icône de l'Explorateur de fichiers. OneDrive apparaît dans le volet de navigation, à gauche de la fenêtre, exactement comme le contenu de votre ordinateur ou de votre réseau. Cliquez sur son nom, et son contenu va s'afficher dans le volet de droite (voir la Figure 12.13).

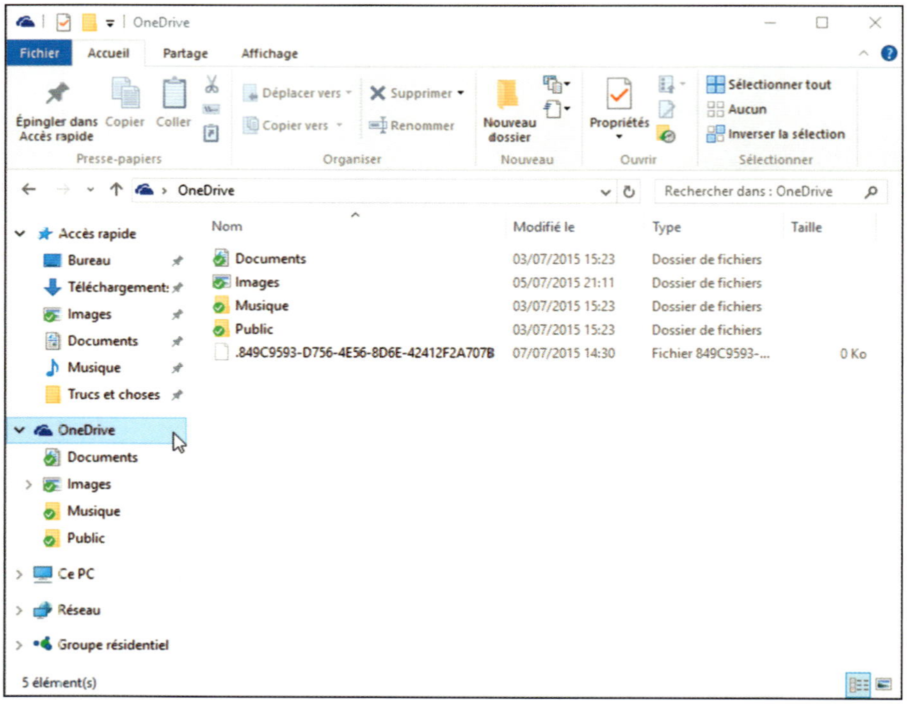


**FIGURE 12.13** Les dossiers synchronisés entre OneDrive et votre ordinateur sont visibles dans l'Explorateur de fichiers.

Vous n'avez rien à apprendre de plus pour utiliser OneDrive : ses dossiers et ses fichiers se comportent exactement comme n'importe quel autre élément de même type sur votre PC :

- Pour voir le contenu d'un dossier OneDrive, faites un double clic dessus.
- Pour éditer un fichier présent dans un dossier OneDrive, faites un double clic dessus. Le fichier s'ouvre dans le programme qui l'a créé.
- Pour sauvegarder quelque chose de nouveau sur OneDrive, copiez le ou les éléments sélectionnés dans le dossier de destination voulu de OneDrive, par exemple son dossier Documents. Un enregistrement dans le dossier Documents du PC ne concerne en rien OneDrive.
- Pour supprimer quelque chose de OneDrive, cliquez du bouton droit dessus et choisissez dans le menu la commande Supprimer. L'élément est envoyé dans la Corbeille de Windows, où il pourra être récupéré en cas d'erreur.

  Quelles que soient les manipulations que vous effectuez avec le contenu de votre dossier OneDrive, Windows 10 actualise automatiquement sur Internet les copies qui ont été modifiées.

Si, par la suite, vous rendez visite à votre dossier OneDrive sur votre iPad ou votre tablette Android, vous aurez à votre disposition des fichiers parfaitement à jour.

» Prenons un petit exemple. Vous enregistrez votre liste de courses dans un fichier synchronisé avec OneDrive. Vous allez ensuite au supermarché. Vous sortez votre smartphone, vous ouvrez votre application OneDrive (elle est gratuite), et vous remplissez votre caddy sans rien oublier. Elle est pas belle la vie ?

» Les méthodes permettant de copier ou déplacer des fichiers entre dossiers sont étudiées plus haut dans ce chapitre.

## Accéder à OneDrive depuis Internet

Il peut arriver que vous ayez besoin d'accéder à OneDrive alors que vous n'êtes pas assis devant votre ordinateur. Ou que vous deviez accéder à un fichier sur OneDrive qui n'est pas synchronisé avec votre PC. Pour vous aider dans ce genre de situation, Microsoft vous permet d'accéder à OneDrive depuis n'importe quel navigateur Internet.

Trouvez un ordinateur quelconque, ouvrez un navigateur Internet, et rendez-vous à l'adresse `OneDrive.Live.com`. Saisissez ensuite le nom de votre compte Microsoft et votre mot de passe. Le site de *votre* OneDrive apparaît, comme illustré sur la Figure 12.14.

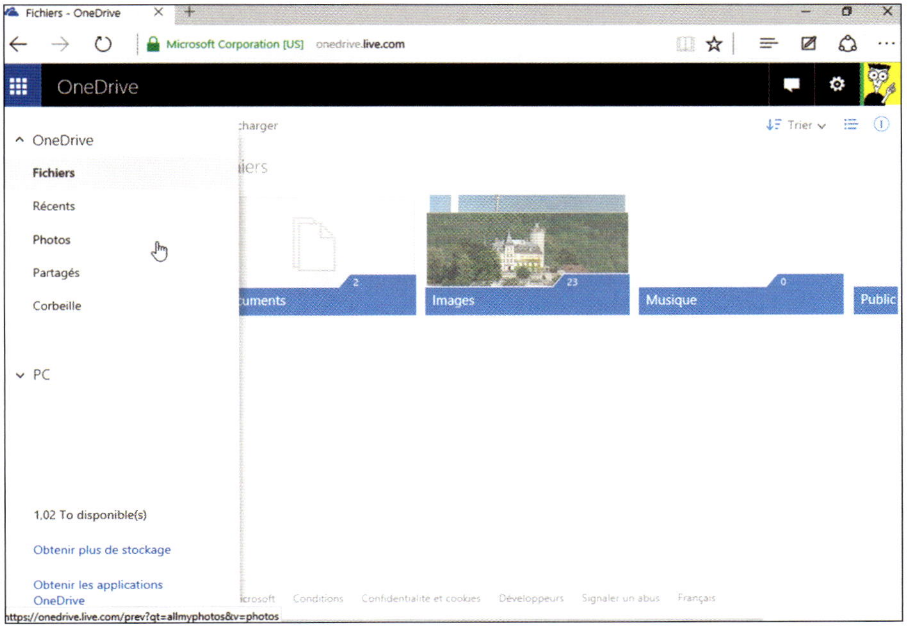


**FIGURE 12.14** Vous pouvez accéder à vos fichiers OneDrive depuis n'importe quel navigateur Internet.

Vous pouvez maintenant ajouter, supprimer, déplacer ou renommer vos fichiers, de même que créer des dossiers et y placer des fichiers. Il est même possible d'éditer des documents en ligne (le site de OneDrive dispose même d'une corbeille pour y jeter des choses périmées, ou les récupérer si elles ne l'étaient pas).

Il est plus facile de gérer vos fichiers directement sur votre ordinateur. Mais le site de OneDrive est une zone de repli pratique et accessible en tous lieux.

D'autre part, le site Web de OneDrive vous permet de partager des documents ou des photos, et même des dossiers, par e-mail. C'est une fonctionnalité dont vous ne bénéficiez pas sur votre ordinateur.

N'oubliez pas que Microsoft propose une application gratuite pour les appareils Apple, Android et bien entendu Windows. OneDrive simplifie donc aussi le partage de fichiers entre tous vos gadgets.

# Programmes, applications et fichiers

**DANS CETTE PARTIE...**

Jouer avec les programmes, les applications et les documents

Retrouver des applications, des fenêtres, des fichiers et des ordinateurs

Imprimer et scanner votre travail

Chapitre 13

# Jouer avec les programmes, les applis et les documents

**DANS CE CHAPITRE :**

» **Ouvrir un programme, une application ou un document**

» **Choisir un autre programme pour ouvrir un document**

» **Installer, désinstaller, et mettre à jour des applications.**

» **Créer un raccourci**

» **Couper ou copier, et coller**

Dans Windows, les *programmes* et les *applications* (ou *applications* pour ceux qui n'ont pas le temps de dire le mot en entier) sont vos outils. Ils permettent en effet de calculer, d'écrire et d'abattre des vaisseaux spatiaux.

Les *documents*, en revanche, sont ce que vous créez à l'aide des applications et des programmes : une feuille de calcul révélant que vous vivez au-dessus de vos moyens, une lettre à l'eau de rose, les scores de vos jeux, et ainsi de suite.

Ce chapitre commence par les bases : ouvrir des programmes et des applications à partir du nouveau menu Démarrer de Windows. Il explique également comment trouver et télécharger des applications depuis l'application Windows Store. Vous découvrirez aussi où trouver les menus des applications, car Microsoft les a cachés afin de laisser un maximum d'espace à l'affichage des interfaces, donc des documents.

Au fil des pages, vous découvrirez comment ouvrir tel ou tel types de fichier avec votre programme *préféré*. Mais vous découvrirez aussi comment créer des *raccourcis* sur le bureau, autrement dit des boutons qui vous permettent de lancer directement un programme sans avoir besoin de visiter le menu Démarrer.

Ce chapitre se termine par quelques considérations évidemment essentielles sur l'art de couper, copier et coller, des opérations indispensables dans l'univers de Windows.

# Lancer un programme ou une application

Nous avons découvert le menu Démarrer dans le Chapitre 4 et vu comment le personnaliser, lui ajouter des pavés d'applications, ou en retirer, pour que vous puissiez vous y retrouver avec un maximum de confort. La Figure 13.1 vous rappelle ce à quoi ressemble ce menu Démarrer.

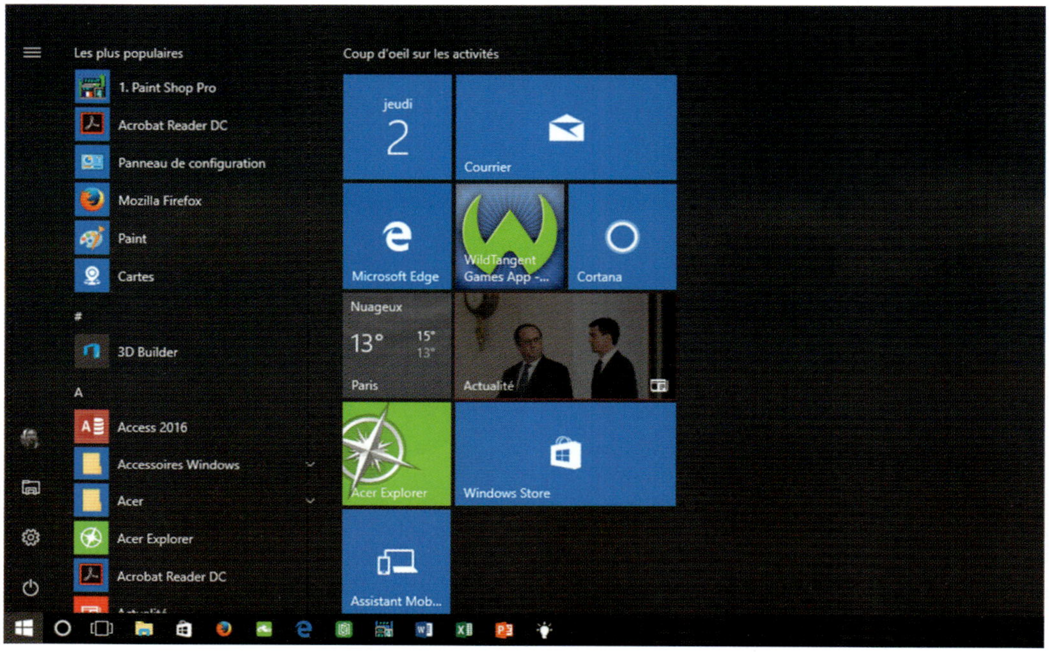


**FIGURE 13.1** Dans le menu Démarrer, cliquez sur le pavé de l'application que vous désirez utiliser.

Si le menu Démarrer de Windows 10 ressemble assez peu à celui des anciennes versions de Windows, son rôle principal est toujours de vous permettre de lancer des programmes ou des applications. Suivez ces étapes :

1. **Ouvrez le menu Démarrer.**

   Il vous suffit pour cela de cliquer ou de taper sur le bouton qui se trouve en bas et à gauche de l'écran (appelons-le fort judicieusement le *bouton Démarrer*). Et si vos doigts sont déjà tout près du clavier, appuyez simplement sur la touche Windows de celui-ci.

   Le menu Démarrer apparaît (reportez-vous à la Figure 13.1). Il affiche toute une liste de programmes et d'applications. En fait, il se met automatiquement à jour pour rendre visibles les programmes ou les applications les plus récemment utilisés.

2. **Si vous voyez le pavé de l'application ou le nom du programme, et si vous voulez le lancer, cliquez simplement dessus, ou touchez-le sur votre écran tactile.**

   Non, vous ne voyez rien ? Passez à l'étape suivante.

**3.** **Faites défiler la liste des applications en amenant le pointeur de la souris dessus – ne cliquez pas – et en actionnant la molette de la souris.**

Avec un écran tactile, faites glisser votre doigt vers le haut, ou vers le bas, sur le menu Démarrer.

Si rien de tout cela n'est suffisant pour que vous arriviez à retrouver le programme ou l'application que vous recherchez, voici quelques conseils supplémentaires :

- Le menu Démarrer étant ouvert, commencez à taper le nom du programme à trouver. Dès que vous commencez votre saisie, le panneau de recherche s'affiche. Il affiche ce qu'il trouve à partir de cette première lettre. Continuez à taper, et la recherche va s'affiner. Une fois l'objet de votre désir localisé, cliquez sur son nom (ou touchez-le sur écran tactile).

- Ouvrez l'Explorateur de fichiers depuis la barre des tâches (le bandeau allongé en bas de l'écran). Lorsque la fenêtre de l'Explorateur de fichiers apparaît, choisissez Documents dans le volet de navigation, à gauche de cette fenêtre. Faites alors un double clic sur le nom du fichier sur lequel vous voulez travailler. Il devrait alors s'ouvrir dans le programme qui le concerne. Et si ce n'est pas le *bon* programme, un peu de patience. Nous allons voir plus loin comment procéder.
- Faites un double clic sur le *raccourci* du programme. Les raccourcis, qui apparaissent normalement sur votre bureau, sont des boutons très pratiques (et déplaçables) pour accéder à des fichiers, des dossiers ou des programmes. Là encore, nous allons y revenir un peu plus loin.

- Tant que le bureau est visible, vous pouvez également rechercher l'icône du programme voulu sur la *barre des tâches*, en cliquant sur l'icône en forme de cercle. Cette action démarre Cortana ainsi qu'un champ de saisie. Tapez le nom du programme, et Windows affichera une liste d'occurrences dans laquelle se trouve le programme en question. Cliquez dessus pour le démarrer.

Windows offre encore d'autres procédés pour ouvrir un programme, mais les méthodes décrites ci-dessus suffisent généralement à obtenir le résultat escompté (le menu Démarrer est décrit dans le Chapitre 4, et le bureau dans le Chapitre 5).

# Ouvrir un document

Windows adore tout ce qui est normalisé. La preuve ? Tous les programmes chargent les documents – textes, images, morceaux de musique, tous ces éléments étant des « fichiers » – et les ouvrent de la même manière :

**1.** **Cliquez sur l'option Fichier, dans la barre de menus située en haut du programme.**

Si la barre de menus n'est pas visible, appuyez sur la touche Alt pour la faire apparaître.

Toujours pas de barre de menus ? Dans ce cas, le programme est sans doute équipé d'un ruban. Cliquez alors sur l'onglet ou le bouton Fichier, en haut à gauche du ruban, pour déployer ses options.

2. **Dans le menu Fichier, choisissez Ouvrir.**

   La boîte de dialogue Ouvrir, que montre la Figure 13.2, suscite une impression de déjà-vu, et pour cause : elle ressemble et se comporte comme le dossier Documents décrits au Chapitre 12.

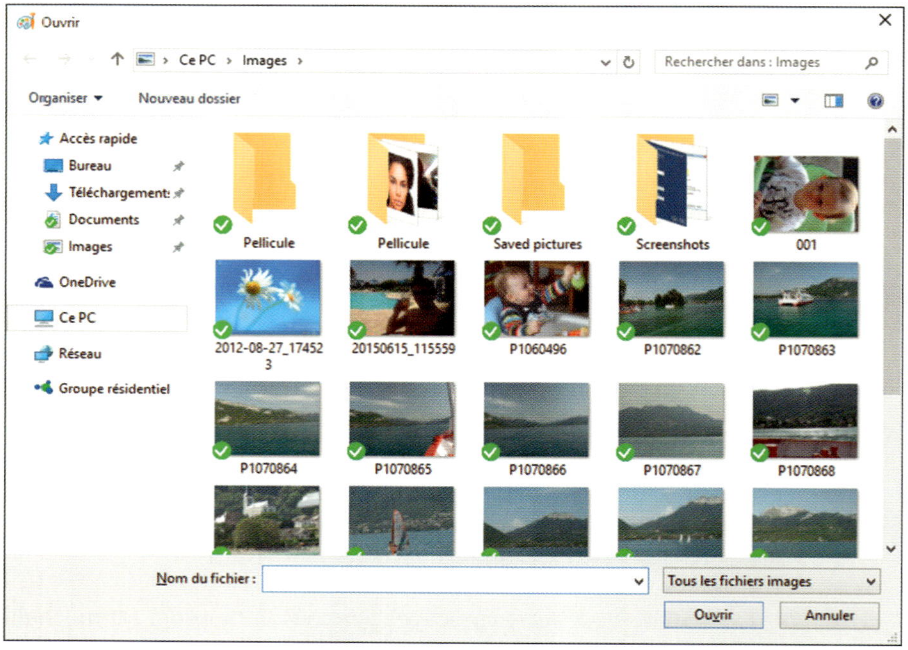


**FIGURE 13.2** Ouvrir un fichier dans un programme.

   Il y a cependant une grande différence : cette fois, le dossier ne montre que les fichiers que le programme est capable d'ouvrir. Tous les autres ne sont pas affichés.

3. **Cliquez sur le document désiré puis cliquez sur le bouton Ouvrir.**

   Avec un écran tactile, touchez le document pour l'ouvrir.

   Le programme ouvre le fichier et affiche son contenu.

Cette technique d'ouverture d'un fichier fonctionne avec la plupart des programmes, qu'ils aient été édités par Microsoft, par un autre éditeur, ou programmés par le boutonneux féru d'informatique, en bas de la rue.

» Pour aller plus vite, double-cliquez sur le nom du fichier désiré. Il est aussitôt ouvert, la boîte de dialogue Ouvrir se fermant toute seule.

## QUAND LES PROGRAMMEURS SE DISPUTENT LES TYPES DE FICHIERS

Quand il s'agit de *formats*, c'est-à-dire la manière dont les données sont organisées dans les fichiers, les programmeurs ne se font pas de cadeaux. Pour s'accommoder de cette petite guerre, bon nombre de programmes sont dotés d'une fonction spéciale permettant d'enregistrer les fichiers dans différents formats.

Examinez l'une des zones de liste en bas à droite de la Figure 13.2. Elle mentionne actuellement Tous les fichiers images. Cela signifie que la boîte de dialogue ne permettra d'ouvrir que des fichiers portant une certaine extension, comme .bmp, .jpeg ou encore .tiff. Pour voir les fichiers enregistrés dans d'autres formats un peu plus exotiques, ouvrez ce menu local, et choisissez l'un des autres formats proposés ou plus simplement Tous les fichiers.

Comment afficher tous les fichiers, indépendamment de leur format lorsque la boîte de dialogue ne propose pas d'option Tous les fichiers ? Cliquez dans le champ Nom du fichier pour y placer le point d'insertion. Tapez *.* et appuyez sur la touche Entrée de votre clavier. Tous les fichiers, quel que soit leur format, s'afficheront dans la boîte de dialogue Ouvrir. Attention ! Cela ne signifie pas que le programme sera capable de les ouvrir. En effet, le Bloc-notes de Windows, par exemple, n'ouvrira jamais un fichier JPEG. Sinon, vous risquez tout simplement d'obtenir un résultat assez curieux…

- » Si le fichier désiré ne figure pas dans la liste, commencez à parcourir le disque dur via le volet de navigation situé dans la partie gauche de la boîte de dialogue. Par exemple, cliquez sur la bibliothèque Documents, pour voir les fichiers qui s'y trouvent.
- » Vous rangez souvent vos papiers, photos et CD dans des boîtes en carton ou en plastique, mais l'ordinateur, lui, stocke ses fichiers dans des petits compartiments dûment étiquetés, appelés « dossiers ». Double-cliquez sur l'un d'eux pour voir ce qu'il contient. Et si tout cela vous rend extrêmement nerveux, la section consacrée aux dossiers dans le Chapitre 12 devrait vous apporter un peu de soulagement.
- » Chaque fois que vous ouvrez un fichier et que vous le modifiez, ne serait-ce qu'en appuyant sur la barre Espace par mégarde, Windows présume que vous aviez une bonne raison de le faire. C'est pourquoi, si vous tentez de fermer le fichier, il vous propose d'enregistrer cette modification. Si votre action était volontaire, cliquez sur Oui. Mais si vous y avez semé la pagaille ou ouvert un mauvais fichier, cliquez sur le bouton Non ou Annuler.
- » Tous ces boutons et icônes en haut et à gauche de la boîte de dialogue Ouvrir vous intriguent ? Immobilisez la souris sur l'un d'eux et une info-bulle (un petit message sur fond coloré) vous renseignera.

# Enregistrer un document

*Enregistrer* signifie que vous écrivez votre travail sur la surface magnétique d'un disque dur, dans la mémoire flash d'une clé USB, ou tout autre support, afin de le conserver. Tant qu'un travail n'est pas enregistré, il réside dans la mémoire vive de l'ordinateur, qui est vidée dès que l'ordinateur est éteint. Vous devez spécifiquement demander à l'ordinateur d'enregistrer votre travail.

Fort heureusement, Microsoft a fait en sorte que la même commande Enregistrer apparaisse (normalement) dans tous les programmes de Windows, et cela quel qu'en soit le programmeur ou l'éditeur. Voici plusieurs moyens d'enregistrer un fichier :

- » Cliquez sur le menu ou l'onglet Fichier de votre application, puis choisissez Enregistrer. Windows propose (normalement) toujours de sauvegarder un document dans le dossier Documents. Acceptez ou choisissez un autre emplacement, par exemple le bureau (normalement toujours, vous devriez aussi pouvoir appuyer sur la touche Alt, puis sur F et enfin sur S).
- » Cliquez sur l'icône Enregistrer.
- » Appuyez sur Ctrl + S (ici le « S » est celui du mot anglais *Save,* « enregistrer »).

Quand vous enregistrez pour la première fois, Windows demande d'indiquer le nom du fichier. Efforcez-vous d'être descriptif et de n'utiliser que des lettres, des chiffres et des espaces (tiret, apostrophe, parenthèses et caractères accentués ou à cédille et signe de soulignement sont admis). N'essayez pas d'utiliser un des caractères interdits, décrits au Chapitre 12, car Windows refuserait le nom.

- » Choisissez toujours un nom descriptif pour vos fichiers. Windows autorise 255 caractères, c'est-à-dire plus qu'il n'en faut. Un fichier nommé *Rapport de l'Assemblée générale de 2012* ou *Prévision des ventes* sera plus facile à retrouver qu'un fichier laconiquement nommé *Rapport* ou *Prévisions.*
- » Vous pouvez enregistrer un fichier dans n'importe quel dossier, voire dans une carte mémoire et même sur un CD ou un DVD. Mais c'est en les enregistrant dans le dossier Documents, Images, Musique ou Vidéos que vous le retrouverez le plus facilement (ces dossiers sont toujours listés dans le volet de gauche de l'Explorateur de fichiers, ce qui vous permet de les retrouver facilement).
- » La plupart des programmes peuvent enregistrer des fichiers directement sur un CD ou un DVD : choisissez Enregistrer, dans le menu Fichier puis, comme destination, sélectionnez le graveur de CD ou de DVD. Insérez un disque dans le lecteur, et c'est parti !
- » Certaines applications sont capables de sauvegarder vos documents sans même rechercher un quelconque dossier Enregistrer. Ils mémorisent vos documents au fur et à mesure que vous les modifiez. Ne vous inquiétez donc pas dans ce cas.
- » Si vous travaillez souvent sur un document important, exécutez régulièrement la commande Enregistrer en appuyant sur les touches Ctrl + S (touche Ctrl enfoncée, appuyez brièvement sur S). La première fois, le programme demandera d'indiquer le nom et l'emplacement du fichier, mais, par la suite, le processus sera quasiment instantané.

## QUELLE EST LA DIFFÉRENCE ENTRE ENREGISTRER ET ENREGISTRER SOUS ?

Enregistrer sous quoi ? Sous la table ? Sous le tapis ? Que nenni, bonnes gens ! La commande Enregistrer permet d'enregistrer un fichier sous un autre nom et/ou à un autre emplacement.

Supposons que le fichier *Ode à Tina* se trouve dans le dossier Documents et que vous désirez modifier quelques phrases. Vous désirez enregistrer cette modification, mais sans perdre la version originale. Pour conserver les deux versions de cette impérissable littérature, vous choisirez Enregistrer sous, et vous renommerez le fichier *Ode à Tina - Ajouts* (en plaçant le mot « ajouts » après le nom, vous préservez le classement par ordre alphabétique de vos fichiers).

Lors d'un *premier* enregistrement, les commandes Enregistrer et Enregistrer sous sont identiques : les deux vous invitent à nommer le fichier et à choisir son emplacement.

Plus important encore, la commande *Enregistrer sous* vous permet d'enregistrer le fichier dans un format différent. Vous pouvez par exemple sauvegarder votre document original dans son format d'origine, puis sauvegarder une copie de celui-ci dans un format mieux adapté à une version plus ancienne de votre programme.

# Choisir le programme qui ouvre un fichier

En général, Windows sait quel programme utiliser pour ouvrir tel ou tel fichier. Double-cliquez sur un fichier, et Windows démarre le programme, charge le fichier et l'ouvre.

Mais parfois, Windows ne démarre pas le programme que vous vouliez utiliser pour ce type de fichier. Par exemple, lorsque vous double-cliquez sur un morceau de musique ou une image, Windows 10 la lit par défaut dans l'application Groove Musique ou bien dans Paint. Or, vous pourriez préférer que ce soit le programme Lecteur Windows Media (ou encore VLC) qui démarre.

Voici comment choisir un programme lorsqu'un fichier s'ouvre dans un autre :

1. **Cliquez du bouton droit sur le fichier qui pose problème et, dans le menu contextuel, choisissez Ouvrir avec.**

   Comme le montre la Figure 13.3, Windows propose quelques-uns des programmes capables d'ouvrir ce type de fichier.

   Si cliquer sur un fichier affiche une fenêtre proposant de rechercher une autre application sur ce PC ou de rechercher une autre application dans le Windows Store, passez directement à l'Étape 3.

2. **Cliquez sur Choisir une autre application, puis sélectionnez le nom du programme qui doit ouvrir ce type de fichier.**

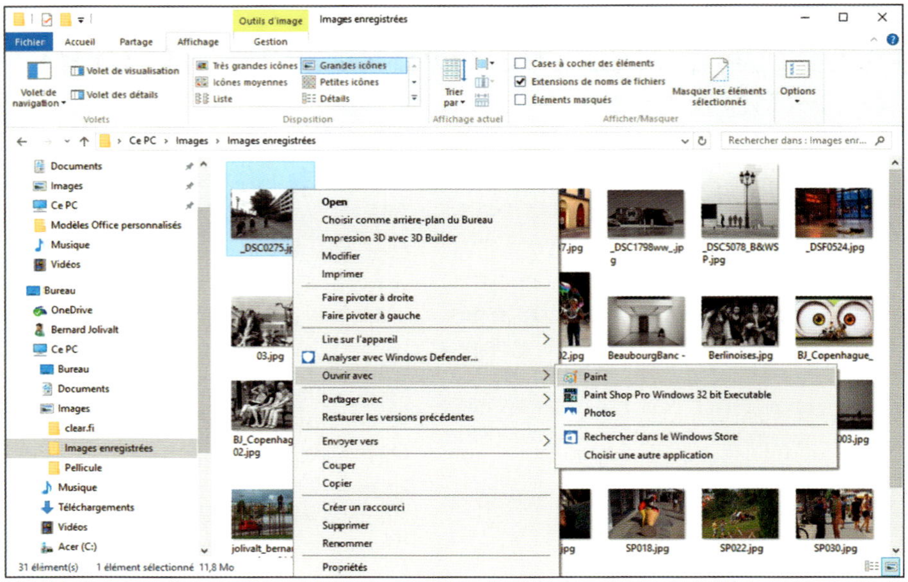


**FIGURE 13.3** Windows indique les programmes capables d'ouvrir ce type de fichier (ici, un fichier d'image).

La boîte de dialogue qui apparaît contiendra sans doute d'autres programmes capables d'ouvrir le fichier (selon le nombre de logiciels installés dans l'ordinateur, cette liste peut être plus ou moins fournie). Assurez-vous que la case Toujours utiliser cette application (sous-entendu pour ouvrir le format de fichier voulu) est cochée, comme sur la Figure 13.4.

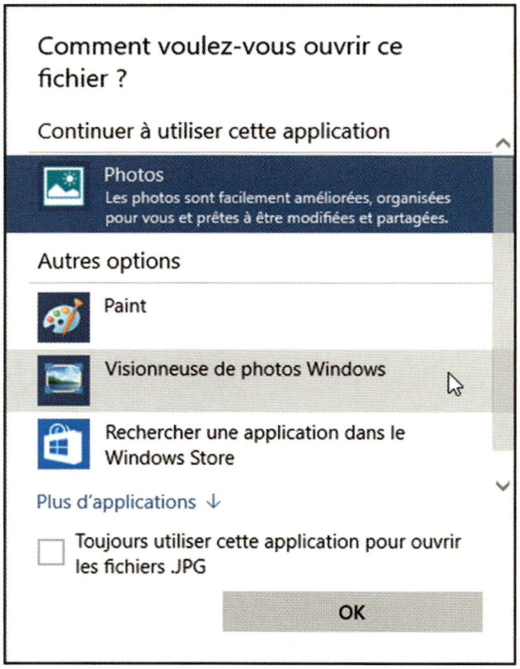


**FIGURE 13.4** Choisir l'application qui ouvrira systématiquement un type de fichier précis.

3. **Si vous ne trouvez pas le programme qui vous intéresse, cliquez sur le lien Plus d'applications, en bas de cette boîte de dialogue.**

   Plusieurs autres options peuvent vous être proposées dans la liste :

   - **Rechercher une application dans le Windows Store :** cliquez sur cette option donne accès au Windows Store, où vous pourrez parcourir les rayons virtuels à la recherche d'une application capable d'ouvrir le fichier.
   - **Rechercher une autre application sur ce PC :** plutôt réservée aux férus de technique, cette option ouvre l'Explorateur de fichiers sur le dossier

## L'ASSOCIATION (SANS BUT LUCRATIF) DE FICHIERS

Tous les programmes ajoutent quelques caractères, appelés « extension de fichier », au nom des fichiers qu'ils créent. Cette extension identifie leur nature : quand vous double-cliquez sur un fichier, Windows s'enquiert de son extension pour savoir à quel programme il est lié. Par exemple, le Bloc-notes ajoute l'extension `.txt` (abrégé de « texte ») à tous les fichiers qu'il crée : l'extension `.txt` est ainsi associée au Bloc-notes.

Pour plus de sécurité dans son fonctionnement, Windows n'affiche pas les extensions par défaut. En effet, si l'extension était modifiée pour une raison ou pour une autre, Windows n'ouvrirait plus le fichier comme prévu.

Procédez comme suit si vous tenez absolument à voir ces mystérieuses extensions :

1. **Ouvrez l'Explorateur de fichiers, et cliquez sur l'onglet Affichage.**
2. **Dans le groupe Afficher/Masquer du Ruban, cochez la case Extensions de noms de fichiers.**

   La case est décochée par défaut.
3. **Cliquez sur le bouton OK.**

   Toutes les extensions de fichiers sont aussitôt visibles, ce qui peut s'avérer commode en cas d'incident.

Maintenant que vous avez vu les extensions, masquez-les de nouveau en cochant la case Extensions de noms de fichiers.

**Attention :** ne modifiez jamais l'extension d'un fichier à moins de savoir exactement ce que vous faites. Autrement, Windows se tromperait de programme ou ne saurait plus lequel utiliser.

Programmes. Ne choisissez cette option que si vous savez réellement dans quel sous-dossier se trouve le programme désiré.

Quand vous installez un nouveau programme ou une application, elle s'arroge généralement le droit d'ouvrir ses propres fichiers. Si cela ne se produit pas, exécutez la manipulation précédente à partir de l'Étape 1. Cette fois, le nouveau programme ou la nouvelle application devrait figurer dans la liste.

» Le terme *application* se rapporte à la fois aux classiques logiciels et aussi aux applications du menu Démarrer. Lorsque le bureau est affiché, et si Windows vous dit que telle ou telle action va affecter une application, n'oubliez pas qu'il veut dire aussi bien *application* que *programme*.

» Windows vous permet aussi de choisir vos programmes par défaut directement depuis le menu Démarrer. Cliquez sur son bouton, puis choisissez la commande Paramètres. Dans la fenêtre qui s'affiche, Dans la fenêtre qui s'affiche, cliquez sur le bouton Système, puis sur Applications par défaut dans le volet de gauche. Windows va afficher sur la droite de la fenêtre les applications censées s'ouvrir pour chaque type de fichier. Cliquez sur le nom d'un programme. Une liste de propositions (ou simplement un renvoi vers Windows Store devrait alors s'afficher).

» Parfois, vous voudrez alterner entre divers programmes et applications lorsque vous travaillerez sur un même document. Pour ce faire, cliquez du bouton droit sur le document, choisissez Ouvrir avec puis sélectionnez le programme dont vous avez besoin à ce moment-là.

- Il est parfois impossible de faire en sorte que votre programme favori ouvre un fichier particulier tout simplement parce que le programme ne sait que faire. Par exemple, le Lecteur Windows Media lit les vidéos, sauf quand elles sont au format QuickTime, développé par Apple. La seule solution consiste alors à installer le logiciel QuickTime (`www.apple.com/fr/quicktime/`) et à l'utiliser pour ouvrir ce type de vidéo.
- Quand vous entendez parler d'association à propos de Windows, c'est forcément celle dont il est question dans l'encadré « L'association (sans but lucratif) de fichiers ».

## Visiter la boutique Windows Store

Les *applications*, qui ne sont rien d'autre que des mini programmes spécialisés dans une seule tâche, proviennent de l'univers des smartphones. Et, comme sur les smartphones, elles ont leur propre boutique. Sous Windows, elle s'appelle Windows Store et se trouve à la fois dans la fenêtre principale du menu Démarrer et dans la barre des tâches.

Les applications diffèrent des programmes à bien des égards :

- Elles peuvent être affichées dans une fenêtre, contrairement aux versions précédentes de Windows où elles occupaient la totalité de l'écran. Sur une tablette, par contre, elles continuent à envahir l'écran en entier. Les programmes, eux, sont affichés dans une fenêtre (ou sur tout l'écran si vous le souhaitez).
- Les applications sont liées à votre compte Microsoft. De ce fait, vous devez avoir ouvert un compte Microsoft pour les télécharger depuis le Windows Store, même si elles sont gratuites.
- Une application téléchargée depuis le Windows Store peut être utilisée sur huit ordinateurs ou appareils mobiles à la fois, dès lors que ces équipements sont liés à votre compte Microsoft (d'accord, ce n'est pas une règle générale).
- Après leur installation, des programmes peuvent placer plusieurs vignettes sur le bureau ou dans le menu Démarrer. En revanche, une application ne place qu'une seule vignette.

Applications et programmes peuvent être développés et vendus par de grands éditeurs ayant pignon sur rue, mais aussi par d'obscurs programmeurs amateurs.

Bien que les programmes et les applications se comportent différemment, Microsoft les appelle indistinctement « applications », ou encore bêtement *applications*. Mais, de votre point de vue, il s'agit toujours de programmes, d'applications, de logiciels, ou quoi que ce soit d'autre du même genre. Bref, utilisez la terminologie qui vous convient le mieux.

# Télécharger des applications avec Windows Store

Si vous avez besoin d'une application capable d'exécuter une tâche bien précise, procédez comme suit pour la trouver :

1. **Cliquez sur le bouton Démarrer, faites défiler la liste vers le bas, puis cliquez sur Windows Store.**

D'accord, il s'agit de la version longue. Sinon, contentez-vous de cliquer sur l'icône de Windows Store dans la barre des tâches.

La boutique virtuelle Windows Store apparaît, comme sur la Figure 13.5. Elle contient de nombreuses catégories comme Applications, Jeux, Musique ou encore Films et TV. Par défaut, c'est la page Accueil qui est ouverte, juste pour mieux vous tenter...

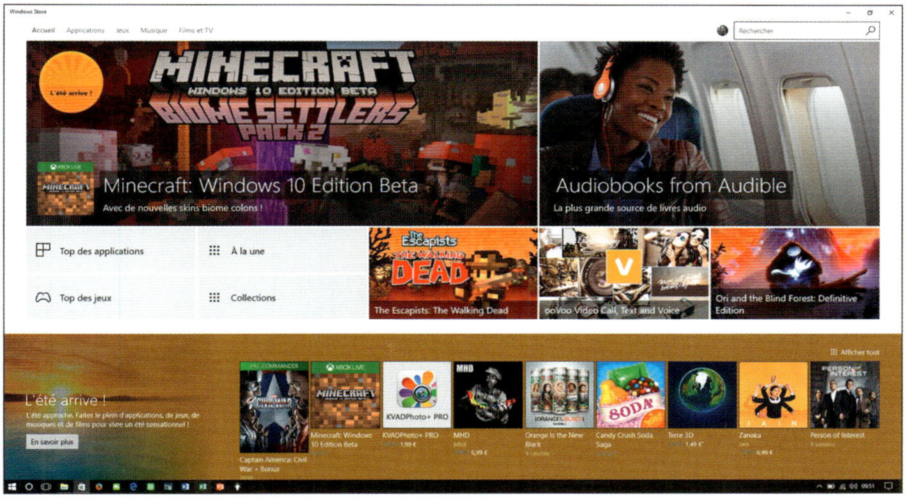


**FIGURE 13.5** L'application Windows Store donne accès à la boutique virtuelle d'où vous pouvez télécharger des applications gratuites ou payantes.

Pour en apprendre plus sur toutes ces choses qui vous tendent les bras, faites défiler la liste qui indique Palmarès des applications, Catégories d'application, Palmarès des jeux ou encore Catégories de jeu. Mais n'oubliez pas l'essentiel : Microsoft (comme ses concurrents) *veut* que vous achetiez des applications et des jeux, et si possible que vous adoptiez en plus une Xbox One.

2. **Pour réduire le champ de recherche, cliquez sur le nom d'une des catégories (par exemple, Top des applications, comme sur la Figure 13.6.).**

Vous accédez aux applications de cette catégorie.

Pour télécharger une application gratuite, cliquez simplement sur sa vignette. Si l'application est payante, le prix est indiqué sous celle-ci. Mais la procédure est fondamentalement la même...

3. **Servez-vous du volet de gauche pour affiner votre recherche en fonction de critères réputés « top », ou encore pour ne sélectionner qu'un certain type de catégorie.**

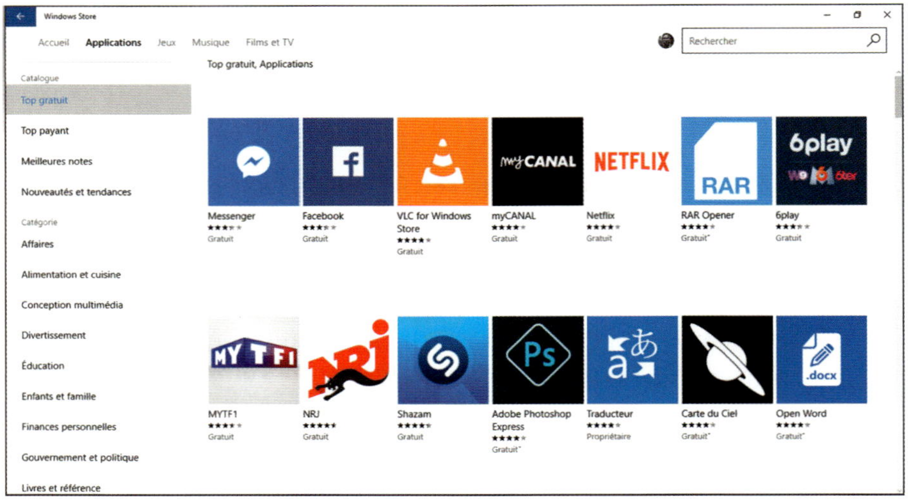


**FIGURE 13.6** Allez directement à la catégorie d'applications qui vous intéresse.

**4.** **Cliquez sur une application pour accéder à sa fiche descriptive.**

La page qui s'ouvre contient des informations détaillées, notamment son prix, des images de l'application, des critiques d'utilisateurs et des informations un peu plus techniques (voir la Figure 13.7).

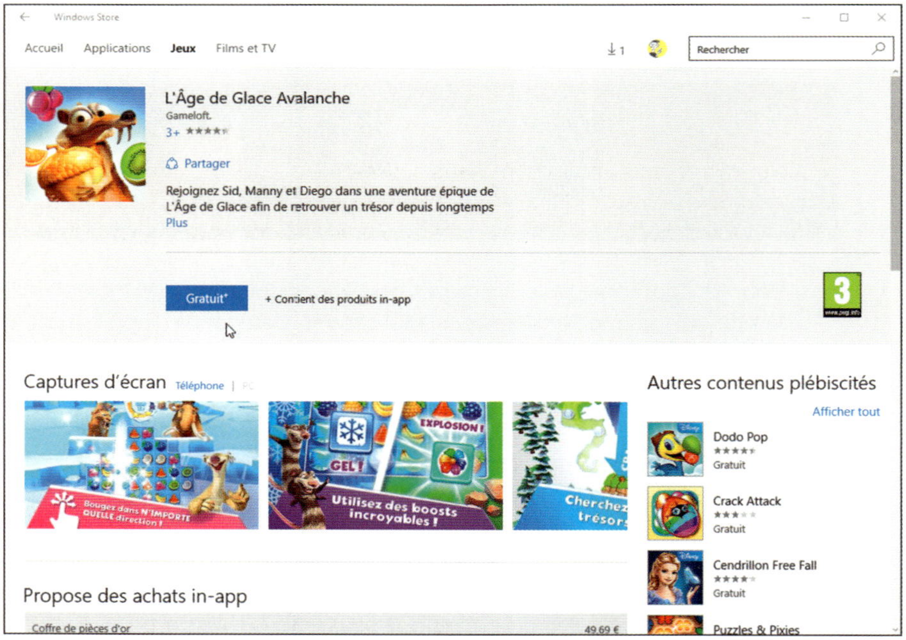


**FIGURE 13.7** La page de description d'une application.

Gratuit ne veut pas forcément dire *réellement* gratuit. Un astérisque placé sur la droite du bouton Gratuit veut dire qu'il y a aura des achats directs via l'application…

5. **Cliquez sur le bouton Gratuit, celui qui indique le prix, ou encore Essai gratuit (sous-entendu, limité dans le temps).**

   Après quelques instants – la durée exacte dépend du débit de la connexion Internet –, la vignette de l'application apparaît dans l'écran de démarrage.

   Acheter une application payante impose d'associer un numéro de carte bancaire à votre compte Microsoft. Si vous ne l'avez pas encore fait, Windows Store vous demandera de le faire maintenant afin de prélever le prix de l'application.

Les applications nouvellement téléchargées apparaissent dans la liste alphabétique du menu Démarrer. Pour la copier vers la partie droite du menu, cliquez du bouton droit sur son nom, et choisissez dans le menu qui s'affiche l'option Épingler à l'écran de démarrage.

## Désinstaller une application

Pour désinstaller une application tombée en disgrâce, cliquez du bouton droit sur sa vignette, à droite du menu Démarrer. Dans le menu contextuel qui apparaît, cliquez sur Désinstaller.

La désinstallation d'une application ne la supprime que dans le menu Démarrer de *votre compte d'utilisateur*. Elle est sans effet sur les autres comptes où elle aurait pu avoir été installée.

## Mettre une application à jour

Les programmeurs améliorent sans cesse leurs applications. Ils peaufinent quelques fonctions, éradiquent des bogues et colmatent les failles de sécurité. Lorsque vous êtes connecté à l'Internet et qu'une ou plusieurs applications ont été mises à jour, Windows le détecte. Il télécharge et installe alors automatiquement la dernière version en date.

Si vous utilisez une connexion cellulaire, par exemple avec un smartphone, ne paniquez pas. Windows n'effectuera toutes ces mises à jour que si vous êtes en Wi-Fi ou avec un ordinateur câblé.

Si, pour une raison ou pour une autre, vous ne souhaitez pas en passer par ces mises à jour automatiques, pas de souci. Suivez ces étapes :

1. **Dans l'application Windows Store, cliquez sur l'icône de votre compte (à gauche du champ Rechercher) et choisissez l'option Paramètres.**
2. **Dans la page des paramètres, désactivez l'option Mettre à jour les applications automatiquement.**

   Votre choix s'applique immédiatement. Et, si vous changez d'avis plus tard, il vous suffit de reprendre ces étapes et de replacer le curseur en position Activé.

Notez bien que la mise à jour automatique concerne *toutes* vos applications, vous ne pouvez pas la gérer de manière individualisée. C'est pourquoi je vous conseille de l'activer sans vous poser des questions existentielles. Sinon, vous risqueriez de manquer des correctifs de sécurité, ou encore des améliorations importantes, encore une fois pour *toutes* vos applications.

# Prendre un raccourci

Vous allez rapidement vous rendre compte que vous devez fréquemment basculer entre le bureau et le menu Démarrer. Si vous en avez assez de voyager à droite et à gauche pour retrouver un programme, un dossier, un disque, un document ou même un site Web, créez un *raccourci* sur le bureau. Autrement dit, une icône qui vous conduit directement à l'objet désiré.

Comme les raccourcis ne sont rien de plus que des icônes qui démarrent d'autres éléments, ils sont particulièrement sûrs, commodes et faciles d'accès. Il est facile de les différencier de l'original grâce à la petite flèche incurvée, en bas à gauche, visible ici sur l'illustration en marge.

Voici comment éviter le passage par le menu Démarrer en créant des raccourcis pour les éléments les plus utilisés :

- **Dossiers ou documents :** dans l'Explorateur de fichiers, cliquez du bouton droit sur le dossier ou le document, choisissez Envoyer vers et sélectionnez l'option Bureau (créer un raccourci).
- **Sites Internet :** vous avez remarqué la petite icône qui précède l'adresse du site dans la barre d'adresse d'Internet Explorer ? Faites-la glisser et déposez-la sur le bureau ou ailleurs. Vous pouvez aussi placer les sites Internet intéressants parmi vos Favoris.
- **Panneau de configuration :** vous avez découvert un élément particulièrement intéressant dans le Panneau de configuration, qui est la plaque tournante de Windows ? Glissez-déposez son icône jusque sur le bureau, ou jusque sur un dossier du volet de navigation ou n'importe où ailleurs, et l'icône est aussitôt convertie en raccourci.

- **Disque dur et autre emplacement :** ouvrez l'Explorateur de fichiers. Dans le volet de navigation, à gauche de la fenêtre, cliquez sur un disque dur, ou tout emplacement affiché dans la liste, et, tout en maintenant enfoncé le bouton de la souris, faites glissez sur le bureau. Un petit message va indiquer Créer le lien dans Bureau. Vous pouvez alors relâcher le bouton de la souris. Cette technique vaut tout aussi bien pour votre PC, votre unité OneDrive, un dossier quelconque, un disque dur, une clé USB et même une adresse réseau.

Voici quelques astuces supplémentaires :

- » Pour graver rapidement des CD – si l'ordinateur est équipé du matériel requis –, placez un raccourci du graveur sur le bureau. Il suffira ainsi de glisser et déposer les fichiers sur l'icône du raccourci. Insérez un disque vierge, confirmez les paramètres et la gravure commence.
- » Vous désirez placer un raccourci du bureau dans le menu Démarrer ? Cliquez du bouton droit sur le raccourci présent sur le bureau et, dans le menu, choisissez Épingler à l'écran de démarrage. Sa vignette apparaît aussitôt dans la partie droite du menu Démarrer, ainsi que dans la liste Toutes les applications.
- » Vous pouvez librement bouger un raccourci de-ci de-là. Mais ne déplacez *pas* l'élément vers lequel il pointe. Sinon, le raccourci ne pourrait plus le trouver, et Windows commencerait à paniquer en tentant de retrouver celui-ci (généralement en vain).
- » Vous voulez savoir où se trouve le programme que démarre un raccourci ? Cliquez dessus du bouton droit et choisissez Ouvrir l'emplacement du dossier (ou du fichier). Si la chose est faisable, le raccourci vous mène promptement vers le dossier où réside son seigneur et maître.

# Le petit guide du Couper, Copier et Coller

Windows a emprunté à l'école maternelle les petits ciseaux à bouts ronds et le pot de colle à papier. Enfin, leur version informatique... Vous pouvez électroniquement *couper* ou *copier*, puis *coller* quasiment tout ce que vous voulez, et tout cela avec la plus grande facilité.

Les programmes de Windows sont conçus pour travailler ensemble et partager des données, ce qui permet par exemple de placer très facilement le plan d'un quartier, préalablement numérisé avec un scanner, sur le carton d'invitation créé avec WordPad. Vous pouvez déplacer des fichiers en les coupant ou en les copiant, et en les collant ensuite à un autre emplacement. Rien n'est plus simple, dans un traitement de texte, que de couper un paragraphe et de le coller ailleurs.

Ne mésestimez pas le Copier et le Coller. Copier le nom et l'adresse d'un contact est moins fastidieux que de taper ces éléments dans la lettre. Et si quelqu'un vous envoie une adresse Internet à rallonges, il sera plus sûr – et beaucoup moins fastidieux – de la copier et de la coller dans la barre d'adresse de votre navigateur. Il est aussi très facile de copier la plupart des images d'une page Web, au grand dam des photographes professionnels.

## Le couper-coller facile

En total accord avec le Département « Lâche-moi la grappe avec ces ennuyeux détails », voici, en trois étapes, comment couper, copier et coller :

1. **Sélectionnez l'élément à couper ou à coller : quelques mots, un fichier, une adresse Web ou n'importe quoi d'autre.**

Une sélection de fichier ou de dossier se fait par un simple clic sur son icône. En revanche, pour sélectionner du texte, faites glisser le pointeur de la souris sur les caractères concernés, comme cela est expliqué dans la prochaine section.

2. **Cliquez du bouton droit dans la sélection, et dans le menu contextuel qui apparaît, choisissez Couper ou Copier.**

   Utilisez *Couper* lorsque vous désirez déplacer un élément, et *Copier* lorsque vous voulez le dupliquer en laissant l'original intact.

   Les raccourcis clavier sont : Ctrl + X pour Couper, Ctrl + C pour Copier.

3. **Ouvrez le dossier de destination dans l'Explorateur de fichiers (ou le document où vous souhaitez placer l'élément copié ou coupé).**

4. **Cliquez du bouton droit dans le dossier ou le document et, dans le menu contextuel qui apparaît, choisissez Coller.**

   Le raccourci clavier pour coller est Ctrl + V.

Les trois prochaines sections détaillent ces actions.

## Sélectionner les éléments à couper ou à copier

Avant de coller des éléments ailleurs, vous devez indiquer à Windows exactement de quoi il s'agit. Le meilleur moyen est de sélectionner la bonne information à l'aide de la souris. Il suffit généralement de cliquer dessus, ce qui met les éléments en surbrillance.

» **Sélectionner du texte dans un document, un site Internet ou une feuille de calcul :** placez le pointeur de la souris au début des données à sélectionner puis cliquez et maintenez le bouton enfoncé. Faites glisser ensuite la souris jusqu'à l'autre bout des données. Cette action surligne – met en surbrillance – tout ce qui se trouve entre le clic et l'endroit où vous avez libéré le bouton, comme l'illustre la Figure 13.8.

  Sur un écran tactile, double-tapez pour sélectionner un mot. Pour étendre votre sélection, maintenant le doigt appuyé sur ce mot, puis faites-le glisser dans la direction voulue jusqu'à ce que tout le texte qui vous intéresse soit mis en surbrillance. Vous pouvez alors relever le doigt.

  Soyez prudent après avoir sélectionné du texte. Si vous appuyez accidentellement sur une touche, le *b* par exemple, Windows remplace *toute* la sélection par la lettre *b*. Pour corriger cette bourde, cliquez immédiatement sur Édition > Annuler, dans le menu, ou mieux encore, appuyez sur Ctrl + Z, qui est le raccourci de cette commande.

» **Pour sélectionner un fichier ou un dossier :** cliquez dessus pour le sélectionner. Procédez comme suit pour sélectionner plusieurs éléments :

  - **S'il s'agit d'une plage de fichiers :** cliquez sur le premier de la série, maintenez la touche Majuscule enfoncée et cliquez sur le dernier. Windows sélectionne le premier élément, le dernier et tous ceux qui se trouvent entre.

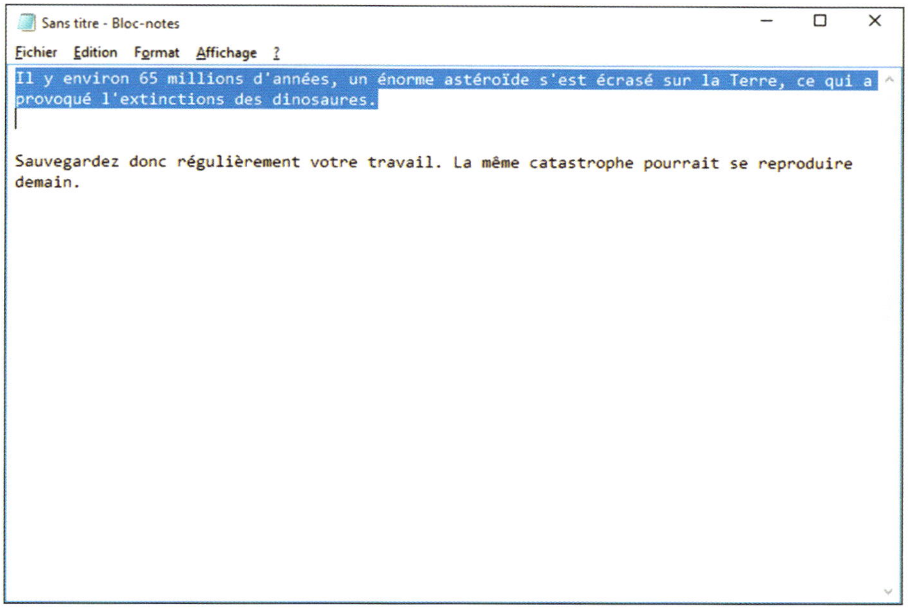


**FIGURE 13.8** Le texte sélectionné est surligné afin de mieux le voir.

- **Si les éléments sont éparpillés :** maintenez la touche Ctrl enfoncée tout en cliquant sur les fichiers et les dossiers à sélectionner.

Les éléments étant sélectionnés, la prochaine section explique comment les couper ou les copier.

## SÉLECTIONNER DES LETTRES, DES MOTS, DES PARAGRAPHES ET PLUS ENCORE

Quand vous travaillez sur des mots, dans Windows, ces raccourcis vous aident à sélectionner rapidement des données :

- Pour sélectionner une seule lettre ou caractère, cliquez juste avant. Ensuite, la touche Majuscule étant enfoncée, appuyez sur la touche fléchée Droite. Maintenez-la enfoncée pour sélectionner davantage de texte.
- Pour ne sélectionner qu'un mot, double-cliquez dessus. Le mot est mis en surbrillance. La plupart des traitements de texte permettent de déplacer un ou plusieurs mots sélectionnés par un glisser-déposer.
- Pour sélectionner une seule ligne de texte, cliquez dans la marge, à la hauteur de la ligne. Le bouton de la souris enfoncé, tirez vers le haut ou vers le bas pour ajouter d'autres lignes à la sélection. Vous pouvez aussi ajouter des lignes en appuyant, touche Majuscule enfoncée, sur les touches fléchées Haut et Bas.
- Pour sélectionner un paragraphe, double-cliquez dans sa marge gauche. Le bouton enfoncé, déplacez la souris vers le haut ou vers le bas pour ajouter d'autres paragraphes à la sélection.
- Pour sélectionner la totalité d'un document, appuyez sur les touches Ctrl + A. Ou alors, choisissez Sélectionner tout, dans le menu Édition.

» Après avoir sélectionné un élément, ne tardez pas à le couper ou à le copier. Car si vous cliquez distraitement ailleurs, votre sélection disparaît, vous obligeant à la refaire entièrement.

» Appuyez sur la touche Suppr pour supprimer un élément sélectionné, qu'il s'agisse d'un fichier, d'un paragraphe, d'une photo, etc. Vous pouvez également effectuer un clic du bouton droit et choisir la commande Supprimer dans le menu qui apparaît.

# Couper ou copier une sélection

Après avoir sélectionné des informations, vous pouvez commencer à les manipuler, notamment les couper ou les copier, voire les supprimer en appuyant sur la touche Suppr.

Cliquez du bouton droit sur un élément sélectionné puis, dans le menu contextuel, choisissez Couper ou Copier, selon vos besoins, comme le montre la Figure 13.9. Ensuite, cliquez dans la destination et choisissez Coller.

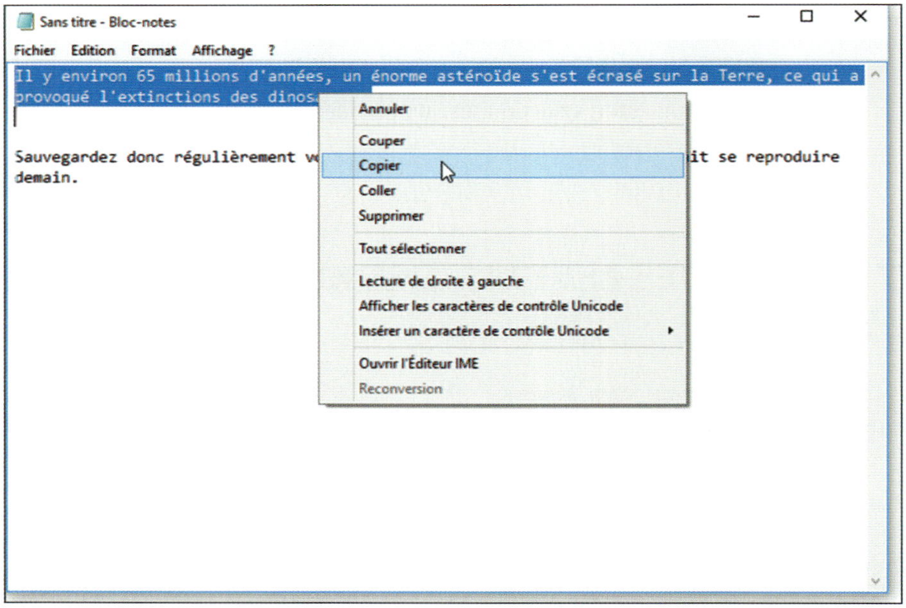


**FIGURE 13.9** Pour copier une sélection que vous collerez dans une autre fenêtre, cliquez du bouton droit dans la sélection et choisissez Copier.

Les options Couper et Coller sont fondamentalement différentes. Laquelle des deux faut-il choisir ?

» **Choisissez Couper pour *déplacer* un élément.** Le fait de couper élimine l'élément sélectionné de l'écran, mais vous n'avez rien perdu. Windows mémorise cette information dans une région secrète de la mémoire qu'il appelle *Presse-papiers*. C'est là que l'élément coupé vous attend, du moins tant qu'il n'est pas remplacé par autre chose.

Vous pouvez couper et coller des fichiers entiers dans différents dossiers. Quand vous coupez un fichier dans un dossier, l'icône du fichier s'assombrit jusqu'à ce que vous l'ayez collée (la faire disparaître serait trop stressant). Vous changez d'avis au cours de la manipulation ? Appuyez sur la touche Échap et l'icône redevient normale.

» **Choisissez Copier pour dupliquer des données.** Lorsque vous utilisez cette commande, rien ne semble se passer à l'écran, car les données originales subsistent. Elles n'en sont pas moins copiées dans le Presse-papiers.

Pour copier l'image du bureau dans le Presse-papiers, c'est-à-dire la totalité de l'écran, appuyez sur la touche Impr. écran (le nom peut parfois différer). Vous pourrez ensuite coller l'image où bon vous semble. Pour ne copier que la fenêtre active, appuyez sur Alt + Impr. écran.

## Coller les données ailleurs

Les données coupées ou copiées, et qui résident à présent dans le Presse-papiers de Windows, sont prêtes à être collées à presque n'importe quel emplacement.

Coller est une opération relativement simple :

1. **Ouvrez la fenêtre du document ou du dossier de destination.**

   Dans un document, placez le point d'insertion à l'endroit précis où vous souhaitez coller les données copiées dans le Presse-papiers.

2. **Cliquez du bouton droit et, dans le menu contextuel qui apparaît, choisissez Coller.**

   Et hop ! Les éléments que vous aviez coupés ou copiés apparaissent.

Si vous voulez coller un fichier sur le bureau, cliquez du bouton droit sur celui-ci et choisissez Coller. L'icône du fichier apparaît là où vous avez cliqué.

» La commande Coller insère une copie des données résidant dans le Presse-papiers. Elles y restent, prêtes à être collées ailleurs autant de fois que vous le désirez.

» La réussite d'un collage dépend de la nature de l'élément que vous avez copié ou coupé. Par exemple, vous pourrez généralement coller une image dans un traitement de texte, alors qu'un programme graphique risque fort de ne pas savoir quoi faire d'un texte.

» Avec un écran tactile, maintenez votre doigt appuyé à l'endroit où vous désirez coller des données. Dès qu'un cadre vide apparaît, relâchez votre pression. Dans le menu contextuel qui apparaît alors, touchez Coller.

» La barre d'outils ou le ruban de nombreux programmes contiennent des boutons Couper, Copier et Coller, comme le montre la Figure 13.10 (à gauche, le ruban de l'Explorateur de fichiers, à droite, le menu du Bloc-notes).

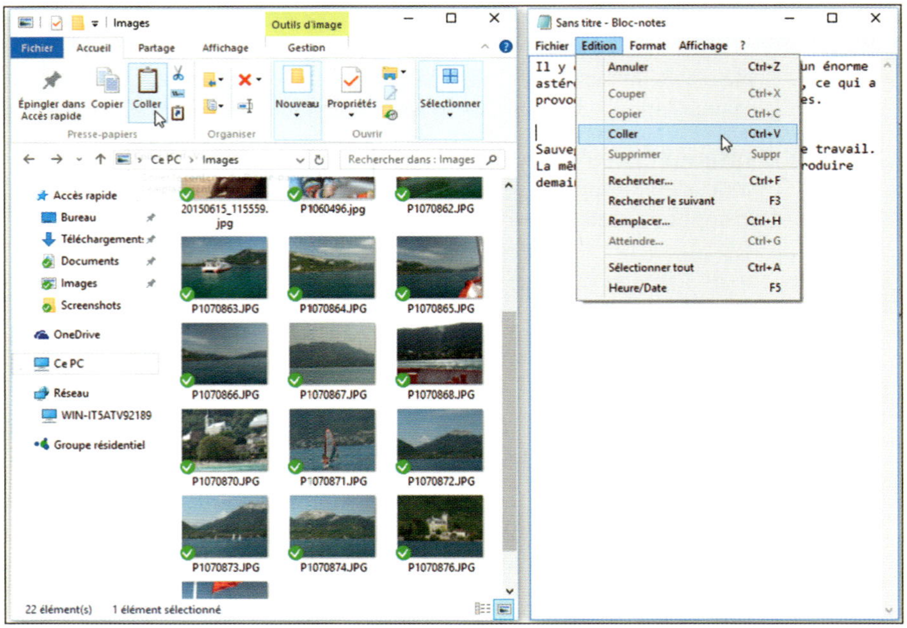


**FIGURE 13.10** Les boutons Couper, Copier et Coller d'un ruban (à gauche) et d'un classique menu (à droite).

## ANNULER DES ACTIONS

Windows propose une foule de manières d'exécuter une même action, mais deux seulement pour accéder à la commande Annuler et corriger ainsi vos bourdes :

» La touche Ctrl enfoncée, appuyez sur Z. La dernière action est annulée. Si le programme comporte un bouton Rétablir, vous pouvez annuler une annulation.

» Il ne fallait pas annuler ? Pas de problème : appuyez sur Ctrl + Y et Windows annule votre annulation. Tout est à présent remis en place comme si vous n'aviez rien fait.

Chapitre 14

# Perdu de vue… Vite retrouvé !

**DANS CE CHAPITRE :**

» **Localiser les applications et les programmes ouverts**

» **Retrouver des fenêtres du bureau et des fichiers**

» **Retrouver des programmes perdus, des courriers électroniques, des morceaux de musique, des photos et des documents**

» **Trouver d'autres ordinateurs sur un réseau**

À un moment ou à un autre, Windows vous laissera dans la perplexité : « Ce fichier était là il y a une seconde. Où a-t-il bien pu se fourrer ? »

Vous apprendrez dans ce chapitre comment faire pour retrouver vos petits quand Windows se met à jouer à cache-cache.

## Localiser les applications et les programmes ouverts

Sur une tablette sous Windows 10, une application occupe généralement la totalité de l'écran. Cliquez sur la vignette d'une autre application, et elle emplit à son tour tout l'écran, masquant ainsi la précédente. Bien sûr, cela facilite son utilisation, mais ce confort a un prix : vos autres applications restent constamment cachées sous un invisible cloaque.

Le problème se pose différemment dans le cas du bureau de votre PC, puisqu'il vous permet d'exécuter applications et programmes dans des fenêtres distinctes. Mais, au bouton d'un certain temps, ces fenêtres finissent tout de même par se recouvrir et se masquer mutuellement.

Windows offre une solution facile pour résoudre ce problème. Il sait dégager d'un coup l'écran et réduire toutes les fenêtres sous la forme de miniatures dont il vous montre un aperçu, comme sur la Figure 14.1. Cliquez simplement sur l'application ou le programme que vous voulez activer, et sa fenêtre retrouve sa taille normale en se plaçant au premier plan du bureau.

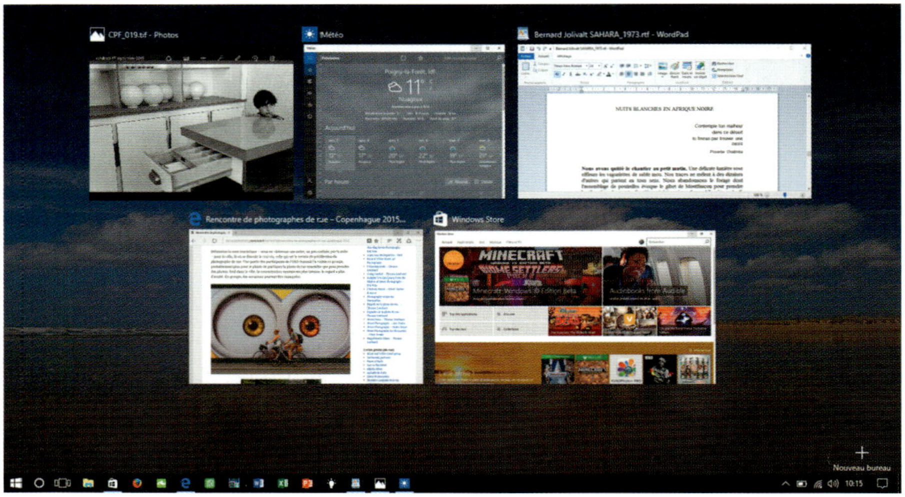


**FIGURE 14.1** Cliquez sur le bouton Affichage des tâches pour voir toutes vos applications et tous vos programmes actifs.

Pour voir ces miniatures, et éventuellement pour refermer les fenêtres dont vous n'avez plus besoin, suivez l'une de ces méthodes :

» **Souris :** cliquez sur le bouton Affichage des tâches de la barre des tâches, juste à droite du champ Rechercher. Pour réactiver une application ou un programme, cliquez tout simplement sur sa miniature. Et pour refermer une application ou un programme, cliquez sur la croix affichée en haut et à droite de sa miniature.

  Si vous avez cliqué par erreur sur le bouton Affichage des tâches, il vous suffit de refaire le même (ou d'appuyer sur la touche Échap) pour revenir à la normale.

» **Clavier :** appuyez sur les touches Windows + Tab pour voir la page des miniatures (reportez-vous à la Figure 14.1). Appuyez ensuite sur les touches fléchées pour vous déplacer entre les miniatures. Lorsque vous avez trouvé votre bonheur, appuyez sur la touche Entrée.

  Depuis l'éternité des temps, Windows propose aussi la combinaison de touches Alt + Tab pour circuler rapidement entre les applications (les miniatures sont cette fois sagement alignées horizontalement). La touche Windows restant enfoncée, appuyez à plusieurs reprises sur la touche Tab. Cette action vous fait passer d'une miniature à une autre. Lorsque la vignette de l'application ou du programme que vous recherchiez est sélectionnée, relâchez les deux touches pour y accéder.

» **Écran tactile :** en mode Tablette, effleurez lentement l'écran du bord gauche vers l'intérieur. Les miniatures de vos applications vont apparaître, comme sur la Figure 14.1.

Touchez la vignette de l'application à rouvrir. Pour la fermer, touchez la croix affichée en haut et à droite de sa miniature.

Pour travailler au cas par cas, placez le pointeur de la souris en haut de l'application ou du programme que vous voulez replier pour faire apparaître sa barre de titre. Cliquez alors sur le bouton de réduction (-). La fenêtre disparaît, mais sans fermer le programme, cédant ainsi la place au suivant de liste.

Si vous êtes vraiment perdu, cliquez sur le petit bandeau, à la droite de l'horloge. Le bureau réapparaît dans sa splendeur, les icônes des applications et des programmes ouverts restant sagement rangées dans la partie centrale de la barre des tâches.

## Retrouver les fenêtres égarées sur le bureau

Le bureau de Windows fonctionne un peu comme un pique-notes. Chaque fois que vous ouvrez une nouvelle fenêtre, c'est comme si vous mettiez une autre note sur la pique. La fenêtre du dessus est facile à lire, mais atteindre l'une de celles qui sont dessous est plus compliqué. Sauf que si une petite partie d'une fenêtre dépasse, il suffit de cliquer dessus pour la mettre au premier plan.

Quand une fenêtre est complètement recouverte par d'autres, recherchez-la dans la barre des tâches, en bas de l'écran (si elle ne veut pas se montrer, appuyez sur la touche Windows). Cliquez sur le nom de la fenêtre et la voilà qui émerge du tas. La barre des tâches est décrite au Chapitre 5.

Toujours introuvable ? La touche Alt enfoncée, appuyez à répétition sur la touche Tab pour voir un ruban contenant une vignette de chacune des fenêtres ouvertes et passer de l'une

### MAIS OÙ EST PASSÉE LA COMMANDE RECHERCHER DE LA BARRE DES CHARMES ?

Sous Windows 8, la commande Rechercher était accessible en permanence depuis la barre des charmes en plaçant le pointeur de la souris sur le coin supérieur droit de l'écran. Si vous vouliez rechercher quelque chose dans une application, vous pouviez afficher la barre des charmes, cliquer sur le bouton Rechercher puis taper votre critère.

Windows 10 a fait disparaître la barre des charmes et a placé le champ Rechercher ailleurs. Pour le retrouver, cliquez sur l'icône Posez-moi une question. Le champ de saisie apparaît en bas du panneau de Cortana. Entrez-y votre critère et appuyez sur la touche Entrée pour lancer une recherche sur votre ordinateur ou bien sur Internet.

Les programmes ne suivent pas les mêmes règles que les applications. C'est pourquoi vous trouverez parfois un champ Rechercher dans le coin supérieur droit de leur fenêtre.

à l'autre. À la place de la touche Alt, vous pouvez aussi actionner la molette de la souris. Lorsque la vignette désirée est sélectionnée, relâchez la touche Alt pour la placer au premier plan.

Si vous êtes certain qu'une fenêtre est ouverte, mais qu'elle reste introuvable, répartissez-les toutes sur le bureau. Pour ce faire, cliquez du bouton droit sur la barre des tâches et, dans le menu, choisissez Afficher les fenêtres côte à côte. C'est la solution de dernier recours, mais qui peut vous faire retrouver la fenêtre égarée.

# Trouver une application, programme, un paramètre, un document, etc.

Nous avons vu dans les deux sections précédentes comment trouver des applications et des programmes actuellement ouverts. Mais comment faire pour trouver par exemple un programme que vous n'avez pas utilisé depuis un moment ?

C'est précisément le travail dévolu au champ Rechercher de Windows, celui qui se trouve juste à droite du bouton Démarrer. Il peut vous aider à retrouver des fichiers, des programmes ou des paramètres cachés, voire même des sites Internet que vous n'aviez jamais visités. En bref, ce champ recherche *tout*.

Pour retrouver un élément dont vous avez perdu la trace, suivez ces étapes :

1. **Cliquez sur l'icône Posez-moi une question.**

   Elle se trouve à droite du bouton Démarrer. Windows affiche le panneau de l'assistant numérique Cortana, car c'est lui qui effectuera la recherche.

2. **Tapez l'objet de votre recherche dans le champ de saisie en bas du panneau qui vient d'apparaître.**

   Dès que vous commencez à saisir un caractère, Windows commence à lancer une recherche.

   Par exemple, la Figure 14.2 illustre ce qui se passe si vous voulez rechercher un certain chanteur dont le prénom est Charles. Vous noterez sur la figure que la première proposition vous renvoie vers le moteur de recherche de Microsoft, Bing. Mais vous pourriez parfaitement voir s'afficher ici des fichiers MP3 de chansons de Charles Aznavour, ou encore des textes de Charles Baudelaire, de Charles Dickens, Charles Perrault, des films de Charles Bronson, et ainsi de suite.

   À ce stade, le champ Rechercher se concentre sur la vitesse des réponses qu'il vous apporte. C'est pourquoi il affiche en priorité ce qu'il trouve sur votre ordinateur et sur OneDrive.

Si vous avez trouvé ce que vous recherchiez, passez à l'Étape 4.

Dans le cas contraire, passez à l'Étape 3. Vous devez en effet affiner votre recherche.

**3. Limitez votre champ de recherche à votre ordinateur ou à l'Internet.**

Un filtrage des résultats est obtenu en cliquant sur les icônes suivantes (dans tous les cas, des occurrences trouvées sur l'Internet sont également affichées) :

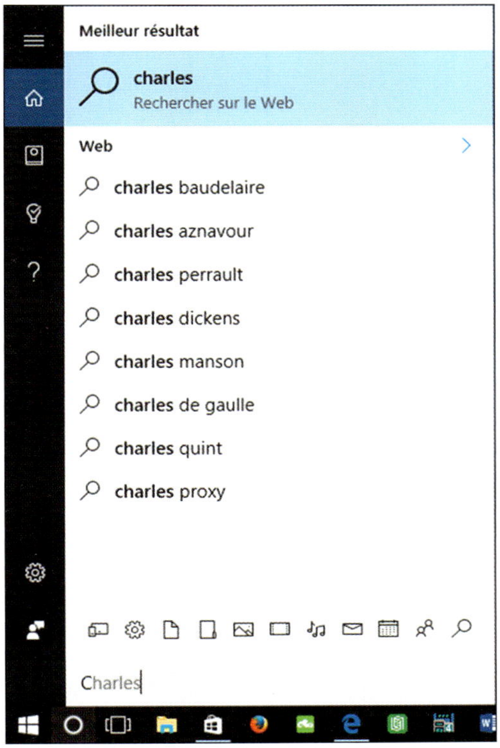


**FIGURE 14.2** Le champ Rechercher associé au bouton Démarrer vous permet de localiser des éléments qui se trouvent sur votre ordinateur comme sur l'Internet.

- **Applications :** les noms d'applications contenant le critère de recherche sont affichés.
- **Paramètres :** les paramètres de Windows dont l'intitulé contient le critère de recherche sont affichés.
- **Mes documents :** la recherche est effectuée dans les fichiers du dossier Documents. Elle porte non seulement sur les noms de fichiers, mais aussi sur leur contenu. Vous pouvez ainsi retrouver une lettre en tapant un mot de son texte.
- **Dossiers :** les noms de dossiers dont l'intitulé contient le critère de recherche sont affichés. Des occurrences trouvées sur l'Internet sont également affichées.
- **Photos :** les photos numériques peuvent être retrouvées dans tout l'ordinateur non seulement en tapant un élément de leur nom ou leur extension de fichier, mais aussi, ce qui est plus efficace, en saisissant un mot-clé, comme dans la Figure 14.3, si bien sûr vous en avez préalablement définis.
- **Vidéos :** effectue la recherche parmi les fichiers vidéo présents dans l'ordinateur.
- **Musique :** effectue la recherche parmi les fichiers audio. Cette recherche peut être effectuée d'après les informations (artiste, album, genre…) présentes dans un morceau de musique.
- **E-mails :** la recherche est effectuée dans le courrier électronique. N'importe quel élément est pris en compte (nom de l'expéditeur, objet, mots dans le message…)
- **Calendrier :** retrouvez des événements, des rendez-vous…
- **Personnes :** la recherche est effectuée parmi vos contacts. Retrouvez-les par les informations présentes sur leur fiche, notamment leur nom, prénom, nom de rue, de ville, d'entreprise, tout ou partie du numéro de téléphone…

- **Web :** la recherche est effectuée sur l'Internet, à l'aide de Bing, le moteur de recherche de Microsoft (lequel est bien moins efficace que Google).

Dans tous les cas, Windows montre immédiatement les occurrences qu'il détecte.

4. **Choisissez un des éléments proposés pour l'ouvrir et l'afficher au premier plan sur l'écran.**

Cliquez par exemple sur une chanson, et la musique démarre. Cliquez sur un réglage, et le Panneau de configuration ou l'application Paramètres s'affiche au bon endroit. Cliquez sur une lettre, et elle apparaît dans votre traitement de texte.

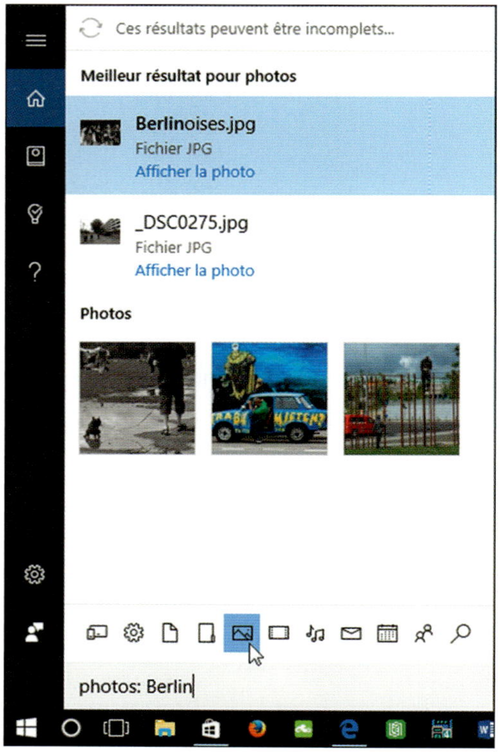


**FIGURE 14.3**
Une recherche de photos d'après un mot-clé incorporé au fichier d'image, Berlin en l'occurrence.

Voici quelques considérations sur ce type de recherche :

- Pour aller plus vite, le volet Rechercher ne liste que les noms des fichiers qui vérifient votre critère. Si cette stratégie permet généralement de trouver rapidement la bonne réponse, elle ne vous sera d'aucun secours si vous recherchez le mot **oranges** dans votre liste de courses. Si vous ne trouvez pas exactement ce que vous recherchez, finissez la saisie de votre critère, puis utilisez l'un des boutons de filtrage.
- N'appuyez pas sur la touche Entrée pour terminer votre saisie. Si vous faites cela, Windows va exécuter l'action qui correspond à la première ligne du volet, ce qui n'est pas forcément ce que vous vouliez obtenir. Attendez plutôt de voir ce que Windows vous propose, et cliquez sur l'élément qui vous intéresse.
- Windows scrute tous les fichiers présents dans les bibliothèques Documents, Images, Musique et Vidéos, d'où l'importance d'y stocker vos créations. Notez qu'il est cependant impossible, pour des raisons compréhensibles, de rechercher des fichiers dans les comptes privés des autres utilisateurs de l'ordinateur.
- Tant qu'à faire, Windows regarde aussi ce que contient votre espace OneDrive, même si ces fichiers ne sont pas également enregistrés sur votre PC.
- Windows n'effectue *pas* de recherche sur les dispositifs amovibles, tels que les clés USB, les disques externes, les CD ou les DVD.
- Quand Windows trouve trop d'occurrences pour un terme, limitez la recherche en utilisant une phrase (si possible courte) plutôt qu'un seul mot. Par exemple, au lieu de **Paris**, tapez **Paris au mois d'août**. Plus les mots sont nombreux, plus les chances de

ne voir apparaître que le bon fichier, ou le bon critère de recherche sur l'Internet, sont accrues.

» Lors d'une recherche, Windows ne différencie pas les majuscules des minuscules. Pour Windows, le mot « pierre » et le prénom « Pierre », c'est pareil.

# Rechercher avec Cortana

Cortana est un assistant numérique personnel appelé Cortana. Celui-ci essaie de vous simplifier la vie en retrouvant non seulement des fichiers égarés, mais aussi des éléments d'information sur vous et sur ce qui vous entoure. Il peut s'agir par exemple de la météo locale, du trafic routier, ou encore des restaurants qui se trouvent à proximité. Il est même capable, normalement, de vous prévenir lorsque la tournée de votre groupe préféré s'arrête près de chez vous.

En réalité, vous avez déjà fait la connaissance de Cortana. En effet, c'est lui en effet qui effectue les recherches, comme nous venons de le voir précédemment.

Cortana tend constamment l'oreille pour écouter ce que vous dites, que ce soit sur votre PC, votre tablette ou votre smartphone. Bien entendu, encore faut-il qu'un micro soit ouvert et que vous y parliez... Cortana attend que vous prononciez la phrase magique « Hey Cortana ». Lorsque vous prononcez ces mots, Cortana commence à écouter attentivement ce qui suit et à traiter votre demande.

Pour faire une recherche sur l'internet à propos de Lady Gaga, dites « Hey Cortana Lady Gaga ». Ne faites pas de pause après les deux mots d'introduction, sinon Cortana pourrait croire que vous l'aviez appelée par erreur et replonger du coup dans une profonde léthargie. Parlez normalement, sans respecter de ponctuation virtuelle.

Cortana active rapidement votre navigateur Internet et le moteur de recherche de Microsoft, Bing, en rassemblant toutes les informations trouvées sur Lady Gaga (d'accord, il y en a beaucoup, et la plupart sont en anglais).

Cortana est capable d'autres miracles, mais c'est là un sujet qui dépasse le cadre de ce chapitre. Pour avoir une idée de tout ce qu'il sait faire, cliquez sur l'icône en forme de point d'interrogation, dans la colonne à gauche du panneau de Cortana. Vous découvrirez à quel point il peut vous être utile.

# Retrouver un fichier dans un dossier du bureau

Le panneau Rechercher analyse des tas de choses, ce qui peut représenter une excessive quantité d'informations si vous voulez par exemple tout simplement retrouver un certain fichier dans un seul dossier. C'est pourquoi un champ Rechercher est présent dans l'Explorateur de fichiers. La recherche que vous y lancerez se limitera au dossier actif.

Pour trouver un fichier perdu dans un dossier, ouvrez son contenu dans l'Explorateur de fichiers. Cliquez dans le champ Rechercher situé à droite de la barre d'adresse, et tapez quelques lettres ou mots qui se trouvent dans le fichier. Le filtrage commence dès la saisie de la première lettre. La recherche se restreint ensuite jusqu'à ce que ne soient affichés que les quelques fichiers parmi lesquels se trouve, avec un peu de chance, celui que vous recherchez.

Lorsque le champ Rechercher d'un dossier trouve trop de réponses, faites appel à une autre aide : les en-têtes des colonnes. Pour obtenir de meilleurs résultats, activez le mode Détails sous l'onglet Affichage de l'Explorateur de fichiers. Les noms des fichiers viennent alors sagement s'aligner les uns en dessous des autres, et dans l'ordre des noms. Il suffit alors de faire défiler la page, ou de taper la première lettre du nom dans le champ Rechercher pour retrouver rapidement le coupable (voir la Figure 14.4).

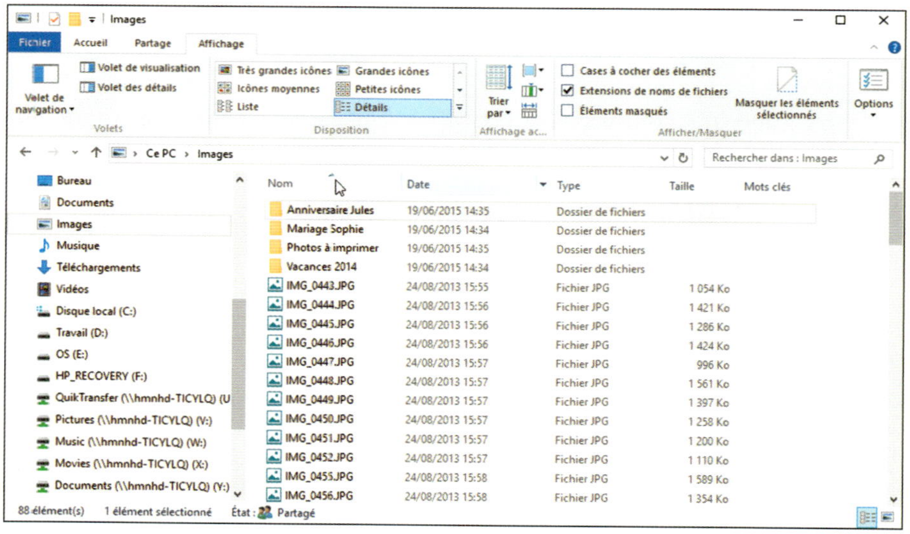


**FIGURE 14.4** L'affichage en mode Détails permet de trier les fichiers par nom ou par un autre critère, ce qui facilite la recherche.

Remarquez les en-têtes de colonnes Nom, Modifié le, Type, Taille ou encore Chemin du dossier. Cliquez sur l'un d'eux pour trier les fichiers selon les critères suivants :

- **Nom :** vous connaissez les premières lettres du nom du fichier ? Cliquez sur cet en-tête pour trier les fichiers alphabétiquement, puis parcourez la liste. Cliquez de nouveau sur Nom pour inverser l'ordre du tri.

## TRI APPROFONDI

Lorsqu'un dossier est affiché en mode Détails, comme sur la Figure 14.4, le nom des fichiers figure dans une colonne, les colonnes de détails se trouvant à droite. Vous pouvez trier le contenu d'un dossier en cliquant sur l'en-tête de l'une des colonnes : Nom, Modifié le, Type, etc. Mais Windows est capable de trier selon bien d'autres critères, comme vous le constatez en cliquant sur la petite flèche pointant vers le bas, à droite de chaque nom de colonne.

Cliquez sur la petite flèche de la colonne Modifié le, par exemple, et un calendrier se déploie, comme sur la figure ci-dessous. Cliquez sur une date et le dossier n'affiche que les fichiers modifiés ce jour-là, filtrant tous les autres. Sous le calendrier, des cases permettent de ne voir que les fichiers créés aujourd'hui ou il y a longtemps. L'option qui trouve au-dessus du calendrier vous permet même de spécifier une certaine plage de dates.

De même, cliquer sur la flèche à côté de Type déploie la liste des extensions de nom des fichiers qui se trouvent dans le dossier courant.

Ces filtrages ne sont pas sans inconvénient, car il est facile d'oublier que l'un d'eux est en cours. Une coche, à côté de l'en-tête d'une colonne, vous le rappelle toutefois. Pour désactiver le filtrage et voir tous les fichiers du dossier, cliquez sur la coche et examinez le menu déroulant. Cette action décoche les cases et supprime le filtrage.

- **Modifié le :** cliquez sur cet en-tête si vous vous souvenez vaguement de la date à laquelle vous avez modifié le document pour la dernière fois. Les fichiers les plus récents sont ainsi placés en haut de la liste. Cliquer de nouveau sur Date de modification inverse l'ordre, un bon moyen pour retrouver des fichiers anciens.
- **Type :** cet en-tête trie les fichiers selon leur contenu. Toutes les photos sont regroupées, et aussi tous les documents textuels. Commode pour retrouver quelques photos perdues parmi une quantité de fichiers de texte.
- **Taille :** si vous savez que ce que vous cherchez est plutôt léger, ou au contraire particulièrement volumineux, cette colonne vous permettra de trier les fichiers selon leur encombrement sur le disque dur.
- **Chemin du dossier :** Windows indique aussi l'arborescence des sous-dossiers. C'est un critère qui peut parfois être utile.
- **Auteurs :** Microsoft Word, ainsi que d'autres programmes, mémorisent votre nom dans les documents que vous créez. Voilà une autre possibilité pour savoir si c'est Vincent, François, Paul ou quelqu'un d'autre qui a tapé cet important courrier que vous n'arrivez pas retrouver.
- **Mots clés :** Windows vous permet souvent d'affecter des mots-clés à vos documents ou à vos photos. J'y reviendrai un peu plus loin.

En règle générale, la vue Détails des dossiers affiche par défaut quatre colonnes : Nom, Modifié le, Type et Taille. Mais vous pouvez en afficher bien d'autres, par exemple pour visualiser le nombre de mots dans un texte, la date de prise de vue d'une photo, la date de création d'un fichier, et des dizaines d'autres types d'informations. Pour révéler tout cela, cliquez du bouton droit sur l'en-tête d'une des colonnes. Dans la liste qui s'affiche, cochez ou décochez les options qui vous intéressent. Et, rien que pour vous donner le tournis, cliquez sur Autres. Vous allez alors découvrir l'immense cohorte des données susceptibles d'être associées à vos fichiers.

## Rechercher des photos perdues

Windows indexe vos documents du premier au dernier mot, mais il est incapable de faire la différence entre une photo de votre chat et celle d'un mariage. Pour identifier des photos, il ne peut que se fier aux informations textuelles dont il dispose. Les quatre conseils qui suivent lui facilitent la tâche :

- **Ajoutez des mots-clés à vos photos.** Quand vous connectez votre appareil photo numérique au PC, Windows propose alors de transférer les photos. Au cours de la copie, il suggère de leur ajouter des mots-clés. C'est le moment d'en introduire quelques-uns qui décrivent leur contenu. Windows indexe les mots-clés, ce qui facilite les recherches ultérieures.
- **Stockez les séries de prises de vue dans des dossiers séparés.** Le programme d'importation de photos de Windows crée automatiquement un nouveau dossier pour chaque série de photos, selon la date courante et la balise choisie. Mais si vous utilisez un autre logiciel de transfert, veillez à créer un dossier pour chaque journée de prise de vue, série de photos ou événement, et nommez-le judicieusement : Soirée sushi, Planches de Deauville, Cueillette de champignons ou Anniversaire de Jules.
- **Triez par date.** Vous venez de dénicher un dossier bourré à craquer de photos en tous genres ? Voici une façon rapide de vous y retrouver : cliquez sur l'onglet Affichage puis, dans le groupe Disposition, cliquez sur Grandes icônes ou sur Très grandes icônes. Chaque photo est alors représentée par une vignette montrant son contenu. Ensuite, dans le groupe Affichage actuel, cliquez sur l'icône Trier par ; dans le menu, choisissez Prise de vue. Vos photos seront présentées dans l'ordre chronologique où vous les avez prises.
- **Renommez les photos.** Au lieu de laisser vos photos de vacances aux Seychelles nommées IMG_2421, IMG_2422 et ainsi de suite, donnez-leur un nom plus parlant. Sélectionnez tous les fichiers du dossier en appuyant sur les touches Ctrl + A. Cliquez ensuite du bouton droit dans la première image, choisissez Renommer et tapez **Seychelles**. Windows les renommera Seychelles, Seychelles (2), Seychelles (3) et ainsi de suite (si vous êtes saisi d'un regret, appuyez tout de suite sur Ctrl + Z pour annuler l'opération).

Appliquer ces quatre règles simples évitera que votre photothèque ne devienne un invraisemblable fouillis de fichiers.

Veillez à sauvegarder vos photos numériques en effectuant des copies sur un disque dur externe, ou sur tout autre support. Autrement, si vous ne sauvegardez rien – en deux exemplaires sur des supports distincts –, vos précieuses archives familiales seront à la merci du moindre crash de disque dur.

# Trouver d'autres ordinateurs sur le réseau

Un *réseau* est un groupe d'ordinateurs reliés entre eux, permettant de partager ainsi des fichiers, une imprimante ou la connexion Internet. La plupart des gens utilisent un réseau quotidiennement sans même le savoir : quand vous relevez par exemple vos courriers électroniques, votre ordinateur se connecte à un ordinateur distant – un serveur – afin d'y télécharger les messages en attente.

Le plus souvent, vous n'avez pas à vous soucier des autres ordinateurs de votre réseau privé, avec des PC et même des Mac. Mais, si vous voulez en localiser un afin d'y chercher des fichiers, par exemple, Windows se fera une joie de vous aider.

En fait, Windows offre une fonctionnalité qu'il appelle Groupe résidentiel (ou Groupement résidentiel selon les circonstances). Cette technique facilite grandement le partage

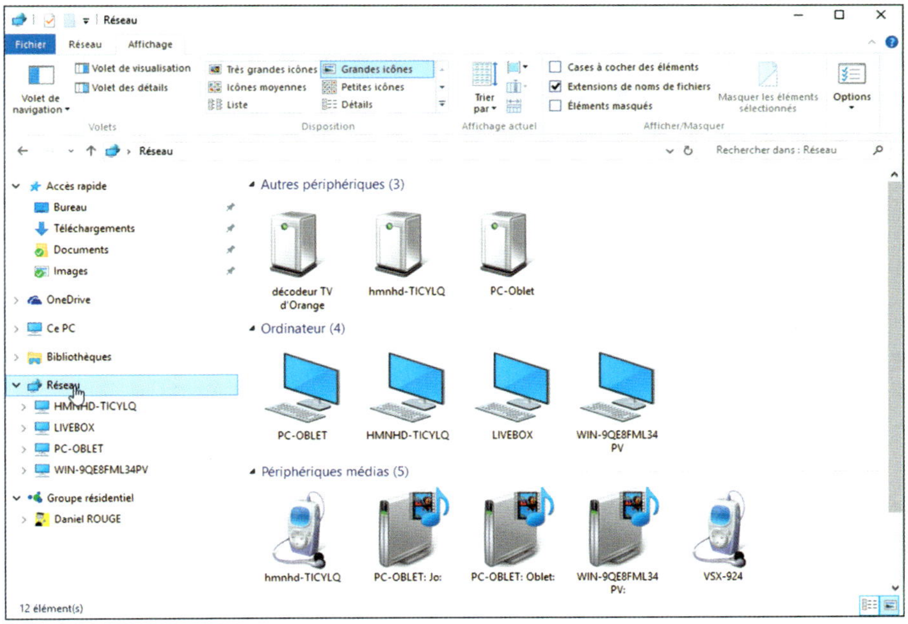


**FIGURE 14.5** Pour voir les ordinateurs reliés à votre PC, cliquez sur Réseau, en bas à gauche dans le volet de navigation de l'Explorateur de fichiers.

des fichiers entre des ordinateurs tournant sous Windows (depuis plusieurs versions). La création d'un groupe résidentiel revient en fait à créer un mot de passe identique pour tous les PC tournant sous Windows Vista, Windows 7, Windows 8, Windows 8.1 ou Windows 10.

Pour trouver un ordinateur sur le réseau, ouvrez l'Explorateur de fichiers. Dans le volet de navigation, cliquez sur Réseau. Windows affiche tous les ordinateurs qui sont reliés à votre propre PC (voir la Figure 14.5). Double-cliquez sur le nom d'un ordinateur et parcourez les fichiers qui s'y trouvent.

## RECONSTRUIRE L'INDEX

Si la fonction de recherche ralentit considérablement ou si elle ne parvient pas à trouver des fichiers alors que vous êtes sûr qu'ils sont quelque part, vous devrez demander à Windows de tout réindexer.

Windows reconstruit l'index en tâche de fond pendant que vous travaillez, mais pour ne pas subir le ralentissement de l'ordinateur, il est préférable d'effectuer la reconstruction au cours de la nuit. Ainsi, Windows moulinera pendant votre sommeil, et vous livrera un index tout neuf avec les croissants du petit-déjeuner.

Procédez comme suit pour lancer la réindexation :

1. **Cliquez dans le champ Rechercher, à droite du bouton Démarrer, et saisissez `options indexation`.**

   Le haut du volet devrait indiquer Options d'indexation Panneau de configuration. Cliquez sur cette proposition.

   La fenêtre Options d'indexation va s'afficher.

2. **Cliquez sur le bouton Avancé, puis sur le bouton Reconstruire.**

   Windows vous prévient que cela risque d'être long, car, ainsi que l'avait remarqué Woody Allen : « L'éternité c'est long, surtout vers la fin ».

3. **Cliquez sur OK.**

   Windows réindexe tout ce qu'il trouve sur sa route. L'ancien index ne sera supprimé que quand le nouveau sera prêt.

# Livre II

# Internet

# Web, prends garde à toi !

**DANS CETTE PARTIE...**

Aucun doute sur ce point : le Web est l'endroit le plus populaire d'Internet. Il a d'ailleurs pris un tel essor ces dernières années que le grand public a tendance à l'assimiler à Internet. Nous vous expliquons ici ce qu'est exactement le Web et comment en tirer parti. Nous vous donnons également de bonnes astuces pour y trouver plus facilement ce que vous cherchez.

Chapitre 1

# Le Web : merveilleux et farfelu

**DANS CE CHAPITRE :**

- **Hyper quoi ?**
- **Connaître les URL.**
- **Pointer, cliquer, parcourir, surfer et autres connaissances de base.**
- **Introduction à Microsoft Edge.**

Ce chapitre explique ce qu'est le Web, d'où il vient et comment utiliser le navigateur Microsoft Edge. Vous apprendrez à employer votre navigateur Web pour afficher des pages Web. Si vous êtes déjà un habitué du Net, passez directement au Chapitre 2.

## Qu'est-ce que le Web ?

Le Web est un ensemble de « pages » contenant des informations reliées logiquement les unes aux autres et réparties sur toute la surface du globe. Chaque page peut contenir du texte, des images, des sons, des animations, de la vidéo. Ce sont ces liens, dits *hypertextes*, entre les pages qui rendent le Web si intéressant. Chacun pointe vers une autre page et l'ouvre lorsque vous cliquez dessus. L'affichage de ces pages s'effectue avec un programme spécialisé : le *navigateur*.

Les liens hypertextes peuvent ouvrir des pages situées à Sydney, Johannesburg, Darmstadt, Oslo ou bien simplement de l'autre côté de votre rue.

### Les liens

Le système hypertexte crée des liens entre diverses bribes d'informations. Au fur et à mesure que vous établissez ces liens informatiques, vous contribuez à tisser cette toile d'araignée d'où le Web (« toile » en anglais) tire son nom. Les pages visées peuvent se trouver n'importe où dans le monde.

Toutes les informations peuvent être consultées de façon automatisée par des logiciels, appelés *moteurs de recherche*, qui permettent d'obtenir en quelques secondes toutes les références et occurrences des termes recherchés.

C'est ce système de documents pointant les uns vers les autres qu'on appelle *hypertexte*. La Figure 1.1 montre comment se présente une page Web. Chaque mot ou groupe de mots en gras et de couleur bleu marine est en réalité un *lien* pointant vers une autre page.

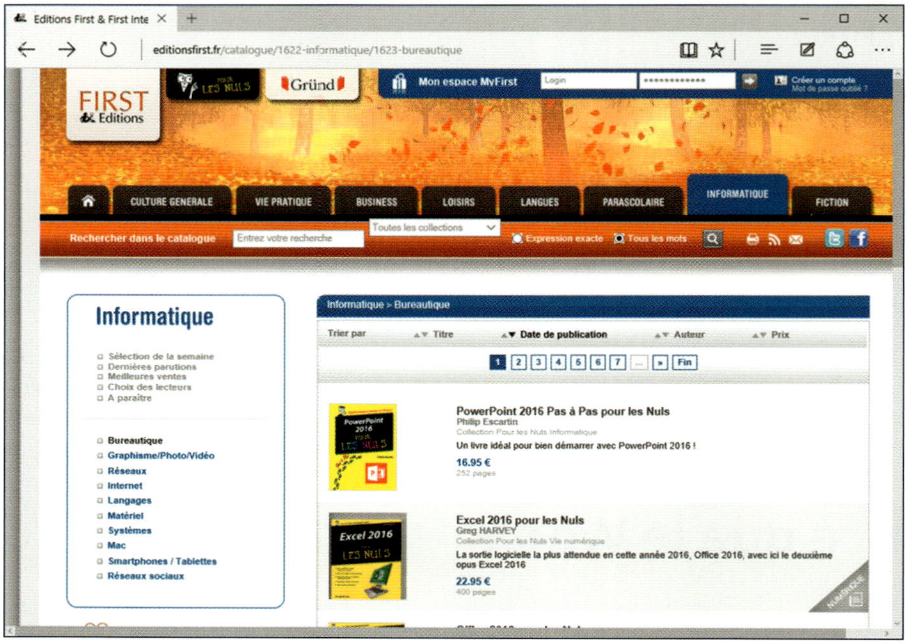


**FIGURE 1.1** Sur cette page, les mots ou expressions en gras et en bleu marine sont des liens susceptibles d'ouvrir d'autres pages.

L'*hypertexte* est un moyen de relier des informations de façon à faciliter leur découverte. Dans les bibliothèques traditionnelles, les informations sont classées de façon arbitraire, souvent par ordre alphabétique d'auteur, parfois par sujet. Ce type de classement ne reflète pas nécessairement l'existence d'un lien logique d'un ouvrage à l'autre. Dans le monde de l'hypertexte, en revanche, les informations sont organisées selon les liens logiques qui existent entre elles, ce qui semble plus... logique !

## Un nom pour chaque page

Pour trouver une page particulière sur le Web, vous devez en connaître l'adresse. Dans le monde de l'Internet, cette adresse s'appelle une *URL* (*Uniform Resource Locator*, adresse de ressource unifiée). Elle repose sur un système d'adressage universel permettant une identification unique. Une URL est une succession de termes commençant par `http://` et continuant souvent par `www`. Vous en savez désormais suffisamment pour vous lancer dans la navigation.

# La navigation

Pour « surfer » sur le Web, vous devez utiliser un *navigateur*, c'est-à-dire un logiciel qui récupère les pages Web et les affiche sur votre écran.

Sous Windows 10, Internet Explorer a été remplacé par défaut par Microsoft Edge, dont la page d'accueil est illustrée à la Figure 1.2. Ce livre traitera uniquement de la navigation avec ce nouvel utilitaire qui est détaillé au Chapitre 2.

Microsoft Edge ne peut être utilisé avec les anciennes versions de Windows !

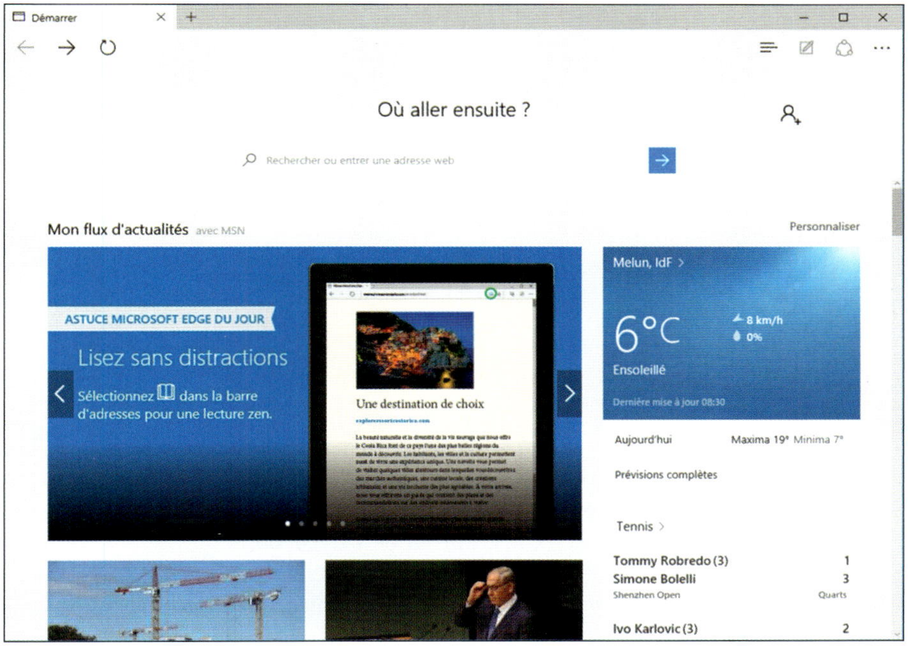


**FIGURE 1.2** Microsoft Edge, le nouveau navigateur Web de Microsoft sous Windows 10.

# Surfer avec votre navigateur

Lorsque vous ouvrez Microsoft Edge, vous affichez une page par défaut qui ne correspondra certainement pas à ce que vous souhaitez consulter chaque fois que vous démarrez ce programme. Microsoft l'appelle la page de démarrage. Elle affiche le flux d'actualité du site Web MSN de Microsoft bien entendu.

Microsoft Edge se voulant être un navigateur Web innovant, cette page de démarrage n'a rien en commun avec feu Internet Explorer. Par défaut, elle ouvre un onglet Démarrer. Dans la section Où aller ensuite, il suffit de cliquer dans le champ de recherche pour taper un mot, une question, une phrase, ou une adresse de site afin d'obtenir une liste de résultats. Cliquez alors sur celui correspondant à l'objet de votre requête.

## Petite exploration

Pour aller d'une page à une autre sur le Web, il suffit de cliquer sur un lien. À l'écran, il peut se présenter sous la forme d'une image, d'un mot ou d'une suite de mots affichés dans une autre couleur que le texte normal (en bleu, le plus souvent) et souligné. Si vous n'êtes pas certain que ce soit bien un lien, observez le pointeur de la souris : de flèche, il se change en main lorsqu'il est placé sur un lien.

## Arrière toute !

Les navigateurs n'ont pas la mémoire courte : ils se souviennent du chemin qu'ils ont parcouru et, en particulier, de la dernière page affichée. Si celle que vous venez d'afficher ne vous convient pas et que vous souhaitiez revenir à la précédente, cliquez tout simplement sur l'icône la plus à gauche de la rangée supérieure, celle qui porte une flèche tournée vers la gauche. Vous pouvez également passer par le clavier : appuyez sur la touche fléchée pointant vers la gauche tout en maintenant enfoncée la touche Alt (celle qui se trouve à gauche de la barre d'espacement).

Parfois, en cliquant sur un lien, la page atteinte s'ouvre dans une nouvelle fenêtre du navigateur Web, ou dans un nouvel onglet. Lorsqu'un lien s'ouvre dans une nouvelle fenêtre, le bouton Précédent ou Reculer d'une page n'est pas accessible.

Vous pouvez demander à Microsoft Edge d'ouvrir un lien dans une nouvelle fenêtre ou un nouvel onglet. Pour cela, faites un clic-droit sur le lien en question. Dans le menu contextuel qui apparaît, exécutez la commande Ouvrir dans un nouvel onglet ou Ouvrir dans une nouvelle fenêtre. Une autre méthode consiste à maintenir la touche Ctrl enfoncée tout en cliquant sur le lien pour l'ouvrir dans un nouvel onglet, et d'utiliser la touche Maj pour l'ouvrir dans une nouvelle fenêtre.

## Où aller ?

On appelle *page d'accueil* la page principale d'un site Web. La page d'accueil est comparable à la page de couverture d'un magazine : elle donne une idée de ce que vous trouverez dans le site. Voici comment accéder à une page d'accueil :

1. **Dans la page de démarrage de Microsoft Edge, cliquez dans le champ de saisie de la zone Où aller ensuite ?**
2. **Saisissez simplement quelques mots du nom du site.**

   Exemple : `éditions first`.
3. **Cliquez sur une des propositions, comme le montre la Figure 1.3.**

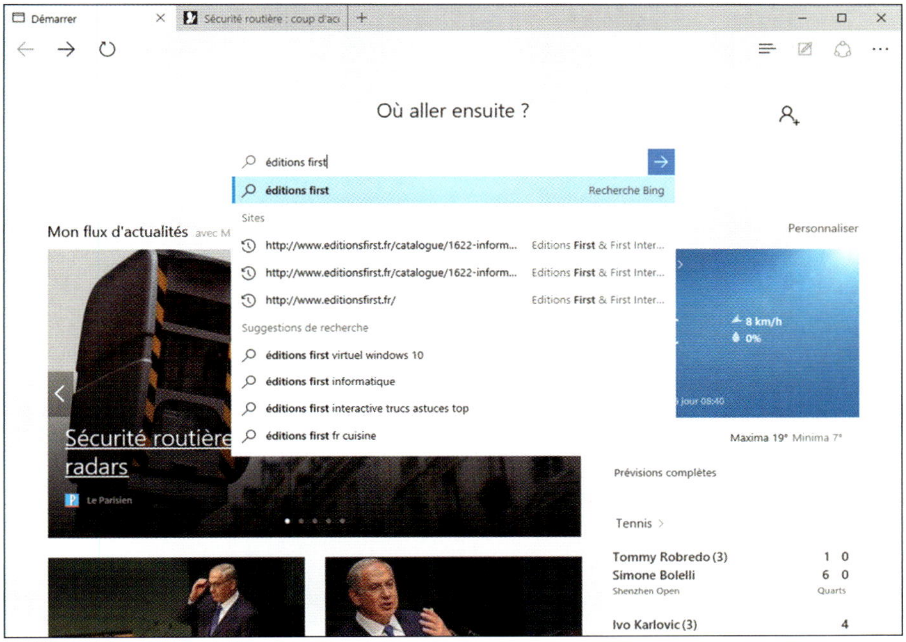


**FIGURE 1.3** Quelques mots suffisent bien souvent à trouver ce que vous cherchez.

Bien entendu, vous pouvez saisir directement l'adresse du site Web. Dans ce cas, le premier résultat correspondra au site en question et sera sélectionné par défaut. Vous n'aurez plus qu'à appuyer sur la touche Entrée de votre clavier.

Dans Microsoft Edge, il existe un champ caché, celui de la barre d'adresse. Pour l'activer et y saisir directement les adresses ou les mots objets de votre recherche, cliquez sur la barre d'outils. La barre d'adresse apparaît comme le montre la Figure 1.4.

Si l'URL de la page que vous désirez charger figure dans un courrier électronique, un message lu sur un forum ou dans un traitement de texte, vous pouvez la transférer dans la boîte de saisie de votre fenêtre de navigation au moyen d'un classique copier/coller, ce qui vous évite de la retaper avec les risques d'erreur que cela implique :

1. **Sélectionnez l'URL que vous souhaitez copier.**

   En général, en la balayant du pointeur de votre souris, tout en maintenant enfoncée la touche Maj.

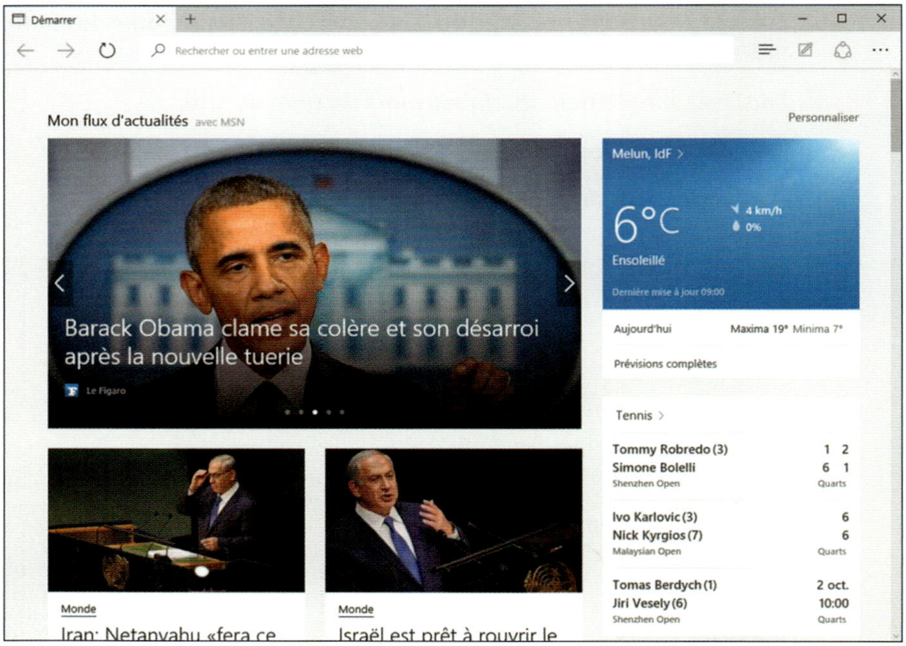


**FIGURE 1.4** Edge contient lui aussi une barre d'adresse.

Vous pouvez également faire un clic-droit sur le lien, et exécuter la commande Copier l'adresse du lien (ou équivalent) du menu contextuel qui apparaît.

Vous sélectionnerez très rapidement l'URL affichée dans la barre d'adresse de Microsoft Edge en appuyant sur Alt + D.

2. **Appuyez sur Ctrl + C pour copier la chaîne de caractères dans le Presse-papiers.**
3. **Cliquez dans le champ de saisie d'adresse du navigateur.**
4. **Appuyez sur Ctrl + V pour coller le contenu du Presse-papiers et appuyez sur Entrée.**

De nombreux autres logiciels de courrier font mieux encore : ils interprètent automatiquement les URL placées dans leurs messages e-mail de sorte que, lorsque vous passez le pointeur de la souris sur une adresse que vous avez reçue, celui-ci se change en main. Il suffit alors de cliquer ou de double-cliquer pour démarrer le navigateur et afficher la page Web correspondante.

De malfaisants personnages, auteurs de pages Web frauduleuses, peuvent facilement créer des courriers contenant des URL qui, lorsque vous cliquez dessus, ne vous envoient pas du tout là où vous pensiez aller. Bien évidemment, vous ne vous rendez compte de rien. Méfiez-vous des messages dont l'origine semble suspecte. Par exemple, si vous recevez un message émanant soi-disant de votre banque, ne cliquez pas sur le lien proposé. En effet, vous risquez de tomber sur une fausse page identique à celle du site Web de votre banque. On vous demande votre nom d'utilisateur, votre mot de passe et votre numéro de compte bancaire. Rendez-vous toujours sur le site de votre banque en saisissant son adresse dans la barre d'adresse de votre navigateur Web, mais jamais en cliquant sur un lien figurant dans un courrier.

## Sortez-moi de là !

Tôt ou tard, il va bien falloir que vous vous arrêtiez de surfer sur le Web, ne serait-ce que pour aller manger ou satisfaire quelque besoin naturel. Avec Microsoft Edge, vous n'avez que deux techniques pour fermer le programme :

- Cliquez sur le bouton de fermeture X situé dans l'angle supérieur droit de la fenêtre.
- Exécutez le raccourci Alt + F4.

# Chapitre 2

# Microsoft Edge

**DANS CE CHAPITRE :**

- **Ouvrir et Personnaliser Microsoft Edge.**
- **Naviguer avec Edge.**
- **Appliquer des paramètres avancés.**
- **Bloquer les fenêtres contextuelles.**
- **Naviguer en privé.**
- **Découvrir le Hub.**
- **Créer des listes de lecture.**
- **Utiliser le mode Lecture et Annoter les pages.**
- **Gérer les Favoris**
- **Enregistrer des images**
- **Imprimer des pages Web.**
- **Demander au navigateur de mémoriser les noms d'utilisateur et les mots de passe.**

Avec Windows 10, Microsoft propose une nouvelle version d'Internet Explorer qui fonctionne aussi bien en mode tablette qu'en mode standard, et qui répond au nom de Microsoft Edge, ou Edge pour les intimes. Cette application change radicalement d'Internet Explorer qui reste utilisable sous Windows 10, mais que Microsoft s'est empressé de dissimuler aux yeux des utilisateurs pour l'inviter à employer Edge.

Bien entendu, rien ne vous empêche d'utiliser sous Windows 10 un autre navigateur Web comme Chrome ou Firefox. Il suffit de les télécharger sur Google pour le premier, et sur le site Mozilla pour le second.

# Ouvrir et Personnaliser Microsoft Edge.

La nature Microsoft est bien faite puisque dès que vous arrivez sous Windows 10 pour la première fois, vous observez la présence d'une icône d'Internet Explorer bien différente de celles des versions antérieures de Windows, et représentée ci-contre. Il s'agit d'un raccourci qui ouvre le nouveau navigateur Web de Microsoft, c'est-à-dire Edge.

## Démarrer et quitter Microsoft Edge

Pour utiliser Edge et ainsi surfer sur le Web, suivez ces quelques étapes :

1. **Cliquez sur l'icône Microsoft Edge située à gauche de la Barre des tâches de Windows 10.**

   Si par une incroyable malchance, cette icône était absente de votre Barre des tâches, cliquez sur le bouton Démarrer de Windows 10 et tapez immédiatement **edge**. Il ne vous restera plus qu'à cliquer sur Microsoft Edge qui apparaît en premier choix de la liste des résultats.

   L'interface apparaît comme sur la Figure 2.1.

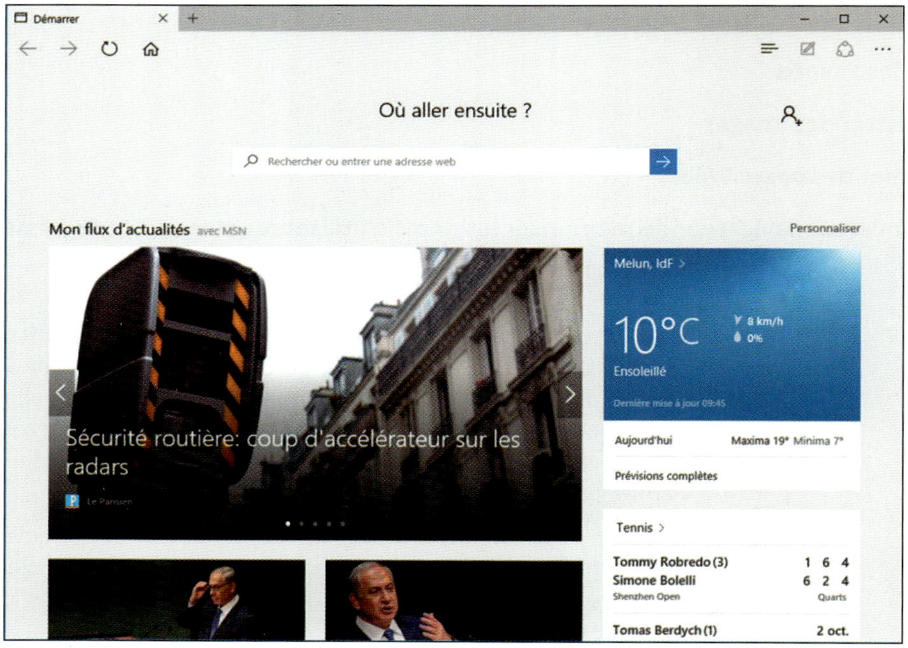


**FIGURE 2.1** Microsoft Edge prêt pour surfer sur le Net.

2. **Si Edge ne vous passionne pas et que vous préférez un autre navigateur, quittez le programme par un clic sur le bouton de fermeture X situé dans son angle supérieur droit.**

Une autre technique consiste à exécuter le raccourci clavier Alt + F4. Ne cherchez pas de barre de menus, Microsoft Edge en est dépourvu !

## Personnaliser Edge

L'interface de Edge est simple donc limpide. Bien que limitée, la personnalisation du programme est possible en suivant ces quelques étapes :

1. **Pour personnaliser Microsoft Edge, cliquez sur le bouton Autres actions situé dans l'angle supérieur droit de la fenêtre.**

2. **Dans le volet qui apparaît, cliquez sur Paramètres.**

   Le volet Paramètres s'affiche.

3. **Changez la couleur de l'interface via le menu local Choisir un thème.**

   Comme le montre la Figure 2.2, vous avez le choix entre Clair et Sombre. Clair est la couleur gris clair par défaut. Sombre appliquera un gris très, mais alors très foncé.

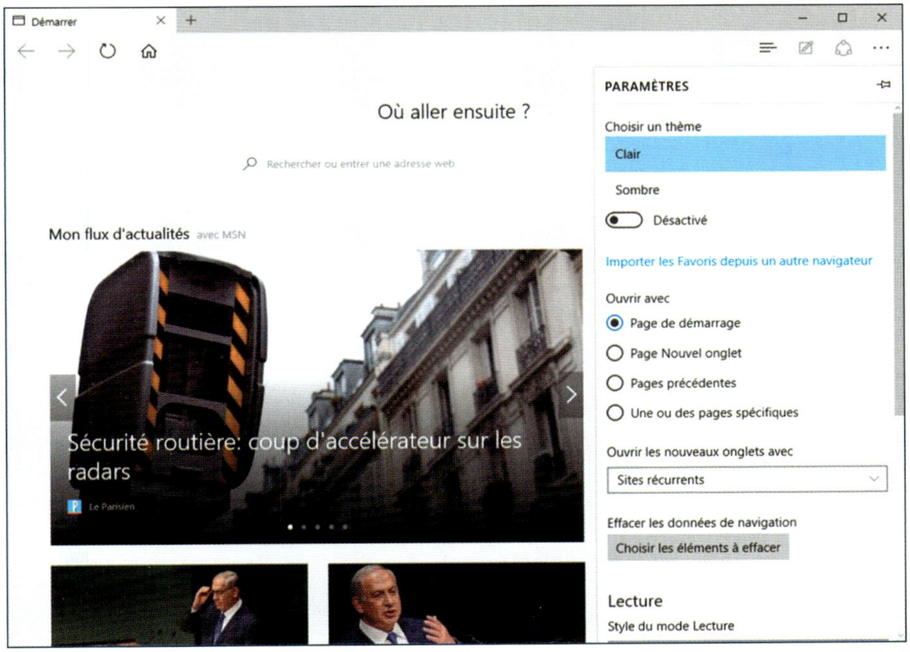


**FIGURE 2.2** Pour changer la couleur de l'interface.

Inutile d'enregistrer vos modifications, car Edge y procède automatiquement. L'effet est donc immédiat.

4. **Si vous souhaitez afficher la barre des Favoris sous la barre d'adresses, basculez le commutateur Afficher le volet des Favoris de la position Désactivé à la position Activé.**

Il suffit de cliquer dessus. Le commutateur devient bleu attestant ainsi de l'activation de la fonction. Le volet (ou plutôt la barre) apparaît sous la barre d'adresses. Bien entendu, comme vous débutez avec Microsoft Edge, elle ne contient aucuns Favoris.

5. **Quittez les Paramètres en cliquant sur un espace vide de Edge.**

   Toutes vos modifications sont alors validées.

## Choisir votre page de démarrage

Par défaut, Edge affiche une page d'informations MSN chaque fois que vous démarrez le programme. Voici comment ouvrir Edge sur la page de votre choix :

1. **Démarrez Edge.**



2. **Cliquez sur le bouton Autres actions situé dans l'angle supérieur droit de la fenêtre. Dans le volet qui apparaît, cliquez sur Paramètres.**
3. **Dans la section Ouvrir avec (Figure 2.3) activez l'option Une ou des pages spécifiques.**

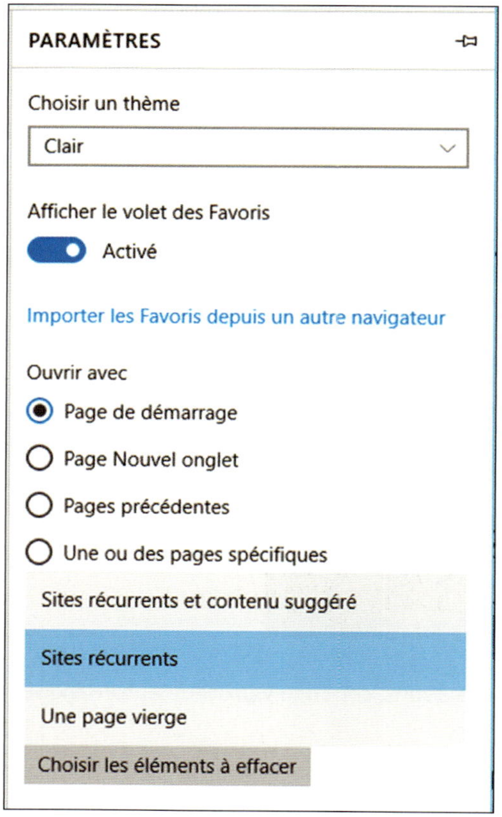


**FIGURE 2.3** Pour choisir la page de démarrage de Microsoft Edge.

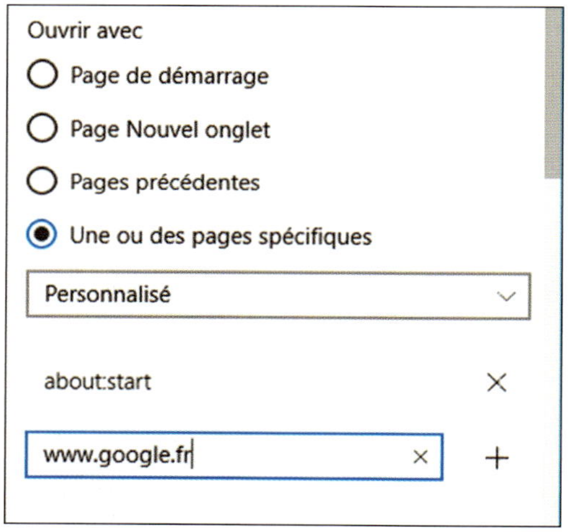


**FIGURE 2.4** Pour démarrer sur une page spécifique.

Un menu local apparaît. Il devrait, *a priori*, indiquer MSN puisque Edge ouvre systématiquement un flux d'informations MSN dans l'onglet Démarrer.

4. **Pour changer cette page, ouvrez le menu local et choisissez Personnalisé.**
5. **Dans le champ Entrer une adresse Web, tapez l'adresse du site dont vous souhaitez afficher la page dans l'onglet Démarrer de Edge.**

   Personnellement, j'aime démarrer avec le moteur de recherche Google. Donc, dans ce champ, je tape `www.google.fr`, comme le montre la Figure 2.4.

6. **Validez cette adresse par un clic sur le bouton +.**
7. **Pour supprimer l'ancienne page de démarrage (about:Start), cliquez le X situé à droite de son nom.**
8. **Pour vérifier que votre modification fonctionne, fermez Edge par un clic sur son bouton de fermeture X, puis redémarrez-le.**

   Comme le montre la Figure 2.5, il s'ouvre sur Google, bingo !

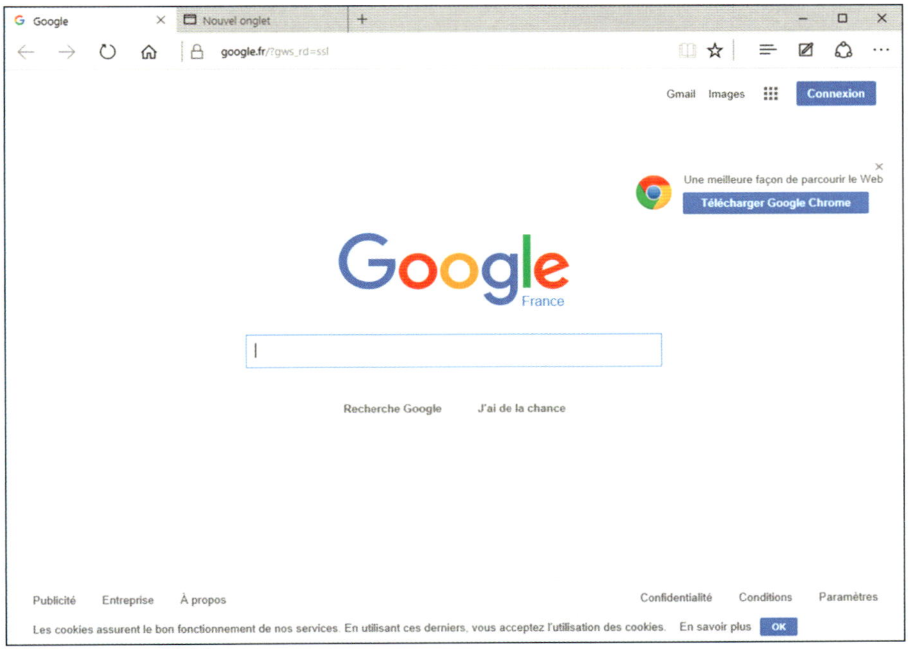


**FIGURE 2.5** L'onglet Démarrer affichera désormais la page définie comme page de démarrage.

Vous pouvez démarrer avec plusieurs pages qui s'ouvriront dans différents onglets. Pour cela, tapez une nouvelle adresse dans le champ Entrer une adresse Web, puis cliquez sur le bouton +. À chaque démarrage de Edge, le navigateur ouvrira autant d'onglets que vous avez ajouté d'adresses dans la section Ouvrir avec de ses paramètres. Pour supprimer une page ainsi ajoutée, accédez aux paramètres, et cliquez sur le bouton X situé à droite de l'adresse concernée.

Vous pouvez aussi définir la Page de démarrage, la page Nouvel onglet, et les pages précédentes. Attention, car Edge ne démarrera que sur l'option définie dans cette section des Paramètres du navigateur. Donc, pour ouvrir sur Google, je dois activer Une ou des pages personnalisés.

# Naviguer avec Edge

La navigation avec Microsoft Edge ne diffère pas beaucoup de celle que vous aviez l'habitude de mener avec Internet Explorer. Nous dirons qu'elle se retrouve tout aussi épurée que l'interface elle-même du navigateur.

## Naviguer jusqu'à un site Web

Edge permet de naviguer jusqu'à un site Web de deux manières :

- » Depuis la page de démarrage par défaut.
- » Depuis la barre d'adresses.

### Depuis la page de démarrage par défaut

Nous partons de l'hypothèse selon laquelle vous n'avez pas modifié la page de démarrage comme expliqué dans la précédente section. Conformez-vous alors aux étapes suivantes :

1. **Dans le champ de la section Où aller ensuite, saisissez un mot, une phrase, une question, ou bien directement l'adresse du site.**

   Sur la Figure 2.6, j'ai tapé Windows 10 afin de trouver des sites donnant des informations sur le nouveau système d'exploitation de Microsoft.

2. **Cliquez sur la proposition se rapprochant le plus de l'objet de votre requête.**

   Si aucune proposition ne vous donne satisfaction, choisissez tout simplement la première. Vous accéderez alors à la page Web du moteur de recherche Bing de Microsoft. Pour changer ce moteur de recherche par défaut, consultez la section « Changer le moteur de recherche par défaut de Edge » plus loin dans ce chapitre.

   Si vous saisissez directement l'adresse d'un site, en tapant par exemple `www.microsoft.fr`, contentez-vous d'appuyer sur la touche Entrée de votre clavier afin d'accéder à la page Web d'accueil du site.

C'est une technique simple et efficace. L'autre consiste à utiliser la barre d'adresses de Edge.

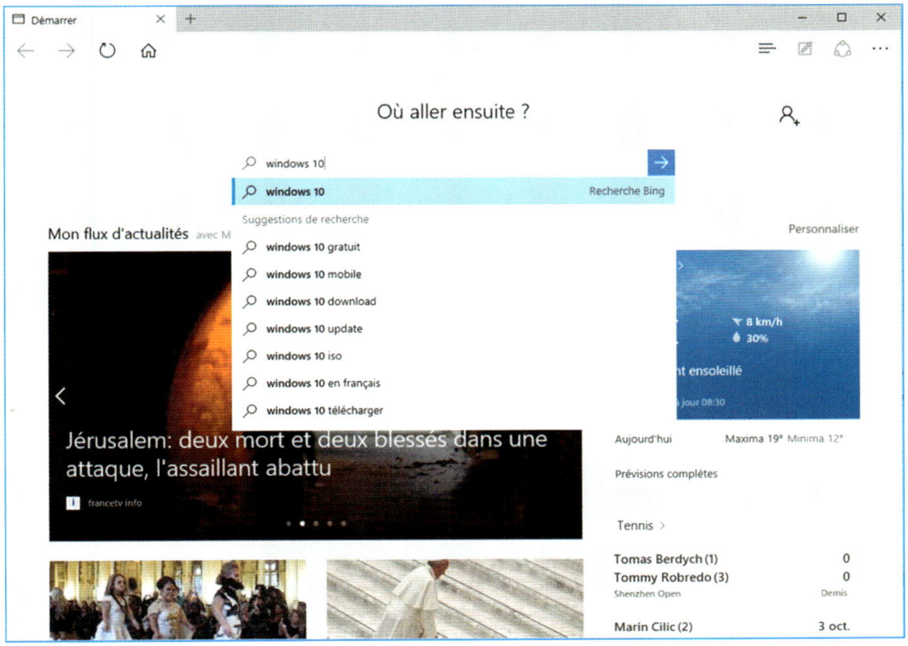


**FIGURE 2.6**
Recherche de sites sur Windows 10.

## Depuis la barre d'adresses

Cette technique vous sera utile depuis la page de démarrage du navigateur, mais aussi et surtout dans d'autres pages ouvertes dans des onglets ou dans d'autres fenêtres de Edge (voir sections suivantes).

La barre d'adresses n'est pas affichée par défaut dans la page de démarrage ou lorsque vous créez un nouvel onglet.

Voici comment utiliser la barre d'adresses lorsque vous n'êtes pas sur un site Web :

1. **Cliquez directement sur la barre d'outils.**

   La Figure 2.7 montre la barre d'adresses de Microsoft Edge qui apparaît alors dans la barre d'outils.

2. **Utilisez cette barre d'adresses comme le champ de recherche de la page de démarrage par défaut de Edge, selon les explications données dans la précédente section.**

   Tout ce qui a été expliqué sur la saisie des requêtes dans la section Où aller ensuite est valable pour la barre d'adresses de Edge.

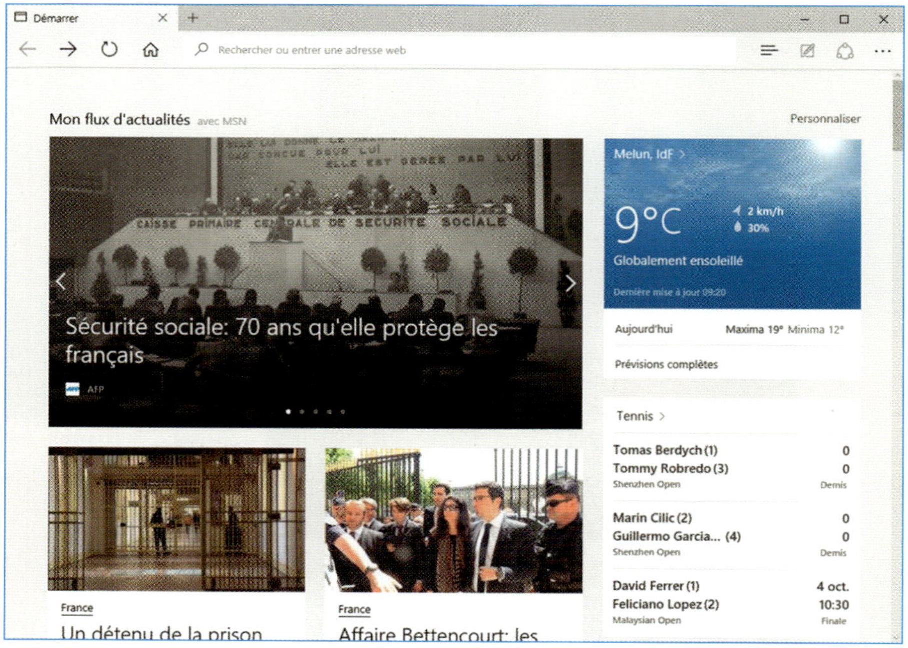


**FIGURE 2.7**
La barre d'adresses de Microsoft Edge.

## Naviguer parmi les pages

Très rapidement, vous allez naviguer de page en page au sein d'un même onglet, c'est-à-dire de l'onglet de démarrage de Microsoft Edge. Nous verrons dans la prochaine section comment naviguer avec plusieurs onglets, c'est-à-dire comment accéder à plusieurs pages Web sans quitter celles déjà ouvertes.

La navigation dans une page Web se fait par des clics sur des textes mis en évidence (en gras et ou en bleu et souvent soulignés) ou des images. On parle de liens hypertextes. En règle générale, la nouvelle page qui apparaît remplace l'ancienne.

Voici quelques astuces pour naviguer plus rapidement parmi les pages d'un même site ou entre divers sites visités :

» **Précédent et Suivant :** Lorsque vous naviguez dans les pages d'un site, les deux boutons illustrés ci-contre deviennent actifs. Ainsi, pour revenir sur la page précédente, c'est-à-dire celle depuis laquelle vous avez cliqué sur un lien, utilisez le bouton Précédent (flèche vers la gauche). Donc, vous cliquerez logiquement sur le bouton Suivant (étrangement appelé Transférer par Microsoft) pour revenir à la page que vous avez quittée en cliquant sur le bouton Précédent.

» **Accueil :** Si vous êtes un peu perdu dans votre navigation, revenez à votre domicile exactement comme vous le feriez avec un GPS. Cliquez simplement sur le bouton Accueil (maison) de la barre d'outils. Edge affichera alors la page de démarrage, c'est-à-dire celle qui s'affiche lorsque vous ouvrez une nouvelle session Microsoft Edge.

Comment ? Vous ne voyez pas cette icône. Edge est un farceur. Voici comment l'afficher :

1. **Cliquez sur le bouton Autres actions.**
2. **Dans le volet qui apparaît, cliquez sur Paramètres.**
3. **Faites défiler le contenu de ce volet et cliquez sur Paramètres avancés.**
4. **Dans la section Afficher le bouton Accueil, basculez le commutateur en position Activé.**

   Le bouton apparaît dans la partie supérieure droite de l'interface.

Vous cliquerez sur le bouton Actualiser lorsque le contenu d'une page ne parviendra pas à s'afficher correctement, ou lorsque la page mettra beaucoup de temps à apparaître. Vous utiliserez aussi ce bouton lorsque vous aurez l'impression que la page affichée présente des informations obsolètes. Le fait d'actualiser son contenu rechargera la dernière version de la page en question.

## Retrouver rapidement une page avec l'Historique

Surfer sur le Net peut vous conduire un peu n'importe où au point de ne plus trop savoir comment retrouver une page Web qui vous intéresse, mais que vous avez consultée il y a quelques minutes, heures, semaines, voire plus. Dans ce cas, les boutons Précédent et Suivant ne suffiront pas. Ainsi, pour retrouver rapidement une page ou un site précis, utilisez la fonction d'historique de Microsoft Edge en suivant cette procédure :

1. **Cliquez sur le bouton d'ouverture du Hub situé dans la partie supérieure droite de Edge.**

   L'utilisation détaillée est étudiée à la section « Découvrir le Hub », plus loin dans ce chapitre.

2. **Dans le menu local qui apparaît, cliquez sur le bouton Historique.**

   Comme le montre la Figure 2.8, vous accédez à une série de dates ou de périodes sous lesquelles sont mémorisées toutes les pages que vous avez visitées.

3. **Cliquez sur la petite flèche située à gauche d'une date ou d'une période pour accéder à la liste des pages visitées antérieurement.**
4. **Cliquez sur la page que vous recherchiez afin d'y accéder instantanément (Figure 2.9).**
5. **Pour supprimer une entrée de l'historique, c'est-à-dire l'adresse d'une page ou une périodicité, placez le pointeur de la souris dessus, puis cliquez sur le bouton de suppression X qui apparaît sur sa droite.**
6. **Si le contenu de l'historique devient trop important, ou si vous ne souhaitez pas qu'un autre utilisateur de l'ordinateur puisse connaître votre navigation, cliquez sur le lien Effacer tout l'historique.**

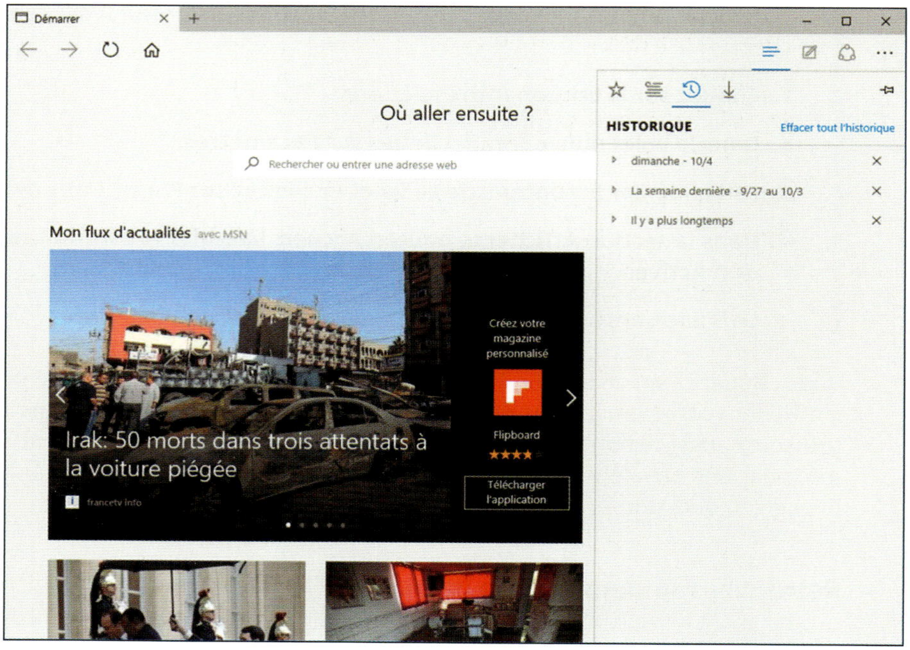


**FIGURE 2.8** L'Historique de navigation de Microsoft Edge.

La suppression de l'historique libère de l'espace sur votre disque dur.

## Utiliser les onglets

Comme tous les navigateurs modernes, Microsoft Edge permet de naviguer en utilisant des onglets. Cela évite d'ouvrir plusieurs fenêtres du programme pour afficher plusieurs pages Web. Grâce aux onglets, vous pouvez passer très rapidement d'une page à une autre. Voici comment utiliser la navigation par onglets de Microsoft Edge :

1. **Pour utiliser un autre onglet, cliquez simplement sur le signe + situé à droite du dernier onglet de la fenêtre de Edge.**

   Le contenu de cet onglet dépend de ce que vous avez défini dans les paramètres des pages de démarrage de Edge. Par défaut, tout nouvel onglet affiche la liste des sites les plus consultés comme le montre la Figure 2.10. Pour changer ce contenu par défaut, reportez-vous à la section « Choisir votre page de démarrage » plus haut dans ce chapitre.

   Vous pouvez personnaliser ce contenu par un clic sur le lien Personnaliser. Si vous privilégiez la première option, choisissez vos sujets favoris dans la liste qui devient active. Validez votre choix par un clic sur le bouton Enregistrer.

2. **Utilisez ce nouvel onglet pour accéder à un site Web comme cela est expliqué un peu plus haut dans ce chapitre.**

3. **Pour passer d'un onglet à un autre, cliquez dessus dans la barre d'onglets de Edge.**

Vous pouvez ainsi très facilement passer d'une page à une autre pour, par exemple, comparer des informations.

4. **Pour fermer un onglet, cliquez sur le bouton X situé à droite de son titre.**

5. **Pour transformer un onglet en une nouvelle fenêtre de Edge, cliquez dessus et, sans relâcher le bouton droit de la souris, glissez-déposez cet onglet à l'extérieur de la fenêtre de Edge.**

   Pour ouvrir plusieurs fenêtres de Microsoft Edge, reportez-vous à la prochaine section.

## Ouvrir plusieurs fenêtres de Microsoft Edge

Nous avons vu qu'il était facile de naviguer avec des onglets. Pourtant, certains utilisateurs préféreront ouvrir plusieurs fenêtres de Edge afin d'y afficher un contenu spécifique. La juxtaposition de ces fenêtres permettra de comparer des informations.

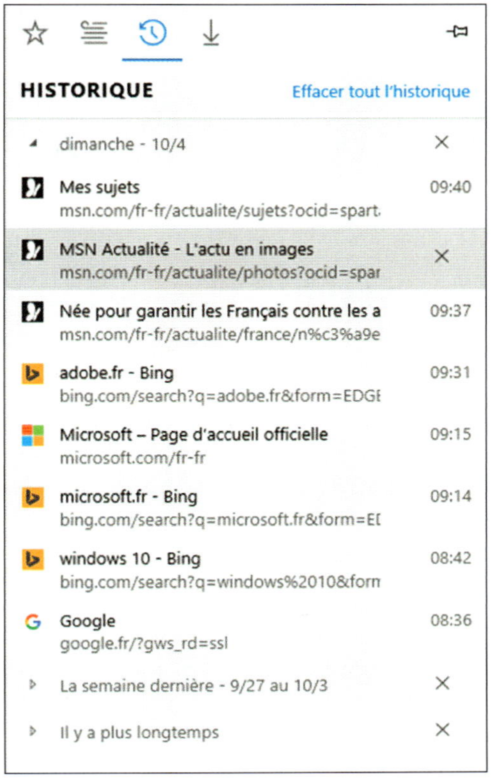


**FIGURE 2.9**
Cliquez sur la page à consulter.

Contrairement aux autres programmes fonctionnant sous Windows 10, vous ne pouvez pas ouvrir une nouvelle fenêtre de Edge en cliquant-droit sur son icône de la barre des tâches et en choisissant Microsoft Edge dans le menu contextuel qui apparaît. Cette action ne fait qu'afficher la fenêtre de Edge en cours d'utilisation.

Voici les techniques permettant d'ouvrir une nouvelle fenêtre de Edge :

- Glisser-déposer un onglet de Edge à l'extérieur de sa fenêtre.
- Faire un clic-droit sur un lien d'une page Web et, dans le menu contextuel qui apparaît, choisir Ouvrir dans une nouvelle fenêtre, comme le montre la Figure 2.11.

## Naviguer en privé

La navigation privée permet de limiter les traces que vous laissez sur le Web. Voici comment la mettre en œuvre avec Microsoft Edge :

1. **Cliquez sur le bouton Autres actions situé dans l'angle supérieur droit de la fenêtre de Edge.**

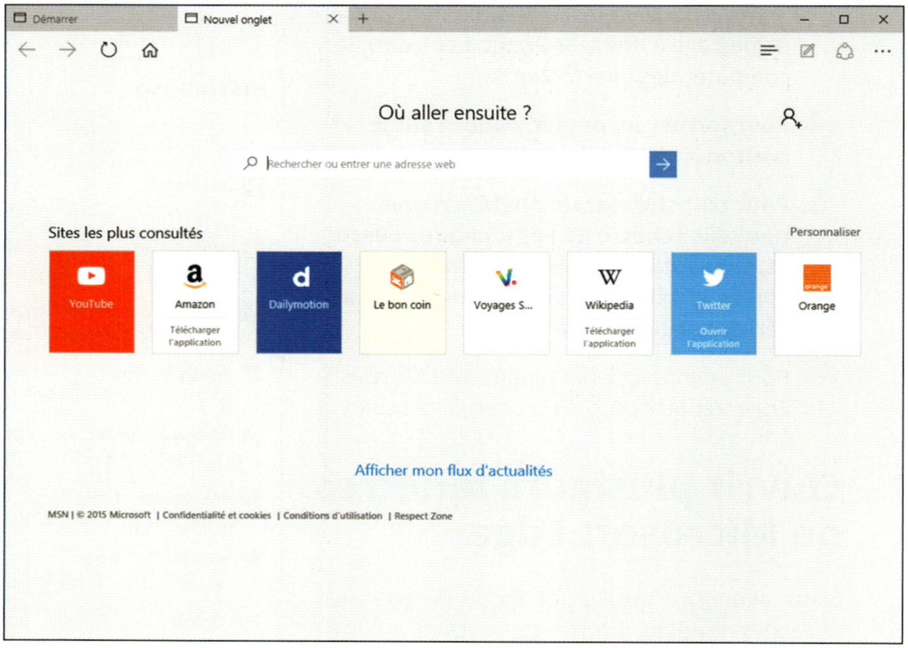


**FIGURE 2.10** Un nouvel onglet ouvert dans Microsoft Edge.

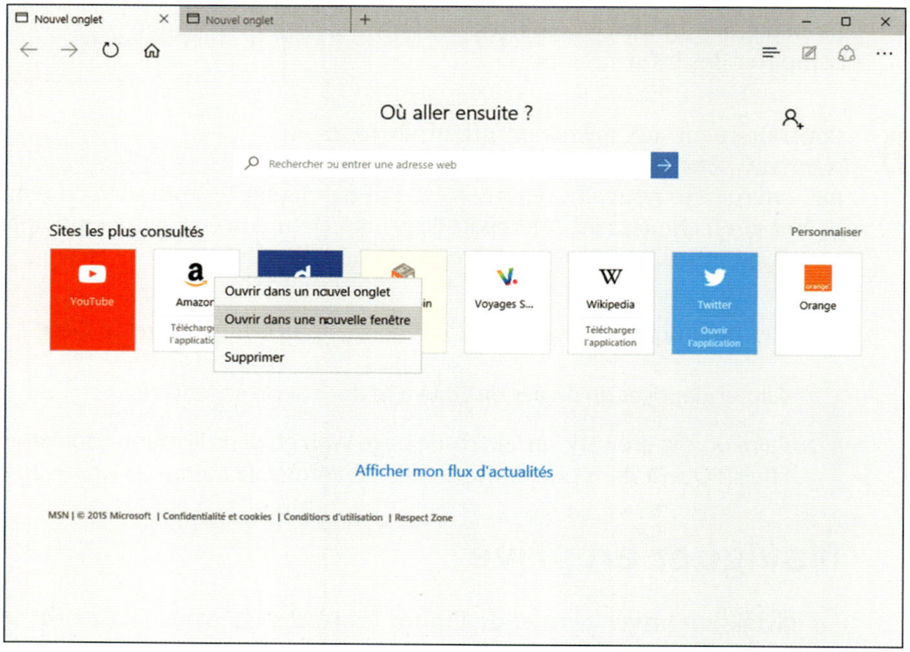


**FIGURE 2.11** Pour ouvrir une nouvelle fenêtre de Microsoft Edge.

2. **Dans le volet qui apparaît, choisissez Nouvelle fenêtre InPrivate, comme le montre la Figure 2.12.**

3. **Dans la fenêtre InPrivate de Edge qui s'affiche (Figure 2.13), naviguez comme vous avez l'habitude de le faire.**

   InPrivate permet de ne pas enregistrer de cookies, d'historique, et de fichiers temporaires. Dès que vous fermez la navigation InPrivate, toutes les pages qui ont été téléchargées au cours de cette session sont effacées de votre ordinateur.

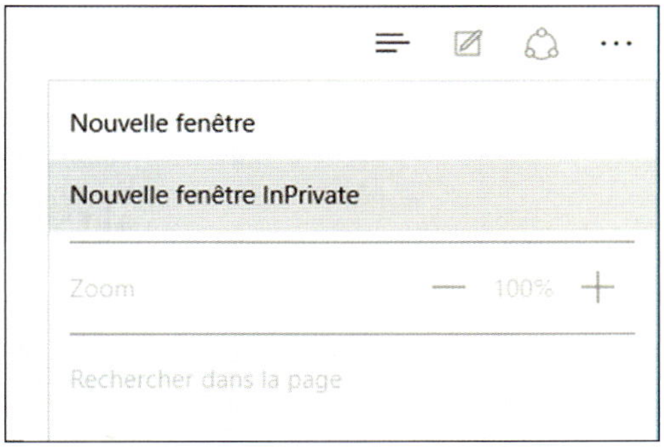


**FIGURE 2.12**
Pour naviguer en laissant le moins de traces possible.

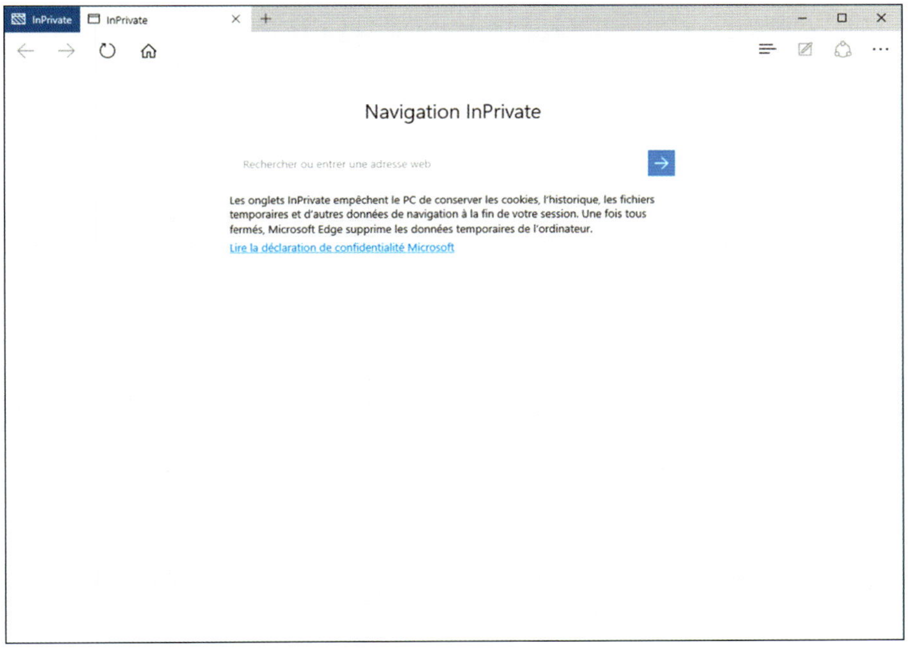


**FIGURE 2.13**
La navigation privée avec Microsoft Edge.

# Appliquer des paramètres avancés

Les paramètres avancés de Microsoft Edge vont permettre de personnaliser le comportement du programme et de mettre en œuvre quelques options de sécurité.

## Changer le moteur de recherche par défaut de Edge

Edge utilise le moteur de recherche Bing de Microsoft pour lister les résultats de vos requêtes faites dans la barre d'adresses du navigateur ou depuis le champ de la section Où aller ensuite. Voici comment imposer à Microsoft Edge le moteur de recherche de votre choix :

1. **Cliquez sur le bouton Autres actions situé dans l'angle supérieur droit de l'interface de Edge.**
2. **Dans le volet qui apparaît, choisissez Paramètres.**
3. **Faites défiler le contenu du volet Paramètres, et cliquez sur le bouton Afficher les paramètres avancés.**
4. **Si nécessaire, faites défiler le contenu de ces paramètres pour afficher la section Effectuer les recherches à partir de la barre d'adresses.**

   Par défaut, le menu local indique Bing.
5. **Ouvrez ce menu local, et choisissez Ajouter un nouvel élément, comme le montre la Figure 2.14.**
6. **Cliquez sur un des choix proposés, comme Google, puis sur Ajouter comme valeur par défaut pour en faire le moteur de recherche prioritaire de Edge (Figure 2.15)**

   Désormais, les recherches depuis la barre d'adresses et depuis le champ de la section Où aller ensuite utiliseront ce nouveau moteur de recherche.

## Bloquer les fenêtres contextuelles

Pour éviter d'être assailli, pour ne pas dire agressé, par des fenêtres publicitaires (ou autres) qui s'ouvrent de manière intempestive, activez le bloqueur de fenêtres contextuelles de Microsoft Edge comme ceci :

1. **Cliquez sur le bouton Autres actions situé dans l'angle supérieur droit de l'interface de Edge.**
2. **Dans le volet qui apparaît, choisissez Paramètres.**
3. **Faites défiler le contenu du volet Paramètres, et cliquez sur le bouton Afficher les paramètres avancés.**
4. **S'il est désactivé, basculez le commutateur Bloquer les fenêtres contextuelles en position Activé (bleue), comme à la Figure 2.16.**

   La modification prend immédiatement effet.

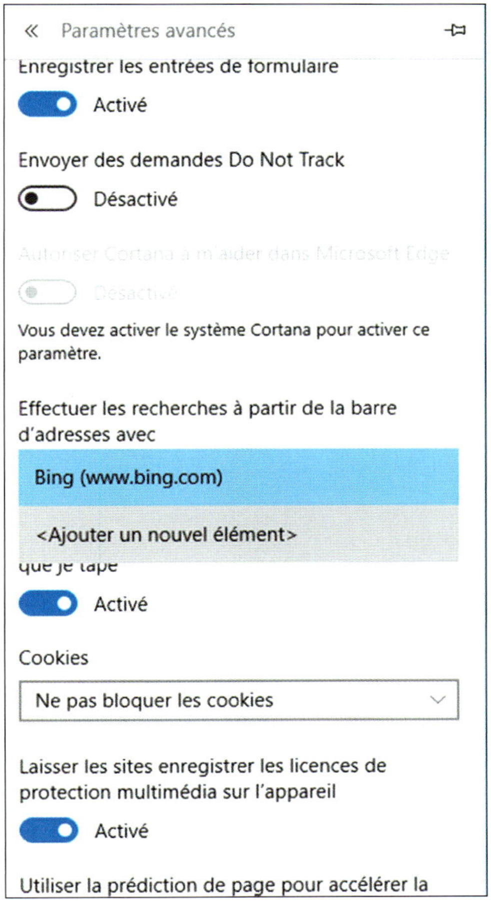


**FIGURE 2.14**
Pour ajouter un autre moteur de recherche.

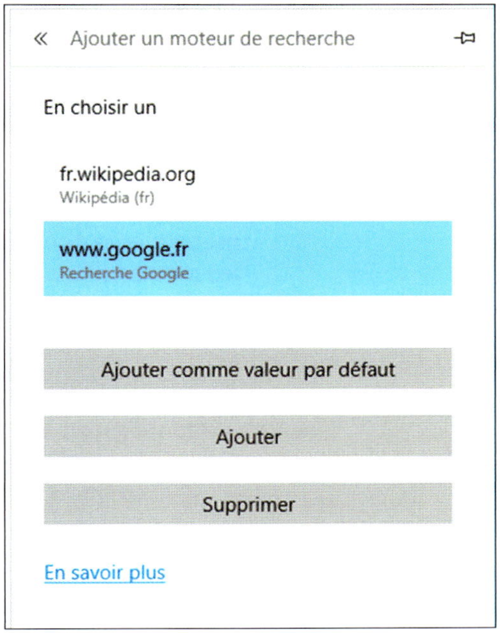


**FIGURE 2.15**
Définir le moteur de recherche par défaut.

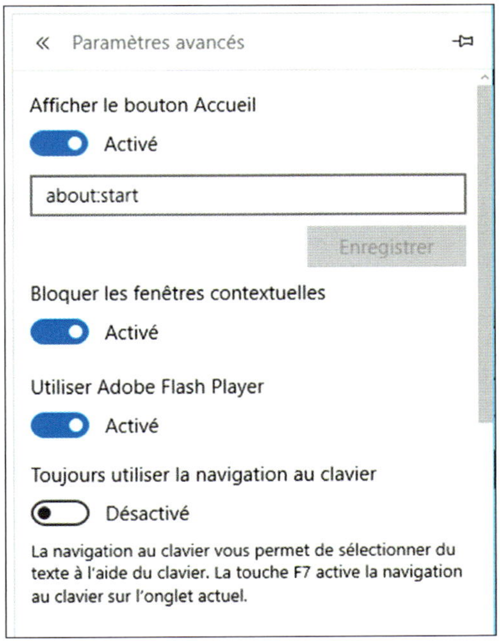


**FIGURE 2.16**
Pour bloquer les fenêtres intempestives.

## Gérer les cookies

Les cookies sont de petits fichiers textes que les sites peuvent installer dans votre ordinateur pour faciliter et accélérer la navigation. Ainsi, c'est grâce aux cookies que certaines pages afficheront des informations qui vous intéressent plus que d'autres, ou encore qui vous éviteront d'avoir à taper votre mot de passe pour accéder à votre compte sur un site particulier. *De facto*, les cookies ne sont pas forcément mauvais. Si vous souhaitez définir le comportement de Edge vis-à-vis des cookies, conformez-vous aux étapes suivantes :

1. **Cliquez sur le bouton Autres actions situé dans l'angle supérieur droit de l'interface de Edge.**
2. **Dans le volet qui apparaît, choisissez Paramètres.**
3. **Faites défiler le contenu du volet Paramètres, et cliquez sur le bouton Afficher les paramètres avancés.**
4. **Ouvrez le menu local de la section Cookies et choisissez un des trois comportements suivants (Figure 2.17) :**
   - **Bloquer tous les cookies :** Avec cette option, aucun cookie ne sera installé sur votre ordinateur.
   - **Bloquer les cookies tiers uniquement :** Bloque les cookies qui sont enregistrés par les services Web externes, tels que les publicités incorporées sur les pages Web auxquelles vous avez accédé.
   - **Ne pas bloquer les cookies :** Option par défaut qui permet à tous les types de cookies d'être installés sur votre ordinateur.

   Votre choix prend immédiatement effet.

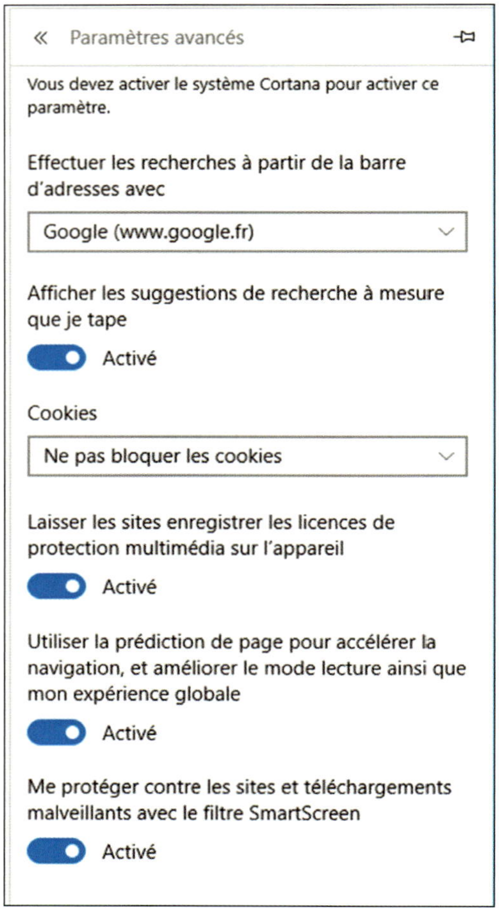


**FIGURE 2.17** Choisissez le comportement de Edge vis-à-vis des cookies.

## Activer le filtre SmartScreen

Le Filtre SmartScreen tente de détecter les programmes malveillants, les sites Internet d'hameçonnage et les fraudes en ligne lorsque vous naviguez sur Internet. Pour cela, le filtre effectue un certain nombre de choses :

- Vérification des sites Internet selon une liste régulièrement mise à jour de sites de programmes malveillants et d'hameçonnage répertoriés.
- Vérification des téléchargements de logiciels selon une liste régulièrement mise à jour de sites de logiciels malveillants répertoriés.
- Informer l'utilisateur sur l'existence des sites Internet d'hameçonnage et d'autres sites Internet qui contiennent un programme malveillant qui peut conduire à l'usurpation d'identité.

Lorsque le Filtre SmartScreen est activé, un écran d'avertissement d'un danger imminent apparaît dans le navigateur Web.

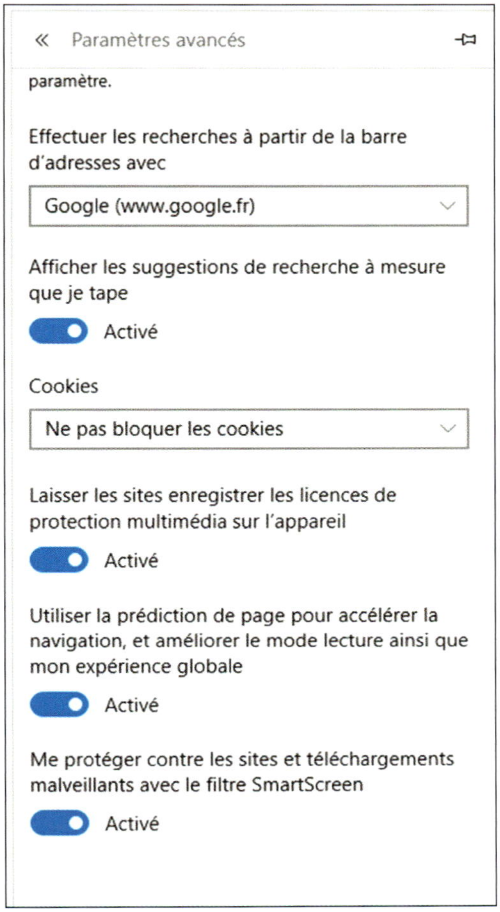


**FIGURE 2.18**
Activer le filtre SmartScreen.

Voici comment activer le filtre SmartScreen :

...

1. **Cliquez sur le bouton Autres actions situé dans l'angle supérieur droit de l'interface de Edge.**
2. **Dans le volet qui apparaît, choisissez Paramètres.**
3. **Faites défiler le contenu du volet Paramètres, et cliquez sur le bouton Afficher les paramètres avancés.**
4. **Tout en bas du volet qui s'affiche, basculez le commutateur Me protéger contre les sites et les téléchargements malveillants avec le filtre SmartScreen, comme le montre la Figure 2.18.**

   Le filtre est immédiatement actif.

# Découvrir le Hub

Le Hub de Microsoft Edge est un volet qui permet de gérer votre historique (voir plus haut dans ce chapitre), vos Favoris, vos téléchargements et vos listes de lecture (une nouveauté Microsoft Edge). Cette section explique l'utilisation du Hub.

## Gérer vos téléchargements

Lorsque vous téléchargez des fichiers avec Microsoft Edge, vous pouvez cliquer sur le bouton Afficher les téléchargements qui apparaît une fois le téléchargement terminé. Si vous ratez cette étape, voici comment accéder à vos téléchargements depuis Microsoft Edge :

1. **Cliquez sur le bouton représenté ci-contre de Microsoft Edge afin d'ouvrir le Hub, comme à la Figure 2.19.**

2. **Pour afficher vos téléchargements, cliquez sur l'icône située à droite.**

   La liste de vos téléchargements apparaît, comme à la Figure 2.20.
3. **Pour exécuter ou ouvrir un élément téléchargé, double-cliquez dessus.**

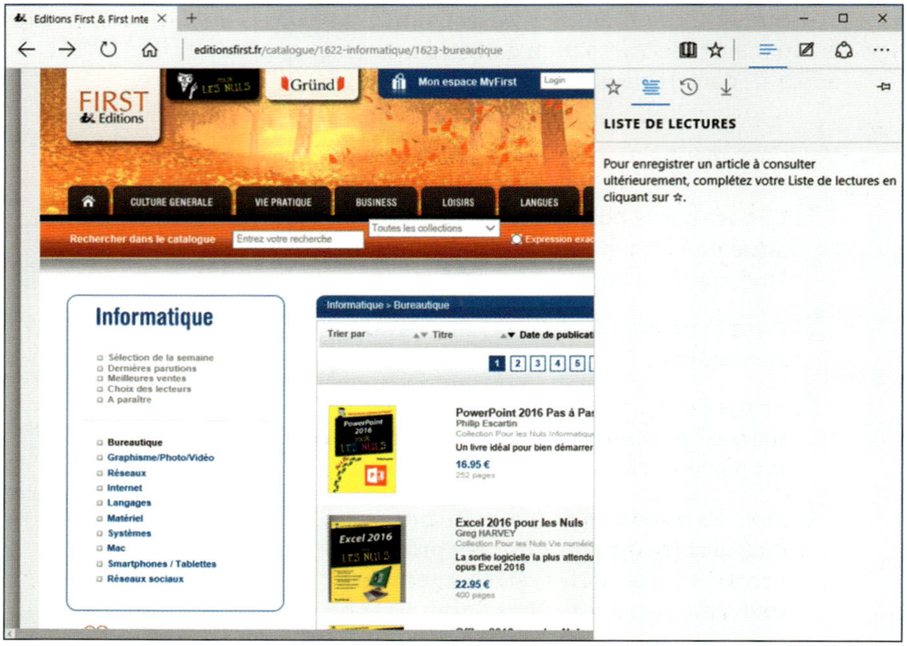


**FIGURE 2.19** Le Hub de Microsoft Edge.

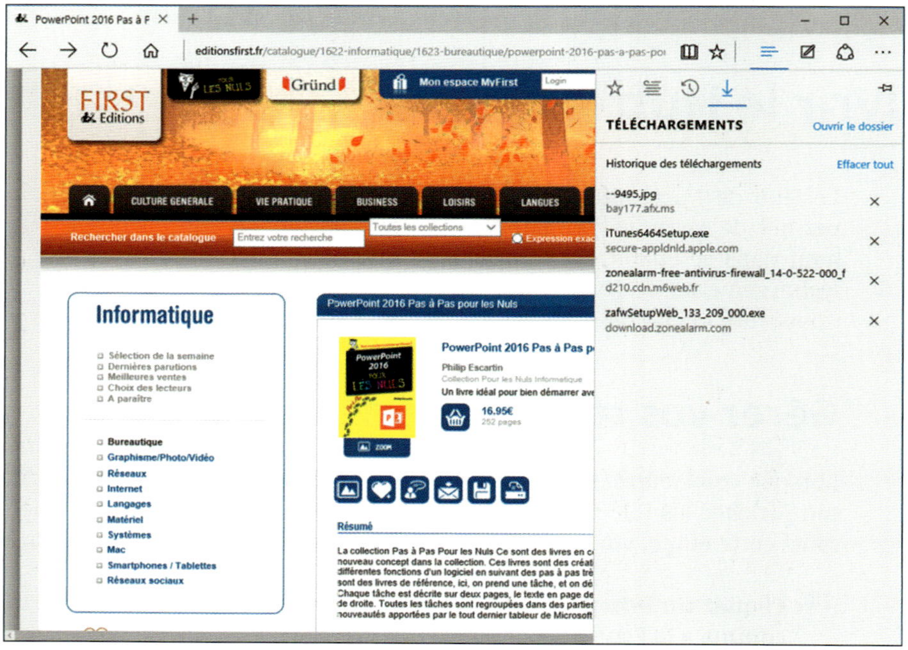


**FIGURE 2.20** La section Téléchargements du Hub.

4. **Pour accéder au dossier des téléchargements via l'Explorateur de fichiers, cliquez sur le lien Ouvrir le dossier.**

Vous pouvez supprimer la liste des téléchargements par un clic sur le lien Effacer tout. Cette action ne supprime pas de votre disque dur les fichiers téléchargés, mais simplement leur référencement dans le volet Téléchargements du Hub. Par conséquent, vous retrouverez lesdits fichiers dans le dossier Téléchargements accessible via l'Explorateur de fichiers de Windows 10. Pour supprimer un élément de la liste, cliquez simplement sur le bouton X situé à droite de son nom.

## Créer des listes de lecture

Les listes de lecture permettent de stocker des pages Web auxquelles vous accéderez en un clic de souris. Ces listes peuvent également se composer de pages annotées que vous pourrez alors consulter lorsque vous aurez le temps. Cette fonction permet par exemple de faire rapidement une revue de presse que vous étudierez à la pause déjeuner ou le soir en rentrant du travail. Les listes de lecture sont également idéales pour répertorier des pages lors de recherches personnelles pour une thèse, un mémoire, ou pour se documenter sur un sujet très précis.

Voici comment créer, consulter, et gérer des listes de lecture :

1. **Démarrez Microsoft Edge, et naviguez sur le net.**
2. **Dès qu'une page attire votre attention, cliquez sur l'icône d'ajout aux favoris (étoile).**
3. **Dans le volet qui apparaît, cliquez sur l'icône Listes de lecture, comme à la Figure 2.21.**
4. **Renommez cette page si vous le souhaitez, et cliquez sur le bouton Ajouter.**
5. **Pour consulter la page ainsi ajoutée, cliquez sur l'icône Hub, puis sur Listes de lecture, et enfin sur la page Web à consulter comme à la Figure 2.22.**

   La page s'affiche. Prenez connaissance de son contenu !
6. **Pour supprimer une page de vos listes de lecture, accédez aux listes via l'icône du Hub (comme précédemment). Faites un clic-droit sur le visuel d'une page et, dans le menu contextuel qui apparaît, exécutez la commande Supprimer.**

Vous pouvez ainsi vous constituer un grand nombre de pages à lire quand vous en aurez le temps.

## Utiliser le mode Lecture et Annoter des pages

L'annotation est une grande nouveauté uniquement disponible dans Microsoft Edge, c'est-à-dire que la version Internet Explorer classique ne le permet pas.

**FIGURE 2.21**
Pour ajouter une page Web à vos listes de lecture.

Cette fonction met à votre disposition les outils suivants :

- **Stylet :** Il permet d'écrire directement sur la page Web. Si vous disposez d'une tablette graphique, l'écriture n'en sera que facilitée.
- **Surligneur :** Comme son nom l'indique, il permet de surligner les éléments les plus importants d'une page.
- **Gomme :** Pour effacer vos annotations et autre surlignage.
- **Note :** Permet de saisir une note sur une sorte de sticker virtuel qui prend place sur la page.
- **Marquer :** La fonction Marquer pour partage permet de mettre en évidence une zone de la page et ainsi de l'extraire afin de la conserver à titre personnel, ou bien de l'envoyer à des collaborateurs.

**FIGURE 2.22**
Consulter vos listes de ecture.

Voici comment annoter des pages avec les outils de Microsoft Edge :

1. **Accédez à une page Web dont vous souhaitez annoter le contenu.**

Les pages idéales pour l'annotation sont celles qui contiennent du texte, comme un journal.

2. **Basculez ensuite en mode Lecture par un clic sur l'icône du livre située à droite de la barre d'adresses.**

3. **Une fois en mode Lecture, cliquez sur l'icône Écrire une note Web (un stylo sur une feuille).**

   Vous basculez alors en mode Annotation. Une barre d'outils fait son apparition dans la partie supérieure de Edge, comme le montre la Figure 2.23.

**FIGURE 2.23** Pour annoter les pages Web.

4. **Pour écrire une note à main levée, activez le stylet, et cliquez sur sa petite flèche afin de choisir sa couleur et sa taille. Écrivez directement sur la page avec la souris ou le stylet d'une tablette graphique.**

   Je ne vous cache pas qu'écrire à la souris est un vrai cauchemar.

5. **Pour surligner un texte, activez l'outil Surligneur, puis faites glisser le pointeur de la souris sur le texte à surligner, comme à la Figure 2.24.**

   Comme pour le stylet, vous pouvez choisir la couleur et la taille du surlignage.

6. **Si votre note ou le surlignage ne vous convient pas, activez l'outil Gomme et faites glisser le pointeur de la souris sur l'élément à effacer.**

7. **Pour taper une note, activez l'outil idoine dont l'icône ressemble à une bulle de bande dessinée.**

8. **Cliquez sur la page. Dans la zone de texte qui apparaît, saisissez votre note.**

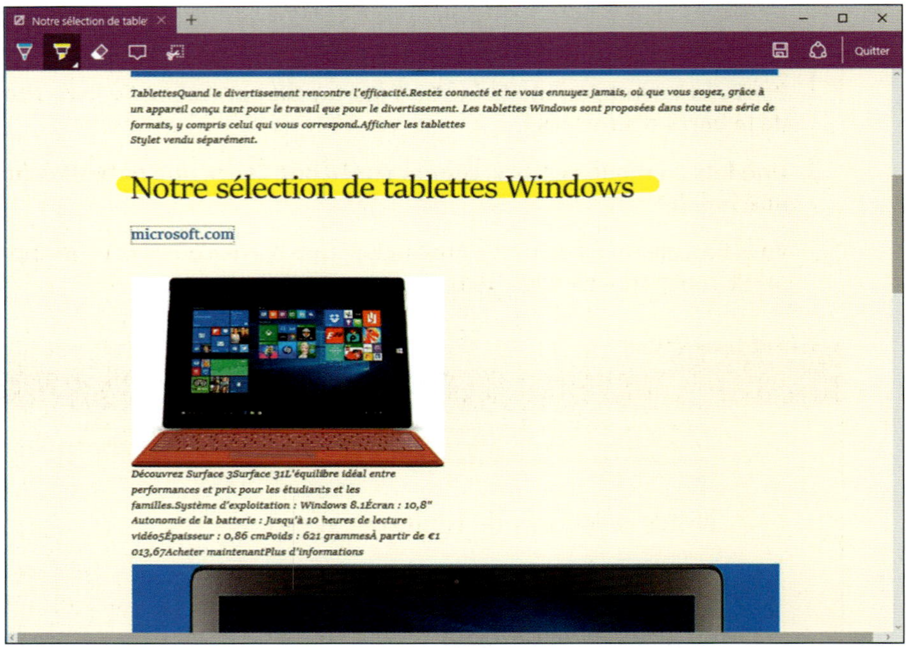


**FIGURE 2.24** Surlignez du texte dans une page Web.

Elle se valide automatiquement dès que vous cliquez sur une zone de la page.

Pour supprimer une note en cours d'édition, cliquez sur l'icône de la poubelle. Attention, car cette action est irréversible. La suppression est impossible une fois la page sauvegardée !

9. **Pour extraire un élément de la page, cliquez sur l'icône Marquer pour partage.**

10. **Comme l'indique alors l'incrustation qui apparaît sur la page, faites glisser le pointeur de la souris sur la zone à copier, comme sur la Figure 2.25.**

    L'extraction n'aura lieu qu'à l'enregistrement de votre action, comme l'explique la prochaine étape.

11. **Quel que soit le type d'annotation réalisé, enregistrez-la ou partagez-la :**

    - **Enregistrer :** Cliquez sur l'icône de la disquette ! Choisissez alors de sauvegarder les annotations dans OneNote (suite Office), dans vos favoris, ou dans vos listes de lecture.
    - **Partager :** Cette action ouvre le volet Partager qui permet un partage via l'application Courrier, OneNote, et Twitter.

12. **Pour sortir du mode des annotations, cliquez sur Quitter.**

13. **Consultez vos annotations via l'icône Hub.**

    La Figure 2.26 montre une zone d'une page extraite avec l'outil Marquer pour partager.

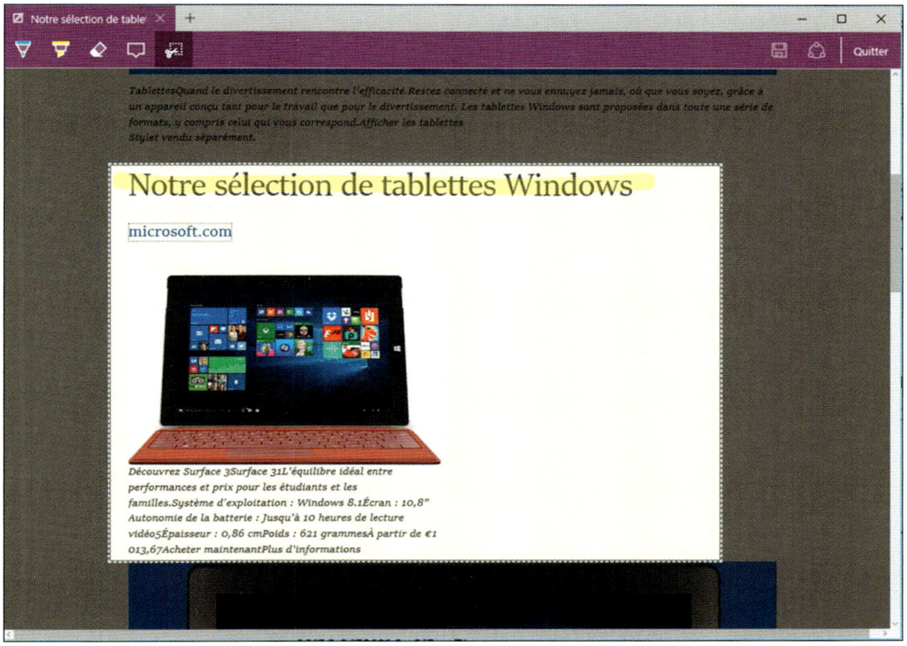


**FIGURE 2.25**
Extraire un élément de la page.

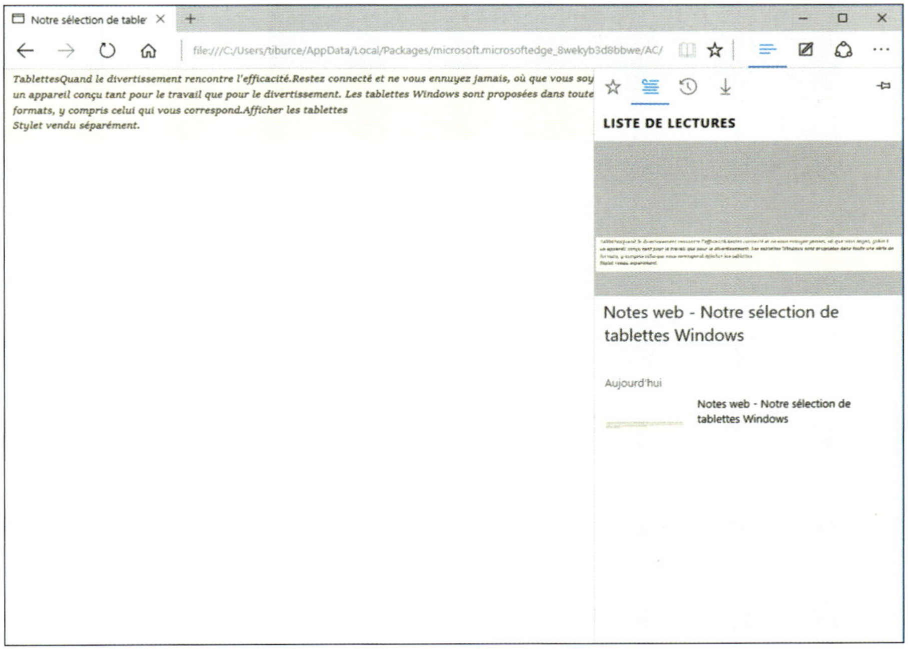


**FIGURE 2.26**
Consulter un élément annoté avec Edge.

# Gérer les Favoris

Les Favoris sont des sortes de marques-pages qui permettent de retrouver facilement des pages Web dont vous souhaitez consulter régulièrement le contenu. Par exemple, si vous visitez régulièrement un même site Web, autant en faire un favori afin d'y accéder en un clic de souris. Voici comment constituer et gérer une liste de favoris :

1. **Accédez à une page Web que vous souhaitez ajouter à vos Favoris.**

2. **Cliquez ensuite sur l'icône de l'étoile.**
3. **Dans le volet qui apparaît, cliquez si besoin sur l'icône de l'étoile. Ensuite, renommez la page si vous le jugez nécessaire (Figure 2.27).**

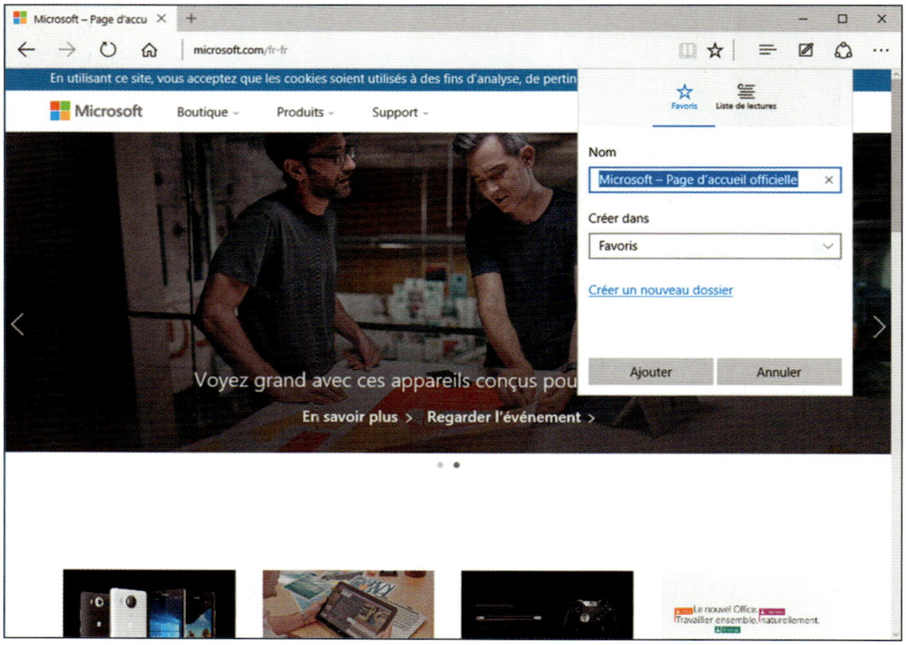


**FIGURE 2.27** Pour ajouter une page Web à vos Favoris.

4. **Ouvrez le menu local Créer dans afin d'indiquer l'emplacement de stockage de ce favori.**

   Vous disposez des possibilités suivantes :

   - **Favoris :** Le lien vers la page Web est ajouté au dossier Favoris de Edge.
   - **Volet de Favoris :** Le lien vers la page s'affichera dans la barre des Favoris de Edge. Si cette barre n'est pas visible, cliquez sur le bouton Autres actions, puis sur Paramètres. Activez alors l'option Afficher le volet des Favoris. La barre des Favoris apparaît alors sous celle de la barre d'adresses. Le favori affiche un logo de la page et son nom.

- **Créer un nouveau dossier :** Cliquez sur ce lien pour créer un dossier dans lequel sera stocké le favori. Les dossiers permettent de sérialiser vos Favoris, c'est-à-dire de les classer par catégories. Vous pouvez avoir un dossier Voyage, Art, Littérature, Presse, etc. Une fois le nom donné, cliquez sur le bouton Ajouter. À partir de cet instant, le nom du dossier apparaîtra dans le menu local Créer dans.

5. **Pour gérer ces dossiers (mais aussi en créer d'autres d'une autre manière), cliquez sur le bouton du Hub.**

6. **Dans le volet qui apparaît, choisissez Favoris.**

   Comme le montre la Figure 2.28, vous accédez à la liste des dossiers et des favoris eux-mêmes.

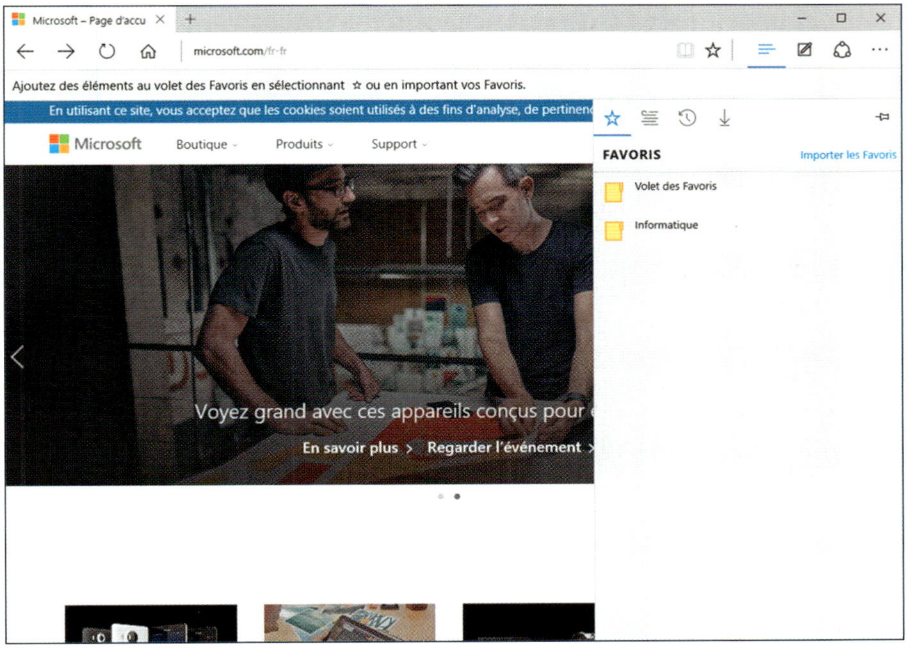


**FIGURE 2.28** Les Favoris de Edge.

7. **Pour supprimer un dossier des Favoris, faites un clic-droit sur son icône. Dans le menu contextuel qui apparaît, choisissez Supprimer.**

8. **Pour créer un dossier, répétez l'étape précédente. Cette fois, dans le menu contextuel, choisissez Créer un nouveau dossier.**

9. **Nommez ce dossier et validez en appuyant sur la touche Entrée de votre clavier.**

Il est également possible de créer des sous-dossiers dans un dossier de Favoris. Pour cela, ouvrez un dossier en double-cliquant dessus. Faites un clic-droit sur un lien vers une page et, dans le menu contextuel qui apparaît, exécutez la commande Créer un nouveau dossier. Nommez-le et validez-le en appuyant sur Entrée. Voilà ! le dossier contient désormais un sous-dossier.

10. **Pour accéder à un lien vers une page Web, ouvrez un dossier en double-cliquant dessus. Ensuite, cliquez sur le lien de la page correspondante.**

# Les images avec Microsoft Edge

Il est très facile d'enregistrer, de partager et de copier des images avec Microsoft Edge. Voici la procédure générique permettant d'exécuter ces actions :

1. **Affichez une image dans Edge, puis cliquez dessus avec le bouton droit de la souris.**
2. **Dans le menu contextuel, choisissez la commande Enregistrer l'image, comme le montre la Figure 2.29.**

**FIGURE 2.29** Enregistrez, sur votre disque dur, une image trouvée sur une page Web.

3. **Dans la boîte de dialogue Enregistrer sous qui apparaît, choisissez l'emplacement de stockage dans le volet de navigation (colonne gauche).**

   Par exemple, choisissez Bureau pour enregistrer l'image sur votre Bureau, ou bien un de vos lecteurs (disque interne ou périphérique amovible) pour y localiser le dossier dans lequel vous stockerez l'image.

4. **Ensuite, dans le volet de droite, localisez le disque dur et/ou le dossier ou le sous-dossier de stockage.**
5. **Dans le champ Nom du fichier, modifiez si besoin le nom assigné par défaut.**

6. **Enfin, dans le champ Type, choisissez le format graphique sous lequel vous désirez enregistrer cette image. Cliquez sur le bouton Enregistrer.**

N'oubliez jamais que tout ce que vous voyez sur le Net est protégé par la loi sur les droits d'auteur. Par conséquent, vous ne pouvez pas utiliser les textes, les images, les vidéos, la musique, *etc.*, comme bon vous semble, car vous n'en avez pas la propriété artistique. En d'autres termes, vous ne pouvez jamais utiliser, sans autorisation écrite des auteurs, tout document dont vous n'êtes pas vous-même le créateur. Conclusion : n'utilisez jamais ces éléments sur votre site Web !

Vous constatez que ce menu contextuel propose deux autres options intéressantes : Copier l'image et Partager l'image. Si vous copiez l'image, vous la placez temporairement dans le Presse-papiers de Windows. Vous pourrez alors la coller dans un autre programme, comme Word. Si vous optez pour Partager l'image, le volet de partage s'ouvre sur le côté droit de Windows 10. Vous pourrez alors envoyer cette image par courrier électronique, la publier sur Twitter, ou bien la partager via Paint Fresh.

# Imprimer des pages Web

Aux premières années du Web, toutes les pages affichaient une commande d'impression qui ne fonctionnait pas ! On pensait à l'époque que l'internaute ne souhaitait consulter les informations qu'en ligne.

Or, de nombreux internautes aiment se constituer des dossiers complets à titre privé, professionnel, ou encore dans le cadre de leurs études. Aujourd'hui, l'impression du contenu d'une page Web est très simple à réaliser.

Voici comment imprimer une page Web avec Microsoft Edge :

1. **Affichez la page à imprimer.**
2. **Cliquez sur le bouton Autres actions.**
3. **Dans le volet qui apparaît, choisissez Imprimer.**

   Cette action ouvre la boîte de dialogue d'impression illustrée à la Figure 2.30.

4. **Dans le menu local Imprimante, choisissez l'imprimante vers laquelle vous voulez imprimer la page.**

   Si vous possédez Office 2016 ou Adobe Acrobat Pro, vous aurez la possibilité de convertir (et non pas imprimer) la page sous la forme d'un document PDF.

5. **Définissez les autres options d'impression comme vous avez l'habitude de le faire avec Word ou tout autre programme à partir duquel vous avez l'habitude d'imprimer.**

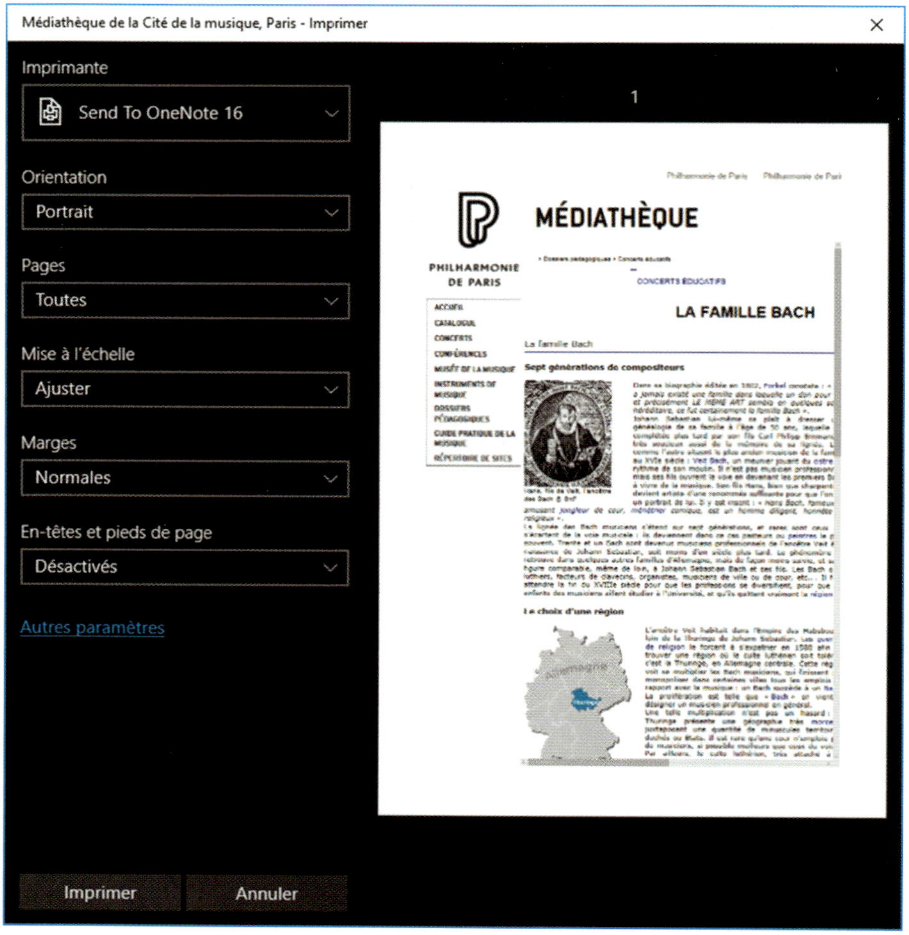


**FIGURE 2.30** Pour imprimer une page Web avec Edge.

6. **Pour choisir la qualité d'impression et celle du papier utilisé, cliquez sur le lien Autres paramètres. Une fois vos différents choix opérés, cliquez sur OK.**
7. **Pour lancer l'impression, cliquez sur le bouton Imprimer.**

# Laisser votre navigateur gérer vos mots de passe

De nombreux sites Web demandent la saisie d'un nom d'utilisateur et d'un mot de passe. Par exemple, lorsque vous achetez quelque chose sur un site Web, vous ouvrez généralement un compte qui stocke votre adresse de facturation et de livraison. Cela permet de régler vos achats plus rapidement. Pour accéder à ce compte, vous devez systématiquement saisir votre nom d'utilisateur et votre mot de passe. Comme vous changez, et à raison, souvent de mot de passe, il est parfois salutaire de demander à votre navigateur Web de les conserver en mémoire.

Microsoft Edge sait mémoriser les noms d'utilisateur et les mots de passe. Si cette fonction peut s'avérer dangereuse quand d'autres personnes utilisent votre ordinateur, elle vous fera gagner beaucoup de temps lorsque vous êtes le seul utilisateur de votre machine.

Lorsque vous accédez à une page Web qui requiert ces deux informations, Edge affiche un message, comme à la Figure 2.31. Cliquez sur Oui si vous désirez ne pas avoir à saisir le mot de passe lors de votre prochaine visite. Si vous choisissez Non, aucune mise en mémoire n'est faite, mais le message s'affichera de nouveau lorsque vous reviendrez sur le site.

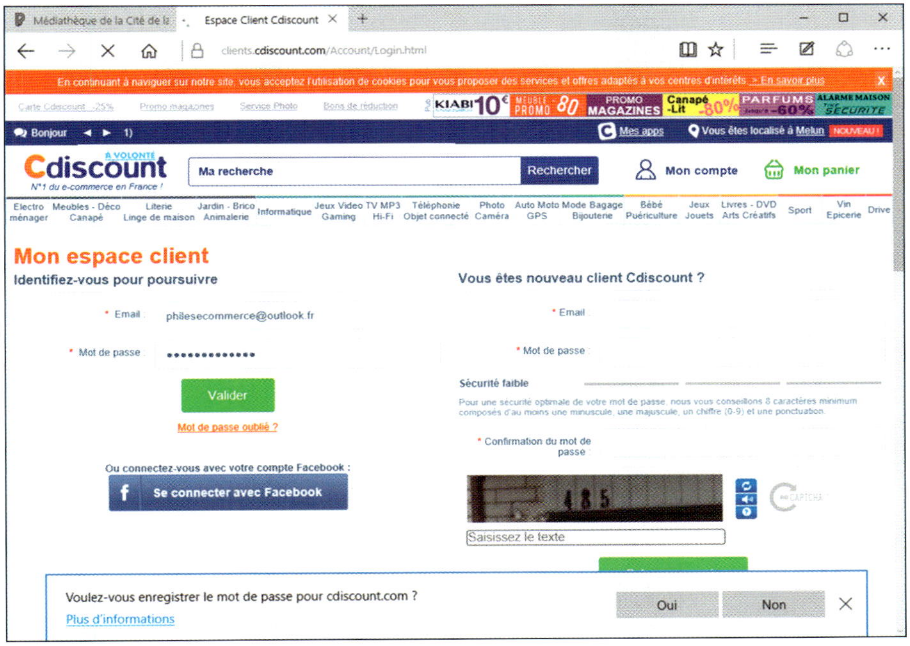


**FIGURE 2.31** Edge peut stocker les mots de passe saisis sur les sites Web.

Voici comment contrôler la manière dont les mots de passe sont stockés par Microsoft Edge :

1. **Cliquez sur le bouton Autres actions.**
2. **Dans le volet qui apparaît, choisissez Paramètres, puis cliquez sur le bouton Afficher les paramètres avancés.**
3. **Faites défiler le contenu de ce volet puis, dans la section Confidentialité et services, cliquez sur le lien Gérer mes mots de passe enregistrés (Figure 2.32).**

   Le volet affiche les sites ainsi que les adresses mails pour lesquels un mot de passe est stocké sous la forme d'un cookie sur votre ordinateur ou sur le site Web.

4. **Pour qu'un mot de passe ne soit plus utilisé, placez le pointeur de la souris sur la vignette du site pour lequel il a été défini, puis cliquez sur le bouton X qui s'affiche à sa droite.**

**FIGURE 2.32**
Gérer les mots de passe avec Microsoft Edge.

Chapitre 3

# Internet Explorer fait de la résistance

**DANS CE CHAPITRE :**

- **Trouver Internet Explorer 11 sous Windows 10.**
- **Changer la page d'accueil.**
- **Définir un autre moteur de recherche par défaut.**
- **Afficher des pages Web dans des onglets.**
- **Naviguer dans plusieurs fenêtres à la fois.**
- **Marquer vos pages préférées.**
- **Enregistrer et imprimer des pages Web.**
- **Demander au navigateur de mémoriser les noms d'utilisateur et les mots de passe.**
- **Contrôler les cookies.**
- **Arrêter les *pop-up*.**

Vous avez appris au Chapitre 2 que Windows 10 mettait désormais en avant le tout nouveau navigateur Web de Microsoft c'est-à-dire Edge. Cependant, il reste possible pour les réfractaires à toute innovation d'utiliser Internet Explorer 11 sous ce système d'exploitation.

Toutefois, comme Microsoft souhaite inciter les utilisateurs à privilégier Edge, l'accès à Internet Explorer 11 sous Windows 10 ne revient plus à cliquer sur l'icône du programme dans la Barre des tâches. En effet, comme cela est expliqué au Chapitre 2, cette icône lance Microsoft Edge.

# Surfer avec Internet Explorer

Avant de surfer encore faut-il savoir comment démarrer Internet Explorer 11 sous Windows 10. Une fois le logiciel ouvert, nous en découvrirons les grands principes avant de nous intéresser aux détails.

## Exécuter Internet Explorer sous Windows 10

Pour localiser Internet Explorer sous Windows 10, conformez-vous aux quelques étapes suivantes :

1. **Cliquez sur le bouton Démarrer de Windows 10 ou bien dans le champ de recherche de Cortana.**
2. **Saisissez immédiatement** Internet**.**
3. **Dans la liste des résultats qui apparaît (Figure 3.1), cliquez sur Internet Explorer.**

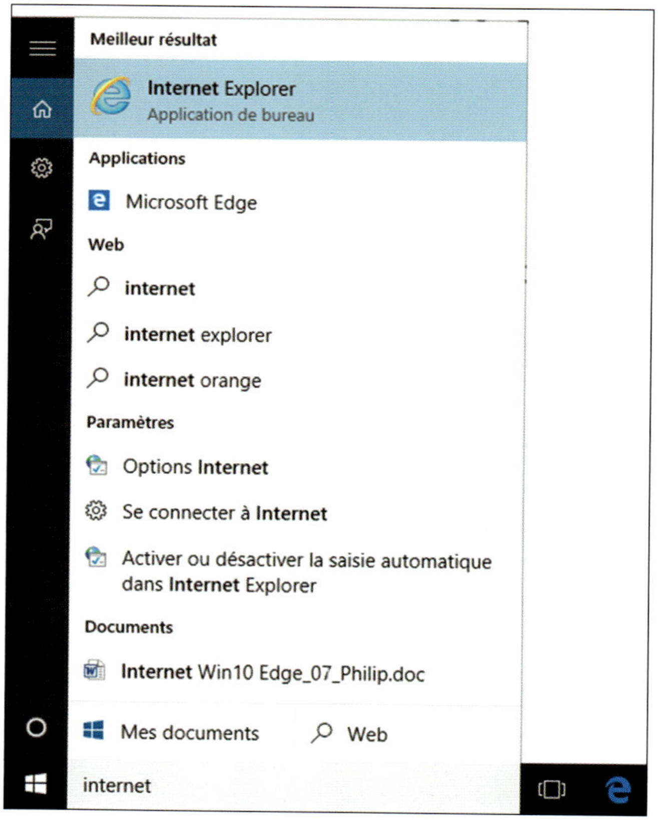


**FIGURE 3.1** Exécuter Internet Explorer 11 sous Windows 10.

Le programme s'ouvre par défaut sur la page d'actualité de MSN et vous propose Bing comme moteur de recherche, comme sur la Figure 3.2. Nous verrons comment changer tout cela.

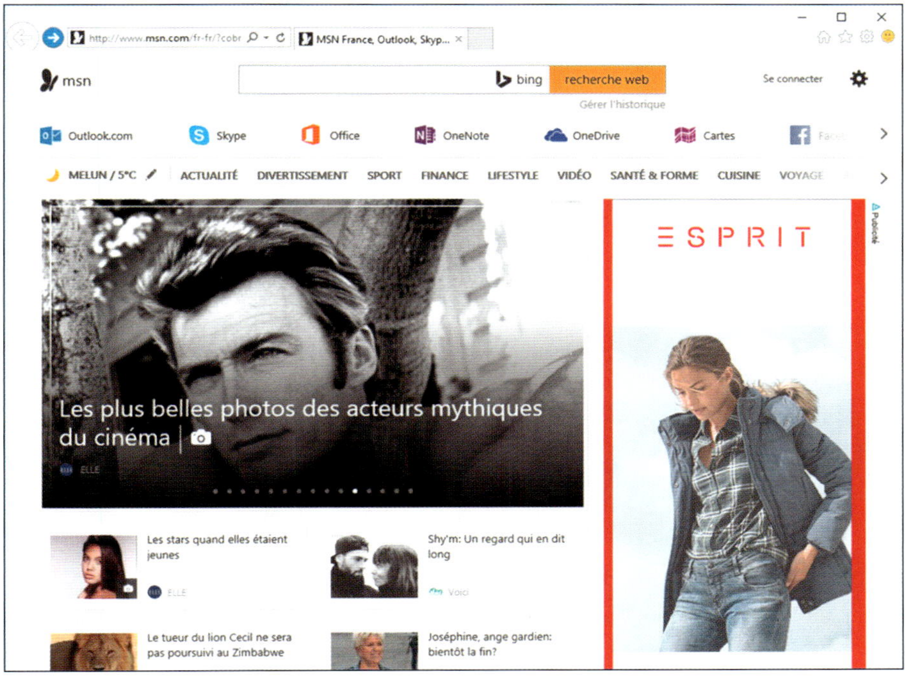


**FIGURE 3.2** Internet Explorer ouvert sous Windows 10.

## Petite exploration

Pour aller d'une page à une autre sur le Web, il suffit de cliquer sur un lien. À l'écran, il peut se présenter sous la forme d'une image, d'un mot ou d'une suite de mots affichés dans une autre couleur que le texte normal (en bleu, le plus souvent) et souligné. Si vous n'êtes pas certain que ce soit bien un lien, observez le pointeur de la souris : de flèche, il se change en main lorsqu'il est placé sur un lien.

## Arrière toute !

Les navigateurs n'ont pas la mémoire courte : ils se souviennent du chemin qu'ils ont parcouru et, en particulier, de la dernière page affichée. Si celle que vous venez d'afficher ne vous plaît pas et que vous souhaitez revenir à la précédente, cliquez tout simplement sur l'icône la plus à gauche de la rangée supérieure, celle qui porte une flèche tournée vers la gauche. Vous pouvez également passer par le clavier : appuyez sur la touche fléchée pointant vers la gauche tout en maintenant enfoncée la touche Alt (celle qui se trouve à gauche de la barre d'espacement).

Lorsqu'un lien s'ouvre dans une nouvelle fenêtre, le bouton Précédent ou Reculer d'une page n'est pas accessible.

## Où aller ?

On appelle *page d'accueil* la page Web principale d'un site Web. La page d'accueil est comparable à la page de couverture d'un magazine : elle donne une idée de ce que vous trouverez sur le site. Voici comment accéder à une page d'accueil :

1. **Cliquez dans la zone de saisie de l'adresse, située dans la partie supérieure droite d'Internet Explorer (Figure 3.3).**

   Vous pouvez sélectionner le contenu de la barre d'adresses en exécutant le raccourci clavier Alt + D.

**FIGURE 3.3** Saisissez ici l'adresse du site Web à visiter.

2. **Saisissez l'URL de la page que vous voulez atteindre.**

   Exemple : `http://www.editionsfirst.fr/`. En général, vous pouvez vous contenter de taper `www.editionsfirst.fr/` (et même, lorsque le site se termine par `.com`, en tapant `editionsfirst` et en appuyant ensuite sur Ctrl + Entrée).

   Par défaut, la barre d'adresses est programmée pour effectuer une recherche avec le moteur Bing de Microsoft.

3. **Appuyez sur Entrée ou choisissez une adresse dans la liste des résultats proposés par Bing.**

   Si vous optez pour la touche Entrée, Bing affiche une page de résultat. Il ne reste plus qu'à cliquer sur le lien renvoyant vers le site Web qui vous intéresse.

Il s'agit là de l'approche standard de la navigation Web. Une fois que vous aurez atteint une page, il y a de grandes chances pour que vous naviguiez de lien en lien. Pour toute nouvelle recherche, vous répéterez la procédure ci-dessus.

## Cette page est bizarre

Il arrive qu'une page Web soit abîmée ou que vous l'interrompiez (en cliquant sur le bouton Arrêter dans la barre d'outils ou en appuyant sur la touche Échap).

Pour indiquer à Internet Explorer 11 de recharger le contenu de la page, cliquez sur le bouton Actualiser, ou appuyez sur F5.

## Sortez-moi de là !

Tôt ou tard, il va bien falloir que vous vous arrêtiez de surfer sur le Web. Pour quitter Internet Explorer, cliquez sur Fichier/Quitter ou appuyez sur la combinaison Alt + F4. Une autre technique consiste à cliquer sur le bouton de fermeture (X) placé dans le coin supérieur droit de la fenêtre d'affichage.

Vous ne voyez pas le menu Fichier ? Eh bien, appuyez sur la touche Alt de votre clavier. La barre des menus apparaît. Pour l'afficher en permanence, appuyez sur Alt. Ensuite, cliquez sur Affichage/Barre d'outils/Barre de menus, comme à la Figure 3.4. La barre des menus apparaît sous la barre d'adresses.

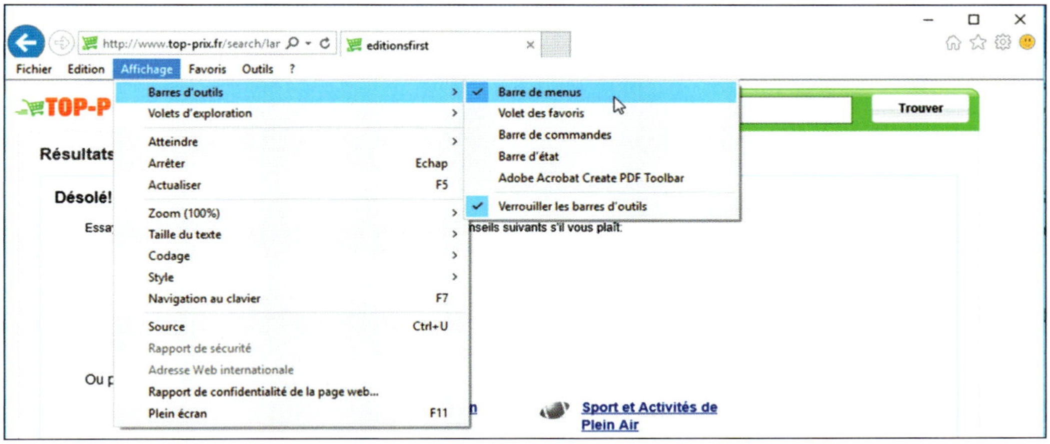


**FIGURE 3.4** Pour afficher la barre des menus en permanence.

# Personnaliser le navigateur

Il est très facile de configurer Internet Explorer pour qu'ils répondent à vos besoins propres.

## Changer la page d'accueil

Par défaut, Internet Explorer démarre sur la page d'actualité MSN. Suivez ces étapes pour démarrer avec une page spécifique au lancement d'Internet Explorer :

1. **Affichez la page Web à utiliser comme page de démarrage.**

   Par exemple, la page Google, le plus célèbre moteur de recherche au monde.

2. **Si la barre de menus n'est pas visible, appuyez sur la touche Alt puis cliquez sur Outils/Options Internet.**

   Vous accédez à la boîte de dialogue Options Internet.

3. **Cliquez sur l'onglet Général.**

   En réalité, il est probablement déjà sélectionné. Nous précisons cela au cas où vous auriez parcouru les autres onglets.

4. **Dans la section Page de démarrage de la boîte de dialogue, cliquez sur le bouton Page actuelle (Figure 3.5).**

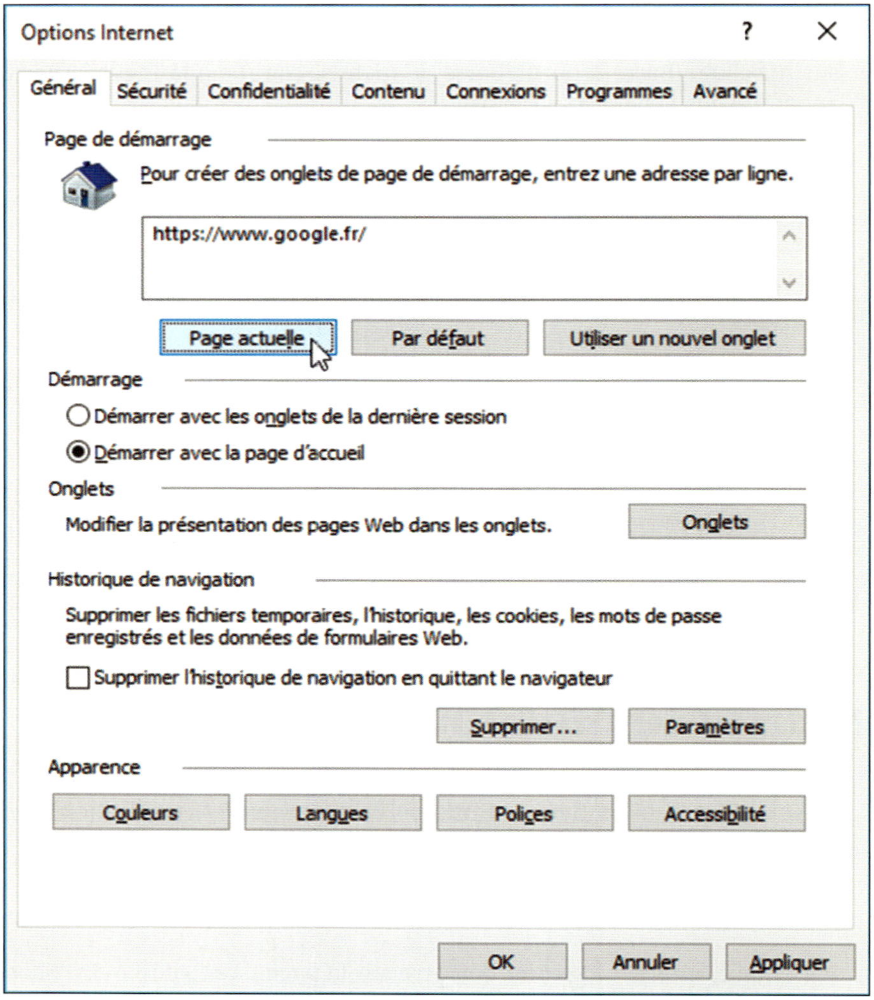


**FIGURE 3.5** La boîte de dialogue Options Internet permet notamment de définir la page Web affichée au démarrage.

   L'URL de la page actuelle s'affiche dans la zone de saisie.

5. **Cliquez sur OK.**

## Afficher d'autres barres de commandes

Pour disposer d'un maximum d'éléments graphiques sur l'interface d'Internet Explorer, ajoutez des barres d'outils et/ou de commandes en vous conformant aux étapes suivantes :

1. **Cliquez avec le bouton droit de la souris sur un espace vide de la partie supérieure d'Internet Explorer, comme le montre la Figure 3.6.**

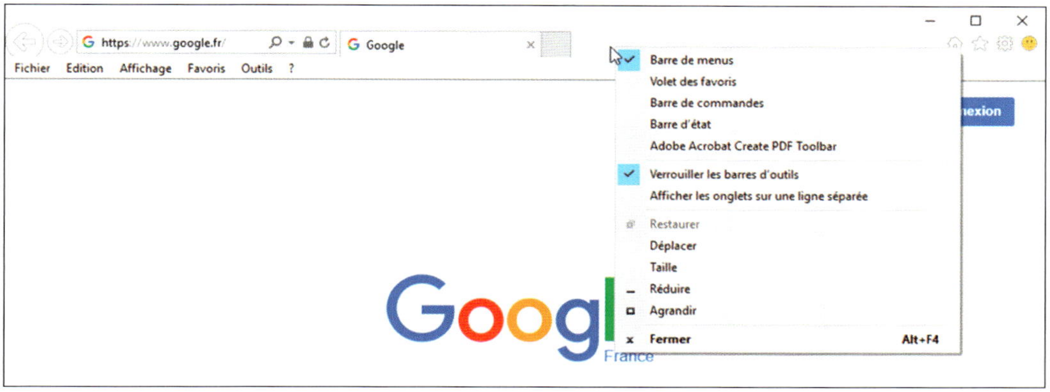


**FIGURE 3.6** Ajouter des barres à Internet Explorer.

2. **Dans le menu contextuel, cliquez sur les barres à ajouter.**
3. **Pour masquer des barres ainsi ajoutées, faites l'opération inverse, c'est-à-dire décochez celles que vous n'utilisez pas.**

## Définir un autre moteur de recherche par défaut

Bing de Microsoft est logiquement le moteur de recherche utilisé par défaut dès que vous saisissez des informations dans la barre d'adresses. Voici comment utiliser un autre moteur, tel que Google :

1. **Cliquez sur le petit triangle situé à droite de la loupe de la barre d'adresses.**

   Cette action ouvre un menu local illustré à la Figure 3.7, au bas duquel figure l'icône du moteur de recherche actuellement utilisé par Internet Explorer (en l'occurrence Bing).

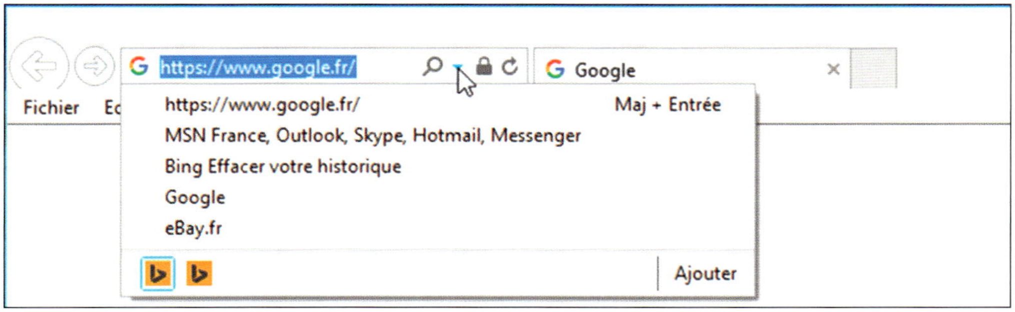


**FIGURE 3.7** Pour changer le moteur de recherche de la barre d'adresses.

2. **Cliquez sur Ajouter.**

   Cette action ouvre la page Galerie Internet Explorer.

3. **Si nécessaire, faites défiler le contenu de cette page, et cliquez sur la vignette Google, comme à la Figure 3.8.**

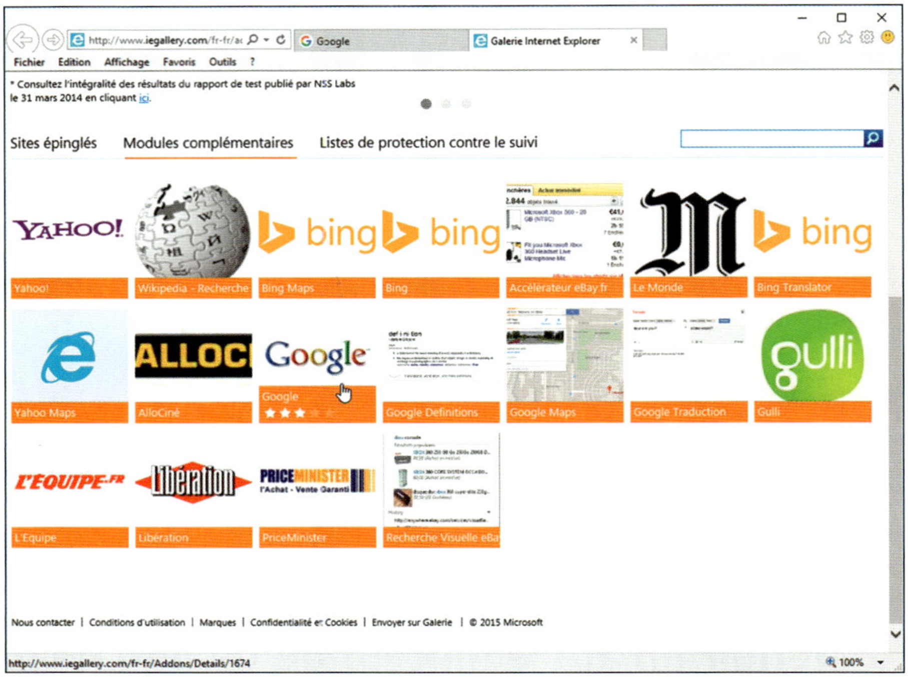

**FIGURE 3.8** Pour ajouter Google comme moteur de recherche.

4. **Dans la nouvelle page qui apparaît, cliquez sur le bouton Ajouter à Internet Explorer.**

5. **Dans la boîte de dialogue Ajouter un moteur de recherche, cochez l'option En faire mon moteur de recherche par défaut, comme le montre la Figure 3.9.**

6. **Validez votre choix par un clic sur le bouton Ajouter.**

7. **Ouvrez de nouveau le menu local de la zone de recherche (Loupe) de la barre d'adresses pour constater que l'icône de Google figure en première position.**

   Désormais, Google effectuera les recherches à la place de Bing.

# Effacer l'historique

Tous les navigateurs contiennent une fonction d'historique très utile. Près de la boîte dans laquelle vous entrez les URL des pages que vous souhaitez afficher se trouve une petite flèche pointant vers le bas. Lorsque vous cliquez dessus, la liste des dernières pages Web affichées apparaît.

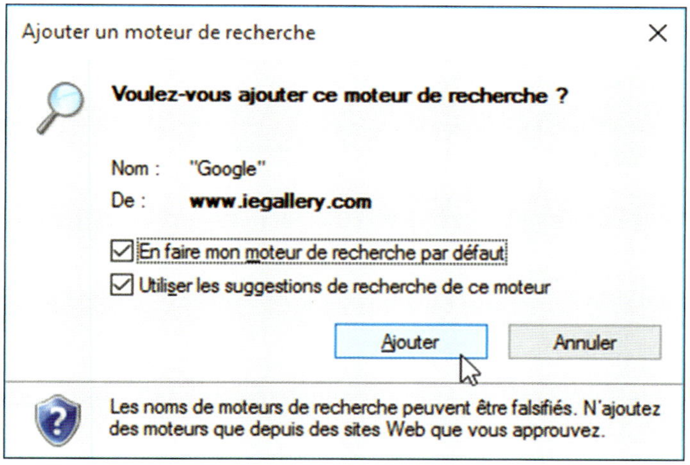


**FIGURE 3.9** Définir Google comme moteur de recherche par défaut d'Internet Explorer.

Pour afficher l'historique dans un volet indépendant d'Internet Explorer, appuyez sur Alt si la barre de menus n'est pas visible, puis cliquez sur Affichage/Volet d'exploration/Historique. La liste des sites Web visités s'affiche chronologiquement. Vous pouvez fermer l'historique par un clic sur le bouton de fermeture (X) du volet d'exploration ou du panneau latéral.

Une méthode plus rapide d'Internet Explorer consiste à cliquer sur le bouton représentant une étoile et libellé Favoris. Cette action ouvre le volet des favoris. Il suffit alors de cliquer sur l'onglet Historique, comme à la Figure 3.10.

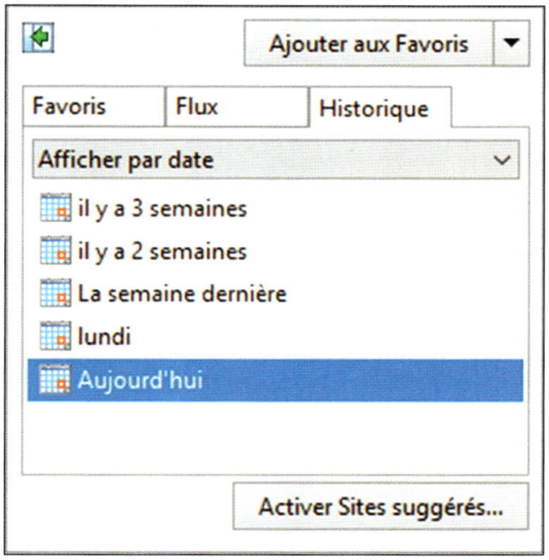


**FIGURE 3.10** Affichez rapidement votre historique de navigation dans Internet Explorer 11.

Il est bien entendu possible d'effacer l'historique chaque fois que vous fermez Internet Explorer en vous conformant aux étapes suivantes :

1. **Appuyez sur la touche Alt pour afficher la barre des menus.**
2. **Choisissez Outils/Options Internet.**
3. **Dans l'onglet Général, cochez l'option Supprimer l'historique de navigation en quittant le navigateur.**
4. **Validez par un clic sur OK.**

Pour l'effacer manuellement, il suffit de cliquer sur le bouton Supprimer puis, dans la boîte de dialogue qui apparaît (Figure 3.11) de cocher et/ou de décocher les éléments à supprimer ou non. Validez votre choix par un clic sur le bouton Supprimer de cette boîte de dialogue.

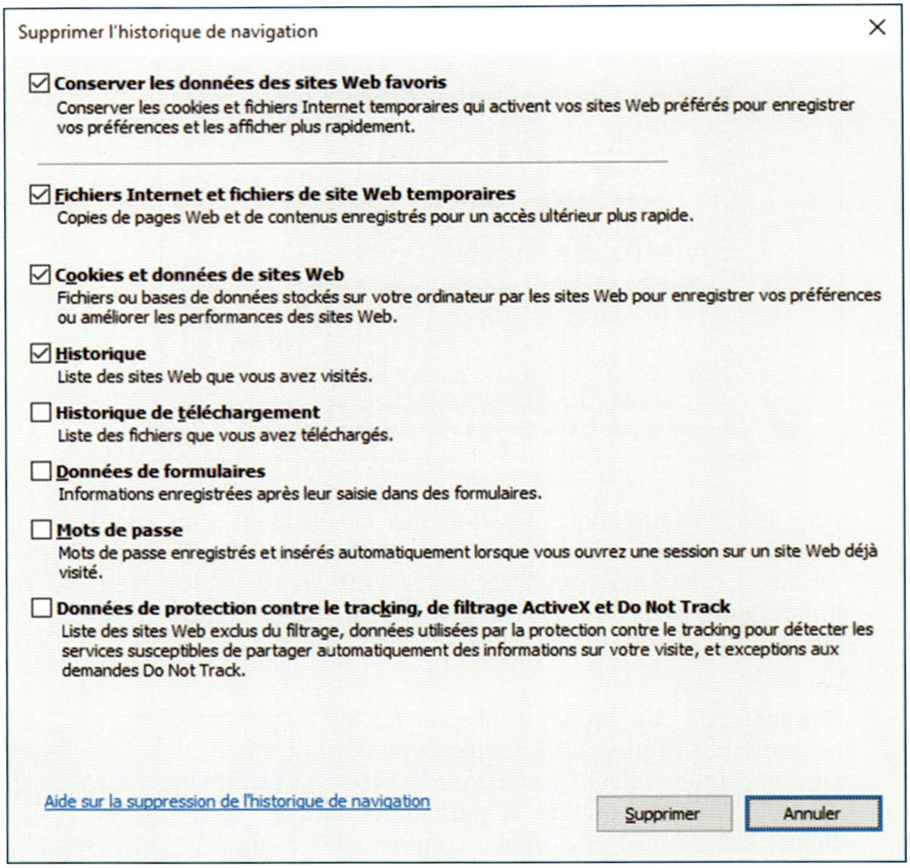


**FIGURE 3.11** Gérer vous-mêmes les éléments de navigation à supprimer.

# Enregistrer des éléments du Web

Très souvent, vous rencontrerez des éléments d'une page que vous aurez envie de conserver, comme une image, un fichier quelconque, voire une page Web entière. L'enregistrement de ces éléments est très facile à réaliser.

## Enregistrer une page Web

Lorsque vous enregistrez une page Web, vous devez décider si vous n'en gardez que le texte ou si vous sauvegardez sa version HTML. Cette dernière version inclut tous les codes qui président à la mise en forme de la page.

Voici comment enregistrer une page Web affichée dans Internet Explorer :

1. **Cliquez sur Fichier/Enregistrer sous.**

Si la barre des menus n'est pas affichée en permanence, appuyez sur la touche Alt pour afficher la barre de menus.

Une boîte de dialogue d'enregistrement standard apparaît.

2. **Attribuez un nom à cette page dans le champ Nom du fichier, ou bien laissez le nom affiché par défaut.**

3. **Dans la liste Type, choisissez la forme sous laquelle vous allez sauvegarder cette page sur votre disque dur.**

   Choisissez :

   - **Fichier texte** pour ne conserver que la version texte de la page avec quelques petites marques indiquant l'emplacement des images.
   - **Page Web HTML uniquement** ou **Page Web complète** pour conserver cette page dans sa mise en forme actuelle, c'est-à-dire exactement telle que vous la voyez à l'écran.

4. **Cliquez sur le bouton Enregistrer.**

## Enregistrer une image

Pour enregistrer une image affichée sur une page Web :

1. **Cliquez sur l'image du bouton droit de la souris.**

2. **Dans le menu contextuel, choisissez la commande Enregistrer l'image sous, comme le montre la Figure 3.12.**

3. **Dans la boîte de dialogue Enregistrer l'image, choisissez l'emplacement de stockage dans le volet de navigation (colonne gauche).**

   Par exemple, choisissez Bureau pour enregistrer l'image sur votre Bureau, ou bien un de vos lecteurs (disque interne ou périphérique amovible) pour y localiser le dossier dans lequel vous stockerez l'image.

4. **Ensuite, dans le volet de droite, localisez le disque dur et/ou le dossier ou le sous-dossier de stockage.**

5. **Dans le champ Nom du fichier, modifiez si besoin le nom assigné par défaut.**

6. **Enfin, dans le champ Type, choisissez le format graphique sous lequel vous désirez enregistrer cette image. Cliquez sur Enregistrer.**

N'oubliez jamais que tout ce que vous voyez sur le Net est protégé par la loi sur les droits d'auteur.

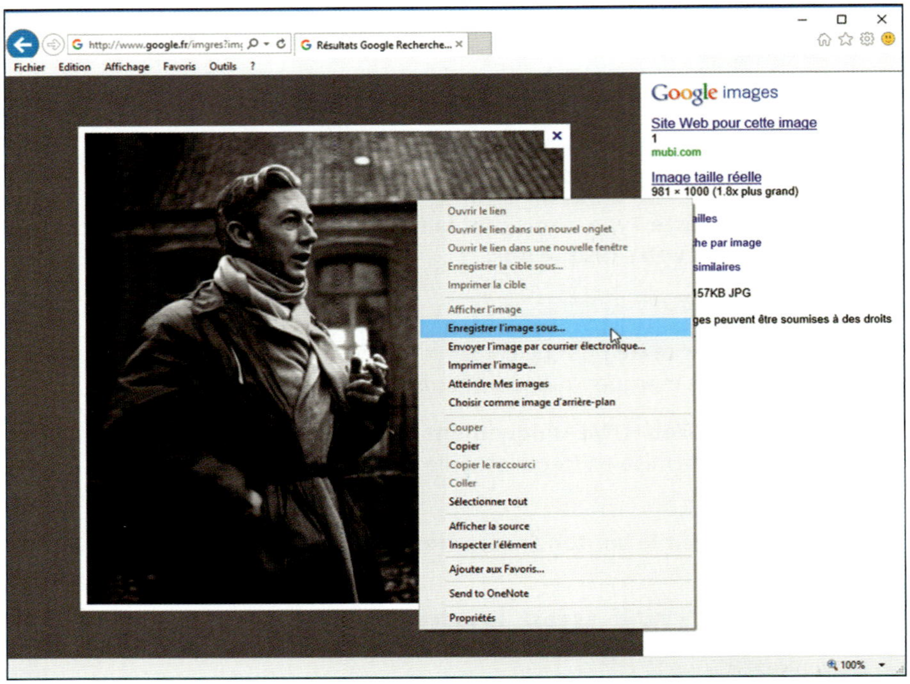


**FIGURE 3.12** Enregistrez, sur votre disque dur, une image trouvée sur une page Web.

# Imprimer des pages Web

Soit vous cliquez sur le bouton Imprimer (si la barre des commandes est affichée), soit vous choisissez Fichier/Imprimer. Le navigateur doit effectuer une nouvelle mise en page du contenu Web afin de le rendre présentable sur un format A4. Cela demande un peu de temps. Une barre de progression permet de savoir où vous en êtes de cette impression.

Si vous cliquez sur l'icône d'impression de la barre d'outils d'Internet Explorer 11, la page Web est directement imprimée. En revanche, si vous exécutez la commande Imprimer du menu Fichier, vous accédez à la boîte de dialogue Imprimer où vous paramétrez votre impression.

Sous Internet Explorer 11, vous pouvez cliquer sur la petite flèche située à droite de l'icône de l'imprimante (Figure 3.13). Dans le menu local qui apparaît, choisissez Imprimer pour ouvrir la boîte de dialogue éponyme, Aperçu avec impression pour prévisualiser précisément ce que vous allez imprimer, ou Mise en page pour choisir ce qui sera ou non imprimé.

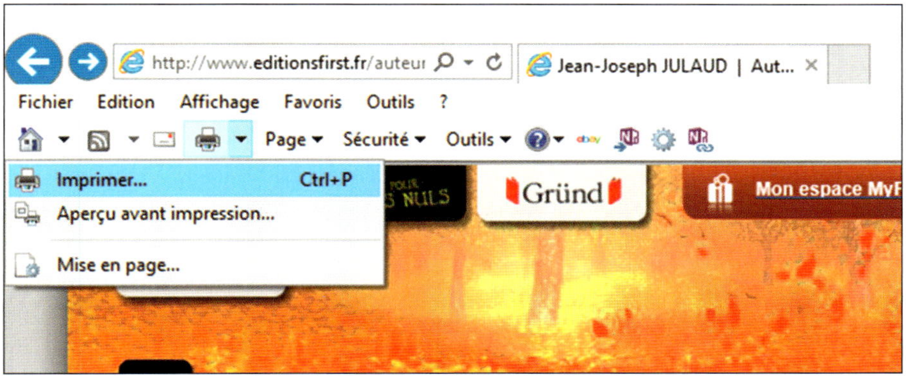


**FIGURE 3.13** Imprimer depuis la barre d'outils d'Internet Explorer 11.

# Les pages Web sécurisées

Lorsque vous remplissez un formulaire en ligne, vous êtes amené à communiquer des informations confidentielles, votre numéro de carte bancaire, par exemple. Heureusement, les pages Web savent crypter les données que vous envoyez et que vous recevez d'un *serveur Web sécurisé*.

L'icône d'un petit cadenas affichée à droite de l'adresse, dans la page de navigation, indique que toutes les transactions effectuées à partir de cette page sont cryptées. Si ce fameux petit cadenas est ouvert ou absent, cela signifie que la page n'est pas cryptée.

Internet Explorer 11 permet de surfer en mode InPrivate, c'est-à-dire un mode dans lequel aucune donnée personnelle n'est transmise aux sites Web. Pour cela :

1. **Cliquez sur Sécurité/Navigation InPrivate.**

   Internet Explorer ouvre une nouvelle fenêtre comme celle de la Figure 3.14.

2. **Pour quitter la mode InPrivate, fermez cette fenêtre.**

Pour savoir si vous êtes dans une fenêtre d'Internet Explorer affichée en mode InPrivate, regardez si cette mention figure à gauche de la barre d'adresses.

# Laisser votre navigateur gérer vos mots de passe

De nombreux sites Web demandent la saisie d'un nom d'utilisateur et d'un mot de passe. Par exemple, lorsque vous achetez quelque chose sur un site Web, vous ouvrez généralement un compte qui stocke votre adresse de facturation et de livraison. Cela permet de régler vos achats plus rapidement. Pour accéder à ce compte, vous devez systématiquement saisir votre nom d'utilisateur et votre mot de passe. Comme vous changez, et à raison,

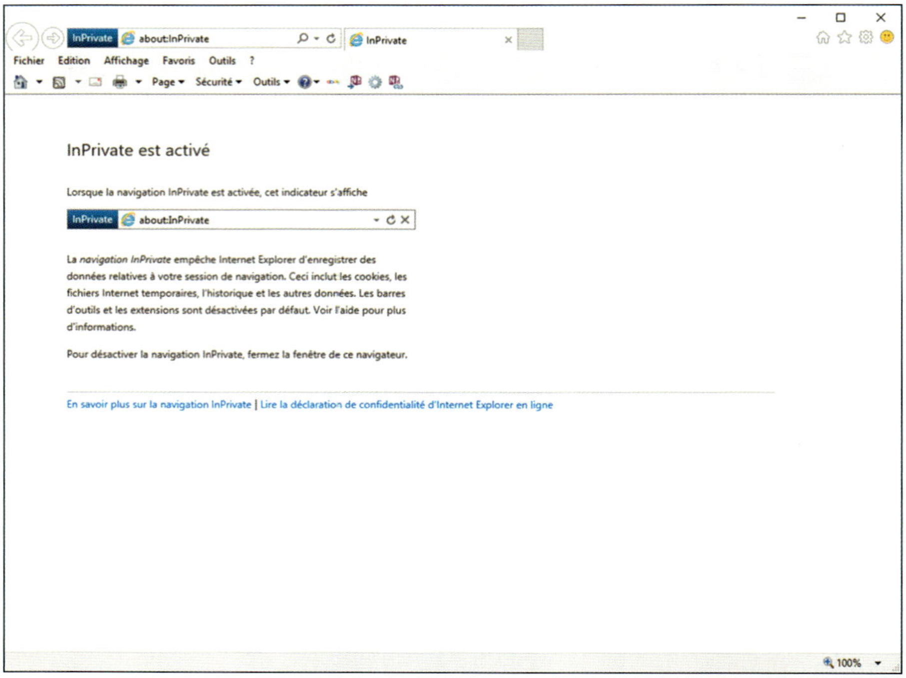


**FIGURE 3.14** Naviguer incognito avec le mode InPrivate d'Internet Explorer 11.

souvent de mot de passe, il est parfois salutaire de demander à votre navigateur Web de les conserver en mémoire.

Internet Explorer sait mémoriser les noms d'utilisateur et les mots de passe. Si cette fonction peut s'avérer dangereuse quand d'autres personnes utilisent votre ordinateur, elle vous fera gagner beaucoup de temps lorsque vous êtes le seul utilisateur de votre machine.

Lorsque vous accédez à une page Web qui requiert ces deux informations, Internet Explorer 11 affiche un message, comme à la Figure 3.15. Cliquez sur Oui si vous désirez ne pas avoir à saisir le mot de passe lors de votre prochaine visite. Si vous choisissez Pas pour ce site, aucune mise en mémoire n'est faite, mais le message s'affichera de nouveau lorsque vous reviendrez sur le site.

**FIGURE 3.15** Internet Explorer peut stocker les mots de passe saisis sur les sites Web.

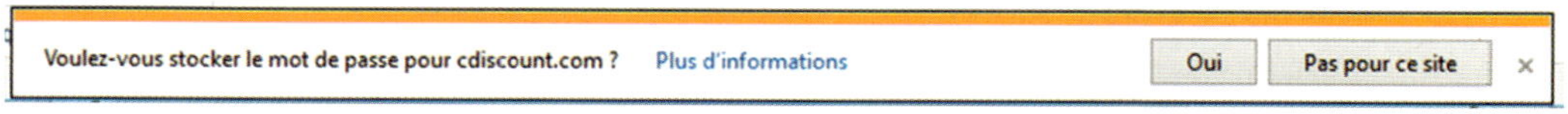


Voici comment contrôler la manière dont les mots de passe sont stockés par Internet Explorer 11 :

1. **Cliquez sur Outils/Options Internet.**
2. **Dans la boîte de dialogue qui apparaît, cliquez sur l'onglet Contenu.**
3. **Dans la section Saisie semi-automatique, cliquez sur le bouton Paramètres.**

   Vous affichez la boîte de dialogue Paramètres de la saisie semi-automatique illustrée à la Figure 3.16.

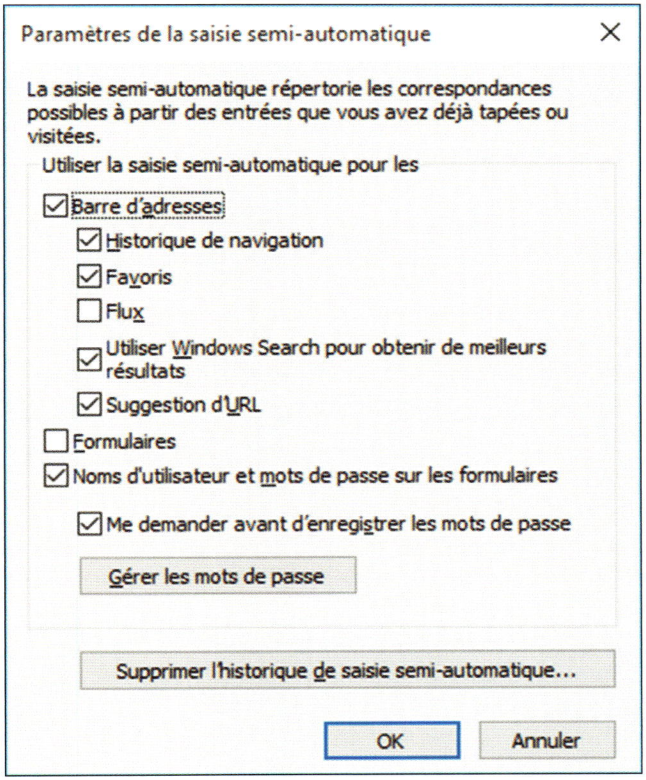


**FIGURE 3.16** Gérez la manière dont Internet Explorer doit stocker vos mots de passe.

4. **Selon votre préférence, cochez ou décochez la case Me demander avant d'enregistrer les mots de passe.**

   Voici les options disponibles :

   - Si vous décochez l'option Me demander avant d'enregistrer les mots de passe, cette fonction est désactivée. Cochez la case pour la réactiver. Les mots de passe seront automatiquement enregistrés.
   - Cliquez sur le bouton Supprimer l'historique de la saisie semi-automatique pour éventuellement supprimer des noms d'utilisateur et des mots de passe qu'Internet Explorer 11 aurait mémorisés.
   - Décochez la case Noms d'utilisateurs et mots de passe sur les formulaires pour qu'Internet Explorer n'essaie pas de les stocker.

5. **Cliquez sur OK pour quitter la boîte de dialogue Paramètres de la saisie semi-automatique.**

# Des fenêtres ouvertes sur le monde

Internet Explorer sait faire plusieurs choses à la fois, notamment afficher plusieurs pages Web simultanément. Lorsque nous cliquons çà et là dans les pages Web, nous aimons bien ouvrir de multiples fenêtres pour retourner rapidement à une page précédente en basculant simplement d'une fenêtre à l'autre, ou mieux, dans des onglets. Dès que vous désirez afficher une nouvelle page, il suffit de l'ouvrir dans un onglet pour la conserver à disposition. Cliquez sur l'onglet d'une page pour en afficher le contenu.

## Des fenêtres un peu partout

Pour ouvrir une nouvelle page dans Internet Explorer, cliquez du bouton droit de la souris sur un lien et, dans le menu contextuel qui apparaît, choisissez la commande Ouvrir le lien dans une nouvelle fenêtre. Pour fermer une fenêtre, cliquez sur sa case de fermeture (représentée par une croix dans le coin supérieur droit) ou appuyez sur Alt + F4.

Vous pouvez également ouvrir une nouvelle fenêtre sans pour autant suivre un autre lien. Pour cela, appuyez sur Ctrl + N ou (après un appui sur Alt) cliquez sur Fichier/Nouvelle fenêtre. Une nouvelle occurrence d'Internet Explorer est alors lancée affichant la page qui était active dans le programme au moment où vous avez exécuté cette commande.

Enfin, ouvrez une nouvelle fenêtre en effectuant un clic-droit sur l'icône d'Internet Explorer affichée sur la barre d'adresses. Dans le menu contextuel qui apparaît, exécutez la commande Internet Explorer.

## Jeux d'onglets

Internet Explorer permet de naviguer parmi plusieurs pages Web grâce à des onglets, donc sans ouvrir une nouvelle fenêtre du navigateur pour chacune des pages visitées. La Figure 3.17 montre trois onglets ouverts dans Internet Explorer 11. Pour afficher une des pages, il suffit de cliquer sur son onglet en haut de la fenêtre. Cliquez sur le minuscule onglet vide, à droite de ceux déjà ouverts (ou appuyez sur Ctrl + T), pour créer un nouvel onglet ou sur la croix X à droite de l'onglet courant pour le fermer.

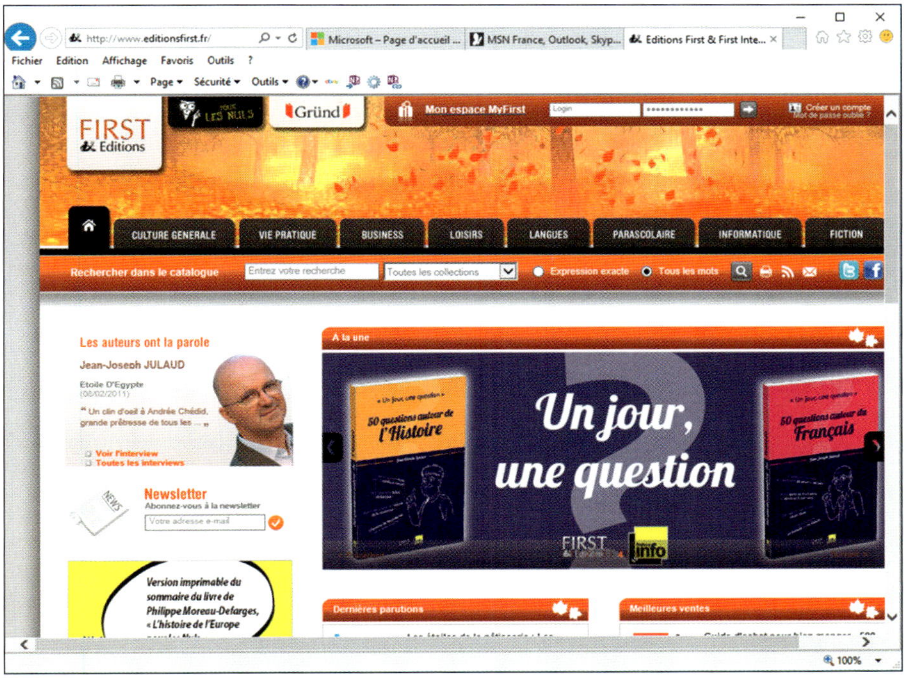


**FIGURE 3.17** Une fenêtre d'Internet Explorer 11 avec trois onglets.

# Favoris et signets

Pour revisiter rapidement des sites qui vous intéressent plus que d'autres, utilisez la fonction Favoris d'Internet Explorer. Il suffira alors de consulter ces Favoris pour cliquer sur le lien d'une page Web spécifique.

Voici comment désigner comme Favoris la page actuellement affichée dans Internet Explorer 11 :

1. **Dans la partie supérieure droite d'Internet Explorer, cliquez sur l'icône représentant une étoile.**

   Le volet Ajouter aux Favoris (Figure 3.18) apparaît.

2. **Cliquez sur la flèche Ajouter aux favoris et indiquez l'emplacement de sauvegarde du favori.**

Vous pouvez également ajouter une page aux favoris via Favoris/Ajouter aux favoris. Cela affiche la boîte de dialogue éponyme dans laquelle vous pouvez créer un dossier spécial pour y sauvegarder des pages traitant d'un même sujet.

3. **Pour réorganiser le dossier Favoris, choisissez Favoris/Organiser les Favoris.**

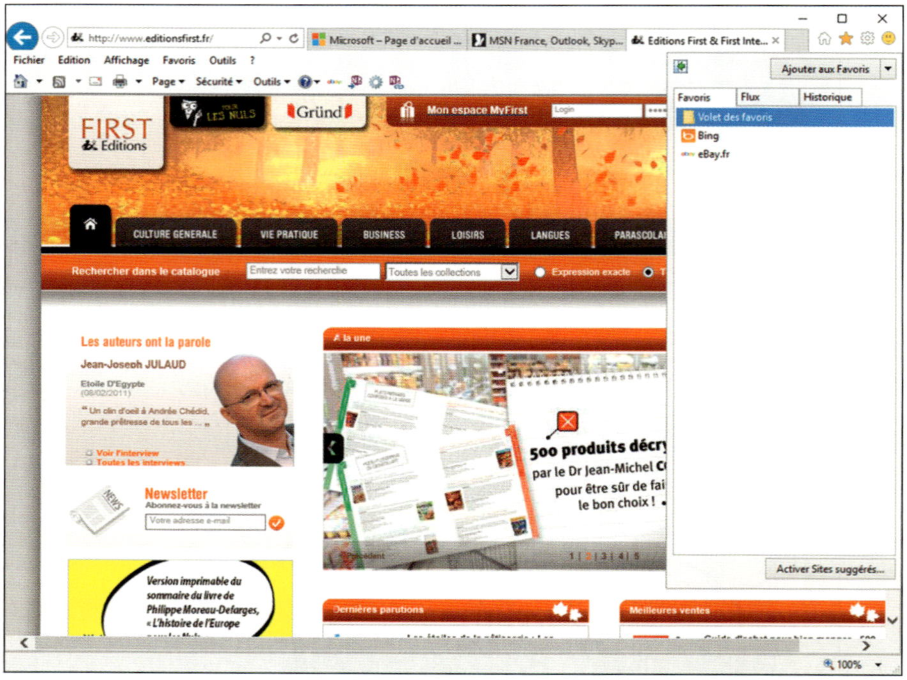


**FIGURE 3.18** Ajout d'une page Web aux favoris d'Internet Explorer 11.

La fenêtre Organisation des Favoris (Figure 3.19) permet de créer des dossiers pour les favoris, de déplacer les favoris, de les modifier et de les supprimer.

4. **Pour voir le contenu d'un dossier, cliquez dessus.**
5. **Lorsque vous avez fini d'organiser vos favoris, cliquez sur le bouton Fermer.**

Les dossiers créés dans la fenêtre Organiser les Favoris apparaissent dans le menu Favoris. Les éléments placés dans les dossiers apparaissent dans des sous-menus. Pour revenir à une page Web ajoutée au dossier Favoris, cliquez dessus dans le menu Favoris.

## Favoris en un clic

La barre d'outils Volets des favoris apparaît habituellement juste au-dessous ou à droite de la zone Adresse ou de la barre de menus. Si ce n'est pas le cas, appuyez sur la touche Alt et choisissez Affichage/Barres d'outils/Volet des favoris. Pour ajouter un bouton d'accès rapide à un site favori :

1. **Affichez la page Web à laquelle vous désirez accéder en un clic de souris.**
2. **Dans le Volet des favoris, cliquez sur l'icône Ajouter au volet des favoris.**

   Un « bouton » d'accès direct au site apparaît dans le volet des favoris.

   Comme le nom du bouton du favori est celui de la page affichée, il est souvent judicieux de lui en assigner un nouveau.

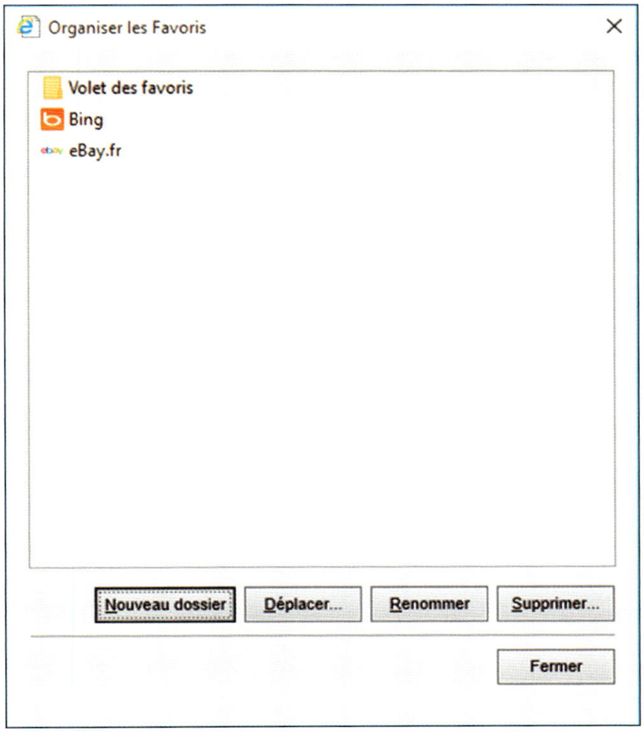


**FIGURE 3.19** Dans cette fenêtre, organisez les favoris définis dans Internet Explorer 11.

3. Pour cela, faites un clic droit sur le bouton du favori. Dans le menu contextuel, choisissez Renommer, comme à la Figure 3.20.

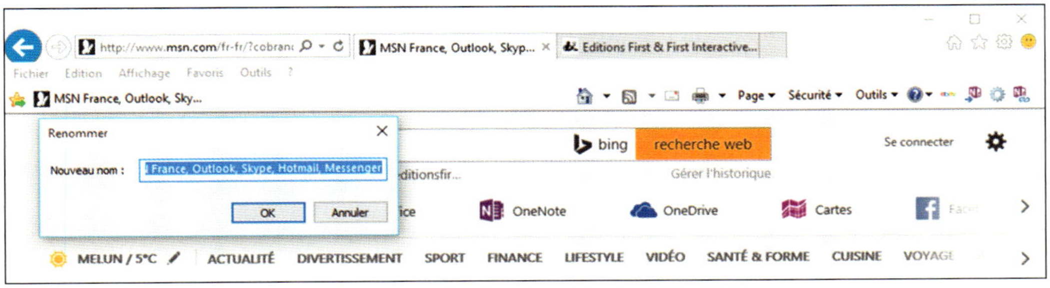


**FIGURE 3.20** Renommer un favori du volet des favoris.

4. Dans la boîte de dialogue Renommer, assignez un nouveau nom, et cliquez sur OK.

5. Pour supprimer un favori dans le volet des favoris, faites un clic droit sur son bouton. Dans le menu contextuel, exécutez la commande Supprimer.

# Contrôler les cookies

Pour améliorer votre vie en ligne, les éditeurs de navigateur Web ont inventé un type spécial de message qui permet à un site Web de vous reconnaître lorsque vous visitez à nouveau ce site. Ces informations, baptisées *cookies*, sont stockées sur votre propre machine.

En général, les cookies ne sont pas dangereux et se révèlent même utiles. Toutefois, vous pouvez les contrôler sans souci dans Internet Explorer. Il existe plusieurs formes de cookies :

- **Cookies internes :** Ce sont les cookies venant directement du serveur qui vous a fourni la page Web actuellement affichée. Ces cookies sont utilisés pour se souvenir de vous lorsque vous vous inscrivez comme membre du site. Le confort, c'est de ne pas avoir à saisir de nouveau, à chaque visite, votre nom d'utilisateur et votre mot de passe. Vous avez le choix entre Accepter, Bloquer ou Demander, auquel cas il vous sera demandé de choisir. Cette dernière option devient vite fastidieuse si vous tombez sur de nombreux cookies. Certains sites stockent plus de trois cookies par page.
- **Cookies tiers :** De nombreux sites Web font appel à des entreprises spécialisées pour fournir des publicités à leurs pages Web, et ces publicités, tierce partie, placent habituellement des cookies dans votre ordinateur afin de collecter des données marketing. Les options sont les mêmes que précédemment. Les cookies tiers font les choux gras des officines de publicité ; il n'y a aucune raison de les accepter.

Si la barre des menus d'Internet Explorer n'est pas affichée, appuyez sur Alt puis cliquez sur Outils/Options Internet pour afficher la boîte de dialogue Options Internet. Le contrôle des cookies se trouve sous l'onglet Confidentialité : cliquez sur le bouton Avancé pour afficher la boîte de dialogue Paramètres de confidentialité avancés (Figure 3.21). Par défaut, Internet Explorer gère les cookies de manière plutôt agressive, en autorisant l'accès à un cookie uniquement aux serveurs que vous avez contactés, et non aux serveurs tiers (serveurs Web autres que celui qui a stocké à l'origine le cookie sur votre ordinateur). Ces derniers envoient des publicités et autres *pop-up*. Vous pouvez choisir de les gérer vous-même en cochant la case Ignorer la gestion automatique des cookies dans la boîte de dialogue Paramètres de confidentialité avancés. Les options sont :

- **Cookies internes :** Vous choisissez d'accepter, de refuser ou vous souhaitez que l'on vous demande de choisir à chaque fois. Cette dernière option devient fatigante à la longue.
- **Cookies tierce partie :** Ces cookies viennent d'ailleurs, c'est-à-dire pas uniquement du site Web autorisé. Donc, refusez-les !
- **Toujours autoriser les cookies de la session :** Cette option laisse passer tous les cookies de session (type de cookie utilisé pour pister une unique occurrence de votre visite sur un site Web). Ces cookies sont couramment utilisés par des sites d'achats comme Amazon.fr.

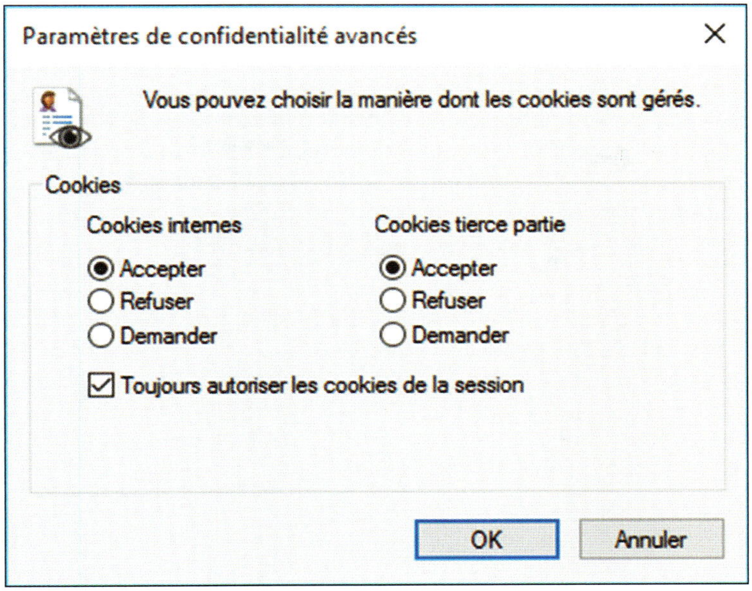


**FIGURE 3.21** Contrôle des cookies avec Internet Explorer.

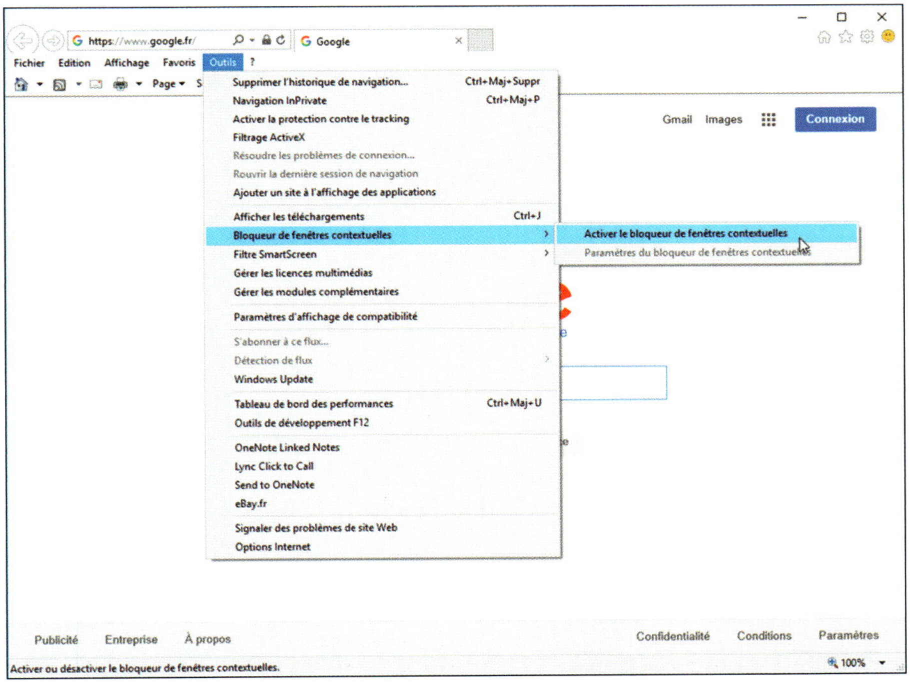


**FIGURE 3.22** Blocage et gestion des pop-up dans une page Web affichée par Internet Explorer 11.

# Bloquer les fenêtres intempestives

Une des inventions dont nous nous serions bien passés est celle des fenêtres intempestives, ou *pop-up*, qui surgissent inopportunément sur votre écran. Certaines apparaissent immédiatement, d'autres sont masquées par votre fenêtre principale et vous les découvrez en la fermant. Le plus souvent, les *pop-up* sont des publicités. Vous serez heureux d'apprendre qu'Internet Explorer peut bloquer la majorité d'entre elles.

Pour bloquer ces fenêtres, cliquez sur Outils/Bloqueur de fenêtres contextuelles/Activer le bloqueur de fenêtres contextuelles (Figure 3.22).

Chapitre 4

# Rechercher sans temps perdu (hein Marcel ?)

**DANS CE CHAPITRE :**

- **Stratégies de base.**
- **Trouver des informations sur le Web.**
- **Rechercher des personnes sur le Web.**
- **Modules de recherche intégrés.**

Rechercher est le propre d'Internet. Sans la recherche, vous ne découvrez rien, n'apprenez rien. *De facto*, pour gagner du temps sur le Net, vous devez réaliser des recherches précises.

Pour structurer cette étude, nous avons défini plusieurs sortes de recherches :

- **Thèmes.** Endroits, choses, idées, entreprises – tout ce que vous désirez savoir sur le sujet.
- **Recherches intégrées.** Recherches par thème qu'un navigateur est capable de lancer automatiquement.
- **Personnes.** Des gens que vous voudriez contacter ou espionner.
- **Produits et services.** Tout ce que vous pouvez acquérir, depuis un prêt hypothécaire jusqu'à du dentifrice.

Pour trouver quelque chose sur un sujet donné, nous allons étudier l'outil le plus utilisé au monde, je veux parler du moteur de recherche. Dans ce secteur spécifique, force est de constater que Google règne en maître malgré la concurrence de Bing, le moteur de recherche développé par Microsoft.

# Stratégies de base

Pour rechercher un sujet précis sur le Web, nous lancerons un moteur de recherche, comme l'explique la procédure suivante :

1. **Démarrez Microsoft Edge.**

   Pour une utilisation détaillée de Edge, reportez-vous au Chapitre 2.

   Si vous utilisez un autre navigateur Web comme Chrome ou Firefox, exécutez-le selon vos habitudes.

2. **Accédez à votre moteur de recherche préféré, comme Google, illustré à la Figure 4.1.**

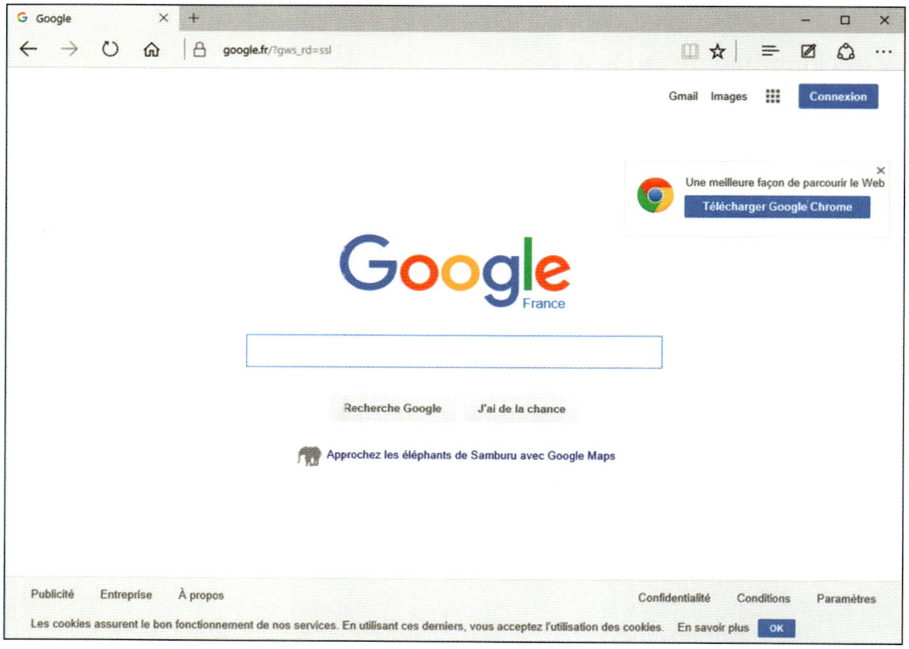


**FIGURE 4.1** Google affiché dans Microsoft Edge.

Comme l'objectif d'Internet est d'y rechercher des informations, il peut être judicieux de faire de Google votre page de démarrage selon les explications données au Chapitre 2.

3. **Dans le champ de saisie du moteur, tapez les mots-clés de la recherche. Dès que vous voyez apparaître un résultat qui vous convient dans la liste qui se déroule sous vos yeux, sélectionnez-le avec la souris ou les flèches du pavé directionnel de votre clavier, et appuyez sur la touche Entrée.**

   Vous pouvez également cliquer sur l'icône de la loupe.

Après un délai plus ou moins long, une page d'index est renvoyée, contenant des liens pointant vers les pages correspondant à vos critères de recherche, comme l'illustre la Figure 4.2.

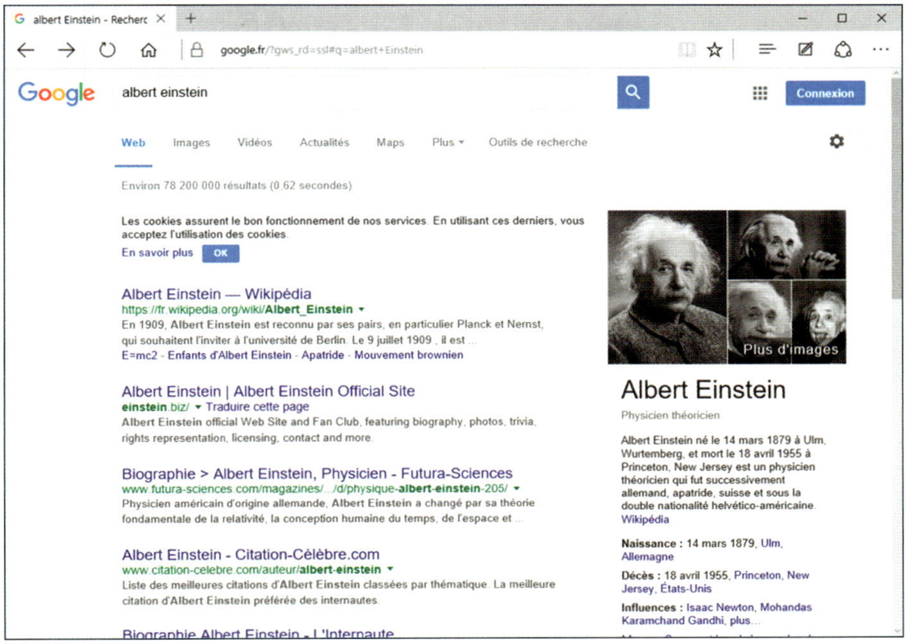


**FIGURE 4.2** Les résultats d'une recherche sur Albert Einstein.

4. **Affinez votre recherche jusqu'à ce que vous trouviez quelque chose qui vous convienne.**

   De clic en clic, vous finirez par trouver ce que vous recherchez.

   Cliquez sur le sujet qui vous intéresse. Dans cette approche spécifique d'une recherche sur Internet, partez du général pour arriver au particulier. À chaque clic, la recherche s'affine, et il est rare que vous ne finissiez pas par trouver ce qui vous intéresse.

# Rechercher avec Google

Tout ce que nous venons de dire est un peu une vue de l'esprit. Concrètement, nous allons vous expliquer comment nous procédons. Nous utiliserons pour cela notre moteur de recherche favori : Google.

## Procédure élémentaire

Pour exploiter efficacement Google, vous devez deviner les mots figurant dans les pages que vous recherchez. Par exemple, si vous cherchez des produits du terroir, tapez simplement « produits terroir » dans le champ de saisie de la recherche de Google. En revanche, d'autres recherches risquent d'être plus périlleuses, et ainsi accaparer beaucoup plus de temps.

Essayez maintenant quelques recherches sur Google. Dans la barre d'adresses ou le champ de la section Où aller ensuite de Microsoft Edge, tapez `google.fr`. Validez le premier résultat qui apparaît en appuyant sur la touche Entrée de votre clavier. Vous obtenez un écran comme sur la Figure 4.1 plus haut dans ce chapitre.

Saisissez certains termes de recherche. Google trouvera les pages qui répondent le mieux aux critères. Nous avons bien dit « le mieux » pas « exactement ». S'il ne peut trouver tous les termes, il trouve les pages qui s'approchent le plus du groupe de mots. Google ignore les mots qui reviennent trop souvent pour être utilisables en tant que termes d'index, comme « et », « le » ou « de » ainsi que des termes comme « internet » et « mail » (cependant, il est parfois intéressant d'employer des articles et prépositions). Pour réaliser une recherche fructueuse, il suffit simplement de penser aux bons termes de recherche. Par exemple, tapez « recette des tomates farcies » et cliquez sur l'icône de la loupe, ou appuyez sur la touche Entrée de votre clavier. Vous obtenez les résultats illustrés à la Figure 4.3.

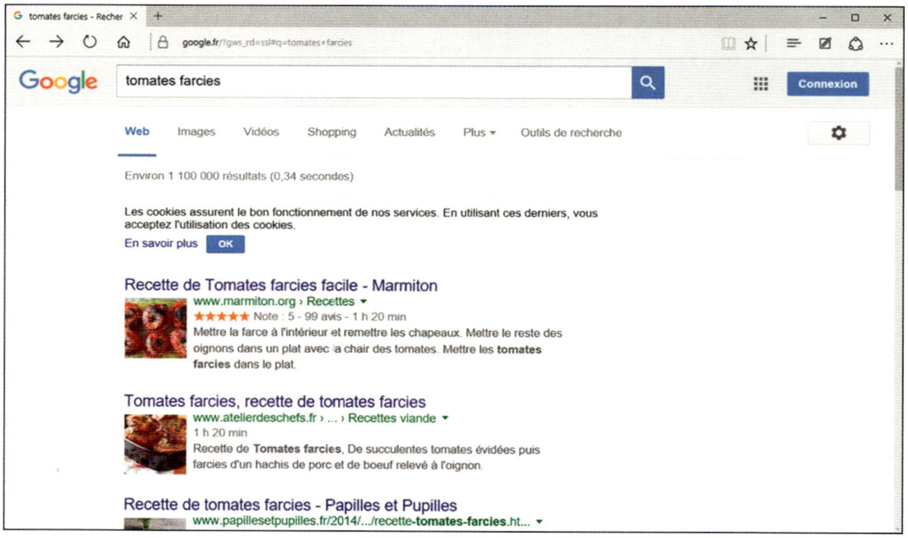


**FIGURE 4.3**
Des pages sur les tomates farcies.

Au moment où vous suivrez cette procédure, les liens proposés par Google ne seront probablement pas les mêmes que sur la Figure 4.3, car Google aura actualisé sa base de données d'ici là. Google indique avoir trouvé 1 100 000 occurrences en 0,34 seconde. Bien entendu, la page est trop petite pour les afficher en totalité.

Le nombre de sites affichés simultanément peut être défini par un clic sur l'icône de l'engrenage. Dans le menu local qui apparaît, choisissez Paramètres de recherche. Dans la section Prédictions de la recherche instantanée Google, activez l'option Ne jamais afficher les résultats de la recherche instantanée. Ensuite, faites glisser vers la droite le curseur de la section Résultats par page afin d'augmenter le nombre de liens par page Google.

Malgré les 10 premiers résultats pertinents, consultez au moins deux autres pages de réponses si la première ne comporte pas ce que vous voulez. Pour y accéder, faites défiler le contenu de la page afin d'afficher les numéros de page situés en bas de l'interface de Google. Cliquez sur Suivant pour afficher la page suivante de sites, ou directement sur le numéro de la page à consulter (Figure 4.4).

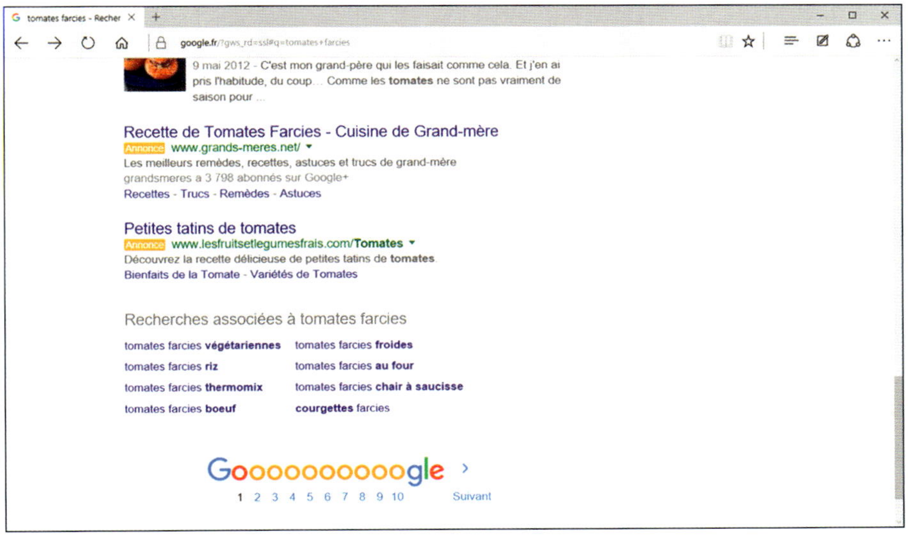


**FIGURE 4.4** Consultez les autres pages trouvées par Google.

En bas de la page, vous constatez que Google affiche une section nommée « Recherches associées à ». Cela permet d'affiner rapidement votre recherche en cliquant sur un des liens proposés. Par exemple, dans le cadre des tomates farcies, vous pouvez obtenir des résultats ciblés si vous cliquez sur le lien « tomates farcies chair à saucisse ».

## Encore plus d'options dans Google

Bien que simple d'utilisation, Google est rempli d'options :

- » **Vous pouvez trouver un itinéraire.** Saisissez une adresse et Google vous propose un lien vers un site spécialisé dans les plans et les itinéraires. Vous pouvez saisir le nom d'une personne, un code postal et même un numéro de téléphone. Par exemple, essayez « 202-456-1414 ». Les informations sont collectées sur des sources publiques. Par conséquent, vous ne trouverez jamais quelqu'un qui veut rester anonyme (inscrit dans une liste rouge, par exemple).

## CONSEILS PRATIQUES POUR RECHERCHER AVEC GOOGLE

Google facilite l'affinage de votre requête pour cibler plus exactement ce que vous cherchez. Après chaque recherche, les termes associés apparaissent dans une case en haut de la page pour que vous puissiez les modifier et réessayer. Voici quelques conseils sur la modification des termes :

- Saisissez la plupart des termes de recherche en minuscules. Tapez les noms propres avec une capitale initiale, comme « Elvis ». Ne tapez pas de mots entièrement en capitales.
- Si plusieurs mots doivent être recherchés ensemble, placez-les entre guillemets, comme « Elvis Presley ».
- Utilisez + et - pour indiquer les mots devant apparaître ou ne pas apparaître, comme +Elvis +Costello -Presley si vous faites une recherche sur l'Elvis moderne, et non sur l'Elvis classique.
- Pour trouver des fichiers très particuliers, par exemple de la musique au format MP3 d'un groupe spécifique tel que The Cure, saisissez ceci : « index the cure *.mp3 ». Cela fonctionne pour n'importe quelle extension de fichier.

- **Vous pouvez chercher des images et du texte.** Si vous désirez que votre recherche affiche des images, cliquez simplement sur le lien Images en haut de la fenêtre. Par exemple, avec « tomates farcies », vous obtiendrez de belles photos de tomates farcies, comme le montre la Figure 4.5.

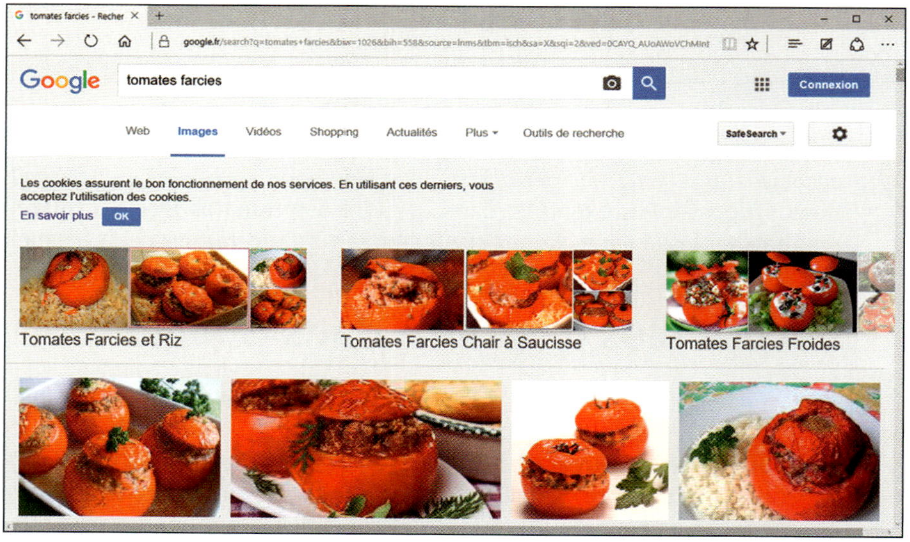


**FIGURE 4.5** Une recherche bien trop calorique !

- **Vous pouvez obtenir des informations.** Pour obtenir des infos, cliquez sur le lien Actualités. Ou bien rendez-vous sur la page d'actualités de Google à l'adresse suivante `http://news.google.fr/news` Sachez que si un sujet d'actualité vous passionne, vous risquez de passer la journée à cliquer sur des liens qui s'y rapportent.

- **Vous pouvez facilement trouver des documents dans une langue étrangère.** Il n'y a aucun intérêt à chercher des pages dont vous ne savez pas lire le contenu. Cependant, Google peut essayer de les traduire, avec un succès assez mitigé.
- **Google sait calculer.** Tapez « 2 + 2 » et Google vous répond « 2 + 2 = 4 », et affiche une calculette très performante.
- **Google sait convertir.** Il est très facile de convertir des mesures et des monnaies. Par exemple, si vous désirez convertir 15 pouces en centimètres, tapez « 15 pouces » dans le champ Rechercher, et cliquez sur le bouton éponyme. Le premier résultat donné par Google sera « 15 pouces = 38,1 centimètres ». *Idem* pour les monnaies. Si vous désirez convertir 150 dollars en euros, tapez « 150 dollars » dans le champ Rechercher. Comme le montre la Figure 4.6, la conversion est effectuée à titre indicatif, mais reste un bon enseignement. Pour en savoir plus sur les fonctions de conversion de Google, cliquez sur le lien Plus d'informations.

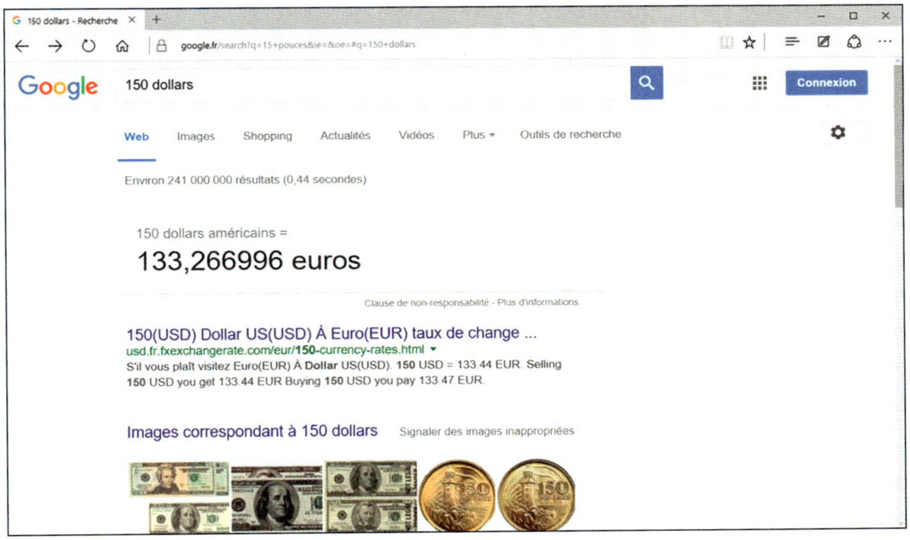


**FIGURE 4.6** Les talents de convertisseur de Google !

- **Vous pouvez trouver rapidement des fichiers sur votre ordinateur.** Google permet de télécharger un programme appelé Google Desktop que vous installez sur votre PC. Dès cet instant, Google effectue, sur votre ordinateur, des recherches de fichiers stockés sur vos différents disques durs.

## Pour des faits concrets, essayez d'abord Wikipédia

Wikipédia, `http://fr.wikipedia.org/wiki/Accueil`, est une encyclopédie gratuite sur Internet (Figure 4.7). En hawaïen, *Wiki* signifie *rapide*. Le projet Wikipédia, qui a démarré en 2001, compte désormais plus de 29 millions d'articles disponibles dans plus de 280 langues, dont plus de 1,6 million d'articles en français. Bien évidemment, vous y trouverez des articles sur les tomates farcies, mais peut-être pas sur les tomates farcies d'Iran !

**FIGURE 4.7**
La page d'accueil de Wikipédia.

Tout le monde peut écrire un article sur Wikipédia, ce qui est sa force, mais aussi et surtout sa faiblesse. Des modérateurs empêchent la publication d'articles ne respectant pas la déontologie du site, mais il n'y a pas de comité de lecture validant l'exactitude des informations.

Les articles sont censés être purement informatifs. Il ne s'agit donc pas d'adopter une attitude partisane. La neutralité est de mise. Des sujets comme l'avortement, la peine de mort, la religion, la politique internationale sont de nature à créer des débats. Wikipédia ne fait pas autorité comme une œuvre aussi colossale et sérieuse que l'*Encyclopædia Universalis*, mais ses articles sont généralement à jour et la quantité d'informations suffisante pour se forger une opinion ou argumenter des discussions.

Si vous effectuez une recherche sur un sujet précis dans Google, il y a de fortes chances pour que vous tombiez sur un article publié sur Wikipédia.

# Tout ce que vous avez toujours voulu faire sur le Net sans jamais oser le demander

**DANS CETTE PARTIE**

Télécharger, acheter, et écouter vos musiques et vos vidéos (Chapitre 5).

Acheter et vendre tout et n'importe quoi sur des sites qui vendent du neuf, de l'occasion, et même faire vos courses dans des supermarchés virtuels (Chapitre 5).

Vous cultiver et vous informer en achetant vos billets de concert, musée, cinéma, théâtre, vos livres, et en écoutant la radio ou en téléchargeant des podcasts audio et vidéo (Chapitre 6).

Utiliser la messagerie électronique (Chapitre 7).

Chapitre 5

# Se divertir et consommer sur le Net

**DANS CE CHAPITRE :**

- » **Écouter de la musique en surfant.**
- » **Écouter toutes les radios.**
- » **Les bons plans pour acheter ou écouter de la musique en toute légalité.**
- » **Achats en ligne : le pour et le contre.**
- » **Le problème des cartes bancaires.**
- » **Courses, prix, et supermarchés.**
- » **Les enchères.**

Les connexions Internet haut débit et les disques durs des ordinateurs sont si volumineux et si bon marché que tout ordinateur moderne peut largement profiter des dernières technologies du Web. Ainsi, vous pouvez, sans difficulté, écouter la radio et regarder la télévision de tous les pays du monde. Dans ce chapitre, nous verrons également comment procéder à des achats sur le Net, notamment auprès de supermarchés virtuels.

## Toute la musique que j'aime

Dans ce livre consacré à Internet, nous n'allons pas détailler ce que vous trouverez dans un livre comme *Windows 10 9 en 1 pour les Nuls*, c'est-à-dire les différents lecteurs multimédias fonctionnant sous ce système d'exploitation.

Par conséquent, nous partons du principe que des programmes comme iTunes d'Apple, le Lecteur Windows Media et Groove Musique de Windows sont opérationnels sur votre ordinateur.

Toutefois, nous allons voir comment acheter de la musique avec iTunes et Groove Music.

## Acheter votre musique sur iTunes Store

Comme nous le savons, iTunes est l'œuvre d'Apple. C'est un lecteur qui vous met en relation directe avec iTunes Store, la boutique de vente de musique en ligne. Les utilisateurs de Mac, comme ceux de PC, peuvent profiter d'iTunes pour acheter des morceaux et les organiser sur leur ordinateur.

Apple pense qu'il est plus pratique pour l'utilisateur de gérer et d'acheter ses musiques dans une même interface. Cette acception de la consommation de la musique fait d'iTunes une réussite en la matière. Donc, si vous acceptez de rester liés avec l'offre de musique en ligne légale d'Apple, utilisez son service iTunes Store de la manière suivante :

1. **Commencez par démarrer iTunes.**
2. **Dans la partie supérieure droite de l'interface, cliquez sur iTunes Store.**

   Lorsque vous exécutez iTunes pour la première fois, c'est-à-dire que vous n'avez encore répertorié aucune musique stockée sur votre PC, la catégorie Musique du programme vous propose les boutons Aller sur l'iTunes Store et Rechercher du contenu multimédia. Pour les besoins de notre démonstration, cliquez sur Aller sur l'iTunes Store.

   Comme le montre la Figure 5.1, vous accédez au magasin en ligne d'Apple. Bien entendu, vous devez être connecté à Internet, sans quoi l'iTunes Store ne vous ouvrira pas ses portes.

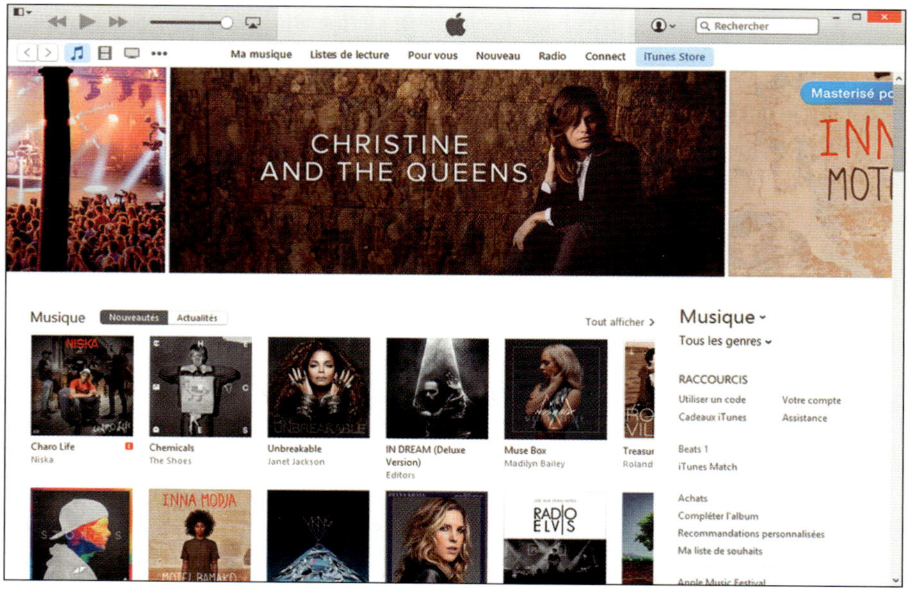


**FIGURE 5.1** Accédez à l'iTunes Store pour faire vos emplettes musicales.

3. **Si vous connaissez le nom du groupe ou le titre de la chanson qui vous intéresse, tapez-le dans le champ de recherche situé en haut à droite de l'interface d'iTunes.**

iTunes Store affiche les résultats de la recherche.

4. **Cliquez sur la proposition qui correspond le mieux à votre recherche, comme la pochette d'un nouvel album.**

5. **Pour écouter un extrait d'une chanson, placez le pointeur de la souris sur le titre en question. Cliquez alors sur le bouton de lecture qui apparaît sur la gauche du titre, comme à la Figure 5.2.**

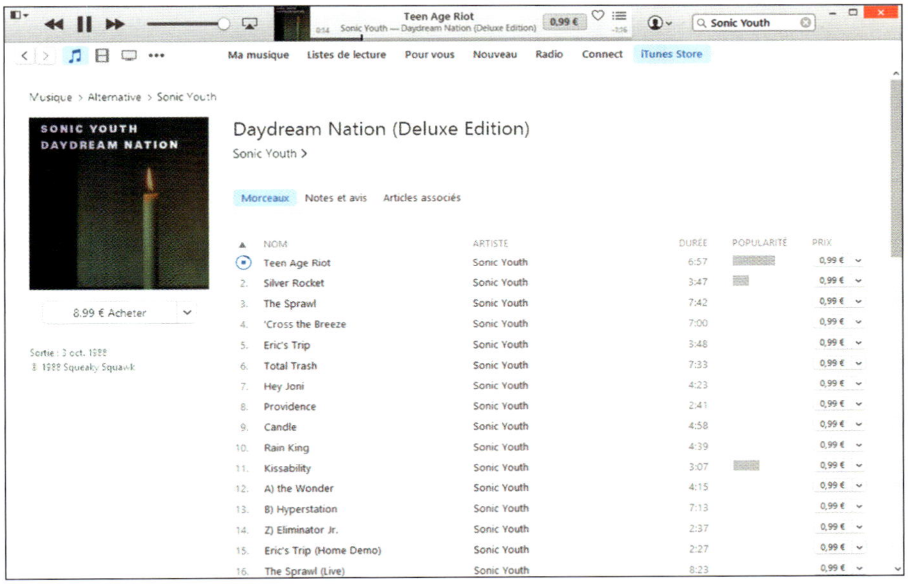


**FIGURE 5.2** Cliquez sur le bouton de lecture du titre dont vous désirez entendre un extrait.

Vous pouvez également double-cliquer sur le titre de la chanson.

6. **Si vous désirez acheter le morceau que vous écoutez, cliquez sur le bouton affichant un prix situé dans la colonne Prix.**

7. **Dans la boîte de dialogue des identifiants, tapez votre identifiant Apple et votre mot de passe.**

Si vous n'en avez pas, il faudra vous en créer un.

8. **Une fois votre identifiant et votre mot de passe saisis, cliquez sur le bouton Acheter.**

9. **Dans le message demandant confirmation de votre achat, cliquez sur Acheter pour procéder au téléchargement ou sur Annuler pour y renoncer.**

Dès que vous achetez, le morceau est automatiquement téléchargé dans le dossier iTunes de votre ordinateur. Il sera disponible dans votre bibliothèque iTunes et donc facilement transférable sur votre iPod (ou sur un autre lecteur portable, en passant tout simplement par l'Explorateur de fichiers de Windows).

L'achat d'un album se déroule de la même façon. La seule différence est que vous devez cliquer sur le bouton indiquant le prix et qui est situé sous l'illustration de la pochette de l'album.

## Acheter votre musique avec Groove Musique de Windows 10

L'application Groove Musique remplace l'ancienne application Musique de Windows 8.

Pour utiliser l'application Groove Musique, cliquez sur le bouton Démarrer, et saisissez **groove**. Il ne vous reste plus qu'à cliquer sur la vignette Groove Musique qui apparaît dans la liste des résultats. L'interface s'affiche comme à la Figure 5.3.

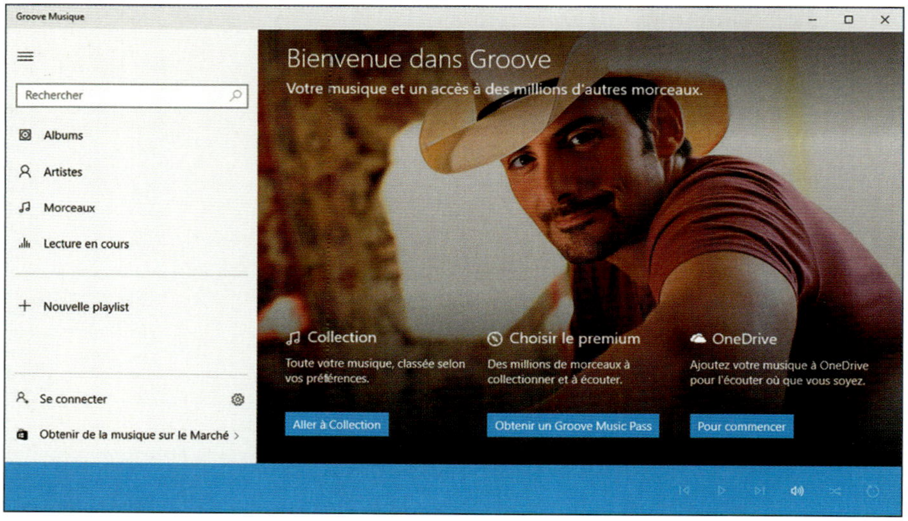


**FIGURE 5.3** Groove Music de Windows 10.

Voici comment acheter de la musique si celle que vous possédez sur votre ordinateur ne vous suffit pas :

1. **Une fois l'interface de Groove Musique sous vos yeux, cliquez sur le lien Obtenir de la musique sur le marché situé dans la partie inférieure gauche de la fenêtre.**

   Cette action ouvre le Windows Store qui affiche le contenu de la catégorie Musique, comme à la Figure 5.4.

2. **Consultez les offres par défaut ou bien saisissez le nom d'un artiste, d'un album, d'une chanson dans le champ Rechercher de la fenêtre. Validez en appuyant sur Entrée.**

Les résultats de la recherche apparaissent comme à la Figure 5.5.

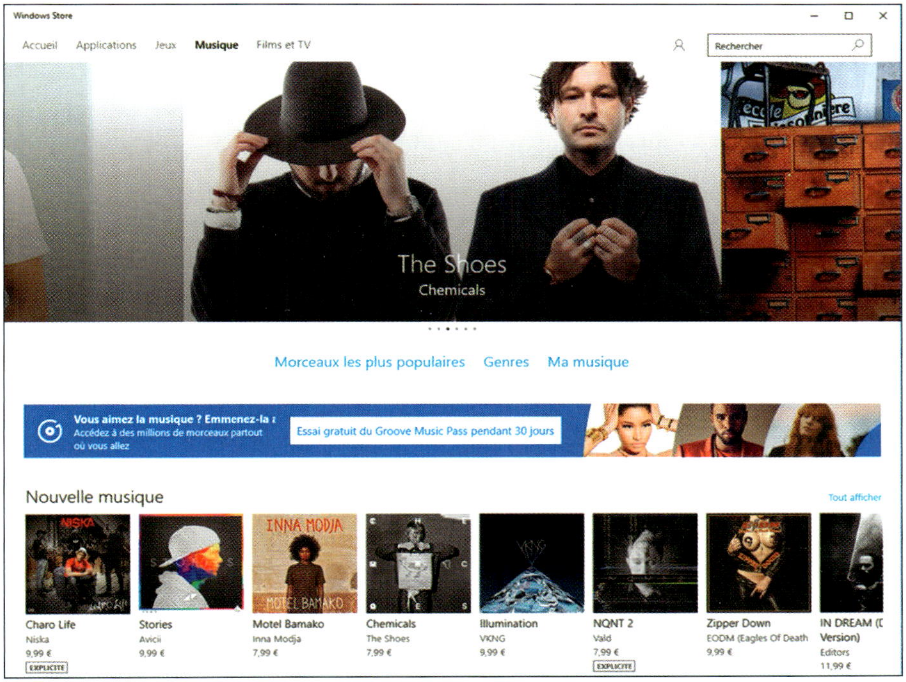


**FIGURE 5.4** Le Windows Store permet d'acheter la musique pour Groove Musique.

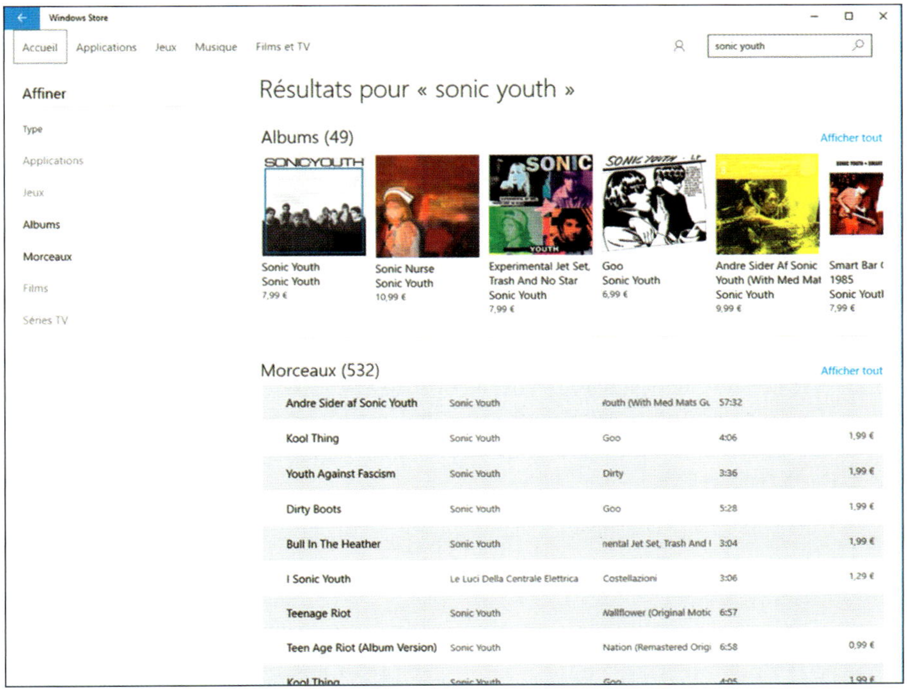


**FIGURE 5.5** Les résultats d'une recherche effectuée dans le Windows Store.

3. **Pour écouter un morceau avant achat, cliquez sur le nom d'un album ou d'une chanson.**

   Le contenu de l'album apparaît, et ceci même si vous avez cliqué sur le titre d'une chanson.

4. **Placez le pointeur de la souris sur la chanson à écouter, puis cliquez sur le bouton de lecture qui apparaît, comme à la Figure 5.6.**

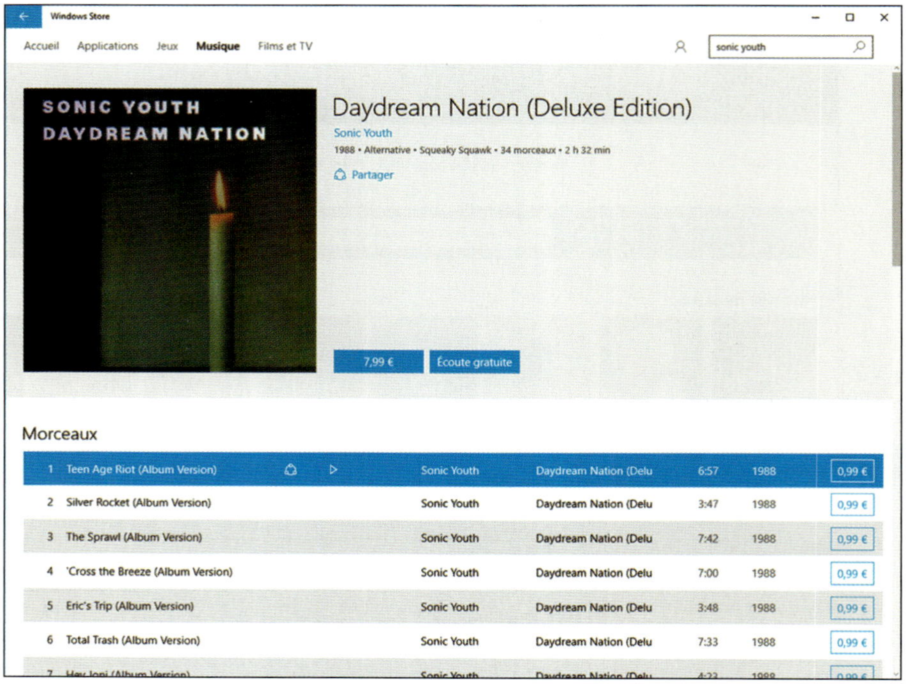


**FIGURE 5.6** Écouter une musique dans le Windows Store.

5. **Pour acheter une chanson ou un album, cliquez sur son prix.**

   Vous devez disposer d'un compte Microsoft (ou une adresse mail déclarée comme tel auprès de Microsoft, notamment lors de l'installation de Windows 10 sur votre PC) pour acheter de la musique en ligne. Si vous ne possédez pas ce compte, Microsoft vous propose d'en créer un.

6. **Connectez-vous avec votre compte Microsoft (un e-mail et un mot de passe). Une fois connecté, Microsoft vous invite à ajouter un moyen de paiement afin de procéder à votre achat. Cliquez sur le lien Ajouter un nouveau mode de paiement (Figure 5.7).**

   Indiquez un numéro de carte bancaire ou votre compte PayPal.

7. **Il ne vous reste plus qu'à suivre les instructions de téléchargement.**

Le numéro de carte indiqué sera utilisé par défaut chaque fois que vous souhaiterez acheter de la musique. Donc, gare à votre compte en banque !

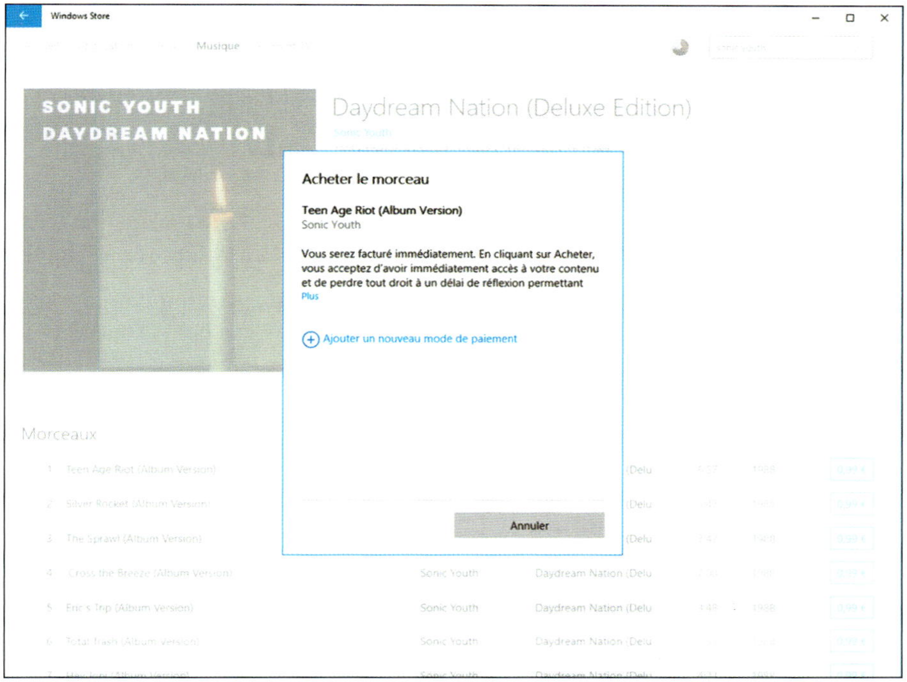


**FIGURE 5.7** Si vous achetez, eh bien… il faut payer !

# La radio sur Internet

Si vous aimez écouter de la musique pendant que vous travaillez, branchez-vous sur les stations radio d'Internet. Comme les stations qui émettent en FM ou sur les grandes et petites ondes, vous y trouverez des programmes musicaux (ou autres) tout à fait séduisants. En revanche, contrairement aux radios classiques, les radios sur Internet proposent souvent un programme en boucle qui n'est renouvelé que quelques jours par semaine. Très peu de radios marginales ont les moyens d'émettre en direct. Dans tous les cas de figure, vous les écoutez en *streaming*, c'est-à-dire sans téléchargement préalable de la totalité du programme radiophonique.

## Écouter la radio avec Microsoft Edge (ou autre)

Puisque vous disposez d'un accès à Internet, profitez-en pour écouter de la musique directement sur le Web. Voici comment procéder avec Microsoft Edge :

1. **Démarrez Edge.**
2. **Si vous n'avez pas décidé quelle radio écouter, tapez Radio Internet dans le champ de recherche du moteur Google.**

Une multitude de sites seront mis à votre disposition. Difficile de faire le choix pour vous.

Le site radio.fr, que vous trouverez à l'adresse `www.radio.fr`, répertorie un grand nombre de stations qui émettent sur Internet.

3. **Cliquez sur le lien de la radio que vous souhaitez écouter.**

4. **Pour trouver des radios par genre sur radio.fr, faites défiler le contenu de la fenêtre, et cliquez sur un des thèmes des sections Genres et Thèmes.**

   Vous pouvez également taper un genre ou le nom d'une station dans le champ de recherche situé dans la partie supérieure droite de la page. Cliquez ensuite sur l'icône de la loupe.

5. **Dans la liste des choix qui s'affiche, cliquez sur la station à écouter.**

   Les choix sont nombreux et clairement définis, comme le montre la Figure 5.8.

**FIGURE 5.8**
Trouvez et écoutez facilement des radios sur radio.fr.

6. **Cliquez sur l'icône de la radio à écouter.**

   La page de la radio apparaît et la lecture commence.

De radio en radio, vous allez disposer d'une liste de stations préférées qui couvrira toute votre sensibilité musicale.

# Écouter des stations de radio standard avec Microsoft Edge

Si vous êtes intéressé par un autre type de radio, accédez alors directement au site de la station en question via votre navigateur Web.

Pour illustrer mon propos, je vais vous expliquer comment écouter une station de Radio France via Microsoft Edge :

1. **Ouvrez Microsoft Edge.**
2. **Dans la barre d'adresses ou le champ de la section Où aller ensuite, tapez le nom de la radio que vous désirez écouter, en l'occurrence** Radio France**, et appuyez sur la touche Entrée de votre clavier.**

   Le moteur de recherche que vous utilisez par défaut affichera le lien direct vers cette station de radio.

3. **Cliquez sur le lien Radio France.**

   Comme le montre la Figure 5.9, vous accédez à toutes les stations de Radio France.

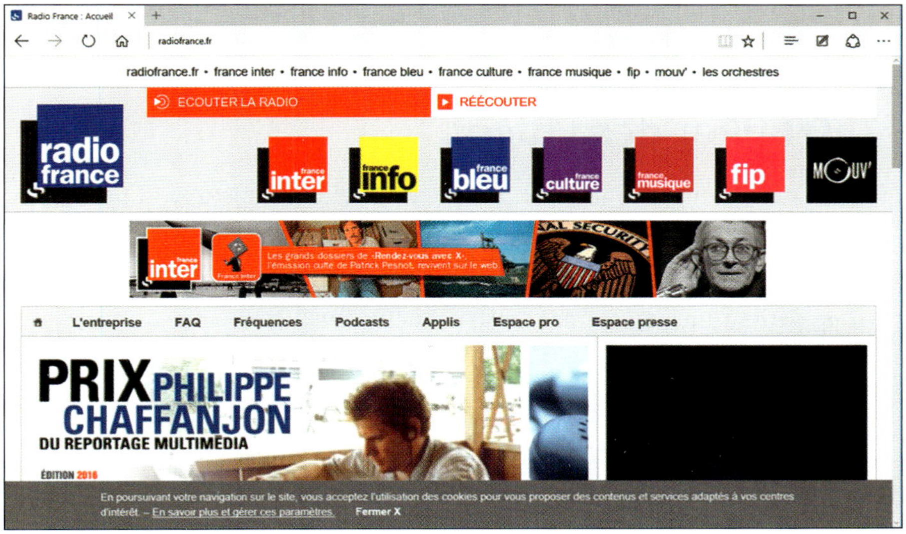


**FIGURE 5.9** Choisissez la station de Radio France à écouter.

4. **Cliquez sur le logo de la station de Radio France à écouter, comme FIP.**
5. **Cliquez alors Écouter la radio qui apparaît en haut de la page dans la couleur du logo de cette radio.**

   Le site va télécharger sur votre ordinateur son propre *player* (lecteur) qui va vous permettre d'écouter correctement les émissions de la radio en direct.

   Ce lecteur permet de mettre en pause, de reprendre le direct, de monter ou encore de baisser le son.

6. **Pour interrompre l'écoute de cette radio, il vous suffit de fermer votre lecteur en cliquant sur le bouton de fermeture situé dans son coin supérieur droit.**

Cet exemple, basé sur Radio France, vaut pour la majorité des autres stations de radio qui émettent à la fois sur les ondes traditionnelles et sur Internet. Rendez-vous sur le site de ces radios et écoutez !

Comme ce lecteur propriétaire est ouvert, vous pouvez utiliser Internet Explorer pour surfer vers d'autres cieux du Web tout en écoutant votre radio préférée.

# Vidéos sur Internet

Le standard Web de la vidéo est le format MPEG et MOV. Il s'agit de *codecs* (codeur/décodeur) vidéo qui permettent de produire des fichiers vidéo de petite taille à la qualité d'images très variable. Les fichiers MPEG rencontrés sur Internet portent l'extension .mpeg ou .mpg.

Microsoft, comme à son habitude, prend le train en marche en tentant d'imposer un format concurrent basé sur son propre format vidéo non compressé AVI (*Audio Video Interleaved*). Une fois compressé, ce format devient .asf ou .asx. Il permet de délivrer du son et des images en *streaming*.

## Trouver des vidéos

Un navigateur Web ne peut pas lire de la vidéo. Pour cela, il faut un lecteur spécial. Vous avez également besoin d'un ordinateur assez rapide pour afficher des vidéos en temps réel. Les lecteurs multimédias RealPlayer, Lecteur Windows Media et QuickTime/iTunes prennent en charge les fichiers vidéo. Parfois, vous rencontrerez des animations, voire de petits films, au format Flash d'Adobe (ou Shockwave). Il ne s'agit pas à proprement parler de fichiers vidéo, mais plutôt d'images vidéo intégrées dans une animation Flash.

Pour que Microsoft Edge lise les vidéos publiées en Flash sur Internet, cliquez sur le bouton Autres actions situé dans la partie supérieure droite de l'interface. Cliquez ensuite sur Paramètres, puis sur le bouton Paramètres avancés. Activez l'option Utiliser Adobe Flash Player, comme à la Figure 5.10.

Lorsque votre navigateur Web arrive sur une page intégrant une animation Flash qu'il ne parvient pas à lire, il vous propose de télécharger le lecteur adéquat. Laissez-vous séduire par cette offre.

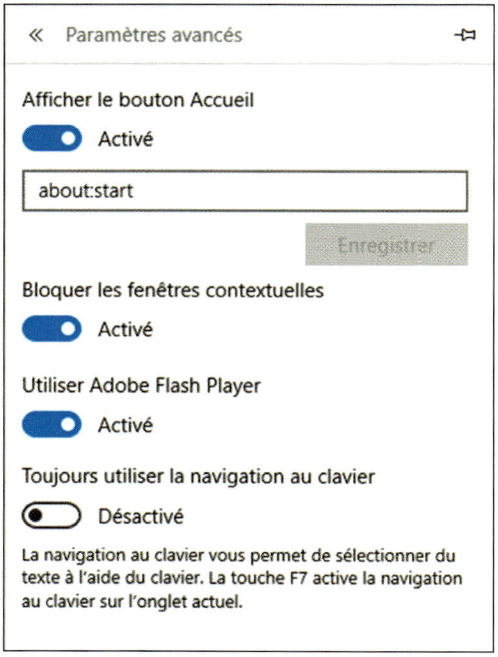


**FIGURE 5.10**
Utiliser Flash Player avec Microsoft Edge.

Si vous désirez voir rapidement des bandes-annonces ou des extraits de films récents, connectez-vous au site `www.allocine.fr/video/`.

Il est difficile de ne pas parler aujourd'hui des services de publication vidéo en ligne que sont DailyMotion ou YouTube. Vous y trouverez des millions de vidéos en tout genre et sur tous les sujets publiés par des gens comme vous et moi. Consultez-les ! Le virus de la publication vidéo en ligne ne va pas tarder à vous gagner.

# Achats en ligne : le pour et le contre

Internet est devenu une véritable puissance économique depuis que l'e-commerce s'y est développé à vitesse grand V. Personnellement, j'y achète des livres, des billets d'avion, des sous-vêtements, des actions, des pièces détachées d'ordinateurs et des consommables de toutes sortes. Malgré quelques légendes – parfois avérées –, nous sommes toujours bel et bien vivants pour vous conter l'histoire fabuleuse des achats en ligne.

Voici quelques bonnes raisons de faire ses achats en ligne :

- Les magasins en ligne offrent des commodités appréciables. Ils sont ouverts toute la nuit, et vous n'agacez aucun vendeur si vous ne faites que regarder pendant des jours et des jours avant de vous décider à acheter.
- Les prix sont souvent inférieurs à ceux des magasins, et vous pouvez comparer les tarifs de plusieurs boutiques en quelques minutes. Les frais d'expédition sont les mêmes que lorsque vous commandez par courrier postal (ils sont même offerts à partir d'une certaine somme, en général 100 euros d'achats) et vous n'aurez pas besoin de prendre votre voiture et de trouver un parking.
- Les boutiques en ligne offrent parfois une meilleure sélection. L'expédition est habituellement réalisée à partir d'une centrale d'achat - pas de stocks à gérer.
- Lorsque vous vivez dans une campagne éloignée de tout, le Net permet de dénicher de nombreux articles introuvables localement.
- Vous pouvez acheter dans tous les magasins de la planète, à des prix défiant toute concurrence.
- Vous pouvez acheter et vendre sur Internet.

D'un autre côté, voici quelques raisons qui nous incitent à ne pas *tout* acheter sur le Net :

- Vous ne pouvez pas physiquement essayer, tester ou regarder ce que vous achetez, et il arrive que les délais de livraison soient assez longs.
- Nous aimons bien nos petits commerces locaux et nous essayons de contribuer à l'économie de notre région aussi souvent que nous le pouvons.

» Plus vous êtes devant un ordinateur et moins vous sortez de chez vous ! Ne coupez pas trop le lien social !

## Le problème des cartes bancaires

Comment s'effectue le paiement des achats en ligne ? La plupart du temps avec une carte bancaire, de la même façon que dans un magasin ordinaire. Mais n'est-il pas risqué de donner son numéro de carte bancaire en ligne ? Eh bien, non !

Nombre de personnes craignent que des individus malintentionnés et armés de divers outils électroniques, analyseurs de réseaux et autres gadgets de haute technologie, soient à l'affût pour tenter de s'approprier les numéros de cartes bancaires voyageant sur le Net. Nous avons surveillé pendant plusieurs années l'occurrence de tels événements et nous n'avons jamais rien trouvé. D'abord, parce que la plupart des entreprises de vente en ligne s'arrangent pour sécuriser les transactions de ce type en cryptant les informations que vous leur envoyez (dans la fenêtre du navigateur, un petit cadenas fermé affiché en bas de la fenêtre). Ensuite, parce que tenter d'intercepter une information de ce type dans le flot du trafic d'Internet est une véritable gageure, même sans chiffrement.

Si vous acceptez de confier votre carte bancaire dans un restaurant à un serveur, vous pouvez aussi bien vous servir de votre carte bancaire pour acheter en ligne. Si nous voulions dérober un numéro de carte de crédit, ce n'est pas la technique d'Internet que nous utiliserions, mais celle des *pickpockets*.

Si, après cette mise au point, vous ne voulez toujours pas confier votre numéro de carte bancaire à Internet ou que vous êtes de ceux qui répugnent à l'usage des cartes en plastique, sachez que la plupart des entreprises de VPC en ligne accepteront que vous leur indiquiez ce numéro par téléphone ou que vous leur envoyiez un chèque.

## Comparer les prix grâce à Internet

Trouver la bonne affaire... et en neuf par-dessus le marché. Je crois saisir votre niveau d'exigence de consommateur, surtout en ces périodes de crise économique internationale. Donc, si vous venez sur Internet, c'est pour acheter au meilleur prix. Pour cela, suivez les conseils et les instructions des prochaines sections.

Voici comment trouver et utiliser un comparateur de prix :

1. **Ouvrez Microsoft Edge.**
2. **Accédez à votre moteur de recherche préféré, et tapez-y comparateur de prix.**
3. **Choisissez un des comparateurs proposés comme Twenga.**

## LES CARTES BANCAIRES VIRTUELLES : E-CARTE BLEUE ET CONSORTS

Une des dernières innovations des banques est la mise en circulation, pour qui en fait la demande, d'une carte bancaire virtuelle destinée au paiement des achats sur Internet. Comment fonctionne la carte virtuelle ? Nous baserons notre explication sur une expérience personnelle : la e-Carte bleue (ce système est repris sous des noms divers par la majorité des établissements bancaires).

Vous souscrivez un contrat auprès de votre banque pour bénéficier de la carte bancaire virtuelle. Si votre banquier est reconnaissant de votre fidélité, il ne devrait rien vous facturer de plus que vos sempiternels frais de gestion mensuels. Quelques jours après la souscription à e-Carte bleue, par exemple, vous recevez un premier courrier indiquant un identifiant à ne surtout pas égarer. Il s'agit d'un code aussi facile à retenir que BCMYSKPM. Cet identifiant vous permet d'aller sur le site Web de votre banque et d'y télécharger un petit programme qui n'est autre que votre carte bancaire virtuelle. Installez ce programme sur votre ordinateur. Si vous l'exécutez, une connexion Internet s'établit, et une sorte de carte affichant deux champs de saisie apparaît au premier plan de votre bureau. Elle couvre systématiquement tous les programmes que vous ouvrez, dont Internet Explorer ou Firefox, qui permettront de faire vos achats en ligne. Les champs de saisie exigent deux choses : l'identifiant et le mot de passe que vous recevrez environ quarante-huit heures après votre premier courrier. Conservez bien ces deux numéros, c'est-à-dire identifiant et mot de passe, dans un lieu sûr, et tentez de vous en souvenir (ce ne sera pas du gâteau).

Pour utiliser la carte virtuelle, c'est très simple. Faites vos emplettes, c'est-à-dire cherchez les produits qui vous intéressent sur un site, ajoutez-les à votre panier virtuel et enfin passez à la caisse. À cet instant, choisissez un paiement par carte bancaire VISA ou E-Carte bleue (certains sites proposent ce mode de paiement) et lancez le programme de votre carte bancaire virtuelle, tel qu'e-Carte bleue. La carte virtuelle vous demande de saisir votre identifiant et votre mot de passe, puis de cliquer un bouton pour les valider. Une fois votre identification réalisée, plusieurs autres boutons permettent d'effectuer diverses tâches, dont l'une se nomme Payer. Cliquez dessus. Un message vous avertit qu'un numéro unique va vous être attribué. À ce moment-là, votre carte virtuelle prend l'apparence d'une carte bancaire identique à celle que vous avez dans votre portefeuille, mais elle est animée : c'est-à-dire que vous voyez tous les chiffres tourner de manière aléatoire, puis se figer en un numéro traditionnel, utilisable une seule fois. Saisissez le numéro ainsi attribué et le code à trois chiffres dans les champs adéquats du site Web. Validez. Le site interroge alors votre banque, et le paiement est accepté. Voilà, votre achat est fait. Même si quelqu'un a pu détourner ce numéro de carte, il ne pourra plus l'utiliser, car il est à usage unique. Vous pouvez alors fermer le petit programme. Si vous ne le faites pas, la carte virtuelle disparaît au bout d'une quinzaine de minutes.

Lors de votre prochain achat sur Internet, vous répéterez ces opérations et vous obtiendrez alors un nouveau numéro unique qui permettra de payer vos achats en toute sécurité. Ce système est absolument génial !

4. **Dans le champ de recherche du comparateur, tapez le nom d'un produit, comme réfrigérateur, puis cliquez sur un bouton Chercher, l'icône d'une loupe, ou tout autre élément susceptible de lancer la recherche.**

Dans un comparateur de prix, vous pouvez affiner les résultats de plusieurs manières, notamment en sélectionnant la marque et/ou des caractéristiques.

Dans la page des résultats du comparateur, toutes les marques ne sont pas forcément affichées. Vous trouverez généralement un lien du type Voir plus, ou Plus de marques. Il suffit de cliquer dessus pour accéder à d'autres fabricants de réfrigérateurs (par exemple). Ne vous laissez pas intimider et restreindre par les propositions par défaut du comparateur de prix. Les marques les plus en vue payent pour être citées en premier dans un comparateur.

**5. Définissez le type de produit.**

Pour mon réfrigérateur (toujours lui !), je sais qu'il me faut un modèle à 2 portes. Je fais défiler dans Twenga le contenu du volet droit jusqu'à la rubrique Nombre de portes dont j'ouvre le contenu par un clic sur le petit triangle gris, comme à la Figure 5.11. J'indique alors le nombre de portes souhaitées.

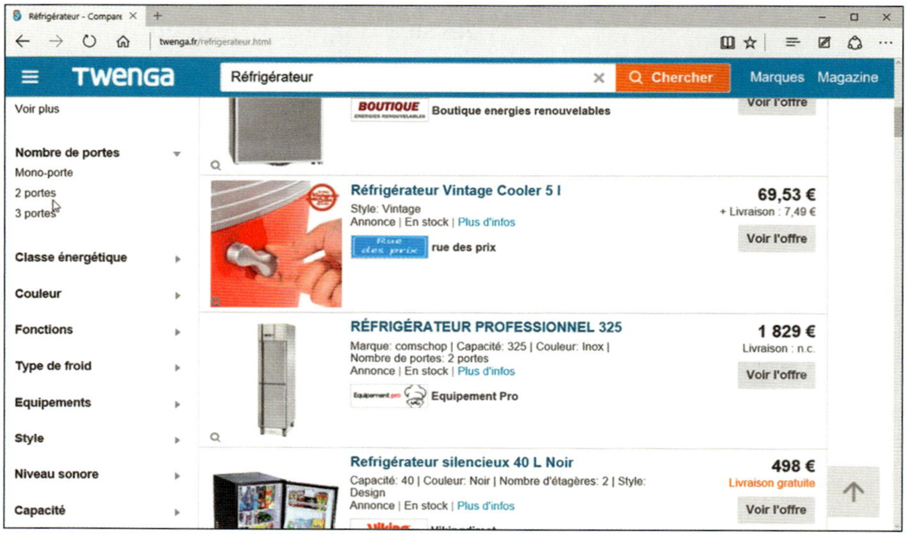


**FIGURE 5.11** Affiner la recherche d'un réfrigérateur.

**6. Choisissez en fonction de la marque ou de votre budget.**

Le comparateur de prix propose généralement d'effectuer un tri par prix croissants ou décroissants. Il suffit alors de cliquer sur un signe + ou un signe –, voire de cliquer une nouvelle fois sur le lien Prix total. L'ordre de présentation de divers produits se fait en fonction de la fourchette de prix dans laquelle il se trouve.

Vous pouvez parfois agir sur un curseur pour définir une échelle de prix correspondant au prix mini et maxi de votre investissement.

**7. Faites défiler le contenu de la fenêtre du comparateur.**

Certains comparateurs permettent de cocher les cases des modèles de réfrigérateur que vous désirez comparer. Une fois les produits cochés, cliquez sur le bouton Comparer les produits.

Le comparateur affiche la liste des prix et des sites qui vendent ce produit. Vous pouvez trier cette liste en fonction de critères identiques à ceux présentés à l'Étape 1.

Si aucun modèle ne vous convient, relancez une recherche, comme expliqué au début de cette procédure.

Le critère de sélection que vous appliquez aux meilleures offres proposées par le comparateur de prix peut être très subjectif. Certes, le prix est important, mais la disponibilité ne l'est pas moins. Si vous êtes dans l'urgence du produit, vous accepterez peut-être de payer plus cher et de le recevoir dans les meilleurs délais. Dans ce cas, cliquez sur le lien Disponibilité pour réorganiser la liste des produits trouvés en fonction des stocks disponibles. Dans ce cas, seuls les produits mentionnant « Disponibilité : En stock » auront votre préférence.

8. **Dès qu'un modèle vous convient, cliquez dessus.**

   Le comparateur liste alors les sites Web marchands qui proposent ce modèle.

9. **Pour consulter l'offre d'un des sites, cliquez sur le bouton Voir, comme le montre la Figure 5.12.**

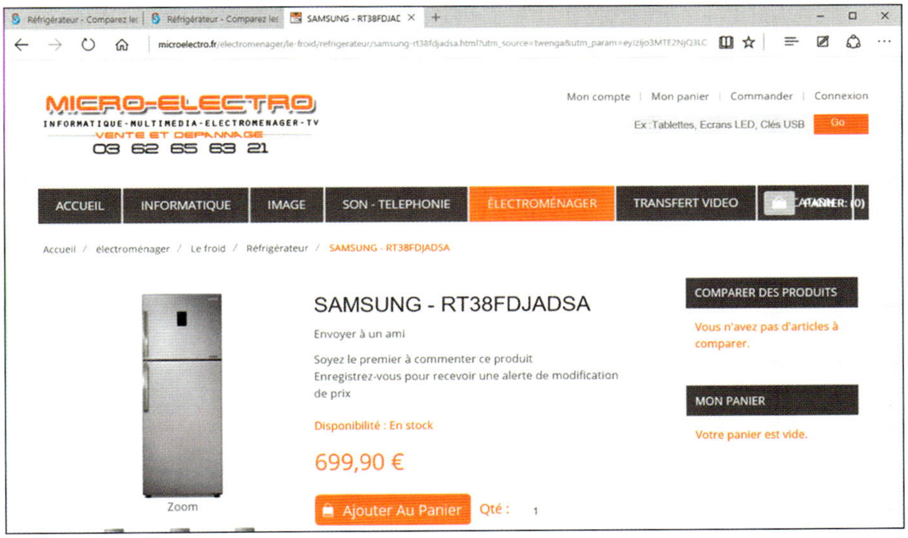


**FIGURE 5.12** Pour consulter les offres d'un modèle précis.

Le comparateur vous envoie directement sur la page Web du site traitant de ce produit. Si vous êtes séduit, commandez, comme nous l'expliquons plus loin dans ce chapitre.

Le prix n'est pas l'unique critère d'un achat par correspondance. Certains d'entre vous préféreront payer un peu plus cher un produit, car le site propose de payer en 3 fois sans frais (nous en reparlerons).

## Choisir, commander et payer

Vous ne passerez pas toujours pas un comparateur de prix pour acheter sur Internet. Bien souvent, vous déambulerez dans des magasins virtuels, exactement comme vous déambulez dans les rayons des boutiques que vous fréquentez habituellement dans la réalité. La grande différence avec un comparateur de prix est que, dans une boutique précise, vous êtes pieds et poings liés aux prix pratiqués. Ensuite, commander et payer sont deux opérations qui se déroulent de la même façon quelle que soit la manière par laquelle vous avez accédé aux produits.

## Choisir un produit en ligne

Prenons un exemple simple en visitant le site Web appelé Cdiscount, qui propose tout ce qui touche principalement à l'informatique et à l'audiovisuel. Pointez votre navigateur sur l'URL `www.cdiscount.fr`.

Voici comment acheter un disque dur externe sur un site Web comme CDiscount :

1. **Repérez-vous dans l'interface du site.**
2. **Localisez la barre de navigation qui contient en fait tous les rayons du magasin en ligne.**
3. **Notre achat intéressant l'informatique, placez le pointeur de la souris sur l'onglet Informatique, en haut et au centre de l'écran.**

   Une liste de catégories apparaît.

4. **Parcourez la liste et cliquez sur le lien Disque dur externe – NAS, comme à la Figure 5.13.**

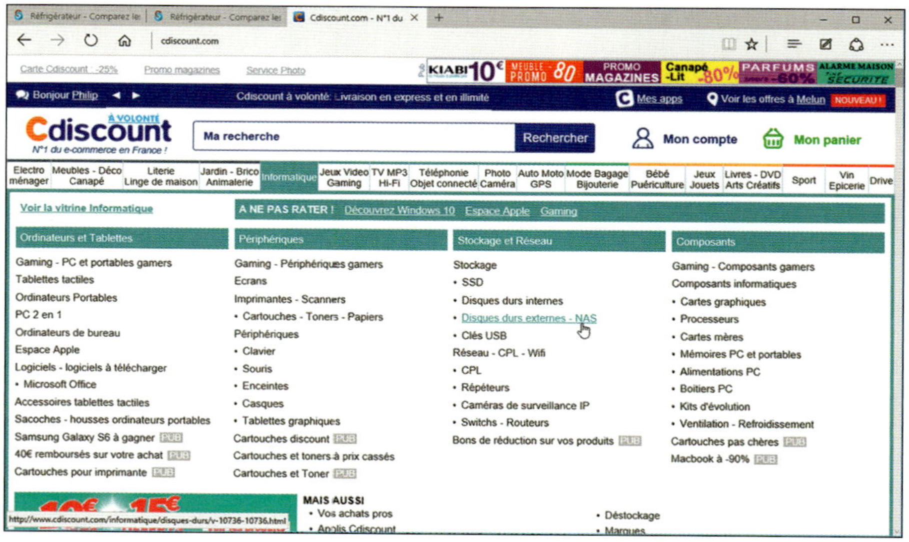


**FIGURE 5.13** Pour choisir votre disque dur externe.

Vous accédez à une nouvelle page Web qui permet de mieux définir le type de disque dur externe qui vous convient.

5. **Dans le volet gauche Stockage externe, cliquez sur le lien Disques durs externes.**

Comme le nombre de disques durs disponibles est colossal, bien plus que vous ne le proposera jamais un magasin réel, vous devez une fois encore restreindre les résultats en précisant davantage les options techniques de votre disque dur.

6. **Dans les options affichées par le volet gauche, vous pouvez préciser :**

   - **La marque** : Cette liste affiche l'ensemble des marques de disques durs vendus sur le site.
   - **Le prix :** Permet de limiter la recherche à votre budget maximal.
   - **Le format :** C'est-à-dire la taille du disque lui-même comme 3,5 ou 2,5 pouces.
   - **La vitesse de rotation :** C'est-à-dire le nombre de tours par minutes. Plus cette valeur est élevée, plus le disque accède rapidement à vos fichiers.
   - **Interface :** Critère essentiel pour que le produit soit compatible avec votre PC. En règle générale, vous choisirez une interface de type USB 2.0 ou USB 3.0. En d'autres termes, le disque dur externe se connectera à une prise USB 2.0 ou 3.0 de votre ordinateur dans le second cas.
   - **Le vendeur :** Les sites répertorient aussi souvent des offres de leurs partenaires. Donc, si vous souhaitez commander spécifiquement sur CDiscount, cochez son nom.

   Vous trouverez parfois d'autres critères comme la disponibilité et les avis des clients.

   Vous constatez que, sur ce site, chaque fois que vous cochez une case, la liste des produits correspondants s'actualise.

   Si la recherche est infructueuse, supprimez un ou deux critères de recherche et cliquez de nouveau sur OK.

7. **Faites défiler le contenu de la fenêtre, et dès que vous trouvez un modèle qui vous convient, cliquez sur le bouton Je le veux.**

   Une fenêtre peut vous proposer de souscrire une extension de garantie de 2 ans. Cliquez sur Ajouter la garantie pour y souscrire, ou bien sur Refuser la garantie.

8. **Un message vous propose les deux options suivantes : Voir mon panier et Continuer mes achats, comme l'illustre la Figure 5.14.**

9. **Pour limiter vos dépenses à l'achat de ce disque dur, cliquez sur Voir mon panier.**

## Valider votre panier

En e-commerce, vous passez ou finalisez une commande. Par conséquent, voici comment terminer la commande de votre disque dur :

1. **Comme nous l'avons vu précédemment, vous pouvez finaliser la commande en cliquant sur le bouton Voir mon panier.**

   Si vous n'avez pas cliqué sur ce bouton, cliquez sur le bouton permanent Mon panier, situé dans les onglets de la page Web du site marchant.

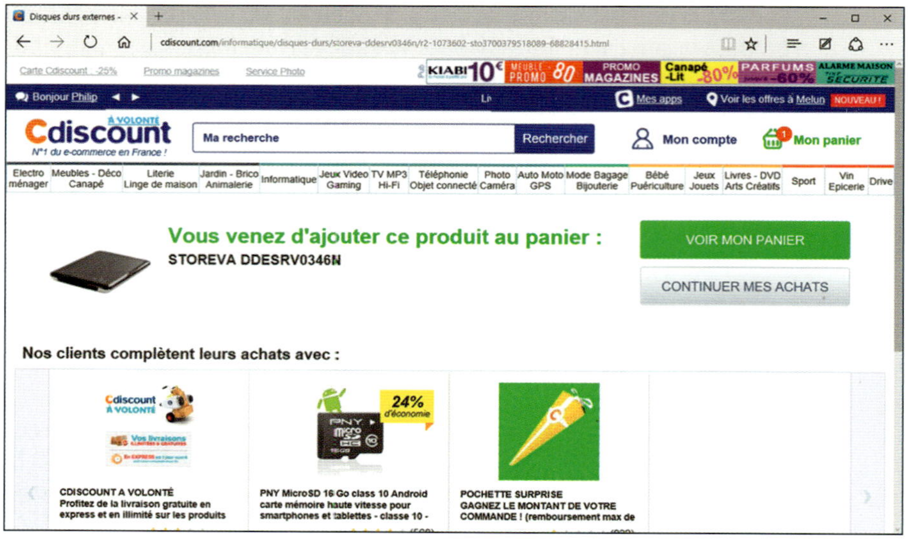


**FIGURE 5.14** Voir son panier pour terminer sa commande, ou bien poursuivre ses achats.

Dans les deux cas, vous accédez à un récapitulatif de votre commande.

Vous constatez qu'un certain nombre d'options d'achat ont été ajoutées. Il s'agit en général d'assurances en cas de casse et/ou de panne. Vous n'êtes pas obligé d'y souscrire.

Pour supprimer un produit que vous ne voulez plus acheter, cliquez sur l'icône de la poubelle.

2. **Si vous vous ravisez et désirez commander d'autres produits, visitez tout simplement d'autres pages du site.**

   Dans ce cas, suivez la procédure décrite dans la précédente section.

3. **Si vos achats vous conviennent, cliquez sur le bouton Passer la commande.**

   Il va falloir payer, comme nous l'expliquons dans la section suivante.

## Régler la commande et choisir le mode de livraison

Le fait de valider un panier vous envoie généralement dans votre espace client. Si vous avez déjà acheté sur ce site, indiquez votre e-mail ou votre pseudo, et tapez votre mot de passe. Sinon, vous devez créer un compte client. Pour cela, remplissez le formulaire Vous êtes un nouveau client, semblable à celui de la Figure 5.15.

Une fois inscrit, voici comment régler votre commande et déterminer son mode de livraison :

1. **Pour pouvoir calculer le prix réel de votre commande, indiquez le mode de livraison choisi.**

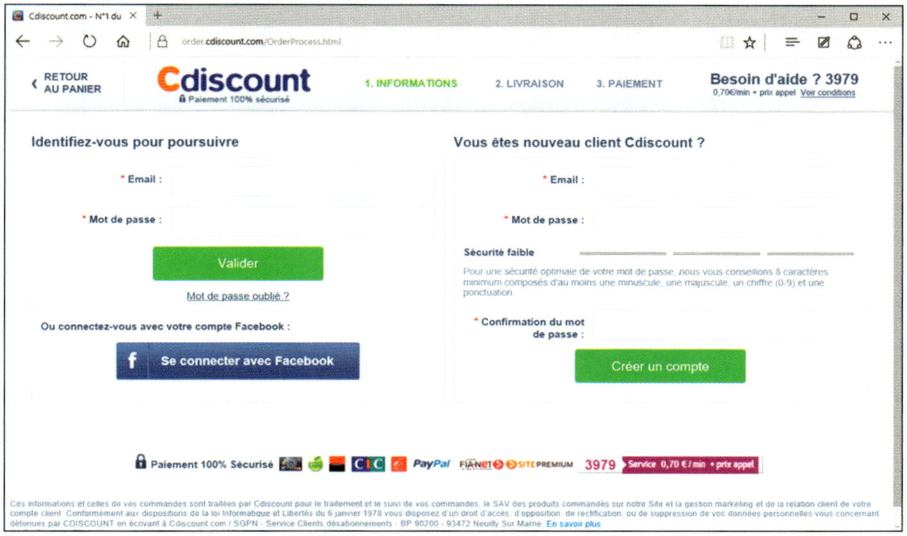


**FIGURE 5.15** Créez un compte pour faciliter vos achats ultérieurs.

Ces modes de livraison varient d'un site à un autre. Toutefois, globalement, nous retrouvons un peu partout les mêmes.

Vérifiez votre adresse de livraison. Si des données ont changé ou si vous avez commis une erreur, cliquez sur le lien Je modifie mon adresse de livraison.

2. **Choisissez un mode de paiement.**

   C'est peut-être le moment le plus critique, surtout si vous effectuez votre premier achat sur Internet. En effet, vous avez peur ! Voici les modes de paiement généralement proposés, et leurs avantages et leurs inconvénients :

   - **Paiement par carte :** Vous réglez vos achats avec une des nombreuses cartes bancaires ou de crédit existantes. Que risquez-vous ? Je vous conseille de vous reporter à la section « Le problème des cartes bancaires » en début de chapitre. Le moyen de paiement le plus sûr reste le système e-Carte bleue.
   - **Paiement en plusieurs fois :** C'est un des grands avantages du Web. À partir d'une certaine somme, vous pouvez régler en 4 fois (avec de petits frais), ou en plusieurs mensualités en effectuant un prêt auprès d'un organisme partenaire du site sur lequel vous achetez.
   - **Paiement par PayPal :** PayPal est un système de paiement sécurisé sur Internet, principalement utilisé sur des sites de ventes aux enchères ou de matériels d'occasion.
   - **Paiement par carte Cdiscount :** Il s'agit d'une carte de fidélité que vous payez annuellement et qui vous octroie une réduction assez conséquente lors de vos achats.

3. **Une fois ces choix effectués, cliquez sur Payer votre commande.**
4. **Suivez les instructions liées au mode de paiement choisi.**

5. **Une fois l'ensemble de la procédure terminée, vous recevez un mail de confirmation.**

   Si les produits sont en stock, vous les recevrez dans les 72 heures. Normalement, vous êtes débité au moment de l'expédition.

Bravo ! Vous venez de mener à bien un achat sur Internet. Bientôt, vous ne pourrez plus vous en passer.

# Fini le supermarché !

Grâce à Internet, vous allez pouvoir faire vos courses alimentaires (et autres) dans des supermarchés (ou des supérettes) virtuel(le)s, comme illustré à la Figure 5.16.

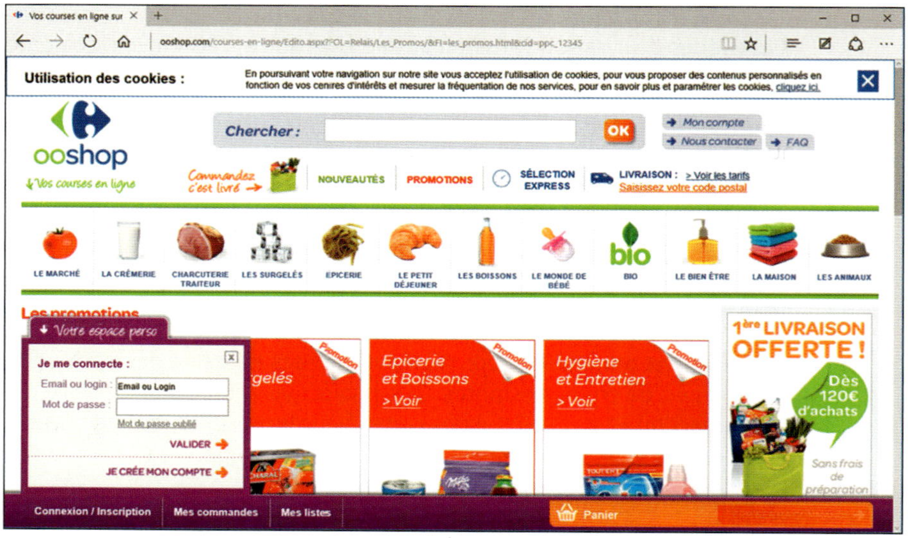


**FIGURE 5.16** Un supermarché en ligne.

## Avantages et inconvénients du supermarché en ligne

Voici une liste des avantages que nous trouvons dans les supermarchés en ligne :

» Vous gérez votre temps ! C'est peut-être l'aspect le plus important dans une vie de plus en plus trépidante où faire ses courses est plus une contrainte qu'un plaisir. En effet, vous décidez de l'heure à laquelle vous irez dans le supermarché en ligne.

- Un supermarché en ligne est ouvert 24h/24, 7j/7 ! Finis les samedis après-midi passés à déambuler dans les rayons la liste de courses dans une main et le Caddie dans l'autre.
- Un supermarché en ligne vous présente toutes les promotions du jour sans que vous soyez obligé de passer votre temps à comparer les prix de tel ou tel produit.
- Vous êtes instantanément informé sur les nouveaux produits.
- Vous êtes seul dans les rayons ! Terminés les bousculades, les « pardons », « excusez-moi », « Pardon Monsieur, vous qui êtes grand, vous pourriez m'attraper le paquet de café qui se trouve tout là-haut ».
- Vous connaissez en temps réel le montant de vos achats !
- Vous n'êtes plus obligé de faire tous les rayons pour retrouver un produit particulier qui a changé de place suite à un réaménagement du magasin.
- Vous connaissez immédiatement les produits manquants, ce qui vous évite de perdre du temps à les chercher. (Parce que là, vous n'êtes pas prêt de les trouver !)
- Vous ne faites plus la queue au rayon traiteur, boucherie, charcuterie, et surtout à la caisse !
- Vous n'êtes plus contraint d'emmener vos enfants avec vous qui, au bout de 10 minutes, commencent à échapper à votre vigilance, déballent tout dans les rayons, et tentent à grand renfort de cris et de colère d'obtenir un paquet de bonbons, de gâteaux, ou toute autre cochonnerie.
- Vous ne courez plus dans les rayons parce que vous avez garé votre voiture à l'étage et que le supermarché ne vous offre qu'une heure de parking gratuit.
- Vous faites un geste écologique puisque vous économisez du carburant et que vous n'émettez pas de $CO_2$ !

Les avantages semblent si nombreux que l'on se demande où sont les inconvénients. Il y en a quand même :

- En ligne, vous vous coupez du monde réel et du contact avec les commerçants, à qui il arrive d'être fort agréables (si, si) !
- Certains prix sont plus chers.
- Vous n'avez pas toujours accès au produit 1er Prix.
- Vous ne pouvez pas apprécier la qualité des fruits, des légumes, du poisson et de la charcuterie à la découpe.
- Vous ne pouvez pas regarder la date limite de consommation.
- Que faire si un produit est ouvert ?
- Que faire s'il manque des berlingots dans le paquet de lessive ?

» Finalement, votre geste écologique n'est pas aussi important que cela puisqu'un camion viendra vous livrer.

» En dessous d'une certaine somme, des frais de préparation s'ajoutent à votre commande.

» Vous habitez peut-être dans une zone où le supermarché ne livre pas. Dans ce cas, vous devrez faire vos courses dans le magasin le plus proche de chez vous.

» Si votre ordinateur ou votre connexion haut débit est en panne, vous risquez de faire un sérieux régime. (Enfin, vous pouvez toujours faire vos courses à la supérette en attendant.)

» Vous ne pourrez pas aller dans la galerie marchande annexée au supermarché.

» Vous êtes obligé d'acheter des quantités plus importantes pour que cela vaille le coup.

Si cela vous convient, vous poursuivrez cette expérience, et dans le cas contraire, vous irez vous détendre ou vous stresser au supermarché du coin.

## Acheter dans un supermarché en ligne

Pour acheter dans un supermarché en ligne, encore faut-il en trouver un. Pas d'inquiétude à ce sujet. La majorité des grandes et petites enseignes proposent un équivalent virtuel. Vous pouvez ouvrir un moteur de recherche comme Google et y taper **Supermarché en ligne**. Vous trouverez alors une liste de sites permettant de faire vos courses. Je pense toutefois que vous aurez une préférence pour le site du supermarché où vous avez l'habitude de vous rendre dans la réalité, car vous connaissez les produits qui y sont disponibles.

Si vous ne désirez pas effectuer la recherche suggérée, voici quelques sites à visiter :

» **`www.ooshop.com`** : Version en ligne de l'enseigne Carrefour.

» **`www.houra.fr`** : Supermarché en ligne du groupe Cora.

» **`http://drive.intermarche.com/`** : Version en ligne de l'enseigne Intermarché.

» **`http://auchandirect.fr`** : Version en ligne de l'enseigne Auchan.

» **`www.natoora.fr`** : Supérette en ligne qui dispose d'un superbe rayon bio.

Quel que soit le supermarché que vous choisissez, le principe des achats en ligne est sensiblement le même. La première question qui se pose est de savoir si vous vivez dans une ville éligible.

## 1, 2, 3… partez dans les rayons virtuels

Les explications qui suivent s'appliquent à tous les supermarchés virtuels. Il peut exister quelques variantes qui, toutefois, ne remettent pas en cause la procédure ci-après.

Voici comment se déroulent vos courses dans un supermarché virtuel :

1. **Connectez-vous au site Web du supermarché dans lequel vous souhaitez faire vos courses.**

   Nous basons notre exemple sur Ooshop de l'enseigne Carrefour, mais rien ne vous empêche de suivre cette procédure sur le site de votre choix.

2. **Dans l'interface du site, placez le pointeur de la souris sur le rayon dans lequel vous voulez acheter des produits.**

   Je veux effectuer un achat de boîtes de conserve dans le rayon Épicerie.

3. **Cliquez sur la catégorie de produits dont vous désirez voir les marchandises.**

   Ici, j'ai choisi Conserves & bocaux (Figure 5.17). Le rayon Épicerie vous ouvre les portes de cette catégorie de produit. En d'autres termes, je choisis quel type de conserves et/ou de bocaux je désire acheter.

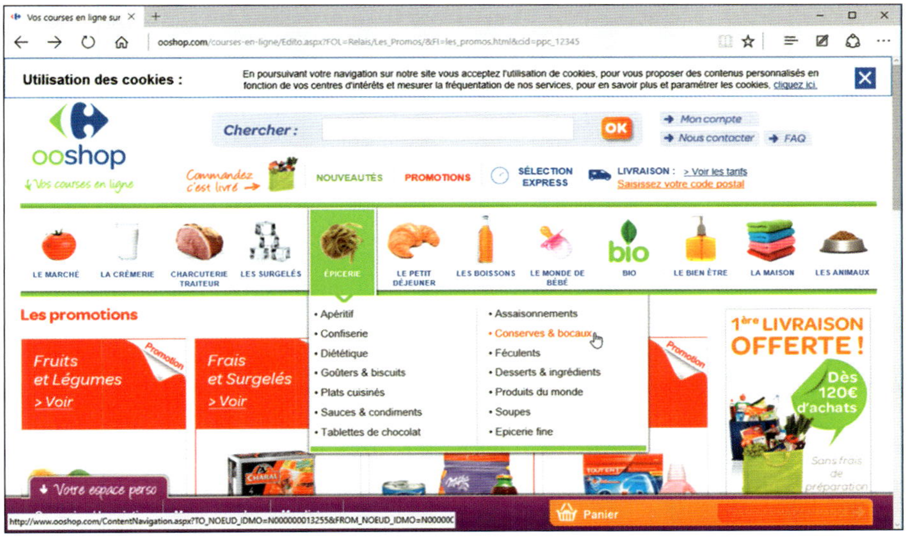


**FIGURE 5.17** Pour acheter dans le rayon épicerie Conserves & bocaux.

4. **Cliquez sur la sous-catégorie de produits qui vous intéresse, puis sur les légumes concernés (Figure 5.18).**

   Je souhaite acheter des légumes en conserve, et plus particulièrement des haricots verts.

5. **Faites défiler le contenu de la page pour voir tous les produits proposés.**

   La liste est assez impressionnante. Vous avez souvent plus de choix que dans votre magasin réel. Le prix est indiqué en gros avec juste en dessous le prix au kilo. Donc, pas de mauvaises surprises.

6. **Indiquez la quantité de produits à acheter par des clics successifs sur le petit bouton + situé à droite du champ qui affiche le chiffre 1.**

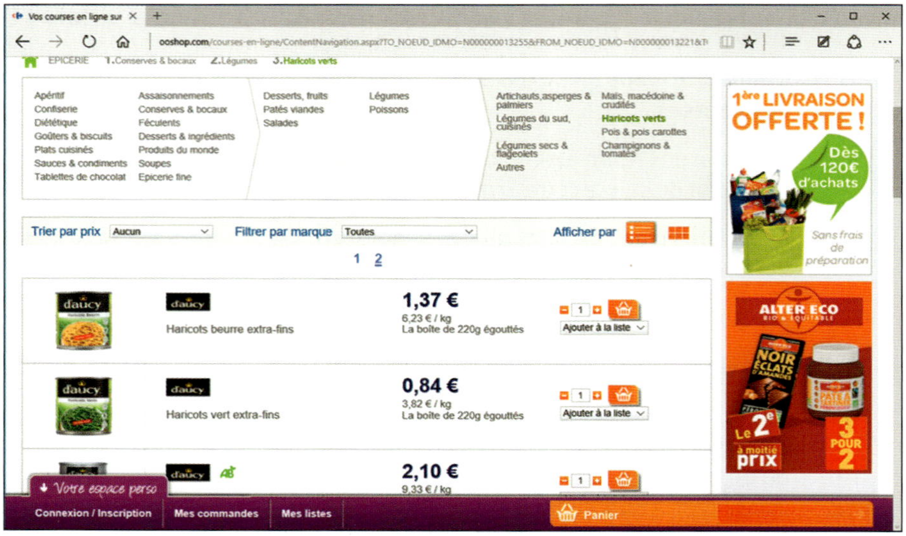


**FIGURE 5.18** En quelques clics, vous êtes devant les produits qui vous intéressent.

À l'inverse d'un magasin réel, vous pouvez trier les produits des rayons d'un magasin virtuel. Ainsi, dans notre rayon des haricots verts, je peux :

- Trier par prix au kilo croissant ou décroissant, ou par prix à l'unité croissant et décroissant. Pour cela, cliquez sur la liste Trier par et choisissez votre option de tri.
- Voir les produits d'une marque spécifique. Pour cela, cliquez sur la liste Filtrer par marque, et choisissez la marque qui vous intéresse.
- Afficher les produits par liste ou par images en cliquant sur l'une des icônes de la section Afficher par.

Vous constatez qu'il est très rapide de trouver les produits d'une marque spécifique.

7. **Dès que vous avez trouvé le produit et spécifié sa quantité, cliquez sur le bouton dont l'icône est un Caddie ou un panier.**

Il est fort possible qu'à cet instant de la procédure il vous soit demandé de vous connecter à votre compte. Si vous n'en possédez pas, le site vous invite à en créer un. Exécutez-vous, sinon vous ne pourrez pas poursuivre vos achats. Sur Ooshop en revanche, contentez-vous d'indiquer votre code postal. En effet, le site souhaite simplement savoir si votre zone géographique est desservie par le supermarché en ligne. Si c'est le cas, vous pourrez poursuivre vos courses sans créer votre compte immédiatement.

Il suffit ensuite de regarder la section Panier pour voir que le produit a été ajouté, qu'il indique le nombre d'articles que vous y avez mis, et le prix total de vos achats en cours (Figure 5.19).

8. **Poursuivez vos achats selon ce même principe.**
9. **Pour ajouter plus rapidement un produit dans votre panier, tapez sa marque et son nom dans le champ Rechercher.**

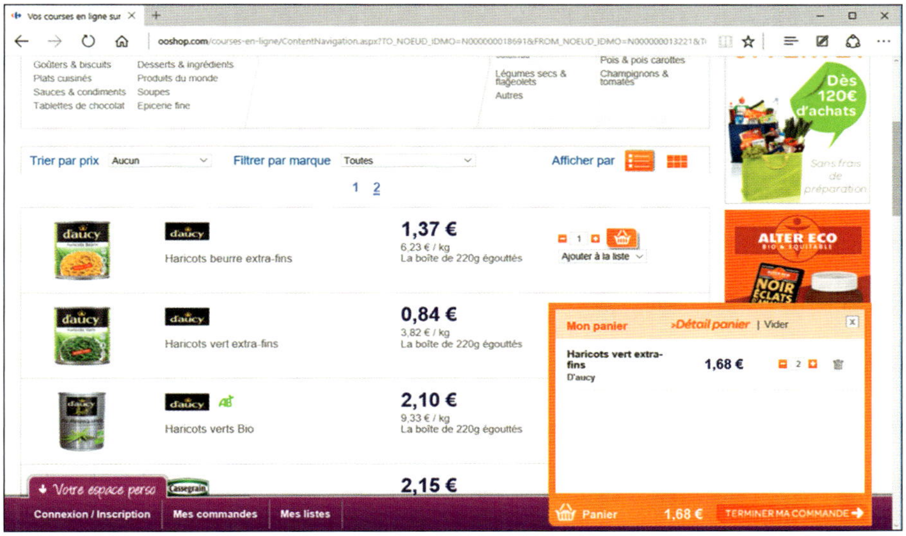


**FIGURE 5.19** À tout moment, vous savez où vous en êtes de vos achats.

Par exemple, si vous désirez acheter du cappuccino Nescafé, tapez **Nescafé cappuccino** dans le champ Rechercher du supermarché virtuel et cliquez sur OK.

**10. Pour retirer un produit ou une quantité d'un produit de votre panier, affichez la section Panier du site et cliquez sur le bouton situé à droite de la quantité d'articles que vous avez mis dans votre Caddie virtuel.**

Pour enlever un produit, quelle qu'en soit la quantité demandée, cliquez sur l'icône de la poubelle. Pour vider le Caddie, cliquez sur le lien Vider.

Le panier et son montant sont immédiatement mis à jour.

Faites vos courses en répétant l'ensemble de ces étapes. Mettez dans le panier, enlevez, ajoutez, faites comme bon vous semble !

**11. Une fois vos courses effectuées, affichez le contenu de votre Caddie en cliquant sur le bouton Terminer ma commande.**

Il est possible que votre commande ne puisse pas être validée en dessous d'une certaine somme, par exemple moins de 60 euros.

Pour mieux apprécier le contenu de votre panier, cliquez sur Détail panier. Vous accédez au récapitulatif de votre commande, illustré à la Figure 5.20.

Vous pouvez ajouter et supprimer des quantités.

**12. Pour reprendre vos courses si vous vous apercevez que quelque chose manque, faites défiler le contenu de la page et cliquez sur le lien Reprendre mes courses.**

Votre panier est bien entendu conservé. Tout ce que vous allez acheter maintenant y sera automatiquement ajouté.

**13. En bas de cette page, vous disposez de deux autres options :**

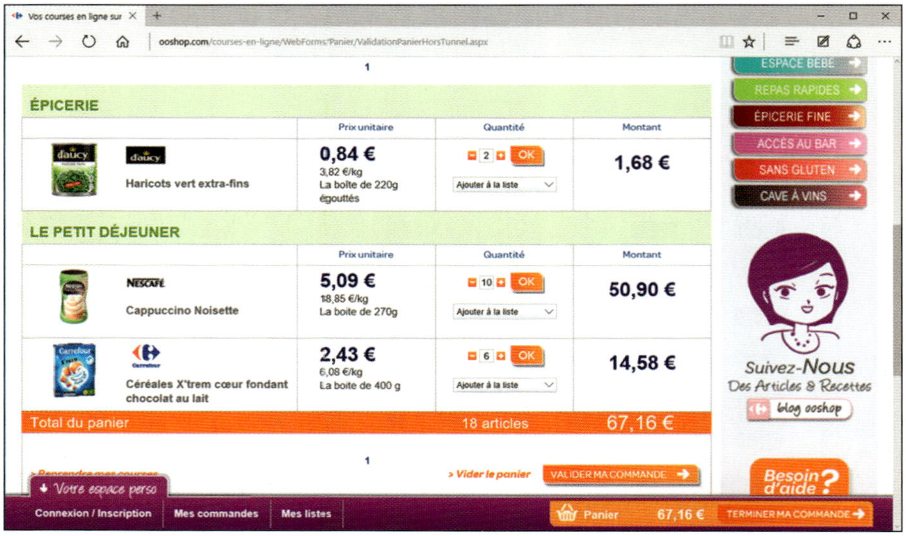


**FIGURE 5.20** Vérifiez vos courses avant de passer à la caisse.

- **Vider le panier :** Le message est clair. Si vous cliquez dessus, le panier est entièrement vidé. Vous n'avez plus qu'à recommencer la procédure ou à prendre votre voiture pour aller faire vos courses.
- **Valider ma commande :** Vous êtes sûr du contenu de votre panier et vous allez passer commande.

Je vous propose donc de valider votre commande. Le reste de la procédure se déroule sensiblement comme pour l'achat dans une boutique multimédia, tel que nous l'avons vu plus haut dans ce chapitre.

Vous avez passé un certain temps à faire vos courses, c'est-à-dire à sélectionner des produits dans des rayons thématiques. Or, nous achetons presque toujours les mêmes choses chaque semaine. Imaginez-vous être obligé de refaire ces mêmes gestes encore et encore exactement comme cela se déroule dans un magasin réel. Non, et vous avez raison ! Vous pouvez créer des listes de courses qui permettront de faire vos achats en deux ou trois clics de souris.

# Adjugé !

Sur Internet, il existe une seconde manière de vendre et d'acheter des produits neufs et d'occasion : les enchères.

Un des sites les plus réputés en la matière se nomme eBay. Vous y trouvez tout ce que vous ne trouvez pas ailleurs, et cela quelle qu'en soit la qualité. Récemment, des êtres humains se sont symboliquement mis en vente sur eBay pour attirer l'attention d'éventuels employeurs.

# Acheter aux enchères

Pour acheter aux enchères, il faut accéder à un site de vente aux enchères et y ouvrir un compte.

Vous constaterez que, à l'instar des sites de vente de matériels d'occasion, vous pouvez effectuer l'ouverture de ce compte au moment de valider votre enchère. Vous en concluez qu'il est possible de déambuler dans un site de vente aux enchères sans créer de compte. En revanche, pour profiter de toutes ses fonctionnalités, l'ouverture d'un compte est indispensable.

## Ouvrir un compte sur un site de vente aux enchères

Nous allons baser notre propos sur le très célèbre site de vente aux enchères eBay. Pour y créer un compte qui vous permettra d'acheter, mais aussi de vendre, suivez cette procédure :

1. **Ouvrez votre navigateur Web et accédez au site `ebay.fr/`.**

   Vous arrivez sur la page d'accueil du site, illustrée à la Figure 5.21. Il est alors très facile de vous y inscrire.

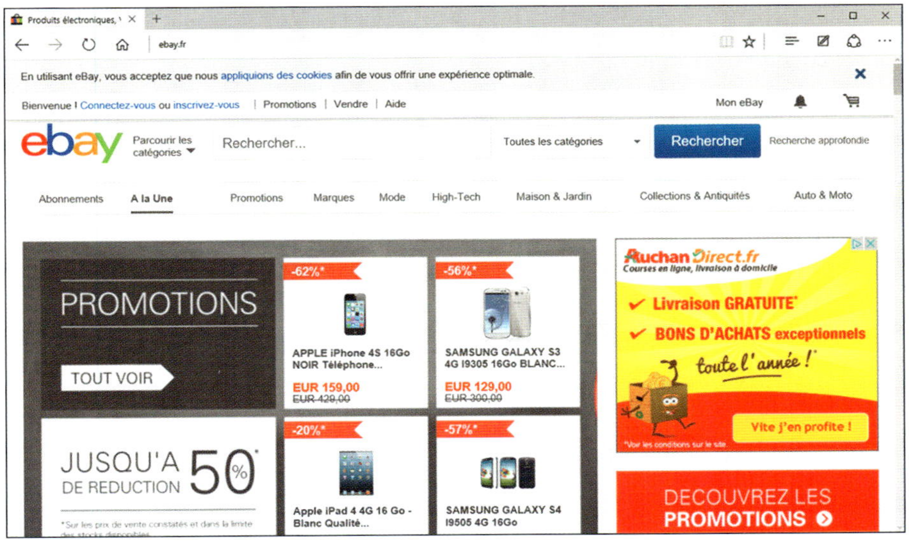


**FIGURE 5.21** eBay, le plus grand site de vente aux enchères du monde.

Une inscription à eBay ne vous coûte absolument rien. Je vous conseille donc de créer votre compte une bonne fois pour toutes. Ainsi, vous ne serez pas freiné dans votre élan de vendre ou d'acheter. Vous existerez pour eBay, tout comme eBay existera pour vous.

2. **Cliquez sur le lien Inscrivez-vous, situé dans la partie supérieure gauche de la page d'accueil.**

Le grand intérêt de cette inscription est de vous ouvrir les portes de tous les eBay du monde entier. Il vous sera alors facile de trouver un matériel que vous pensiez absolument introuvable.

3. **Remplissez le formulaire de la nouvelle page qui apparaît.**

   eBay veille au respect de votre vie privée, donc à la confidentialité des informations que vous fournissez ici.

4. **Une fois le formulaire rempli et les conditions générales d'utilisation du site acceptées, cliquez sur le bouton Soumettre.**

5. **Prenez connaissance des informations qui s'affichent et cliquez ensuite sur le bouton Continuer.**

   Vous recevrez un e-mail de bienvenue qu'il n'est pas nécessaire de valider pour commencer immédiatement vos enchères sur eBay.

Avant de vendre du matériel aux enchères, voyons comment acheter aux enchères.

## Faire monter les enchères

Une fois votre inscription validée et votre compte eBay activé, vous pouvez :

- » Rechercher un objet en tapant son nom et en sélectionnant une catégorie d'articles.
- » Parcourir toutes les catégories du site.

La procédure qui suit explique comment participer à une enchère :

1. **Dans la page de bienvenue d'eBay, ouvrez le menu local Parcourir les catégories.**

2. **Dans la liste des catégories, cliquez sur celle où vous désirez chercher un objet plus ou moins rare.**

   Si vous ne trouvez pas de catégorie en lien direct avec l'objet recherché, cliquez sur le lien Afficher toutes les catégories.

3. **Cliquez sur le lien correspondant à la catégorie susceptible de proposer l'objet recherché.**

   Si vous ne recherchez rien de particulier, les catégories vous permettent tout simplement de vous promener dans cette sorte d'immense salle des ventes virtuelle qu'est eBay.

   Vous accédez au contenu de la catégorie sur laquelle vous avez cliqué. Là aussi, il est possible de regarder tous les objets vendus aux enchères.

4. **Pour préciser votre recherche, définissez des critères dans les sections affichées dans la partie gauche d'eBay.**

5. **Une fois que vous avez choisi une sous-catégorie, vous pouvez encore y affiner votre recherche.**

Par ce principe, il est possible de trouver des objets très rares, notamment quand il s'agit d'objets d'art.

6. **Pour élargir la recherche à tous les sites eBay du monde entier, faites défiler le contenu de la page jusqu'à afficher la section Lieu où se trouve l'objet du volet gauche. Là, activez l'option « dans le monde entier ».**

   De précision en précision, vous finirez bien par trouver ce qui vous intéresse. En ultime recours, vous pouvez taper le nom de l'objet ou de son auteur dans le champ Rechercher situé en haut de la page. Vous constatez qu'à mesure que vous tapez des caractères, eBay vous fait des suggestions. Cliquez sur la suggestion correspondant à votre recherche.

   Une fois que vous êtes face à une liste d'objets, voici comment en décrypter les codes de gauche à droite :

   - **Photo :** Correspond à la photo de l'objet à droite de laquelle figure une brève description de l'objet, ainsi que le pays de résidence du vendeur.
   - **Achat immédiat :** Définit un produit sans enchères ou un prix à partir duquel les enchères en cours tombent. En d'autres termes, l'achat immédiat se fait dans l'instant. Vous n'avez pas à attendre la fin de la durée de mise en vente aux enchères.
   - **x Enchères :** Précise le nombre d'enchères en cours sur l'objet.
   - **x Euros :** Prix de vente actuel, c'est-à-dire de la dernière enchère. À droite de ce prix figurent les frais de livraison estimés (nous verrons en effet que cela ne reflète pas toujours la réalité).
   - **Livraison :** Indique les frais de port vers votre habitation.
   - **Temps restant :** Exprimé en jours, heures et minutes, sauf bien entendu quand il ne reste plus que quelques heures ou quelques minutes.

7. **Cliquez sur la photo de l'objet qui vous intéresse.**

   Comme le montre la Figure 5.22, vous accédez à une page qui détaille l'enchère en cours et qui vous offre un certain nombre de possibilités.

   Faites défiler le contenu de la page pour accéder à la description du produit et à des photos supplémentaires. Attention, car lorsqu'un objet est vendu à l'étranger, la description est très souvent dans la langue du pays de vente. Pour connaître le montant des frais de port, cliquez sur le lien Détails situé à droite de la section Livraison.

8. **Pour faire monter l'enchère en cours, tapez une nouvelle offre dans le champ situé sous la valeur de l'objet, et cliquez sur le bouton Enchérir.**

   Ne faites pas n'importe quoi ! Enchérir est un acte responsable. En effet, si personne n'a enchéri sur votre dernière enchère et que la durée de mise en vente arrive à son terme, vous êtes dans l'obligation d'acheter l'objet au prix de votre enchère. Alors, pas de blague. En cas de litige, et si vous êtes fautif, vous engagez votre responsabilité civile et pénale, et vous serez très mal noté en tant qu'acheteur. Qui voudra vous vendre quoi que ce soit par la suite ?

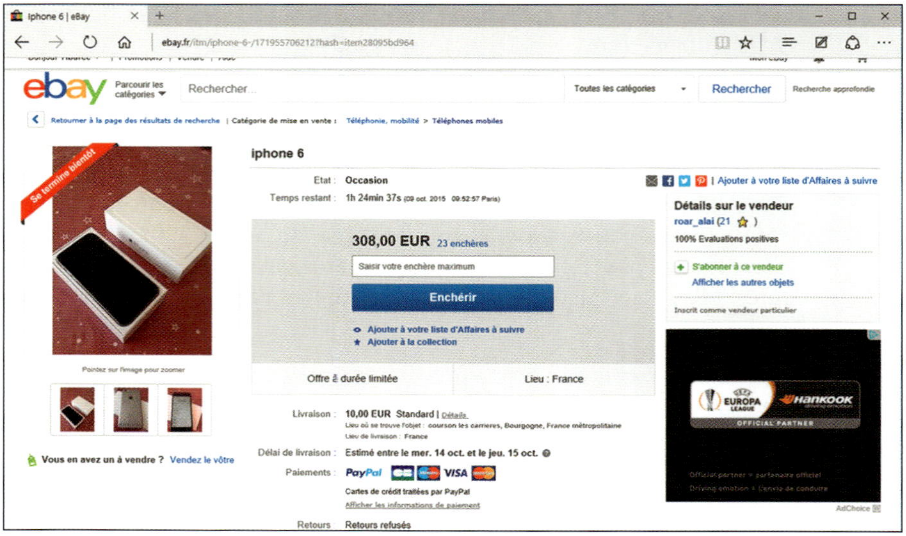


**FIGURE 5.22** Faites monter les enchères !

Lorsque vous enchérissez, vous êtes tenu informé des enchères qui seront plus élevées que les vôtres.

Un système permet d'enchérir automatiquement jusqu'à une certaine somme.

Pour connaître l'historique des enchères et ainsi avoir une idée sur les chances que vous avez d'emporter l'objet, cliquez sur le lien indiquant le nombre d'enchères.

Maintenant que vous connaissez la procédure générique de recherche et d'achat d'objets vendus aux enchères sur eBay, voyons comment vendre vos propres objets.

## Vendre aux enchères

Sur eBay, vous vendez des objets allant des plus communs aux plus rares. Tout peut être vendu aux enchères dès lors que rien ne contrevient à l'éthique du site.

Comme vous avez déjà un compte sur eBay, la mise en vente d'un objet est très facile à réaliser :

1. **En haut de la page d'accueil d'eBay, cliquez sur le bouton Vendre.**
2. **Dans le champ Décrivez ce que vous vendez, commencez par donner un titre à votre annonce, puis cliquez sur le bouton Commencer.**
3. **Dans la liste des catégories proposées en fonction du titre de votre annonce, activez celle qui correspond le mieux à la nature de votre objet.**

   Par exemple, sur la Figure 5.23, je vends des vinyles, j'active donc la catégorie Musique, CD, vinyles > vinyles.

4. **Cliquez sur Créer une annonce.**

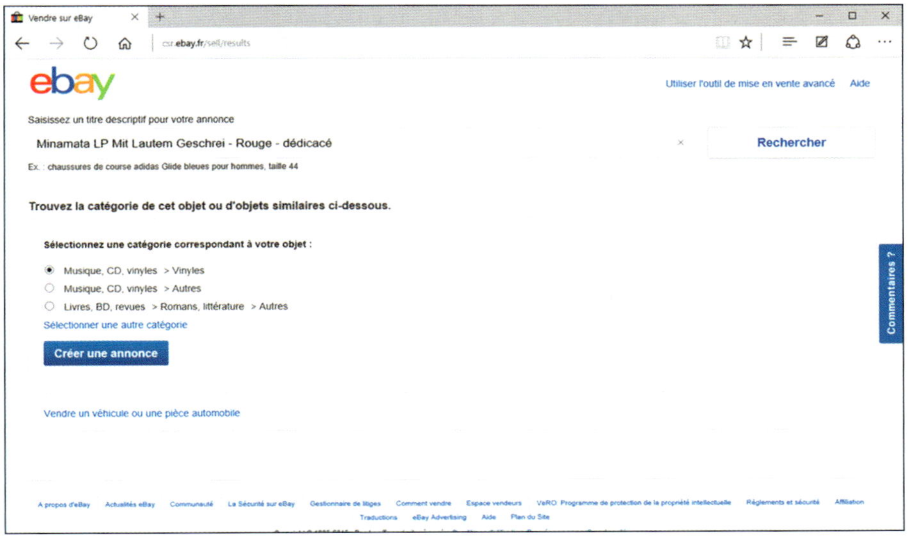


**FIGURE 5.23** Assigner une catégorie à l'objet.

Il vous sera alors demandé de compléter vos informations personnelles. Remplissez le formulaire qui s'affiche, puis cliquez sur Continuer.

5. **Dans la page de description de l'objet, indiquez l'état de l'objet, puis cliquez sur le bouton Ajouter des photos.**

   Notez que la première photo est gratuite. Chaque photo supplémentaire coûte 0,15 €.

   Ici, l'honnêteté est primordiale. Ne faites pas croire que vous vendez ce que vous ne possédez pas. Cette manœuvre s'appelle de l'escroquerie !

6. **Dans la section Sélectionnez un format et un prix, choisissez entre Enchères et Prix fixe.**

   Indiquez le prix fixe ou le montant de départ et la durée de l'enchère.

7. **Indiquez si un achat immédiat est possible et si vous souhaitez mettre un prix de réserve, c'est-à-dire un prix en dessous duquel l'objet ne se vendra pas.**
8. **Spécifiez la durée de l'enchère.**
9. **Indiquez les modes de livraison possibles, et si nécessaire modifiez le lieu où le produit est disponible.**
10. **Sélectionnez un mode de paiement, et offrez des options supplémentaires à vos acheteurs.**

    Il est recommandé d'opter pour PayPal, même si ce service de paiement en ligne prend une petite commission au passage. Vous êtes en effet certain d'être payé.

11. **Cliquez sur Vendre avec les frais affichés.**
12. **Lisez les conditions de vente qui peuvent s'afficher et cliquez sur J'accepte.**

Voilà ! Nous en avons terminé avec le grand principe des enchères. S'il y a vraiment un coin sur le Web où vous pouvez faire des affaires, c'est bien ici.

Chapitre 6

# Se cultiver et s'informer

**DANS CE CHAPITRE :**

- **Acheter ses billets de spectacle en ligne.**
- **Acheter des livres.**
- **Rester informé.**
- **Se cultiver et s'informer par les podcasts.**

On oublie trop souvent qu'Internet est un média alternatif qui permet d'investir le monde de la culture et de l'information. En effet, il suffit d'effectuer quelques recherches et de lire le présent chapitre pour s'apercevoir de tout ce que le Web met à notre disposition pour découvrir des musées, des concerts, des pièces de théâtre, des films, mais aussi pour acheter des livres, des billets de spectacle, pour regarder des chaînes de télévision (ou des WebTV) entièrement dédiées à l'art. Enfin, Internet est une source d'information inépuisable sur tous les sujets, et qui permet d'avoir un regard critique, voire investigateur, sur les grands problèmes politiques contemporains.

## Acheter ses billets de spectacle sur Internet

Internet est le lieu idéal pour trouver un spectacle particulier et pour acheter ses billets directement en ligne. Cela est d'autant plus important lorsque vous n'habitez pas Paris et que vous recherchez des places pour des spectacles intimes, c'est-à-dire qui ne profitent pas d'une publicité tapageuse. Le droit d'accès à une culture confinée n'est plus réservé à une élite intellectuelle parisienne.

Dans cette section, nous allons voir comment trouver des spectacles et réserver ses billets.

### Trouver des spectacles

Il existe de nombreux sites culturels qui dressent la liste de tous les spectacles à Paris et en province. Pour trouver un spectacle particulier, vous pouvez procéder de plusieurs manières :

- Si vous connaissez l'artiste dont vous souhaitez trouver les dates de concert en France, il suffit bien souvent de taper son nom dans un moteur de recherche comme Google. De lien en lien, vous finirez par trouver l'information que vous cherchez.
- Si vous désirez être tenu au courant de ce qui se passe à Paris, vous pouvez aller directement sur un site pluraliste équivalant aux fameux *Pariscope* et *L'Officiel des spectacles*.
- Si vous n'avez aucune idée de ce que vous désirez voir ou entendre, baladez-vous sur des sites de réservations ou de programmations pour dénicher l'oiseau rare. C'est aussi et surtout cela Internet : aller vers ce que l'on ne connaît pas.

Voyons comment trouver un concert particulier ou non en basant notre démonstration sur l'expérience proposée par un site comme `www.infoconcert.com`.

Tout ce qui est expliqué dans cette procédure pourra être reproduit sur n'importe quel site de ce genre.

1. **Ouvrez votre navigateur Web et tapez l'URL suivante dans sa barre d'adresses : `www.infoconcert.com`.**

   Vous accédez à la page d'accueil du site précité, illustrée à la Figure 6.1.

**FIGURE 6.1** La page d'accueil d'un site consacré aux concerts.

De nombreuses options de recherches sont à votre disposition. La plus rapide consiste à taper le nom d'un artiste, d'une ville, d'une salle, ou d'un festival dans le champ Rechercher.

2. **Dans le champ Rechercher, tapez par exemple le nom d'un groupe ou d'un chanteur.**
3. **Cliquez sur le bouton Rechercher.**

4. **Si plusieurs artistes contiennent dans leur dénomination le nom objet de votre recherche, le site vous propose une liste dans laquelle vous identifierez probablement le groupe que vous cherchez.**
5. **Cliquez sur le nom de l'artiste qui vous intéresse.**
6. **Faites défiler le contenu de la page pour consulter la liste des concerts, comme à la Figure 6.2.**

   Vous disposez d'une liste de concerts. Vous savez alors s'il est encore ou non possible de réserver.

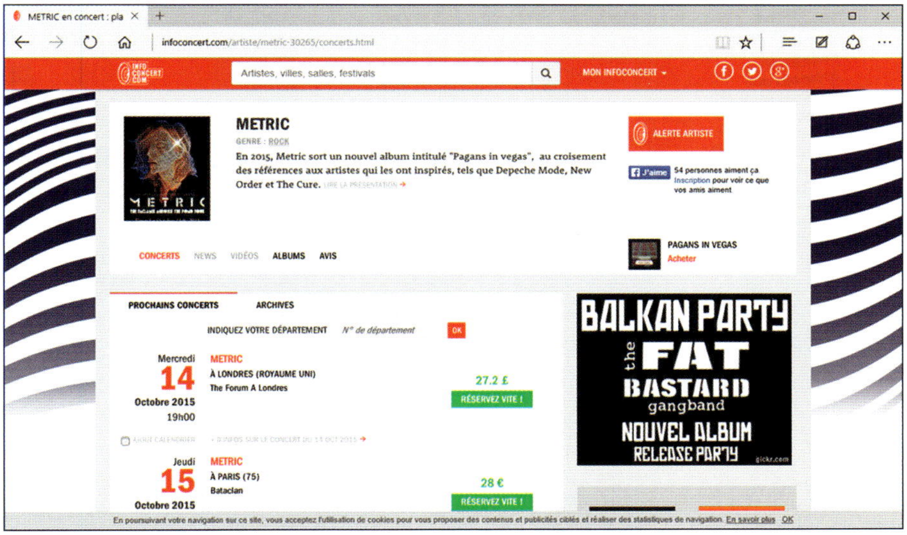


**FIGURE 6.2** Tapez le nom d'un artiste pour trouver ses concerts en France et à l'étranger.

Vous pouvez faire de nombreuses choses sur des sites tels que celui-ci. Ainsi, pour être tenu informé des concerts à venir, il vous suffit de créer un compte.

Vous disposez aussi de nombreuses rubriques qui permettent de dénicher un spectacle autre que musical. Par exemple, placez le pointeur de la souris sur Spectacles. Un menu local apparaît. Vous pouvez y trouver :

- des spectacles d'humour ;
- des spectacles musicaux ;
- des spectacles pour enfants.

Une des grandes forces du site `infoconcert.com` est la possibilité de connaître les dates des concerts proches de chez vous. Voici comment procéder :

1. **Dans la page d'accueil du site, placez le pointeur de la souris sur l'onglet Concerts.**

2. **Dans le menu local qui apparaît, cliquez sur Par département, comme à la Figure 6.3.**

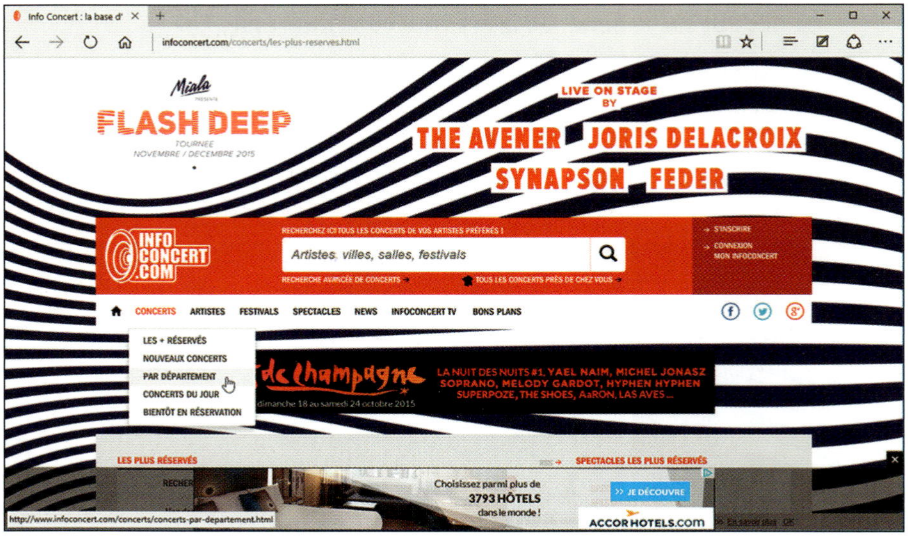


**FIGURE 6.3**
Trouvez facilement un concert dans votre département.

3. **Dans la carte de France qui apparaît, cliquez sur le numéro de votre département.**

   Par exemple, pour trouver les concerts qui se déroulent à Tours et dans ses environs, je clique sur le département 37. Une liste impressionnante de concerts s'affiche.

4. **Si un concert vous intéresse, cliquez sur Réservez vite !**

   La réservation est étudiée dans une prochaine section.

Ce qui vient d'être expliqué ici pour des concerts peut être appliqué à la recherche de pièces de théâtre, de musées, de films, de festivals en tout genre. Dans toutes les hypothèses, dès que vous avez trouvé un spectacle, il faut réserver vos places. Dans ce domaine aussi, plusieurs possibilités vous sont offertes par Internet, et notamment les billetteries en ligne.

## Réserver des spectacles auprès des billetteries en ligne

Les deux billetteries en ligne les plus réputées sont Ticketmaster et Francebillet dont les adresses sont `www.ticketmaster.fr` et `www.francebillet.com`.

Nous allons baser notre démonstration sur le site `www.francebillet.com`. Les étapes suivantes pourront être reproduites sur n'importe quelle autre billetterie accessible sur Internet.

1. **Accédez au site Web de la billetterie en ligne. Dans notre exemple, tapez `www.francebillet.com` dans la barre d'adresses de votre navigateur Web.**

Un nombre important de rubriques sont à votre disposition. Soit vous savez ce que vous cherchez et il vous suffit de le saisir dans le champ de recherche situé dans la partie supérieure de la page, soit vous ne savez pas et vous décidez de parcourir l'ensemble des rubriques du site pour trouver un spectacle susceptible de convenir à votre famille et à vos goûts artistiques.

Si votre budget est serré et que vous ne recherchez pas un spectacle en particulier, cliquez sur le bouton Promotions. Vous accéderez à un ensemble de spectacles bénéficiant de réductions.

2. **Choisissez la rubrique dans laquelle vous désirez réserver un spectacle ou bien tapez, dans le champ de recherche, un mot en rapport avec ce spectacle.**

   Imaginons que je cherche une pièce de théâtre, sans vraiment savoir quoi, mais dans un genre particulier. (Ce qui est expliqué ici vaut pour tous les types de spectacles.)

3. **Pour trouver une pièce de théâtre, cliquez sur Théâtre/Humour dans la page d'accueil du site.**

   Des spectacles sont mis en évidence. Ne vous laissez pas séduire par la publicité. Cherchez ce qui vous plaît, et ne subissez pas le choix des autres.

4. **Cliquez sur la vignette d'une catégorie.**
5. **Parcourez la liste des spectacles proposés dans cette catégorie.**
6. **Cliquez sur le lien d'un spectacle qui attire votre attention.**

   Vous accédez à une page qui donne des détails sur le spectacle, comme le montre la Figure 6.4.

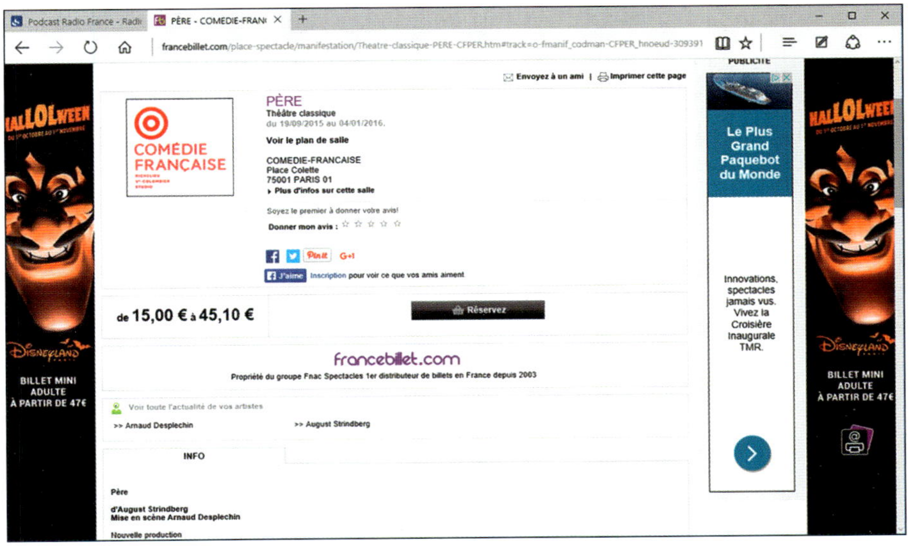


**FIGURE 6.4** La fiche d'un spectacle.

7. **Si ce spectacle vous intéresse, cliquez sur Réserver.**
8. **Choisissez entre l'attribution automatique ou non de vos places.**

**9.** **Dans la nouvelle page, indiquez le nombre de places, et cliquez sur Poursuivre.**

**10.** **Vérifiez les informations, et souscrivez ou non à une assurance annulation proposée par défaut. Cliquez sur Poursuivre.**

**11.** **Créez votre compte sur cette billetterie.**

**12.** **Suivez les indications affichées pour procéder au paiement.**

Quelques jours plus tard, vous recevrez vos billets, ou bien téléchargerez une version PDF que vous imprimerez le plus simplement du monde.

# Les librairies à portée de clics

Depuis l'avènement d'Internet, les connexions haut débit et l'ampleur qu'a pris le Web dans notre vie quotidienne, il devient possible de se cultiver sans sortir de chez soi. Certes, ce n'est pas une très bonne chose de rester confiné entre ses quatre murs, mais il ne faut pas faire abstraction du fait que certaines personnes ne peuvent pas ou ne veulent pas sortir de chez elles. Ce n'est pas pour autant qu'elles resteront à tout jamais isolées du monde.

Dans le domaine de la lecture, considérez Internet comme une immense librairie possédant absolument tous les ouvrages de la planète, même les plus rares.

Si vous êtes un gros consommateur de livres, vous pourrez sans problème visiter des sites aussi pluralistes qu'Amazon ou la Fnac dont les adresses respectives sont `www.amazon.fr` et `www.fnac.com`.

Ici, la procédure générique reste la même. Soit vous connaissez le titre du livre, ou un auteur particulier et vous tapez ces informations dans le champ de recherche proposé par le site. Soit vous n'avez aucune idée de ce que vous voulez lire, dans ce cas-là, vous déambulerez dans les rayons virtuels du site.

Un site comme Amazon permet de feuilleter certains livres ! Oui, vous avez bien entendu, feuilleter les livres comme vous le faites confortablement installé dans le fauteuil de votre salon. Voyons comment se déroule cette procédure peu ordinaire :

**1.** **Dans le champ Rechercher, tapez le nom d'un auteur, et cliquez sur l'icône de la loupe.**

**2.** **Parcourez la liste des livres de cet auteur.**

**3.** **Cliquez sur l'ouvrage qui vous intéresse.**

**4.** **Si la couverture présente la mention Feuilleter !, comme à la Figure 6.5, cliquez dessus.**

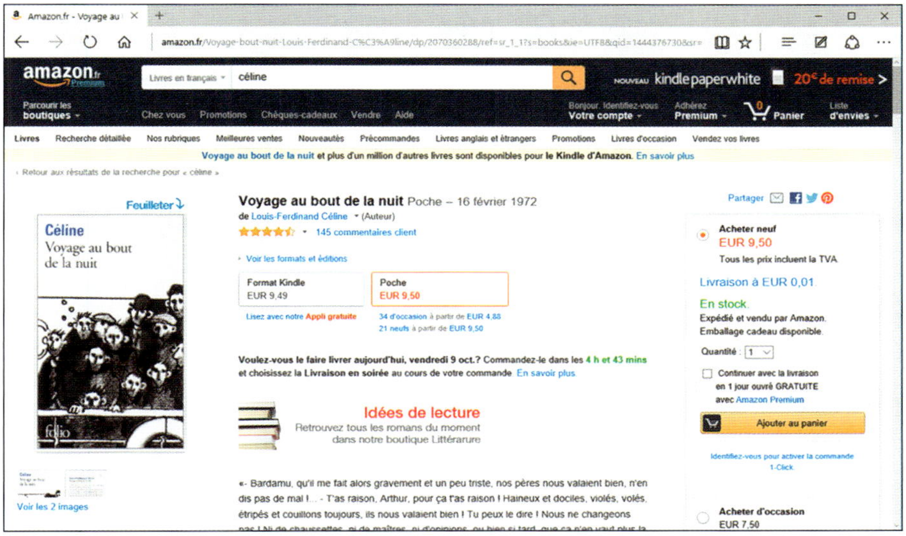


**FIGURE 6.5** Vous pouvez feuilleter certains livres sur Internet.

Le livre s'affiche dans une page spécifique.

5. **Pour consulter ce livre virtuel, cliquez sur la flèche de droite.**

6. **Pour revenir à une page précédente, cliquez sur la flèche de gauche.**

Vous pouvez également déplacer la barre de défilement verticale affichée sur le côté droit du livre.

Pour cette technique originale, vous pouvez consulter une dizaine de pages de l'ouvrage. Dès qu'un livre vous intéresse, il suffit de l'ajouter à votre panier virtuel. Vous le commanderez comme vous commandez de la musique, des films ou encore des carottes râpées.

L'intérêt d'Internet n'est pas seulement de trouver les standards de la littérature classique ou moderne. Le gros avantage de ce média est de trouver des livres rares, comme des éditions originales ou des ouvrages qui ne sont plus du tout publiés. Bien évidemment, vous pouvez les trouver sur des sites de ventes aux enchères.

# Les podcasts

Plus vous pénétrerez l'univers de l'Internet, et plus vous serez confronté à des technologies particulières. Comme souvent sur le Web, ces technologies servent à délivrer des données en tous genres. Dans le domaine que nous traitons dans ce chapitre, c'est-à-dire la culture et l'information, il existe une technologie très intéressante qui répond au nom incompréhensible de *podcasting*. Il s'agit d'un verbe anglo-saxon qui se traduit en français par « podcaster » (et parfois par « baladodiffusion »). Or, pour podcaster, il faut des podcasts. Je vais donc tenter de répondre à cette question qui vous brûle les lèvres et qui fait l'objet du titre de la prochaine section.

## Qu'est-ce qu'un podcast ?

Voici une section qui est destinée à tous les lecteurs qui n'ont aucune idée de ce que le mot *podcast* signifie. Pour bien en comprendre le sens, il est utile de lire la section consacrée aux revues de presse qui fait état d'une technologie spécifique appelée RSS. Ce concept vous permettra de mieux appréhender les grands principes du podcasting. En effet, le RSS représente la méthode de diffusion (ou de distribution) des podcasts.

Le podcasting est donc une forme de diffusion d'un contenu audio via Internet. Le fait qu'il soit aussi étroitement lié à l'iPod s'explique par la propension qu'ont eue les possesseurs d'un iPod d'écouter des émissions audio directement sur leur iPod. C'est aussi simple que cela. En revanche, ce que vous devez impérativement comprendre c'est qu'il n'est pas nécessaire de posséder un iPod pour accéder à des podcasts et les consulter. Ils sont accessibles par le lecteur multimédia d'un ordinateur comme le Lecteur Windows Media de Windows Vista, Winamp, et bien évidemment iTunes. Bien entendu, n'importe quel lecteur MP3 est capable de télécharger et de diffuser des podcasts.

La suite de cette section consacrée aux podcasts explique comment trouver des podcasts et vous y abonner, puis comment les télécharger sur votre lecteur MP3.

## S'abonner à des podcasts audio

En général, l'abonnement à des podcasts est aussi simple que l'abonnement à un flux RSS. Le problème est de savoir où trouver des podcasts. J'ai envie de vous dire qu'il en existe un peu partout. D'accord, mais où ? Là, par exemple :

- sur des blogs ;
- sur les sites des stations de radio ;
- sur les sites des chaînes de télédiffusion.

Pour bien comprendre le principe de l'abonnement à un podcast, basons notre démonstration sur les podcasts audio que vous trouverez sur France Culture (Eh ! je vous rappelle que ce chapitre est tout de même consacré à la culture sur Internet !), ainsi que les podcasts vidéo que vous découvrirez sur le site de la chaîne ARTE.

Voici comment trouver un podcast audio et vous y abonner :

1. **Allez sur le site où vous désirez trouver des podcasts d'émission qui vous intéressent, comme sur `http://www.radiofrance.fr/espace-pro/podcast-radio-france`.**

   Vous accédez à la page des podcasts de Radio France, comme le montre la Figure 6.6.

2. **Accédez au bas de la page et sélectionnez la chaîne France Culture.**

   Cette action affiche la page de tous les podcasts disponibles sur le site.

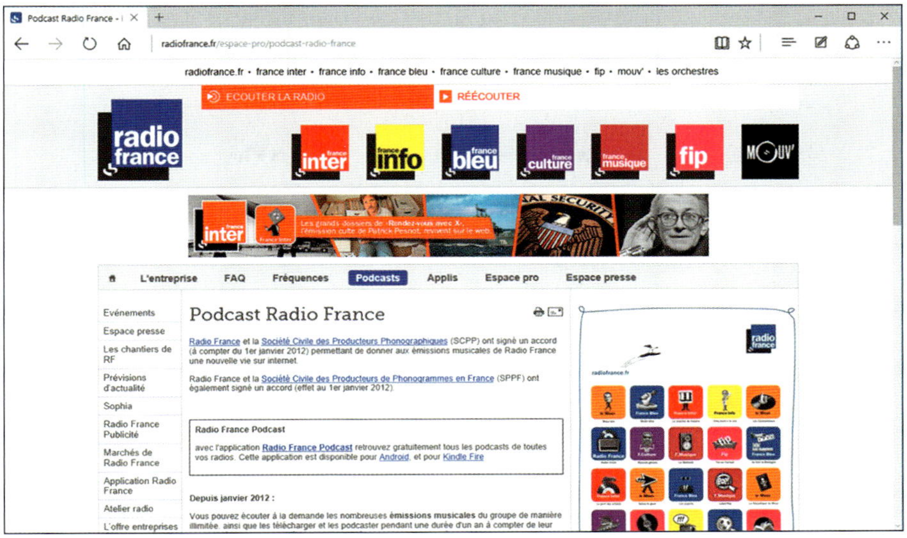


**FIGURE 6.6**
Des podcasts sont souvent disponibles sur les sites spécialisés dans du contenu audio.

Vous constatez que sur France Culture, la recherche d'un podcast peut se faire par ordre alphabétique, mais aussi par type, c'est-à-dire Informations, Littérature, Création radiophonique, *etc.*

3. **Dès que vous avez localisé l'émission qui vous intéresse, cinq possibilités s'offrent à vous pour l'écouter :**

   - **iTunes :** Cette option est utile aux internautes qui utilisent le lecteur multimédia iTunes pour gérer leur contenu audio (et éventuellement vidéo). Ce sera généralement le cas des possesseurs d'un iPod ou d'un iPhone.
   - **Google Reader :** Permet d'ajouter le podcast à votre page iGoogle.
   - **My Yahoo :** Pour ajouter le podcast à votre page My Yahoo.
   - **Netvibes :** Pour publier le podcast sur votre réseau Netvibes qui est un des meilleurs sites *dashboard* pour suivre vos RSS et podcasts en temps réel.
   - **Lien RSS :** Permet de coller ce lien dans la barre d'adresses de votre navigateur Web, puis de vous abonner au flux RSS comme vous l'avez fait pour votre revue de presse. La grande différence ici est que vous aurez accès à un contenu MP3 qu'il sera possible de transférer vers votre lecteur multimédia portable.

4. **Pour installer le podcast dans iTunes, cliquez sur le lien éponyme.**

   Cela ne fonctionne que si iTunes est installé sur votre ordinateur. Si ce n'est pas le cas, vous pouvez le télécharger gratuitement à l'adresse suivante : `www.apple.com/fr/itunes`.

5. **Dans le message vous demandant si vous autorisez le site Web à ouvrir l'application iTunes, cliquez sur Oui.**

   Si nécessaire, confirmez votre intention dans le nouveau message de sécurité qui s'affiche.

Comme le montre la Figure 6.7, iTunes s'ouvre et le téléchargement de l'émission, diffusée sous forme de podcast, commence.

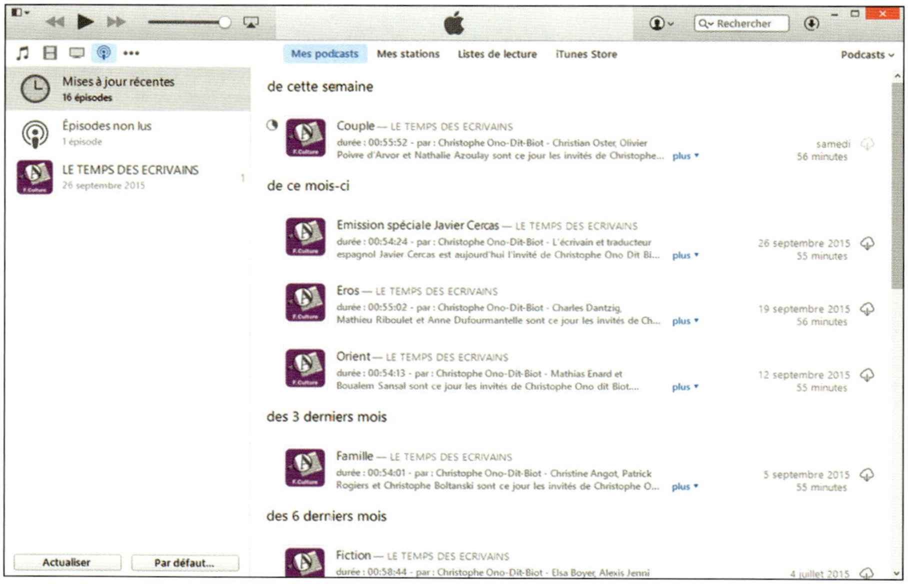


**FIGURE 6.7** Téléchargement d'un podcast dans iTunes.

Une fois le téléchargement terminé, le podcast est accessible dans la Bibliothèque Podcasts d'iTunes dont la gestion est expliquée plus loin dans ce chapitre.

6. **Pour lire ce podcast depuis iTunes, cliquez sur la section Podcasts de la barre latérale.**

7. **Choisissez parmi les deux options de gestion des podcasts, et cliquez sur le bouton Continuer.**

8. **Double-cliquez sur le podcast ou sur le bouton Lecture situé à droite du nom du podcast, voire sur le bouton Lecture de la barre de transport d'iTunes.**

## Gérer vos podcasts sans iTunes

Il est heureusement très facile de lire un podcast directement depuis votre navigateur Web.

Si nous reprenons l'exemple précédent, il suffit de cliquer sur le bouton de lecture situé à droite de la durée de l'émission dans la section Dernières diffusions disponibles.

Nous venons de faire le tour d'horizon de toute l'activité culturelle d'Internet et des méthodes qui permettent d'être tenu constamment informé sur les grands problèmes de notre monde. Vous avez également compris que les principes étaient les mêmes pour garder un haut niveau de culture et de l'actualité qui l'accompagne. Juste avant de clore définitivement ce chapitre, je vous propose quelques adresses utiles.

Chapitre 7

# La messagerie électronique ou e-mail

**DANS CE CHAPITRE :**

- **Comprendre les adresses électroniques.**
- **Choisir un programme de gestion des courriers électroniques.**
- **Envoyer du courrier.**
- **Recevoir du courrier.**

Chaque ordinateur raccordé au Net comporte, d'une façon ou d'une autre, un système de messagerie, ce qui signifie que, quel que soit le type d'ordinateur en votre possession pour peu qu'il soit connecté au Net, vous pouvez envoyer et recevoir du courrier.

## Quelle est mon adresse ?

Toute personne ayant un accès au Net par courrier électronique dispose au minimum d'une *adresse électronique*. C'est l'équivalent, dans le cyberespace, d'une adresse postale ou d'un numéro de téléphone. Lorsque vous envoyez un message, vous placez dans son en-tête l'adresse électronique de votre correspondant.

Vous devez avant tout connaître votre adresse électronique personnelle pour la communiquer à tous ceux qui souhaiteraient vous joindre. Vous devez également connaître leur adresse électronique pour pouvoir leur envoyer des messages.

Les adresses électroniques d'Internet se composent de deux parties séparées par le caractère @ (*arobase*, qui se prononce *at*, « chez »). Ce qui se trouve à gauche est votre identifiant personnel (votre boîte aux lettres) et ce qui est à droite est le *nom de domaine*, généralement le nom de votre fournisseur d'accès comme free.fr, ou orange.fr.

## Votre nom d'utilisateur

Avec un peu de chance, votre fournisseur d'accès vous laissera choisir le nom de votre boîte aux lettres. Toutefois, si vous vous appelez Pierre Martin, il a probablement déjà un Martin parmi sa clientèle, et peut-être même un autre Pierre Martin. Vous devrez alors utiliser une variante du genre « pmartin » ou « p.martin » ou encore « pierre_martin ».

À la limite, et si votre fournisseur d'accès l'accepte, comme c'est généralement le cas, rien ne vous empêche d'avoir plusieurs adresses électroniques.

## Où est ma boîte aux lettres ?

Lorsque vous souscrivez un abonnement auprès d'un fournisseur d'accès à Internet, vous bénéficiez en règle générale d'une première adresse de courrier électronique. Ensuite, en fonction de votre FAI, vous avez la possibilité d'en créer un nombre limité ou illimité.

Votre boîte aux lettres est généralement située sur le serveur de courrier de votre fournisseur d'accès Internet (FAI), puisque, lorsque vous souscrivez un compte Internet, il met automatiquement à votre disposition une ou plusieurs boîtes aux lettres. Que vous ayez ou non un FAI - ce qui est le cas lorsque vous utilisez un ordinateur dans un cybercafé ou un lieu public comme une médiathèque , vous pouvez recourir à des serveurs gratuits qui vous laissent créer une adresse de courrier électronique que vous pourrez consulter depuis n'importe quel ordinateur. Par exemple, Outlook qui se trouve à `www.outlook.com`, GMX à `http://gmx.fr`, Gmail à `http://gmail.com`, ou encore Yahoo! Mail à `https://fr.mail.yahoo.com/`. Yahoo!, Gmail, Gmx et Outlook Mail utilisent le nom de domaine du site comme identifiant de l'adresse mail. La Figure 7.1 présente l'interface de gestion de vos courriers électroniques chez Outlook, le service de messagerie en ligne gratuit.

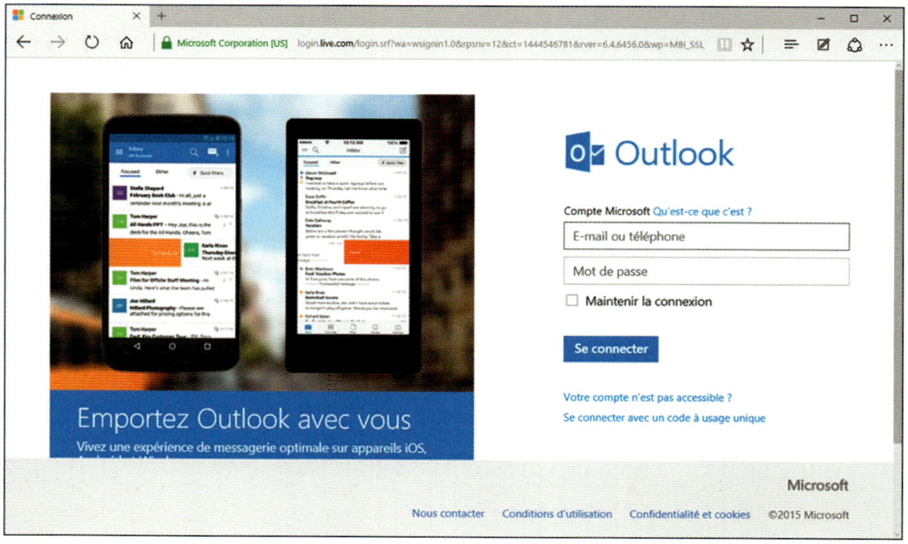


**FIGURE 7.1** Avec Outlook (entre autres), consultez votre courrier directement sur le serveur et non sur votre disque dur.

## Rassemblons tout

Inscrivez votre adresse électronique dans le Tableau 7.1 ci-dessous, et rangez le livre près de votre ordinateur. Majuscules et minuscules sont généralement considérées comme identiques dans les adresses électroniques, notamment dans les noms de domaine (la différence peut cependant être significative pour les noms d'utilisateur). Dans ce livre, nous avons opté pour des minuscules, tant pour les boîtes aux lettres que pour les domaines.

**TABLEAU 7.1** **Informations que doit connaître votre logiciel de courrier électronique.**

| Information | Description | Exemple |
|---|---|---|
| Votre adresse de courrier électronique | Votre nom d'utilisateur suivi du caractère @ et du nom de domaine. | jules.dupont@monserveur.fr |
| Votre mot de passe de courrier électronique | Le mot de passe à utiliser pour votre courrier électronique (le plus souvent identique à votre login). Ne l'écrivez surtout pas, il doit rester secret ! | dum;3my |
| Votre serveur de courrier entrant (POP3 ou IMAP) | Le nom de l'ordinateur qui reçoit vos messages (c'est votre fournisseur d'accès qui doit vous l'indiquer). | pop.monserveur.fr |
| Est-ce POP3 ou IMAP ? | Protocole utilisé par votre boîte aux lettres et que votre programme de courrier doit employer pour récupérer votre courrier. | |
| Votre serveur de courrier sortant (SMTP) | Le nom de l'ordinateur qui envoie vos messages (c'est parfois le même que celui du serveur POP3). | smtp.monserveur.fr |

Si vous envoyez un message à quelqu'un qui se trouve dans le même domaine que le vôtre – sur le même ordinateur ou sur le même groupe d'ordinateurs –, vous pouvez omettre le nom de domaine. Par exemple, si un de vos amis et vous-même êtes sur Orange, vous pouvez supprimer « @orange.fr » de son adresse courrier électronique.

Lorsque vous communiquez oralement votre adresse à quelqu'un, montrez que le Web n'a plus de secrets pour vous en disant, par exemple, « jbrecat at (prononcez *at* c'est-à-dire « chez » en anglais) free, point fr » ; cependant, si vous dites « jbrecat arobase free point fr », ça sera plus classe !

## Où se trouve mon courrier ?

Lorsque des messages arrivent chez le fournisseur d'accès à votre intention, ils ne parviennent pas directement sur votre ordinateur, mais sont envoyés à un *serveur de messagerie*, qui joue le rôle de bureau de poste restante en conservant votre courrier jusqu'à ce que vous vous connectiez et lanciez votre logiciel de messagerie ou que vous vous connectiez à votre client de messagerie en ligne pour le relever. Pour lire votre courrier, vous devez donc vous rendre à ce bureau de poste virtuel et le retirer. Il existe deux types de serveurs de courrier entrant : *POP* (ou *POP3* pour *Post Office Protocol* version 3) et *IMAP* (*Internet Message Access Protocol*). Symétriquement, pour que votre courrier parte vers sa destination, votre logiciel de messagerie doit le faire parvenir au bureau de poste de votre fournisseur d'accès (à son serveur de courrier sortant, aussi appelé *serveur SMTP*). Tout se passe donc comme s'il n'y avait pas de facteur et que vous deviez aller vous-même déposer et retirer votre courrier au bureau de poste local.

À moins d'utiliser votre navigateur Web pour lire votre courrier électronique directement sur un site Web, vous devez faire connaître à votre *logiciel de messagerie* l'adresse des serveurs de courrier entrant et sortant dont vous dépendez. C'est depuis le serveur de courrier entrant de votre FAI que votre logiciel de messagerie transférera à grande vitesse le courrier en attente vers votre propre disque dur. Vous pourrez ensuite vous déconnecter et le lire tout à loisir, ce qui est une bonne idée pour faire des économies sur votre note de téléphone. Et même si vous avez souscrit un abonnement avec forfait, cela vous évitera de gaspiller de précieuses minutes qui viendront grignoter le temps qui vous reste. Une fois que votre courrier est chez vous, vous pouvez tranquillement le lire, y réfléchir et préparer vos réponses que vous irez « poster » globalement lorsque vous vous brancherez de nouveau.

Inscrivez sur le Tableau 10.1 les noms de vos serveurs de courrier (POP3 ou IMAP et SMTP). Si vous ne les connaissez pas, adressez-vous à votre fournisseur. Avec un peu de chance, votre programme de messagerie aura configuré automatiquement le nom de ces serveurs. Ainsi, lorsque les choses tourneront mal, vous vous féliciterez d'avoir noté ces paramètres quelque part pour pouvoir les restaurer.

La plupart des logiciels de messagerie, comme Thunderbird, ne vous demanderont pas ces informations, car ils connaissent celles des principaux serveurs comme Outlook, Yahoo!, ou encore Gmail. Lors de l'ajout d'un compte dans ces programmes de messagerie, il vous suffit de saisir votre adresse mail, votre mot de passe, et d'indiquer que vous utilisez un serveur de type IMAP. Ainsi, vous disposerez exactement des mêmes courriels envoyés et reçus aussi bien sur votre ordinateur que sur le site de la messagerie concernée. Aucun message ne peut vous échapper où que vous soyez.

Une fois que vous avez envoyé un courrier électronique, vous ne pouvez pas l'annuler ! Certains programmes de courrier électronique conservent les messages sortants dans une *file d'attente*, pour procéder à un envoi par lot. Mais une fois vos messages transmis au serveur de courrier sortant, vous ne pouvez pas les rapatrier.

## Utiliser votre navigateur Web pour vos courriers électroniques

Même si vous utilisez un programme de courrier électronique comme Thunderbird ou Courrier livré avec Windows 10 pour lire vos messages, rien ne vous empêche d'aller directement sur le site de votre fournisseur d'accès pour consulter votre courrier sur son serveur de messagerie. Cela est fort pratique lorsque vous êtes en vacances, dans un cybercafé, une médiathèque, *etc.* Par exemple, si vous avez un compte chez Free, connectez-vous au site `http://free.fr` et cliquez sur le lien Webmail. Là, je vous conseille de suivre les recommandations de Free et d'inscrire votre compte à Zimbra dont l'interface vous permettra de bien gérer vos courriels. Tous les FAI proposent un système de consultation des courriels en ligne, c'est-à-dire sans téléchargement via un programme comme Windows Live Mail ou Thunderbird.

# La messagerie électronique sous Windows 10

Si vous utilisiez une ancienne version de Windows, comme XP, Vista, ou 7, vous serez surpris de ne plus disposer des programmes Outlook Express et Windows Live Mail sous Windows 10. Ces programmes ont été remplacés par l'application Courrier.

Comme Courrier est relativement sommaire et risque de ne pas répondre à vos besoins de messagerie électronique, vous pouvez utiliser le serveur en ligne gratuit de Microsoft Outlook. Vous pourrez notamment l'utiliser avec l'adresse de messagerie que vous avez indiquée lors de la création de votre compte d'utilisateur Windows 10, ou bien en créer une en ligne comme nous le verrons plus loin dans ce chapitre.

Avant de pouvoir employer votre programme de courrier, vous devez lui indiquer deux éléments :

- **votre boîte aux lettres** (sur le serveur de courrier de votre FAI) ;
- **l'endroit où envoyer votre courrier sortant** (par exemple vers le même serveur de courrier de votre FAI).

Pour Yahoo! Mail, Gmail, et les autres serveurs de courrier basés sur le Web, vous devez créer une boîte aux lettres. Pour mettre le pied à l'étrier, suivez les instructions des sections suivantes. D'autres sections décrivent plus loin comment envoyer et recevoir du courrier avec Gmail.

## Courrier, la messagerie de Windows 10

L'application Courrier est considérée comme une *application dynamique* puisqu'elle met à jour automatiquement la vignette Courrier de l'écran de démarrage accessible via le bouton Démarrer, comme le montre la Figure 7.2. Un coup d'œil à la vignette Courrier indique rapidement les noms des derniers expéditeurs et les sujets de vos derniers messages.

Cependant, comme la plupart des applications gratuites, l'application Courrier impose certaines contraintes :

- Vous devez posséder un compte Microsoft ou reconnu comme tel par Microsoft pour y accéder.
- L'application Courrier fonctionne avec n'importe quel compte de messagerie de type IMAP ou Exchange active.

**FIGURE 7.2** Courrier est accessible depuis le bouton Démarrer.

Pour démarrer l'application Courrier, cliquez sur le bouton Démarrer puis sur la vignette Courrier. L'application Courrier apparaît immédiatement sur l'écran, comme le montre la Figure 7.3.

Commencez par ajouter un compte que vous avez créé par ailleurs auprès de Outlook, de Yahoo!, de Gmail ou de votre fournisseur d'accès à Internet :

1. **Cliquez sur le bouton Prise en main.**
2. **Dans la fenêtre Comptes qui apparaît, cliquez sur Ajouter un compte.**

   Comme le montre la Figure 7.4, Courrier liste un certain nombre de serveurs de messagerie parmi lesquels vous trouverez sans doute le vôtre.

   Si votre serveur ne figure pas dans la liste, cliquez sur Autre compte. Un certain nombre d'informations vous seront alors demandées, dont les adresses des serveurs entrants et sortants. Demandez ces informations au serveur de messagerie s'il ne vous les a pas communiquées ou cherchez-les sur Internet.

**FIGURE 7.3** L'application Courrier lors de sa première utilisation.

3. **Cliquez par exemple sur Yahoo! Mail si, bien entendu, vous disposez d'un compte de messagerie sur Yahoo!.**

   La procédure est la même avec n'importe quel autre type de serveur de messagerie figurant dans cette liste.

4. **Dans le champ Adresse de messagerie, tapez votre adresse, c'est-à-dire celle que vous avez créée chez Yahoo!.**

5. **Ensuite, saisissez votre mot de passe, c'est-à-dire celui que vous avez défini pour ce compte de messagerie Yahoo!.**

6. **Cliquez sur le bouton Ouverture de session.**

7. **Courrier vous demande un nom. Indiquez celui qui permettra de vous identifier auprès de ceux qui recevront vos messages.**

   Le plus simple est d'indiquer votre nom de famille, votre prénom, ou un pseudo. N'indiquez pas n'im-

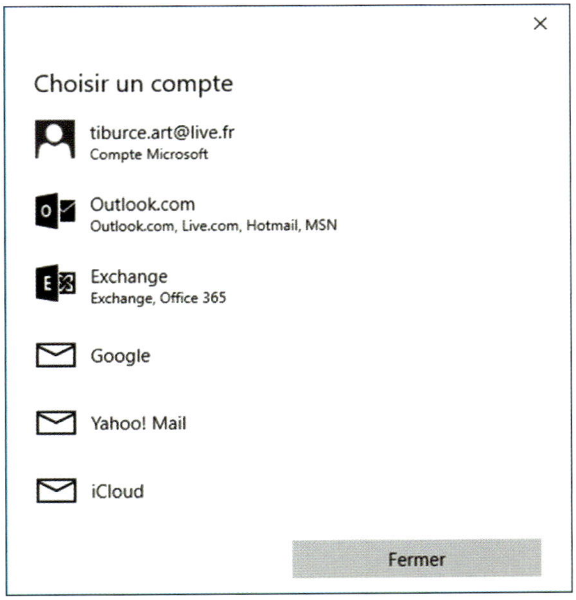


**FIGURE 7.4** Choisissez le serveur de messagerie où vous avez créé un compte d'e-mail.

porte quoi sinon vos destinataires risquent de mettre votre courriel à la poubelle sans le lire.

8. **Une fois le nom indiqué, cliquez sur Ouverture de session.**

   Un message indique que le compte est bien configuré comme le montre la Figure 7.5.

9. **Cliquez sur le bouton Terminé.**

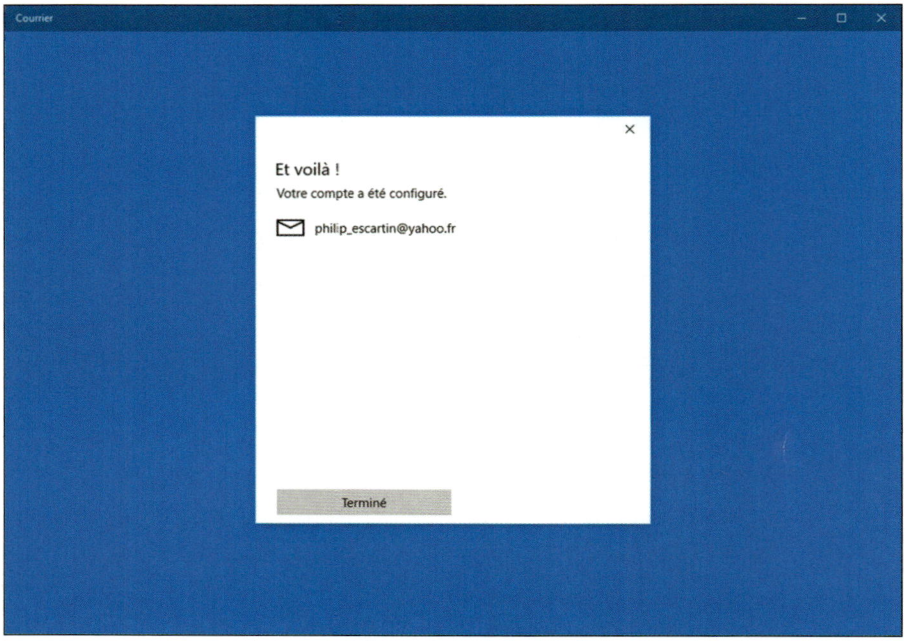


**FIGURE 7.5** Bravo ! Courrier peut relever les messages de ce compte de messagerie Yahoo!.

10. **Dans Courrier, cliquez sur le bouton Vous êtes fin prêt.**

    Vous voici dans le programme prêt à envoyer et recevoir des mails !

Bien entendu, il est possible d'ajouter autant de comptes que vous le souhaitez.

Pour voir les messages d'un compte particulier, cliquez sur l'icône de l'avatar (voir ci-contre) et choisissez son nom dans la liste des comptes disponibles. Si vous n'avez ajouté qu'un seul compte à Courrier, lui seul figurera dans la liste et sera utilisé par défaut.

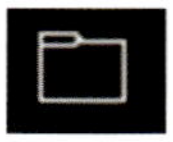

Par défaut, Courrier affiche la boîte de réception du compte principal. Pour accéder à ses autres dossiers, cliquez sur l'icône du dossier affiché dans la colonne de droite. Voici une présentation des dossiers visibles sur la Figure 7.6 :

- **Boîte d'envoi :** Affiche les messages en cours d'envoi. C'est un dossier de stockage temporaire, car une fois le courriel envoyé, il est stocké dans Envoyés.

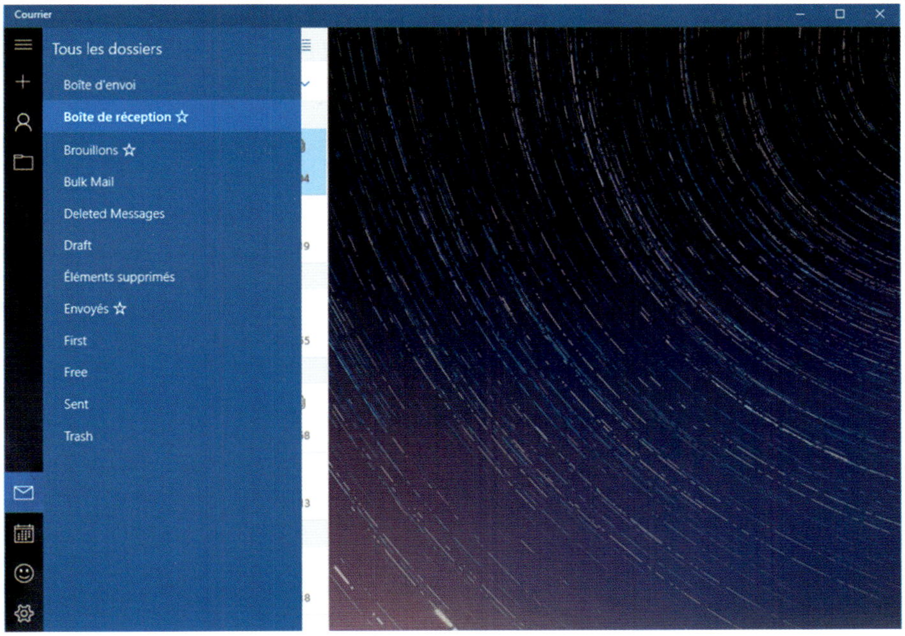


**FIGURE 7.6** Les dossiers de Courrier.

- **Boîte de réception :** C'est le dossier qui est affiché par défaut au démarrage de l'application Courrier ; il contient les messages reçus par le compte en cours. L'application Courrier vérifie automatiquement la présence de nouveaux messages sur le serveur ; cependant, si vous vous lassez d'attendre, cliquez sur l'icône Synchroniser située en haut à droite de la boîte de réception. Tout courrier en attente est immédiatement chargé. L'activation des menus de l'application Courrier est traitée plus loin dans cette section.
- **Brouillons :** Si vous n'avez rédigé qu'une partie d'un mail et si vous souhaitez le terminer ultérieurement, cliquez sur l'icône Enregistrer le brouillon, à gauche de la barre de menus inférieure. Un message sera également placé dans le brouillon si vous cliquez sur le bouton Précédent avant de l'expédier. L'activation des menus de la marge inférieure est détaillée un peu plus loin dans cette section.
- **Bulk Mail (courrier indésirable) :** L'application Courrier détecte le courrier potentiellement indésirable et le déplace dans ce dossier. Consultez-le de temps en temps pour vous assurer que rien ne s'y trouve par erreur.
- **Éléments supprimés :** Le dossier Éléments supprimés sert de corbeille à l'application Courrier, ce qui vous permet de récupérer les messages supprimés par erreur. Pour supprimer définitivement un message du dossier Eléments supprimés, sélectionnez-le et cliquez sur l'icône de la corbeille. Pour supprimer définitivement plusieurs messages, cliquez sur l'icône située dans l'angle supérieur droit. Cochez les messages à supprimer, puis cliquez sur l'icône de la corbeille qui apparaît dans la partie supérieure des éléments supprimés.

» **Envoyés :** Une copie de chaque message envoyé est stockée dans ce dossier. Pour supprimer un message, placez le pointeur de la souris dessus, puis cliquez sur l'icône de la corbeille qui apparaît sur la droite.

Cliquez sur le nom d'un dossier pour en afficher le contenu. Ensuite, cliquez sur le message à consulter. Son contenu s'affiche à droite de l'écran.

Si vous avez créé des dossiers personnels dans votre compte, ceux-ci sont automatiquement listés dans l'application.

# Outlook.com

Outlook.com (ou Outlook Mail) remplace Hotmail et Windows Live Mail. *De facto*, vous pouvez l'utiliser depuis le Bureau de Windows puisque ce serveur de messagerie nécessite l'utilisation d'un navigateur Web comme Internet Explorer.

## Créer un compte Outlook.com

D'une certaine manière, votre compte Outlook.com existe sans que vous ayez besoin de le créer. Il suffit d'utiliser pour cela l'adresse mail que vous avez fournie lors de la création de votre compte d'utilisateur Windows 10, si vous n'avez pas créé un compte local. Par exemple, si vous avez utilisé l'adresse jbrecat@live.fr, utilisez cette adresse et le mot de passe qui lui est associé. Sinon, créez ou bien ajoutez un autre compte de messagerie en suivant cette procédure :

1. **Exécutez Microsoft Edge, et connectez-vous sur `www.outlook.fr`.**

   Par défaut, Outlook.com se connectera au compte de messagerie utilisé pour ouvrir une session Windows. Dans ce cas, déconnectez-vous en cliquant sur la vignette de votre compte, puis cliquez sur Déconnexion.

2. **Tout en bas de la page Web qui s'affiche, cliquez sur le lien Créer un compte maintenant, comme à la Figure 7.7.**

3. **Remplissez le formulaire, en spécifiant le nom d'utilisateur que vous désirez utiliser.**

4. **Tapez deux fois votre mot de passe, remplissez les autres champs obligatoires, puis saisissez la succession de lettres et de chiffres afin de prouver que vous êtes bien un être humain.**

5. **Cliquez sur le bouton Créer un compte.**

   Si le nom de compte (adresse mail) choisi n'est pas disponible, Outlook.com le surligne afin que vous en tapiez un autre. Dans ce cas, vous serez contraint de saisir le nouveau code d'identification et de cliquer à nouveau sur J'accepte.

6. **Dès que le compte est créé, cliquez sur le bouton Atteindre la boîte de réception, comme le montre la Figure 7.8.**

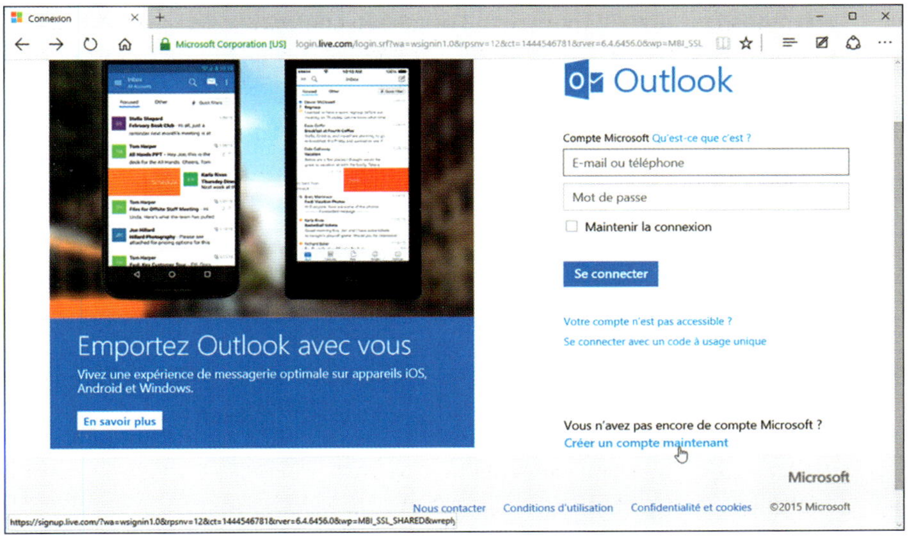


**FIGURE 7.7** Pour créer ou ajouter un compte de messagerie Outlook.com.

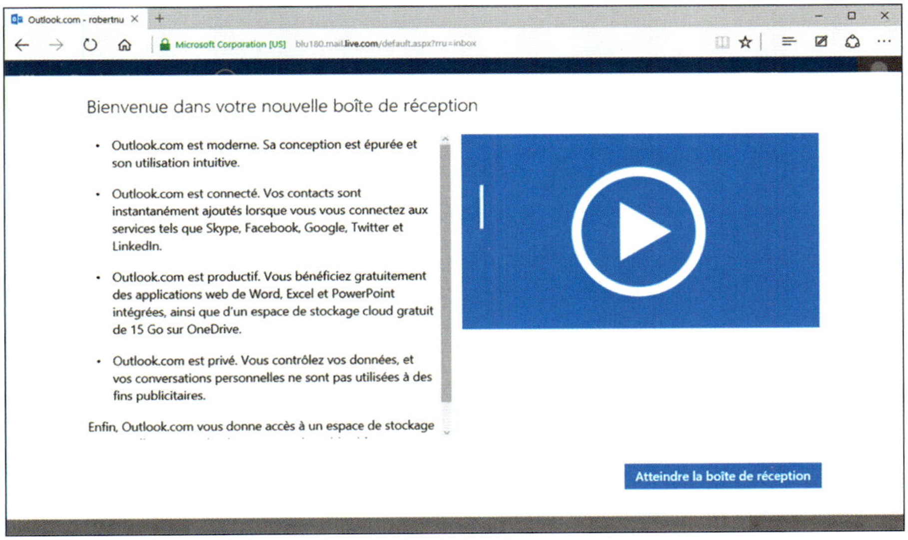


**FIGURE 7.8** Votre compte Outlook.com est créé.

## Accéder à votre compte Outlook.com

Pour accéder à votre boîte aux lettres Outlook.com, et plus spécifiquement à un de vos comptes gérés par ce serveur de messagerie en ligne :

1. **Allez sur Outlook.com en passant par `www.outlook.fr`.**
2. **Si un autre compte de messagerie s'affiche par défaut, cliquez sur la vignette de votre avatar affichée dans l'angle supérieur droit de Outlook.com.**
3. **Dans le menu local qui s'affiche, choisissez Déconnexion.**

4. **Dans la nouvelle fenêtre qui apparaît, cliquez sur Se connecter.**
5. **Identifiez-vous avec votre adresse mail et votre mot de passe, et cliquez sur le bouton Se connecter.**

## Gmail

Google est plus connu pour être un moteur de recherche qu'autre chose. Pourtant, les services de Google sont très nombreux, et parmi eux nous trouvons un service de messagerie gratuit dans le même style que Yahoo! Mail et bien d'autres.

### Créer un compte Gmail

Pour configurer une boîte aux lettres sur Gmail :

1. **Allez sur `www.google.fr` et cliquez sur le lien Gmail.**
2. **Dans la fenêtre de Gmail, cliquez sur le bouton Créer un compte en haut à droite de l'écran.**
3. **Remplissez le formulaire, en spécifiant le nom d'utilisateur que vous désirez utiliser.**
4. **Dès que vous avez entré le nom d'utilisateur souhaité, Gmail vérifie la disponibilité.**

   Si l'adresse choisie est déjà utilisée, Gmail vous fait d'autres propositions.
5. **Remplissez la fin du formulaire, cochez la case d'acceptation des conditions d'utilisation et cliquez sur Étape suivante pour terminer la création du compte.**
6. **Prenez connaissance des conditions d'utilisation de Gmail en faisant défiler le contenu de la fenêtre, et cliquez sur le bouton J'Accepte dès qu'il devient accessible.**
7. **Dans la nouvelle fenêtre qui apparaît, cliquez sur Poursuivre vers Gmail.**

### Accéder à votre compte Gmail

Pour accéder à votre boîte aux lettres Gmail :

1. **Allez sur Gmail en passant par `www.google.fr`, puis en cliquant sur le lien Gmail.**
2. **Identifiez-vous avec votre identifiant Gmail et votre mot de passe et cliquez sur le bouton Connexion.**

   Quelques secondes plus tard, vous voici dans Gmail, comme le montre la Figure 7.9.

Un avantage des boîtes aux lettres basées sur le Web comme Yahoo! Mail, Gmail, et Outlook.com est que vous pouvez lire et envoyer des messages sur n'importe quel ordinateur. Votre boîte aux lettres est stockée sur les serveurs de courrier distants, et tout ordinateur

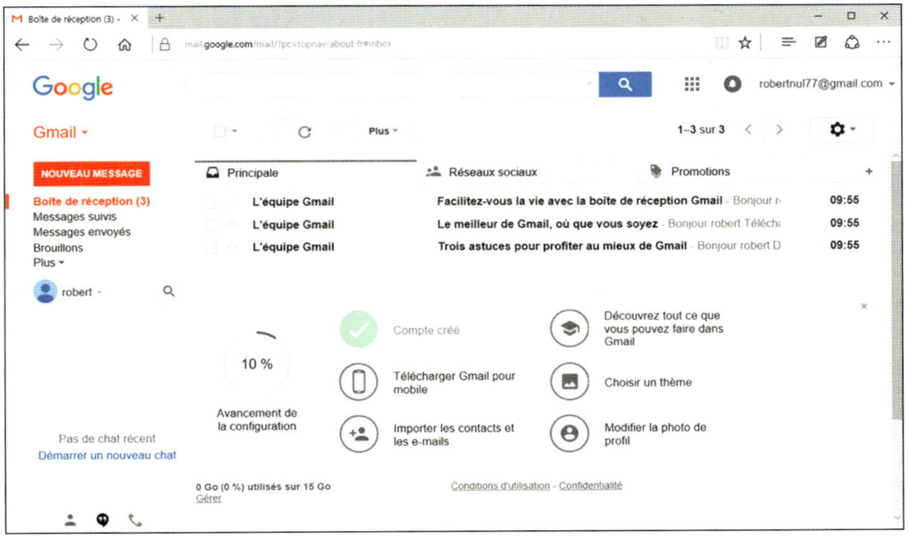


**FIGURE 7.9** Le serveur de messagerie Gmail ressemble beaucoup à un logiciel de messagerie.

équipé d'un navigateur Web peut y accéder. Bien sûr, personne ne peut lire vos messages ou en envoyer sans taper votre mot de passe. Dans ce chapitre, lorsque nous vous indiquerons comment envoyer et recevoir du courrier avec Gmail et Outlook.com, gardez à l'esprit que vous n'avez pas besoin d'être derrière votre propre ordinateur : vous pouvez lire votre courrier sur l'ordinateur d'un ami ou d'une bibliothèque publique. Inconvénient : la lecture et l'envoi de messages sur un site Web sont plus lents, à moins d'avoir une connexion rapide, car vous devez attendre le chargement d'une nouvelle page Web chaque fois que vous cliquez sur un nouveau message.

# L'envoi de courrier électronique, c'est simple

Nous illustrerons la simplicité de l'envoi de courriers à l'aide d'exemples parlants plutôt que par de la théorie absconse.

## Envoyer du courrier avec Courrier

Voici comment envoyer du courrier avec l'application Courrier de Windows 10.

Lorsque vous êtes prêt à envoyer un message électronique, exécutez les étapes suivantes pour composer votre lettre et la déposer dans la boîte électronique, puis l'envoyer dans l'espace virtuel de votre destinataire :

1. **Ouvrez l'application Courrier par un clic sur sa vignette dans l'écran de démarrage accessible via le bouton Démarrer de Windows 10.**

## CC ET BCC

*Cc* signifie *Copie carbone*. Il s'agit d'une fonction qui permet d'envoyer le même mail à plusieurs personnes en une seule opération. Tous les destinataires affichés dans les champs À et Cc recevront le message. Chacun verra le nom des autres destinataires.

Afin que les autres destinataires ne voient pas ces noms, il faut les placer dans le champ *Cci* qui signifie *Copie carbone invisible*. Il est en effet plus intime d'envoyer un même message à tous en respectant l'anonymat de chacun.

2. **Dans la colonne de droite de l'interface, cliquez sur l'icône Nouveau (représentée par un signe plus).**

   Une fenêtre Nouveau message, vide, apparaît, comme le montre la Figure 7.10.

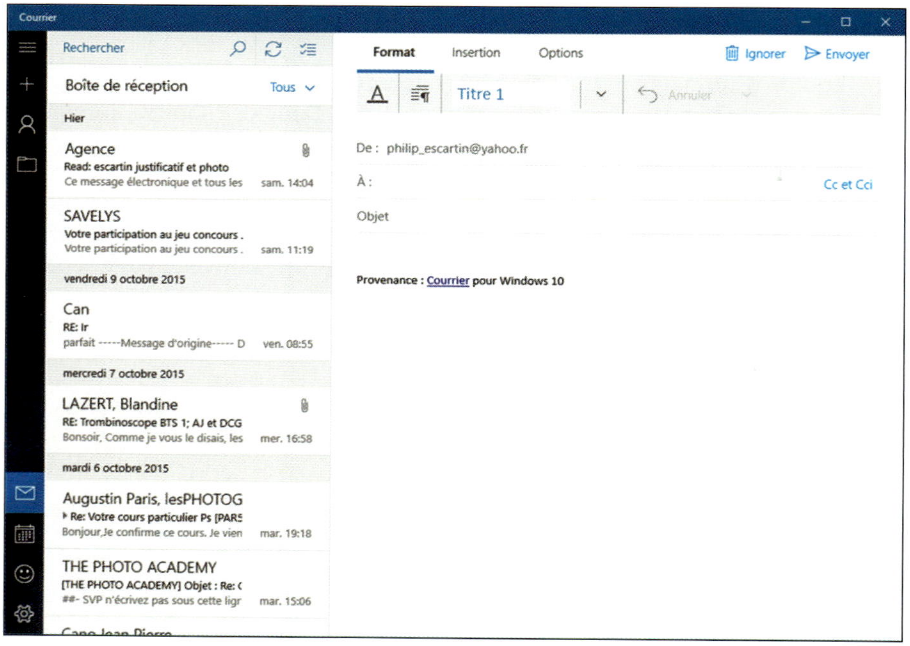


**FIGURE 7.10**
Créer un message.

Si vous avez configuré plus d'un compte de messagerie dans l'application Courrier, choisissez le compte à activer pour envoyer le courrier en cliquant sur la flèche dirigée vers le bas, en haut du volet de gauche.

Une autre technique consiste à choisir le compte par un clic sur le bouton situé juste en dessous du bouton +.

3. **Entrez l'adresse de messagerie du destinataire dans le champ À.**

   Dès que vous commencez à saisir les premières lettres, l'application Courrier scanne votre liste d'adresses dans l'application Contacts et affiche sous la zone À, une liste de correspondances éventuelles. Si l'adresse de votre destinataire se trouve dans la liste, cliquez-la ; l'application Courrier ajoute automatiquement l'adresse.

Pour envoyer un message à plusieurs personnes, ajoutez d'autres adresses à la suite de la première ou bien suivez l'explication donnée à l'Étape 3.

4. **Ajoutez des contacts en copie par un clic dans le champ Cc.**

5. **Cliquez dans le champ Ajouter un objet situé au-dessus de la zone de saisie de votre message, et indiquez le sujet de votre courriel.**

   Bien que facultatif, l'objet permet aux destinataires d'avoir une idée sur le contenu du mail et de trier leur courrier.

6. **Saisissez le texte de votre message dans la zone vide sous la ligne Objet.**

   Vous n'êtes pas limité pour la taille du message et au fur et à mesure de la frappe, si vous orthographiez mal un mot, l'application Courrier le souligne en rouge. Pour le corriger, faites un clic droit sur le mot souligné et choisissez la bonne orthographe dans le menu qui apparaît, comme le montre la Figure 7.11.

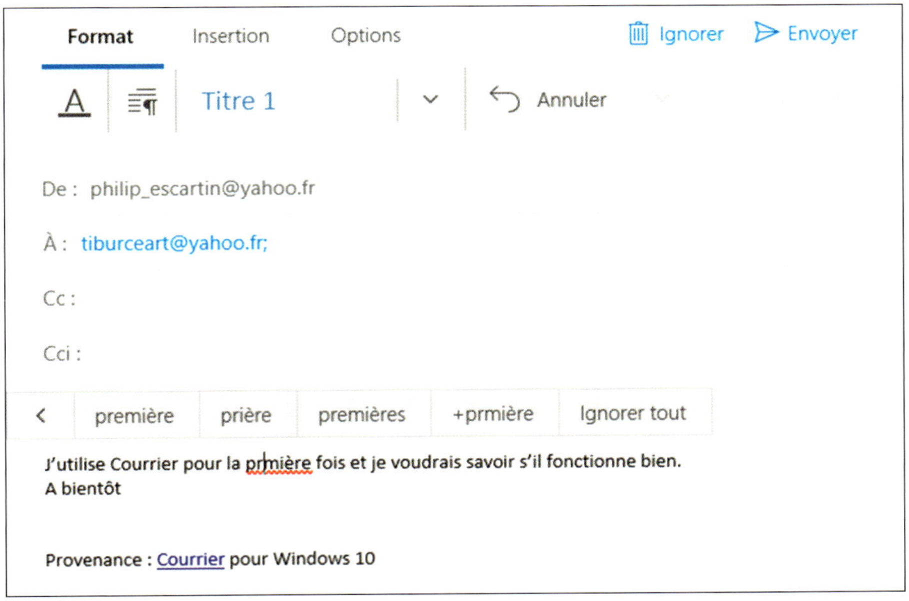


**FIGURE 7.11** Entrez votre message et profitez des bienfaits du vérificateur d'orthographe intégré.

   Vous pouvez également modifier la mise forme à partir de la barre de menus supérieure. Vous pouvez changer la police et sa taille en sélectionnant le texte tapé, puis en cliquant sur le A de la barre de mise en forme. Utilisez les outils de ce menu local pour changer la police, sa taille, sa couleur, le mettre en gras, etc., comme le montre la Figure 7.12.

7. **Si vous le souhaitez, ajoutez des fichiers ou des photos à votre message via l'onglet Insertion.**

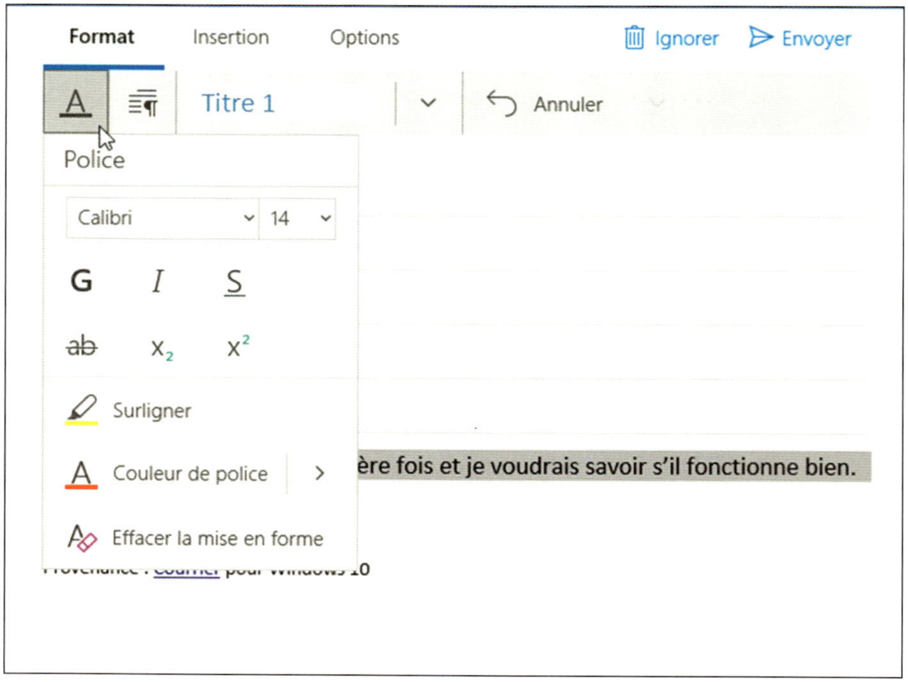


**FIGURE 7.12** Mettez en forme un texte avant ou après l'avoir saisi.

La plupart des FAI ne permettent pas d'envoyer des fichiers de plus de 5 Mo, ce qui exclut pratiquement tous les films et n'autorise que l'envoi de quelques fichiers contenant de la musique ou des photos.

8. **Cliquez sur le bouton Envoyer dans l'angle supérieur droit de l'écran.**

   L'application Courrier transfère votre message par le biais de l'Internet jusqu'à la boîte vocale de votre ami. Selon le débit de votre connexion Internet et les capacités des serveurs de messagerie, le courrier peut arriver au bout de quelques secondes, mais parfois de quelques jours ; la moyenne étant de quelques minutes.

   Si vous *ne voulez pas* envoyer le message, cliquez sur le bouton Ignorer (poubelle) situé dans l'angle supérieur droit de l'écran.

Vous pouvez interrompre la rédaction d'un message pour la reprendre ultérieurement. Dans ce cas, ouvrez un autre dossier de Courrier et votre message en cours de rédaction sera automatiquement placé dans le dossier Brouillons. Il suffira de cliquer dessus pour en reprendre l'écriture et l'envoyer.

## Envoyer du courrier avec Outlook.com

L'envoi d'un courrier électronique avec Outlook.com ne diffère pas beaucoup de la procédure décrite pour une application comme Courrier. Voici comment procéder :

1. **Identifiez-vous auprès du serveur de messagerie distant.**

   Allez sur `www.outlook.fr`.

2. **Cliquez sur le bouton Nouveau.**

   Au centre de l'interface s'affiche la zone de création de votre courriel, comme le montre la Figure 7.13.

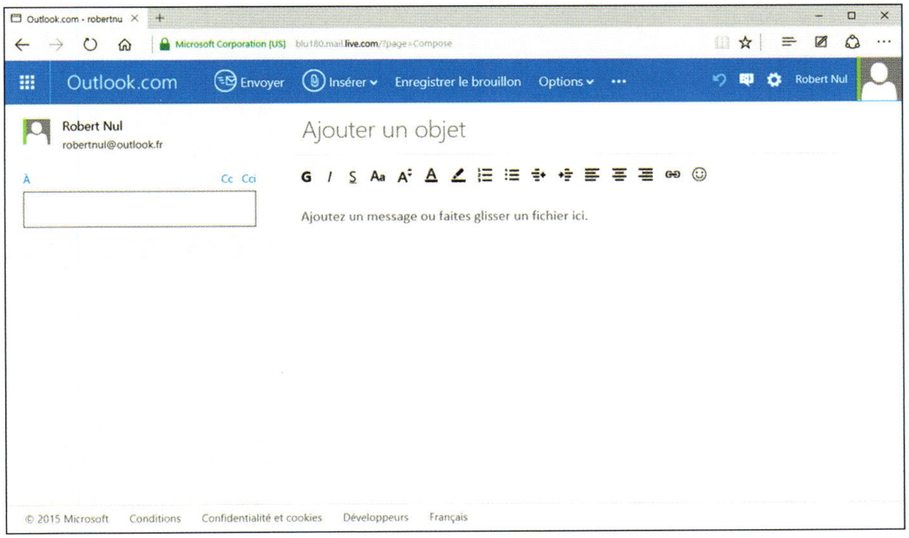


**FIGURE 7.13** Écrire un message dans Outlook.com ressemble à la création d'un message dans l'application Courrier.

3. **Saisissez une ou plusieurs adresses dans le champ À.**

   Pour envoyer votre message à plusieurs personnes, séparez chaque adresse par une virgule.

   Vous pouvez aussi saisir des adresses en Cc (copie carbone) et en Cci (copie carbone invisible). Dans les deux cas, cliquez préalablement sur le lien Cc ou Cci.

4. **Cliquez dans le champ Ajouter un objet et tapez l'objet du message.**
5. **Tapez votre message dans le champ Ajoutez un message ou faites glisser un fichier ici.**
6. **Utilisez la barre d'outils pour mettre en forme votre message.**
7. **Cliquez sur le bouton Envoyer.**

   Pour vérifier l'orthographe, cliquez du bouton droit sur les mots soulignés en rouge. Choisissez une correction dans le menu local qui apparaît.

## Envoyer du courrier avec Gmail

L'envoi d'un courrier électronique avec Gmail ne diffère pas beaucoup de la procédure décrite pour Outlook.com. Voici comment faire :

1. **Identifiez-vous.**

Allez sur `www.google.fr`, cliquez sur le lien Gmail et entrez votre nom d'utilisateur ainsi que votre mot de passe (voir plus haut dans ce chapitre).

2. **Cliquez sur le bouton Nouveau message.**

   Au centre de l'interface s'affiche la zone de création de votre courriel, comme le montre la Figure 7.14.

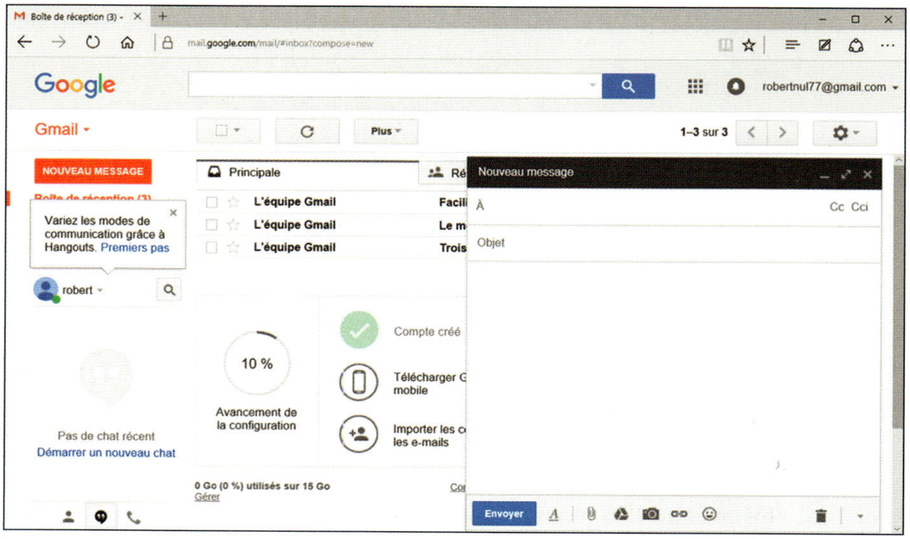


**FIGURE 7.14** Écrire un message dans Gmail.

3. **Saisissez une ou plusieurs adresses dans le champ À.**

   Pour envoyer votre message à plusieurs personnes, séparez chaque adresse par une virgule.

   Vous pouvez aussi saisir des adresses en Cc (copie carbone) et en Cci (copie carbone invisible). Dans les deux cas, cliquez préalablement sur le lien Ajouter un champ Cc et Ajouter un champ Cci.

4. **Dans le champ Objet, indiquez l'objet du message.**

5. **Tapez votre message.**

6. **Cliquez sur le bouton Envoyer.**

   Pour vérifier l'orthographe, cliquez du bouton droit sur les mots soulignés en rouge. Choisissez une correction dans le menu local qui apparaît.

# Réception de courrier

Si vous envoyez des courriers électroniques, vous finirez par en recevoir (même si vous n'en envoyez pas, d'ailleurs !).

Pour relever votre courrier, vous devez être connecté à Internet.

Vous pouvez demander à votre ordinateur d'établir une connexion à Internet automatiquement lorsque vous ordonnez à votre logiciel de courrier d'envoyer ou de relever vos messages.

## Lire le courrier avec Courrier

Lorsque votre ordinateur est connecté à Internet, l'écran d'accueil de Windows vous alerte dès qu'un nouveau message est arrivé. La vignette de l'application Courrier se met à jour automatiquement pour afficher l'expéditeur et l'objet des derniers messages non lus.

Pour lire un message ou y répondre, exécutez les étapes suivantes :

1. **Cliquez sur la vignette Courrier via le bouton Démarrer de Windows 10.**

   L'application Courrier s'ouvre et affiche la boîte de réception. Les messages sont répertoriés de manière chronologique, le dernier arrivé est affiché en haut de la liste.

2. **Cliquez sur le message que vous souhaitez lire.**

   Le corps du message est affiché dans la partie droite de la fenêtre.

3. **Une fois que vous avez lu le message, plusieurs possibilités s'offrent à vous, chacune étant accessible à partir des boutons situés au-dessus du message :**

   - **Ne rien faire :** Vous êtes indécis ? Ne faites rien ; le message sera simplement conservé dans la boîte de réception.
   - **Répondre :** Cliquez sur le bouton Répondre dans la partie supérieure droite et choisissez Répondre dans le menu déroulant. Une nouvelle fenêtre apparaît, dans laquelle vous saisissez votre réponse. La fenêtre est semblable à celle dans laquelle vous rédigez un message, avec quelques différences : elle comporte le nom du destinataire et le sujet. En outre, le message d'origine est généralement conservé au bas de votre réponse.
   - **Répondre à tous :** Certains courriers sont adressés simultanément à plusieurs personnes. Si vous voyez plusieurs destinataires dans un message, vous pouvez répondre à l'ensemble des destinataires en cliquant sur Répondre et en choisissant Répondre à tous dans le menu déroulant.
   - **Transférer :** Si vous souhaitez envoyer le message à un autre destinataire, cliquez sur Répondre et choisissez Transférer dans le menu déroulant.
   - **Supprimer :** Cliquez sur le bouton Supprimer pour déplacer le message dans le dossier Messages supprimés. Les messages supprimés sont conservés dans ce dossier. Pour les supprimer définitivement, accédez au dossier Messages supprimés, sélectionnez tous les messages et cliquez sur le bouton Supprimer.

Pour imprimer le message en cours, cliquez sur l'icône des trois boutons. Dans le menu local qui apparaît, cliquez sur Imprimer. Configurez votre impression dans la boîte de dialogue Imprimer qui apparaît.

## Lire le courrier Outlook.com ou Gmail

Pour lire votre courrier Outlook.com, Gmail ou tout autre système de courrier basé sur le Web :

1. **Établissez, si nécessaire, votre connexion à Internet.**
2. **Démarrez votre navigateur Web.**
3. **Allez sur le site serveur de messagerie et identifiez-vous avec votre nom d'utilisateur et votre mot de passe.**

   Si votre navigateur vous propose de mémoriser votre mot de passe et que vous utilisez un ordinateur public ou une machine à laquelle peuvent accéder d'autres personnes, refusez cette proposition. Cela évitera que quelqu'un puisse facilement se connecter au serveur pour consulter votre courrier électronique.
4. **Cliquez ensuite sur la Boîte de réception pour afficher la liste des messages reçus.**
5. **Cliquez sur un message.**

   Le système de courrier basé sur le Web affiche le texte du message ainsi que des boutons pour répondre, faire suivre ou supprimer ce message.

Lorsque vous avez fini de lire et d'envoyer des mails sur un serveur de ce type, déconnectez-vous ! Cette action est salutaire si vous utilisez un ordinateur public ou la machine d'un ami. Si vous ne le faites pas, tout un chacun utilisant cet ordinateur pourra consulter vos messages.

Lorsque vous utilisez un site de courrier basé sur le Web, vous gérez tous vos messages sur le serveur lui-même et non pas sur votre ordinateur. Si vous disposez de plusieurs dossiers de courriers, vous pouvez déplacer vos messages de dossier en dossier aussi bien dans un programme de gestion des courriers électroniques que sur un serveur de messagerie Web.

## Supprimer des messages

Inutile de lire vos messages avant de les supprimer ! Parfois, il suffit de lire le nom de l'expéditeur et/ou celui de l'objet pour savoir que ce message n'a aucun intérêt. Pour supprimer un message, commencez par le sélectionner parmi tous les messages reçus. Ensuite, dans la plupart des programmes de gestion des courriers électroniques, cliquez sur le bouton Supprimer.

Sur un serveur de messagerie basé sur le Web, vous sélectionnez les messages à supprimer, puis cliquez sur un bouton ou un lien Supprimer, ou bien ouvrez un menu local de commandes et cliquez sur Supprimer ce message.

# Index

## D



## E

## F



## G

# T



# U



# V



# W



# X